信息管理与信息系统
引进版教材系列

数据库原理

（第六版）

戴维·M. 克伦克　　戴维·J. 奥尔 / 著
David M. Kroenke　　David J. Auer

张　孝 / 译

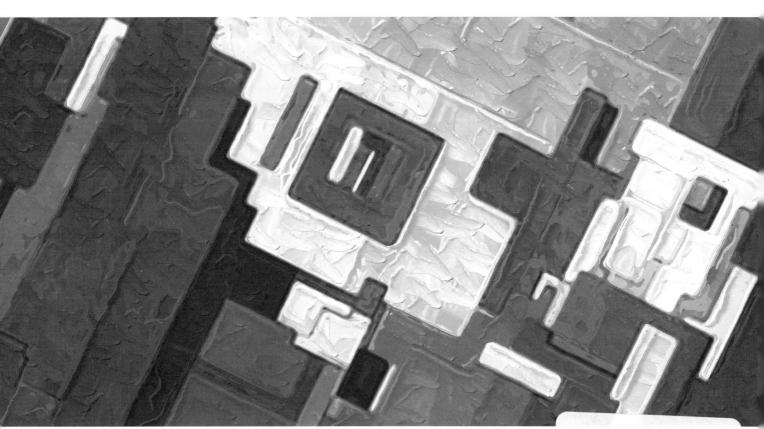

Database Concepts

(Sixth Edition)

中国人民大学出版社

·北京·

科林·约翰逊是西雅图的一个小制造商的一名生产主管。几年前，科林想建立一个数据库来跟踪产品包中的组件。当时，他用电子表格方式来完成这项任务，但他无法从电子表格中得到他想要的报告。科林听说了 Microsoft Access，于是试图用它来解决他的问题。经过几天的失败与挫折，他买了几本流行的有关 Microsoft Access 的书，并试图从中学习如何使用 Access。但是他最终放弃了自己来尝试的想法而是请了一个顾问帮他构建有关的应用，这或多或少地满足了他的需求。

作为一个成功的商人，科林有强烈的愿望来实现自己的目标。作为一位经验丰富的 Windows 用户，他已经自学了如何使用 Microsoft Excel、Microsoft PowerPoint 以及其他一些面向生产的应用包。他很懊恼自己不能很好地利用 Microsoft Access 来解决自己的问题。"我相信我也能够用好 Access，但是不想投入太多的时间"，他想。这个故事有些特别值得注意的地方，因为这样的事情在过去的十年里或许已经在不同的人身上发生了数万次。

微软、甲骨文、IBM 和其他数据库管理系统（DBMS）供应商都意识到了这种情况并投入数百万美元来实现更好的图形界面、成百个多面板向导和许多示例应用程序。遗憾的是，这些努力都是治标不治本的。事实上，大多数用户都没有搞清楚这些向导正在代表他们干什么。一旦他们需要更改数据库结构或组件，比如表单和查询，他们将会淹没在这个复杂性的海洋中，措手不及。由于他们对基础知识知之甚少，这些用户会抓走任何一根似乎通向他们想要的方向的稻草。其后果是设计得比较糟糕的数据库和应用，以至于难以满足用户的实际需要。

为什么像科林这些人可以学会使用文字处理器或电子表格产品，却学不会使用 DBMS 产品呢？原因可能在于：首先，对大多数人而言，那些基本的数据库概念是有些特别的。虽然大家都知道段落和边距是什么，但几乎没有人知道"关系是什么"。其次，似乎使用 DBMS 产品应该是比实际情况更容易。比如，有人问："我想做的是跟踪某些东西。为什么这么难？"对没有关系模型知识的商务用户而言，在保存数据前就把一张销售发票拆分到五个单独的表中进行存储令他们感到很神秘。

这本书旨在帮助科林等人来理解、创建和使用某些 DBMS 产品的数据库。无论是在书店发现本书的个人，还是使用本书作为他们的教科书的学生，都可以这样获得提高。

新版本

学生和其他读者都将从本书这一版本的新内容和功能中受益。这些新内容或功能包括：

● 大数据是第 8 章中的新主题，其中包括了 NoSQL 运动的相关材料、非关系型的结构化数据存储（例如 Cassandra 和 HBase）的发展以及 Hadoop 分布式文件系统（HDFS）。

- 第 7 章 Web 数据库应用也支持数据输入 Web 表单页面。这样，Web 数据库应用就可以同时使用数据输入和数据读取网页来构建。

- Microsoft Access 2010 包括 Microsoft Access 切换面板（switchboard）表单（参见附录 H "The Access Work-bench—Section H—Microsoft Access 2010 Switchboards"），它可以用来构建数据库应用的菜单。切换面板表单在数据库应用中是有帮助的；它提供一个用户友好的主菜单，简化了用户需要显示表单、打印报告以及执行查询的步骤。

- 每章都新设有一个独立的案例题集。案例题集中的问题一般不要求学生在前面的章节中已经完成同一个案例的工作，但有一个有意安排的例外，即关系数据建模和数据库设计要一起完成。

- 支持 Oracle 数据库 11g 第 2 版的速成（Express）版。新增加的附录 B——"Getting Started With Oracle Database 11g Release 2 Express Edition"，将展示如何使用该产品以及 Oracle SQL 开发者图形用户界面（GUI）工具。

- 更新有关内容以反映新的 Microsoft SQL Server 2012 的速成版。虽然大多数主题向上兼容 Microsoft SQL Server 2008 R2 的速成版，但本书现在使用的 SQL Server 2012 能够专门与 Office 2010 充分结合。

- 更新的内容已经反映 MySQL 5.5 和 MySQL 工作台的使用情况。

新增在线附录 J "Business Intelligence Systems"，提供了与第 8 章中商务智能相关的详细材料。这些资料可供导师进一步深入这一主题。

必要的基本概念

面对今天的技术，已经不可能成功使用 DBMS 而不预先学习一些基本概念。经过多年与商业用户开发数据库，我们认为以下数据库概念是必不可少的：

- 关系模型的基础；
- 结构化查询语言（SQL）；
- 数据建模；
- 数据库设计；
- 数据库管理。

而且由于越来越多地使用互联网、万维网、常用的分析工具，以及大数据和 NoSQL 运动的出现，四个更本质的概念也需要考虑在内：

- Web 数据库处理；
- 数据仓库结构；
- 商务智能（BI）系统；
- 非关系型的结构化数据的存储和处理。

像科林这样的用户和将执行类似工作的学生都不必像未来从事信息系统的专业人员那样来学习这些主题。因此，本教材只介绍那些本质概念，这些概念是科林这种想要创建和使用小型数据库的用户所必需的。本书中的许多讨论都是重写和简化解释的主题，其中很多主题已经在戴维·克伦克和戴维·奥尔的《数据库处理：基础、设计和实现》一书中充分讨论了。[1] 但是在撰写有关材料时，我们一直在努力保证讨论仍然准确而不具误导性。如果学生已经学过一些高级的数据库课程，也就没有不需要学习的东西了。

---

[1] David M. Kroenke and David J. Auer, *Database Processing：Fundamentals，Design，and Implementation*，12th edition（Upper Saddle River，NJ：Pearson/ Prentice Hall，2012）.

讲授与 DBMS 产品无关的概念

本书不假定学生将使用任何特定的 DBMS 产品。本书用 Microsoft Access 2010、Microsoft SQL Server 2012、Oracle 数据库 11g 第 2 版和 Oracle MySQL 5.5 来说明数据库的概念，以便学生可以将这些数据库产品作为工具并实际实验有关材料，但所有介绍的概念都是与 DBMS 无关的。当学生用这种方式学习有关材料时，他们会逐渐了解这些基本知识适用于任何数据库，无论是其中最小型的 Microsoft Access 还是最大型的 Microsoft SQL Server 或 Oracle 数据库。

这并不是说，这门课程不能使用某个 DBMS。恰恰相反，学生通过使用商业 DBMS 产品可以更好地掌握这些概念。该版包括了 Microsoft Access、SQL Server、Oracle 和 MySQL 足够的基本信息，这样读者就可以在课程中仅使用这些产品，而不需要第二本书或其他材料。

由于 Microsoft Access 广泛用于入门类数据库课程，所以每一章都随附一节"Access 工作台"，通过 Microsoft Access 来说明本章的概念和技术。"Access 工作台"从第 1 章中创建一个数据库和一个单表的主题开始，进而涉及各种不同主题，最后在第 7 章中介绍基于 Microsoft Access 数据库的 Web 数据库处理，以及在第 8 章使用 Microsoft Access 和 Microsoft Excel 来生成数据透视表（PivotTable）OLAP 报告。Microsoft Access 的材料涵盖了所有必要的基本内容以便学生能够有效地建立和使用 Microsoft Access 数据库，但不准备对 Microsoft Access 做全面的叙述。

如果你需要比本书目前内容更深入地介绍 Microsoft Access 或其他 DBMS 产品，你可能需要在本书基础上用针对某个特定的 DBMS 的教材或其他材料进行补充。

关键术语、复习题、练习、案例和项目

因为让学生应用他们所学的概念非常重要，所以每章都包括了关键术语、复习题、练习（其中包括"Access 工作台"相关的练习）、案例问题以及贯穿全书的三个项目。学生在阅读并理解本章内容之后应该知道每个关键术语的含义并能够回答复习题。每个练习要求学生在一个小问题或任务上运用所学的概念。

本书所介绍的三个项目丽园、詹姆斯河珠宝以及安妮女王古玩店都是正在进行的项目并贯穿本书所有章节。在每个实例中，要求学生申请的项目能够适用本章项目概念。教师能够在《教师手册》中找到有关这些项目使用的更多信息，并能从本书网站（www. pearsonhighered. com/kroenke）的密码保护的教师部分获得这些数据库和数据。

本书使用的软件

就像我们以与 DBMS 无关的方式展开讨论一样，只要有可能，我们就会选择尽可能独立于操作系统的软件。令人吃惊的是很多优秀软件都可以从网上找到。

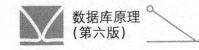

因此尽管本书中的例子是用微软操作系统、SQL Server 2012 的速成版、Microsoft Access 2010、Microsoft Excel 2010 和 IIS Web 服务器创建的，但其中大部分可以很容易地通过使用 Linux、MySQL 5.5 的社区服务器版、OpenOffice. org 的 Base 和 Calc，以及 Apache Web 服务器来完成。另外，书中使用的其他一些软件产品，如 PHP 和 Eclipse 等也都可用于多个操作系统。

新版的变化

该版本中最显著的变化是涉及了目前迅速发展的有关大数据的使用情况和相关的 NoSQL 运动。能够存储和处理极大的数据集的需要正在改变数据库世界。虽然这些发展使得本书中介绍的基础知识能够保持不变，但是需要读者对本书核心的关系数据库与非关系型的结构化存储的理解，并为读者提供在大数据环境中的使用。因此，现在的第 8 章围绕大数据来组织，同时数据仓库、数据库服务器集群、分布式数据库以及商务智能（BI）系统概述等主题也都在该章中找到了合适的位置。为了找到与前一版的《数据库原理》（Database Concepts）中关于 BI 的相同介绍，我们已经将 BI 的有关资料从第 8 章移到了附录 J。

另一个显著变化是本书增加了对 Oracle 数据库 11g 第 2 版的支持。虽然《数据库原理》一书一直专注于概念而不是特定的 DBMS 产品，但是我们也提供了对 Microsoft Access 2010、Microsoft SQL Server 2012 和 MySQL 5.5 的充分介绍以便这些概念能够被付诸实践。我们已经扩大了介绍范围，其中包括了同级别的教材对 Oracle 数据库的引用和说明，并添加了一个新的附录介绍 Oracle 数据库 11g 第 2 版的速成版和 Oracle SQL Developer GUI 实用程序（见附录 B "Getting Started with Oracle Database 11g Release 2 Express Edition"）。

最后，我们还新增了与各章独立的案例题集。虽然每章的项目紧密绑在一起，但案例问题不要求学生已经完成前面章节中同一案例的工作。但有一个贯穿第 4 章和第 5 章的特别例外将关系数据建模和数据库设计捆绑在一起，要一起完成，但每个章节还各自包括一个独立的案例。虽然在某些情况下不同章节中可能使用相同的基本的指定案例，但每个实例仍然完全独立于任何其他实例，同时我们在网站 www. pearsonhighered. com/kroenke 提供了所需的 Microsoft Access 2010 数据库和 SQL 脚本文本。

当然，我们还更新了本书中的所有其他产品的信息。具体而言，涵盖了 MySQL 5.5 和新发布的 Microsoft SQL Server 2012。

我们保留和改进了本书之前版本中的几个特点：

● 在每章使用小节 "Access 工作台" 来介绍 Microsoft Access 基本知识，现在包括 Microsoft Access 切换面板（Switchboards）（附录 H "The Access Workbench—Section H—Microsoft Access 2010 Switchboards"，也可在线获得）。

● Microsoft SQL Server 2012 速成版（附录 A "Getting Started with Microsoft SQL Server 2012 Express Edition"，在线获得）和 MySQL 社区服务器版 5.5（附录 C "Getting Started with MySQL 5.5 Community Server Edition"，在线获得）使用导引。

● 使用贯穿全书的三个示例数据库的充分开发的数据集：韦奇伍德太平洋公司、希瑟·斯威尼设计以及 Wallingford 汽车公司。

● 关于 Web 数据库处理的各主题所使用的 PHP 脚本语言和 Eclipse IDE 中包括了网页代码输入表单。

● 重组后的第 8 章仍然保留了多维数据库模型和 OLAP 的介绍。

为了给这些新资料提供空间，我们不得不将以前一些有价值的资料移到本书的在线附录中。其中就包括了詹姆斯河珠宝（James River Jewelry）项目问题集，它现在是在线附录 D "James River Jewelry Project

4

Questions"；关于 SQL 视图的资料（上一版第 3A 章），现在是在线附录 E "SQL Views"；以及有关报表系统和数据挖掘的商务智能系统的材料，现在是在线附录 J "Business Intelligence Systems"。

本书概述

本教材由 8 章和 10 个在线附录组成（全部附录可从 www.pearsonhighered.com/kroenke 随时获得）。第 1 章解释了为什么使用数据库、它们的组件是什么，以及它们是如何开发的。学生将了解使用数据库的目的及其应用，以及数据库与电子表格存在哪些不同和改进。第 2 章介绍了关系模型并定义了基本的关系术语。同时还介绍了有关规范化和规范化过程的基本思想。

第 3 章给出了基本的 SQL 语句。介绍了用于数据定义的基本 SQL 语句、SQL SELECT 和数据修改语句。本章只有必需的语句，而没有介绍高级 SQL 语句。在线附录 E 中增加了对 SQL 视图的介绍。

接下来的两个章节涉及数据库的设计。第 4 章讨论使用实体—联系（E—R）模型来进行数据建模。这一章描述了数据建模需求，介绍 E—R 的基本术语和概念并给出了一个短小的 E—R 建模的案例应用（希瑟·斯威尼设计）（Heather Sweeney Designs）。第 5 章描述了数据库设计并解释了规范化的本质。第 4 章中案例的数据模型在第 5 章中转换成关系型设计。

我们在这一版本中继续使用在较早版本中规范化的更有效的讨论。我们提出了一个描述性过程，能够通过四个步骤完成关系的规范化。这种方法不仅使规范化任务更容易，也使得规范化原则更容易理解。因此，本书保留了这种做法。如果教师想了解更详细的范式细节，可以参阅第 5 章，其中包括了大多数范式的简短定义。

最后三章考虑数据库管理和应用中的数据库使用问题。第 6 章为数据库管理提供了一个概述，综述了并发控制、安全、备份和恢复技术。数据库管理是一个重要的话题，因为它适用于所有的数据库，包括个人和单用户数据库。

第 7 章介绍了基于 Web 的数据库处理的应用，包括对开放式数据库连接（ODBC）的讨论和 PHP 脚本语言的使用，还讨论了可扩展标记语言（XML）的出现和基本概念。

第 8 章讨论新兴的大数据和 NoSQL 运动。讨论了商务智能系统（BI）和数据仓库的架构，但 BI 系统的许多细节已被移到在线附录 J。第 8 章还讨论了多维数据库。本章给出了如何构建希瑟·斯威尼设计的一个多维数据库，然后用它生成一个数据透视表 PivotTable 的联机分析处理（OLAP）的报告。

附录 A 提供了一个 SQL Server 2012 速成版的简要介绍，附录 B 简要介绍了 Oracle 数据库 11g 第 2 版速成版，附录 C 则为 MySQL 5.5 提供了类似的介绍。Microsoft Access 则出现在每章都包括的"Access 工作台"。附录 D 现在包含了詹姆斯河珠宝项目问题。附录 E 介绍 SQL 视图语句。附录 F 介绍了系统分析和设计，这给第 4 章（数据建模）和第 5 章（数据库设计）提供了技术环境。附录 G 简要介绍了 Microsoft Visio 2010，Visio 2010 可以用于数据建模（第 4 章）和数据库设计（第 5 章）。另一个有用的数据库设计工具是 MySQL 工作台。在附录 C 中讨论 MySQL 工作台。附录 H 扩充了第 5 章的"Access 工作台"部分，增加了对 Microsoft Access 2010 切换面板的介绍。附录 I 用来补充第 7 章的内容，详细说明了启动和运行微软 IIS Web 服务器、PHP 和 Eclipse PHP 开发工具（PDT）的细节。最后，附录 J 为商务智能（BI）系统提供补充材料，并为第 8 章的报告系统和数据挖掘提供了更多的讨论。

为了使《数据库原理》各版本之间的更新保持一致，我们会根据需要将更新发布在网站 www.pearsonhighered.com/kroenke。教师资源和学生资料也可在网站上获得，所以最好不时检查一下该网站。

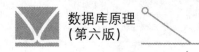

致 谢

在过去的 30 多年中，数据库和数据库应用一直是一个愉快而有回报的活动。我们相信，数据库应用及其支撑数据库的重要性在未来将不断提升，就像目前在谷歌（Google）、Facebook 和其他产品中不断发展的大数据结构所展示的那样。而这些是本书第一版出版时所没有的。我们希望在这本书中所提到的概念、知识和技术能够帮助学生成功地参与到这个新兴的数据库世界中。

我们要衷心感谢以下审稿人所给出的富有洞察力和有益的意见：

David Chou，东密歇根大学

Geoffrey Decker，北伊利诺伊大学

Deena Engel，纽约大学

Jean Hendrix，阿肯色大学蒙蒂塞洛分校

Malini Krishnamurthi，美国加利福尼亚州立大学富勒尔分校

Rashmi Malhotra，圣约瑟夫大学

Gabriel Petersen，北卡罗来纳中央大学

Eliot Rich，纽约州立大学奥尔巴尼分校

Bond Wetherbe，美国得克萨斯州理工大学

Diana Wolfe，俄克拉何马城俄克拉何马州立大学

要感谢我们的编辑 Bob Horan；我们的编辑项目经理 Kelly Loftus；生产项目经理 Jane Bonnell；项目经理 Jennifer Welsch。感谢他们在项目推进中所表现的敬业精神、洞察力、支持和帮助。我们还要感谢 Marcia Williams 为终稿所提出的详细的意见。最后，戴维·克伦克想感谢他的妻子 Lynda；戴维·奥尔想感谢他的妻子 Donna。感谢她们在完成这个项目的过程中所表现的爱、鼓励和耐心。

戴维·M. 克伦克，华盛顿州西雅图

戴维·J. 奥尔，华盛顿州贝林汉姆

戴维·M. 克伦克，1967 年作为兰德（RAND）公司的暑期实习生进入电脑行业。从那时起，他的职业生涯已经跨越了教育、工业、咨询和出版。

他曾任教于华盛顿大学、科罗拉多州立大学和西雅图大学。多年来，他为大学教授主办了几十场教学研讨会。1991 年国际信息系统协会授予他"年度电脑教育家"的称号。

在工业领域，克伦克曾在美国空军和波音公司的电脑服务部门工作，他是三家创业公司的法人。他也是 Microrim 公司产品营销和开发部的副总裁和数据库部门的首席技术专家，同时也是语义对象数据模型之父。克伦克的咨询客户包括 IBM 公司、微软、计算机科学公司，以及许多其他公司和组织。

他写的教科书包括：《数据库处理：基础、设计和实施》（*Database Processing：Fundamentals, Design. and Implementation*），首次出版于 1977 年，现在是第十二版。他于 2003 年撰写了《数据库的概念》（*Database Concepts*，现在你正在阅读第六版）。克伦克还出版了许多其他教科书，包括经典的《商业计算机系统》（*Business Computer Systems*）（1981）。最近，他创作了三本书：《MIS 经验》（*Experiencing MIS*）（第三版）、《MIS 必备》（*MIS Essentials*）（第二版）以及《使用 MIS》（*Using MIS*）（第五版）。

作为一个狂热的水手，克伦克还编写了：*Know Your Boat：The Guide to Everything That Makes Your Boat Work*。克伦克住在华盛顿西雅图，已婚，有两个孩子和三个孙子。

戴维·J. 奥尔，1994 年以来，一直在西华盛顿大学经济及工商管理学院（CBE）担任信息系统和技术服务主任，并担任 CBE 决策科学系的讲师。自 1981 年以来，他曾任教 CBE 课程的定量方法、生产和经营管理、统计、金融、管理信息系统。除了管理 CBE 的计算机、网络和其他技术资源，他还教授管理信息系统课程。他曾任教管理信息系统和业务数据库开发课程并负责开发 CBE 的网络基础设施的课程，包括计算机硬件和操作系统、电信和网络管理。他与人合著了几本有关 MIS 的教科书。

奥尔拥有华盛顿大学英语文学学士学位，西华盛顿大学数学和经济学学士学位、经济学硕士学位，以及辅导心理学硕士学位。他曾担任美国空军军官，还曾作为员工援助计划（EAP）的组织发展专家和治疗师。

奥尔和他的妻子 Donna 住在华盛顿州贝林汉姆。他有两个孩子和五个孙子。

目 录

第一部分

数据库基础

第一部分将介绍关系数据管理的基本概念和技术。第 1 章介绍数据库技术，讨论为什么使用数据库，并描述一个数据库系统的组成部分。第 2 章介绍关系模型和定义关系数据库中的关键术语。同时还给出了关系数据库设计的基本原则。第 3 章介绍结构化查询语言——创建和处理关系数据库的一个国际标准。

在学会这些基本的数据库概念之后，第二部分将集中于数据库建模、设计和实施。最后，本书第三部分将讨论数据库管理、Web 数据库应用、大数据和商务智能（BI）系统。

第 1 章
入　门

本章目标

- 确定本书的目的和范围
- 了解使用列表的潜在问题
- 理解使用数据库的原因
- 了解如何使用相关表来避免使用列表时的问题
- 知道一个数据库系统的组成部分
- 学习数据库中的元素
- 了解一个数据库管理系统（DBMS）的用途
- 理解数据库应用的功能

对数据库技术重要性的了解每天都在加深。数据库可以用于任何地方：它们是电子商务和其他 Web 应用的关键组件。数据库位于整个组织范围级的运营和决策支持应用的"心脏"。数以千计的工作组和成百万的个人也在使用数据库。据估计，当今世界有超过 1 000 万的活跃数据库。

本书的目的是教给读者必要的数据库概念、技术和技巧。这些都是数据库开发人员开始自己的职业生涯所需要的。本书不会讲授数据库技术中所有的重要技术，但它会提供足够的背景知识使你能够创建自己的个人数据库，并能够作为一名团队成员参与更大、更复杂的数据库的开发。你也能够独自提出恰当的问题并自学得更多。

在第 1 章中，我们来调研使用数据库的原因。我们首先描述使用列表时可能出现的问题。通过一系列的例子来说明如何使用相关的表集以帮助你避免这些问题。接下来，我们将描述数据库系统的组件并解释数据库中的各个要素、数据库管理系统（DBMS）的目的以及数据库应用的功能。

为什么要使用数据库?

数据库能够帮助人们跟踪一些事情。可能令你感到疑惑的是：当使用一个简单的列表就可以达到这样的目的时，我们为什么还需要一个专门的学期（和课程）来掌握这样的技术呢？很多人使用列表来跟踪事情，而且这样的列表确实在某些时候很有价值。然而在另外一些情况下，简单的列表会导致数据不一致和其他问题。

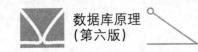

在本节中，我们考察几个不同的列表，并展示其中可能存在的一些问题。正如你将看到的，我们可以通过将列表分割为数据表来解决问题。这些表是数据库的关键组成部分。本书的大部分内容涉及数据表的设计和处理表所包含的数据的有关技术。

列表存在的问题

图 1—1 显示了一个存储在电子表单中的简单的学生名单列表 Student。[①] 学生名单是一个非常简单的列表，并且对这样的清单列表，电子表单很好用。即使名单很长，也可以按字母顺序对姓氏、名字或电子邮件地址排序，找到想要的任何条目。你可以更改数据值，添加一个新学生的数据，或删除学生数据。使用类似图 1—1 中的 Student 列表，这些操作都不是问题，并且没有必要使用数据库。使该列表以电子表单形式存储就很好。

	A	B	C
1	**LastName**	**FirstName**	**Email**
2	Andrews	Matthew	Matthew.Andrews@ourcampus.edu
3	Brisbon	Lisa	Lisa.Brisbon@ourcampus.edu
4	Fischer	Douglas	Douglas.Fischer@ourcampus.edu
5	Hwang	Terry	Terry.Hwang@ourcampus.edu
6	Lai	Tzu	Tzu.Lai@ourcampus.edu
7	Marino	Chip	Chip.Marino@ourcampus.edu
8	Thompson	James	James.Thompson@ourcampus.edu

图 1—1　电子表单中的学生列表

但是，假如我们改变学生列表，在其中加入导师数据（如图 1—2 所示）。你仍然可以用多种不同方法对新的包含导师的学生列表进行排序并从中查找一个表项。但如果对这个名单进行更改，则可能导致**修改问题**（modification problem）。例如，假设要删除的数据是学生 Chip Marino。如图 1—3 所示，如果恰好要删除第 7 行，那么这时不仅移除了 Chip Marino 的数据，同时也删除的事实是：一位名为 Tran 的导师以及 Tran 教授的电子邮件地址 Ken. Tran @ ourcampus. edu。

	A	B	C	D	E
1	LastName	FirstName	Email	AdviserLastName	AdviserEmail
2	Andrews	Matthew	Matthew.Andrews@ourcampus.edu	Baker	Linda.Baker@ourcampus.edu
3	Brisbon	Lisa	Lisa.Brisbon@ourcampus.edu	Valdez	Richard.Valdez@ourcampus.edu
4	Fischer	Douglas	Douglas.Fischer@ourcampus.edu	Baker	Linda.Baker@ourcampus.edu
5	Hwang	Terry	Terry.Hwang@ourcampus.edu	Taing	Susan.Taing@ourcampus.edu
6	Lai	Tzu	Tzu.Lai@ourcampus.edu	Valdez	Richard.Valdez@ourcampus.edu
7	Marino	Chip	Chip.Marino@ourcampus.edu	Tran	Ken.Tran@ourcampus.edu
8	Thompson	James	James.Thompson@ourcampus.edu	Taing	Susan.Taing@ourcampus.edu

图 1—2　包含导师信息的学生列表

类似地，更新此列表中的值也可能产生意想不到的后果。例如，如果改变第 8 行的 AdviserEmail，将产生不一致的数据。本次变动后，第 5 行表示 Taing 教授的一个电子邮件地址，而第 8 行则给同名教授列出了不同的电子邮件地址。或者他们是同一位教授吗？单从这份列表中，我们不能断定到底是只有一个 Taing 教授，而他有两个不一致的电子邮件地址，还是有两位 Taing 教授，他们有不同的电子邮件地址。由于执行该更新，我们使得列表中增加了混乱和不确定性。

最后，当我们要添加一个还没有学生的教授的数据时应该怎么做？例如，George Green 教授还没有学生，但我们仍然要记录他的电子邮件。如图 1—3 所示，我们必须插入一个值不完整的行。在数据库字段，

---

① 为了方便识别和引用正在讨论的列表，我们会将本章中列表名的每个单词的第一个字母大写。同样地，我们将与列表相关联的数据库表的名称大写。

这些不完整的值称为**空值**（null value）。

图1—3　学生列表（包含导师信息）的更新问题

在这种情况下，术语"空值"表示一种缺失值，但用于数据库时该术语还有其他含义。我们将在下一章中详细讨论有关空值的问题，我们将看到空值总是有问题的，而且我们要尽可能避免使用空值。

现在，在上面两个例子中究竟发生了什么？我们有一个三列的简单列表，又增加了两列，于是产生了几个问题。问题不仅仅是列表有五列，而非三列。考虑另外一个有五列的不同列表：包含宿舍（Residence）的学生列表，如图1—4所示。这个列表中有五列，但它没有遇到图1—3所示的包含导师信息的学生列表的任何问题。

在图1—4的包含宿舍信息的学生列表中，我们可以删除学生 Chip Marino 的数据，而且仅仅删除了该学生的数据。没有出现意想不到的后果。同样，我们可以改变学生 Tzu Lai 的宿舍值而不会导致任何不一致。最后，我们可以添加学生 Garret Ingram 的数据而且没有任何空值。

图1—3包含导师信息的学生列表和图1—4包含宿舍信息的学生列表之间存在本质上的区别。从这两个图中，你能确定什么区别吗？本质区别在于：图1—4包含宿舍信息的学生列表只关注一件事情：在该列表中的所有数据只和学生有关。相反，图1—3包含导师信息的学生列表则涉及两件事情：一些数据是关于学生的，而另外一些数据是关于导师的。一般说来，如果一个列表中涉及两个或两个以上的不同事物，就会产生数据修改问题。

	A	B	C	D	E
1	LastName	FirstName	Email	Phone	Residence
2	Andrews	Matthew	Matthew.Andrews@ourcampus.edu	301-555-2225	123 15th St Apt 21
3	Brisbon	Lisa	Lisa.Brisbon@ourcampus.edu	301-555-2241	Dorsett Room 201
4	Fischer	Douglas	Douglas.Fischer@ourcampus.edu	301-555-2257	McKinley Room 109
5	Hwang	Terry	Terry.Hwang@ourcampus.edu	301-555-2229	McKinley Room 208
6	Ingram	Garrett	Garett.Ingram@ourcampus.edu	301-555-2223	Dorsett Room 218
7	Lai	Tzu	Tzu.Lai@ourcampus.edu	301-555-2231	McKinley Room 115
8	Marino	Chip	Chip.Marino@ourcampus.edu	301-555-2243	234 16th St Apt 32
9	Thompson	James	James.Thompson@ourcampus.edu	301-555-2245	345 17th St Apt 43

图1—4　包含宿舍的学生列表

为了强调这个观点，我们考察图1—5的包含导师和学部信息的学生列表。这个列表中的数据关于三个不同的事物：学生、导师和学部。正如从图中可见，插入、更新和删除数据所引发的问题变得更糟。例如，要改变 AdviserLastName 的值，可能只需要修改 AdviserEmail，或者也可能需要同时改变 AdviserEmail、Department 和 AdminLastName 的值。可以想象一下，如果这个列表很长，比如有几千行，并且如果有多个人处理它，列表就会在很短的时间内变得一团糟。

■ 使用关系数据库的表

使用列表的问题最初在20世纪60年代被确定，自此以后人们开发了许多不同的技术来解决这些问题。随着时间的推移，**关系模型**（relational model）作为一种方法论，成为其中的领导性解决方案，而且现在几

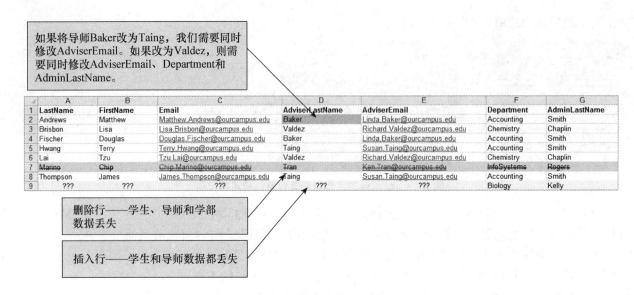

图 1—5　包含导师和学部信息的学生列表

乎每个商业数据库都基于关系模型。我们将在第 2 章详细研究关系模型。然而在这里我们主要通过展示它如何解决列表的修改问题来介绍关系模型的基本思想。

　　还记得八年级的英语老师吗？他或她说过每个段落应该有单一的主题。如果某个段落有不止一个主题，那么就需要将它分成两个或更多段，使得每段只有一个单一的主题。这一思想是关系数据库设计的基础。**关系数据库**（relational database）中包含独立的表的集合。在大多数情况下单个表保存有且只有一个主题的数据。如果一个表有两个或两个以上的主题，就将其拆分成两个或多个表。

BTW

　　一个表和**电子表单**［spreadsheet，也称为**工作簿**（worksheet）］是非常相似的，你可以将二者都看作包含行、列和单元格。第 2 章中将详细讨论如何把表定义为一个不同于电子表单的东西。至此，人们所看到的主要区别是表有列名，而不是识别字母（例如，使用 *Name* 而不是 *A*），同时该行不一定编号。

包含导师信息的学生列表的关系设计

　　在图 1—2 中包含导师信息的学生列表有两个主题：students（学生）和 advisers（导师）。如果把这些数据转换成一个关系数据库，我们要把学生数据放在 STUDENT 表中，而将导师数据放在第二个表 ADVISER 中。

BTW

　　本书中的表名都用大写字母（如 STUDENT，ADVISER）。列名则是首字母大写（如 Phone，Address）。此外，如果列名由多个单词组成，那么每个单词的首字母大写（如 LastName，AdviserEmail）。

　　我们仍然希望展示哪个学生有哪位导师，所以仍然在 ADVISER 表中保留了 AdviserLastName。如图 1—6 所示，现在我们可以通过 AdviserLastName 的值将两个表中的行彼此链接在一起。

　　现在考虑对这些表可能的修改。正如上一节所看到的，三个基本**修改操作**（modification action）都是可能的：**插入**（insert）、**更新**（update）和**删除**（delete）。为了评估设计，我们需要考虑这三个动作中的每一个。如图 1—7 所示，我们可以插入、更新和删除这些表而不发生修改问题。

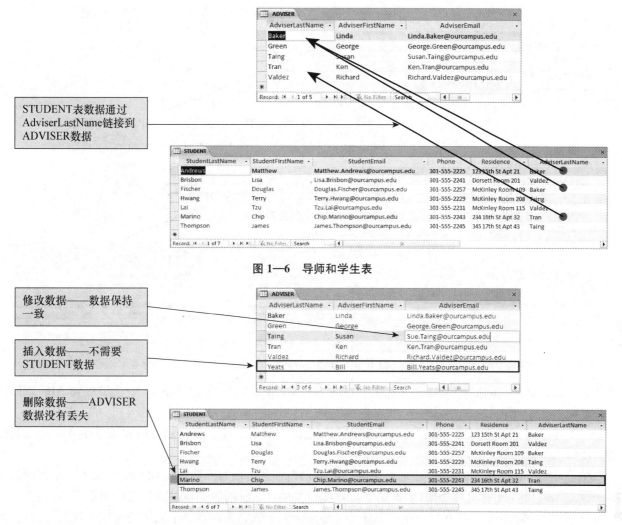

STUDENT表数据通过
AdviserLastName链接到
ADVISER数据

图1—6 导师和学生表

修改数据——数据保持
一致

插入数据——不需要
STUDENT数据

删除数据——ADVISER
数据没有丢失

图1—7 修改导师及学生表

例如，我们可以向 ADVISER 表中仅为 Yeats 教授插入他/她的数据。这时没有学生数据引用 Yeats 教授的数据，但这已不是一个问题。也许，将来会有学生选 Yeats 作为导师。我们也可以更新数据值而没有出现意想不到的后果。比如，Taing 教授的电子邮件地址可以改为 Sue. Taing@ourcampus. edu。因为 Taing 教授的电子邮件地址的 ADVISER 表中只存储一次，所以也不会导致数据不一致。最后，我们可以删除数据而没有相关后果。例如，我们可以从 STUDENT 表中删除学生 Marino 的数据而没有丢失任何导师数据。

包含导师和学部信息的学生列表的关系设计方案

我们可以使用一个类似的战略来为如图1—5所示的包含导师和学部信息的学生列表开发一个关系数据库。这个清单有三个主题：学生、导师和学部。相应地，我们要为图1—8所示的每个主题建一个表，共创建了三个表。

如图1—8所示，我们可以使用 AdviserLastName 和 Department 来链接表。另外，如该图所示，这个表集合并没有任何修改问题。我们可以插入新的数据而无需创建空值；可以修改数据而不会造成不一致性；也可以删除数据而没有意想不到的后果。特别值得注意的是：当向 DEPARTMENT 表添加一个新行时，如果需要，我们也可以在 ADVISER 表添加行。而且如果需要，我们还可以为 ADVISER 表中的每个新行在 STUDENT 表中添加行。然而，所有这些操作都是独立的，都不会在表中留下不一致的状态。

类似地，当修改 STUDENT 表中某行的 AdviserLastName 时，我们自动选择导师的正确名字、电子邮

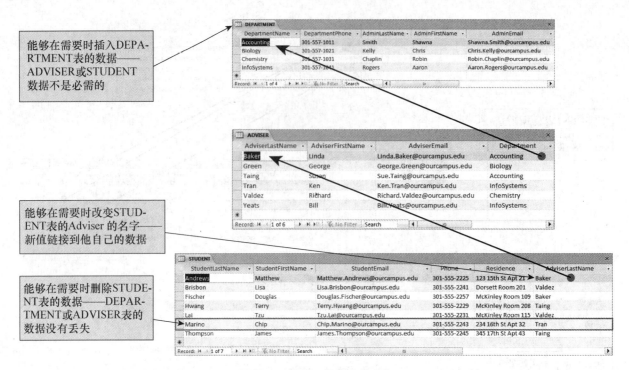

能够在需要时插入DEPA-RTMENT表的数据——ADVISER或STUDENT数据不是必需的

能够在需要时改变STUDENT表的Adviser的名字——新值链接到他自己的数据

能够在需要时删除STUDENT表的数据——DEPARTMENT或ADVISER表的数据没有丢失

图 1—8   学部、导师和学生表

件地址和学部。如果我们把 STUDENT 表第一行的 AdviserLastName 变为 Taing，它会链接到 ADVISER 表中有正确的 AdviserFirstName、AdviserEmail 和 Department 值的行。如果需要，我们也可以使用 ADVISER 表中 Department 的值以获得正确的 DEPARTMENT 数据。最后，注意，我们可以删除学生 Marino 的行而不会有任何问题。

顺便说一句，在图 1—8 的设计中已经去除了修改列表时会出现的问题，但同时也引入了一个新的问题。具体来说，如果我们删除 ADVISER 表的第一行导师会发生什么？因为 ADVISER 表中 Baker 不存在了，那么学生 Andrews 和 Fischer 的 AdviserLastName 将是一个无效值。为防止这个问题的发生，我们可以这样设计数据库：如果其他行依赖于某行，则不允许删除该行，或者可以把它的依赖行同时删除。不过，这里我们会跳过这些内容，我们将在后面的章节中再讨论这些问题。

艺术课程注册的关系设计

为在你的心目中强化我们一直研究的观点，考虑图 1—9 中的艺术课程（Art Course）列表。这是某所向公众提供艺术课程的艺术学校所使用的列表。此列表存在修改问题。例如，假设我们更改第一行中 Course-Date 的值。这种变化可能表示课程日期要改变，那么在这种情况下，其他行的 CourseDate 值也应该改变。另一方面，这种更改也可能意味着要提供一门新的课程 Advanced Pastels（Adv Pastels）。而这两种情况都是可能的。

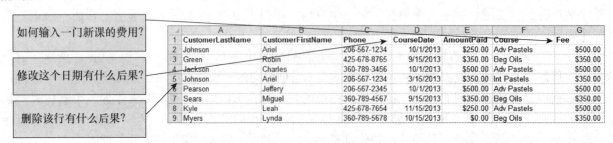

如何输入一门新课的费用？

修改这个日期有什么后果？

删除该行有什么后果？

图 1—9   有修改问题的艺术课程列表

前面的例子中，我们可以为每个主题创建一个单独的表来去除存在的问题和歧义。但是在这种情况下，主题更难确定。显然，一个主题是客户，另一个是艺术课程。然而，还存在着更难发现的第三个主题。客户为某门课程支付了一定金额的费用。交款金额不是客户的属性，因为它根据所选的具体课程各有变化。例如，客户 Ariel Johnson 为 Advanced Pastels（Adv Pastels）支付了 250 美元同时为 Intermediate Pastels（Int Pastels）支付了 350 美元。同样地，交款金额不是课程的属性，因为它因客户所选的不同课程而变化。因此，这个列表的第三个主题必须考虑一个特定的学生在一个特定的班的注册情况。图 1—10 显示了对应于这三个主题所设计的三个表，我们将这个表集合命名为艺术课程数据库（Art Course Database）。注意：这个的设计指派了一个 ID 列——CustomerNumber，它为 Customer 表的每一行分配了一个唯一的识别号码。这是必要的，因为有些客户可能具有相同的名字。COURSE 表中还增加了另一个 ID 列——CourseNumber。这也是必要的，因为有些课程也有相同的名称。最后还要注意，ENROLLMENT 表的各行显示由某个特定的客户向某个课程所支付的金额，同时 ID 列 CustomerNumber 和 CourseNumber 作为其他表的链接列。

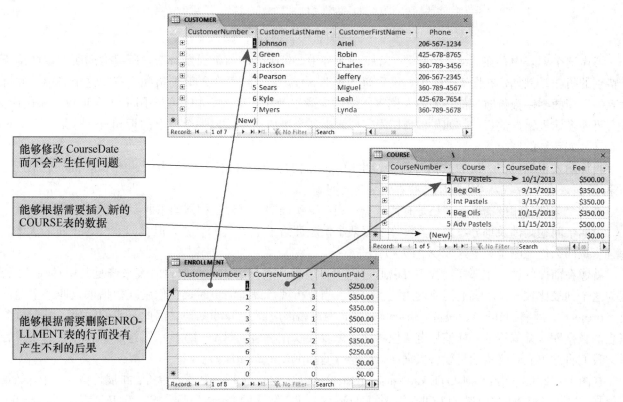

图 1—10　艺术课程数据库表

零件和价格的关系设计

现在我们考虑一个更为复杂的例子。图 1—11 显示的电子表单保存着房屋承建商 Carbon River 建设公司所使用的项目设备列表，用来跟踪其为各类建设项目所购买的零件。

该列表中存在的第一个问题涉及对现有数据的修改。假设你的工作是维护这个列表并且老板告诉你：客户 Elizabeth Barnaby 更换了她的电话号码。那么你需要在这个表单上做多少修改？针对图 1—11 中的数据，你需要修改 10 次。现在假设电子表单中有 5 000 行。你可能需要做出多少修改？答案是可能要几十次，这时不仅要担心这么做将花费的时间，也要考虑发生错误的可能性——可能会在某一行或两行中漏掉她的名字。

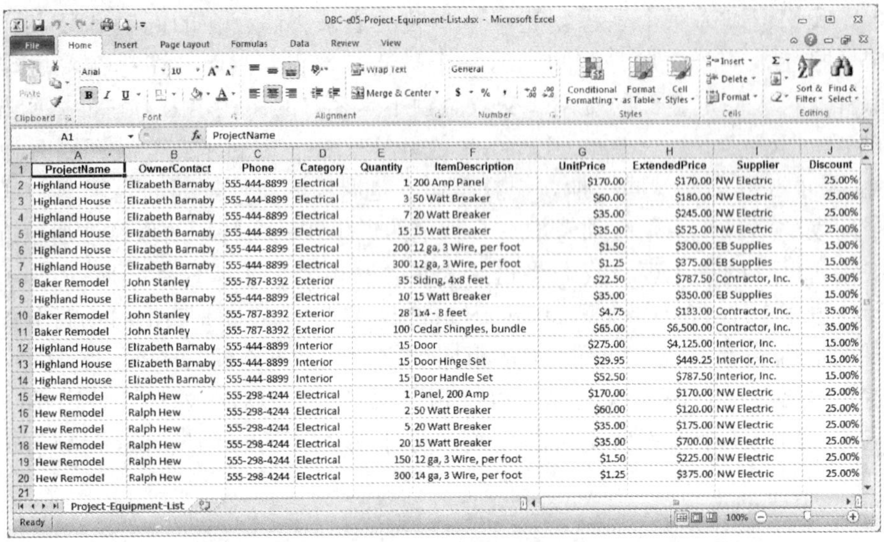

	ProjectName	OwnerContact	Phone	Category	Quantity	ItemDescription	UnitPrice	ExtendedPrice	Supplier	Discount
2	Highland House	Elizabeth Barnaby	555-444-8899	Electrical	1	200 Amp Panel	$170.00	$170.00	NW Electric	25.00%
3	Highland House	Elizabeth Barnaby	555-444-8899	Electrical	3	50 Watt Breaker	$60.00	$180.00	NW Electric	25.00%
4	Highland House	Elizabeth Barnaby	555-444-8899	Electrical	7	20 Watt Breaker	$35.00	$245.00	NW Electric	25.00%
5	Highland House	Elizabeth Barnaby	555-444-8899	Electrical	15	15 Watt Breaker	$35.00	$525.00	NW Electric	25.00%
6	Highland House	Elizabeth Barnaby	555-444-8899	Electrical	200	12 ga, 3 Wire, per foot	$1.50	$300.00	EB Supplies	15.00%
7	Highland House	Elizabeth Barnaby	555-444-8899	Electrical	300	12 ga, 3 Wire, per foot	$1.25	$375.00	EB Supplies	15.00%
8	Baker Remodel	John Stanley	555-787-8392	Exterior	35	Siding, 4x8 feet	$22.50	$787.50	Contractor, Inc.	35.00%
9	Highland House	Elizabeth Barnaby	555-444-8899	Electrical	10	15 Watt Breaker	$35.00	$350.00	EB Supplies	15.00%
10	Baker Remodel	John Stanley	555-787-8392	Exterior	28	1x4 - 8 feet	$4.75	$133.00	Contractor, Inc.	35.00%
11	Baker Remodel	John Stanley	555-787-8392	Exterior	100	Cedar Shingles, bundle	$65.00	$6,500.00	Contractor, Inc.	35.00%
12	Highland House	Elizabeth Barnaby	555-444-8899	Interior	15	Door	$275.00	$4,125.00	Interior, Inc.	15.00%
13	Highland House	Elizabeth Barnaby	555-444-8899	Interior	15	Door Hinge Set	$29.95	$449.25	Interior, Inc.	15.00%
14	Highland House	Elizabeth Barnaby	555-444-8899	Interior	15	Door Handle Set	$52.50	$787.50	Interior, Inc.	15.00%
15	Hew Remodel	Ralph Hew	555-298-4244	Electrical	1	Panel, 200 Amp	$170.00	$170.00	NW Electric	25.00%
16	Hew Remodel	Ralph Hew	555-298-4244	Electrical	2	50 Watt Breaker	$60.00	$120.00	NW Electric	25.00%
17	Hew Remodel	Ralph Hew	555-298-4244	Electrical	5	20 Watt Breaker	$35.00	$175.00	NW Electric	25.00%
18	Hew Remodel	Ralph Hew	555-298-4244	Electrical	20	15 Watt Breaker	$35.00	$700.00	NW Electric	25.00%
19	Hew Remodel	Ralph Hew	555-298-4244	Electrical	150	12 ga, 3 Wire, per foot	$1.50	$225.00	NW Electric	25.00%
20	Hew Remodel	Ralph Hew	555-298-4244	Electrical	300	14 ga, 3 Wire, per foot	$1.25	$375.00	NW Electric	25.00%

图 1—11　项目设备清单的电子表单

考虑这个列表中存在的第二个问题。在这项业务中，每个供应商都同意对于它所提供的所有零件给予一个特别的折扣。例如，在图 1—11 中，供应商 NW Electric 已经同意给 25%的折扣。有了这个名单，你每次输入一个新的零件报价时，都必须输入该零件的供应商以及用正确的折扣。如果用了几十到数百家供应商，就有可能会输入错误的折扣。如果出现错误，列表中某个供应商将给出一个以上的折扣——这是一个不正确的而又令人费解的情况。

当你输入正确但不一致的数据时就会产生第三个问题。第一行有一个名为“200 Amp panel”的零件，而第 15 行还有一个名为“Panel，200 Amp”的零件。

这两个零件是相同的商品，还是有什么不同呢？事实证明，它们是相同的东西，只是叫法不同而已。

第四个问题则涉及部分数据。假设你知道某个供应商给予了 20%的折扣，但 Carbon River 尚未从该供应商订货。那么你在哪里记录这 20%的折扣呢？

就像在前面的例子中那样，我们可以通过将项目设备列表分解成几张单独的表来修复其中存在的问题。因为这个列表比较复杂，我们需要使用更多的表。当分析项目设备清单时，我们发现数据涉及四个主题：项目（project）、零件（item）、报价（price quotations）和供应商（suppliers）。因此，我们创建了一个包含四张表的数据库，并像以前一样使用链接值将这四个表关联在一起。图 1—12 显示了这四个表和它们之间的联系，我们将这组表定义为项目设备数据库（project equipment database）。

在图 1—12 中，注意，QUOTE 表包括唯一的报价标识符（QuoteID）、数量、单价、扩展价格（等于［数量×单价］）以及三个 ID 链接值列：PROJECT 表的 ProjectID、ITEM 表的 ItemNumber、SUPPLIER 表的 SupplierID。

现在，如果 Elizabeth Barnaby 改变了电话号码，我们只需要在 PROJECT 表改变一次。同样地，我们只需要在 SUPPLIER 表记录一次供应商的折扣。

处理关系表

到现在为止，可能还有一个亟待解决的问题：将列表分解成多个分片以消除处理问题或许可行，但如果用户要查看他们的原始清单中的数据又该如何处理？随着数据分成不同的表，用户将不得不从一个表“跳转”到另一个表来找他们想要的信息，而这种跳来跳去会令人很乏味。

这是一个重要的问题，很多人在 20 世纪 70 年代和 80 年代解决了这个问题。人们先后发明了几种方法来

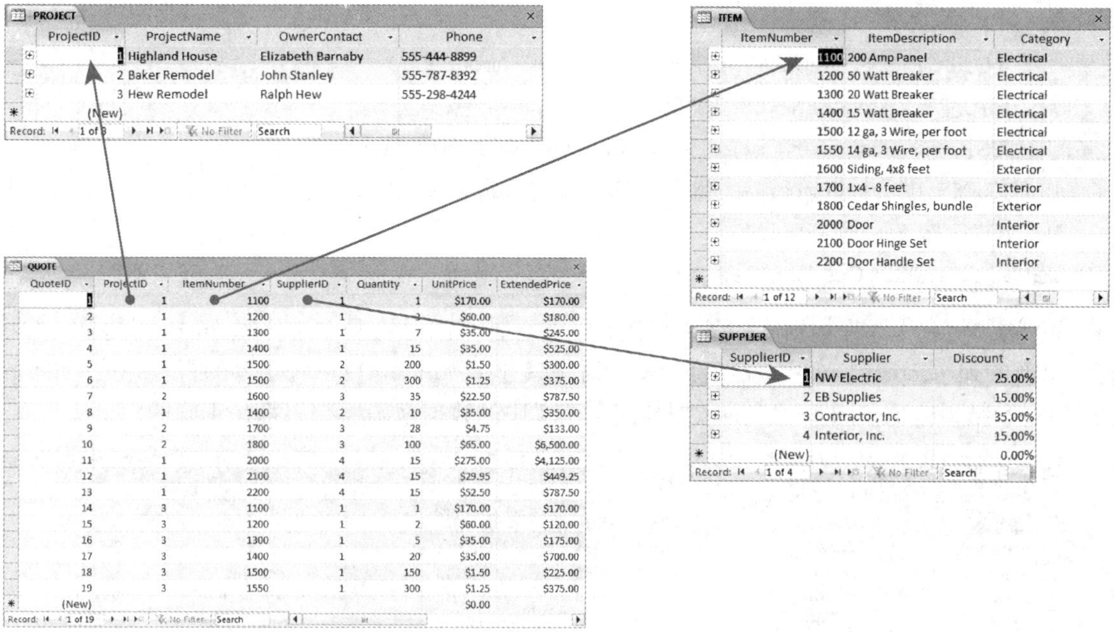

图 1—12　项目设备数据库表

组合、查询和处理表集合。随着时间的推移，其中一种方法——结构化查询语言（structured query language，SQL）逐渐成为数据定义和操作技术的领导者。现在，SQL 是一个国际标准。使用 SQL 你可以从基础表重建各个列表；可以指定特定的数据条件进行查询；可以在表中的数据上进行计算；也可以插入、更新和删除数据。

使用 SQL 处理表

在第 3 章中你将学习如何编写 SQL 语句。然而，为了让你初步了解一下这种语句的结构，我们来看一个 SQL 语句，它将图 1—10 中的三个表链接在一起生成最初的艺术课程列表。先不要担心是否理解语句的语法，只要知道它能够产生如图 1—13 所示的结果即可，其中包含了所有的艺术课程列表的数据（尽管在行序上会略有不同①）。

```
SELECT CUSTOMER.CustomerLastName,
       CUSTOMER.CustomerFirstName,CUSTOMER.Phone,
       COURSE.CourseDate,ENROLLMENT.AmountPaid,
       COURSE.Course,COURSE.Fee
FROM   CUSTOMER,ENROLLMENT,COURSE
WHERE  CUSTOMER.CustomerNumber = ENROLLMENT.CustomerNumber
AND    COURSE.CourseNumber = ENROLLMENT.CourseNumber;
```

正如你将在第 3 章中学习到的，也有可能是选择某些行、对它们排序以及对行数据的值进行计算。例如，图 1—14 显示了下面的 SQL 语句的执行结果：

```
SELECT CUSTOMER.CustomerLastName,
       CUSTOMER.CustomerFirstName,CUSTOMER.Phone,
       COURSE.Course,COURSE.CourseDate,COURSE.Fee,
```

① 我们将在第 3 章中讨论如何对数据进行排序以控制行序。

```
        ENROLLMENT.AmountPaid,
        (COURSE.Fee-ENROLLMENT.AmountPaid) AS AmountDue
FROM CUSTOMER,ENROLLMENT,CUSTOMER
WHERE CUSTOMER.CustomerNumber = ENROLLMENT.CustomerNumber
    AND COURSE.CourseNumber = ENROLLMENT.CourseNumber
    AND (COURSE.Fee - ENROLLMENT.AmountPaid) > 0
ORDER BY CUSTOMER.CustomerLastName;
```

这条 SQL 语句将艺术课程数据库的各表链接在一起，计算课程的 Fee 与 AmountPaid 的差，并将这个结果存放在一个新的列 AmountDue 中。然后该 SQL 语句只选择 AmountDue 大于零的行，并按 CustomerLast-Name 排序后展示结果。比较图 1—13 的数据与图 1—14 中的数据来确保结果都是正确的。

CustomerLastName	CustomerFirstName	Phone	CourseDate	AmountPaid	Course	Fee
Johnson	Ariel	206-567-1234	10/1/2013	$250.00	Adv Pastels	$500.00
Johnson	Ariel	206-567-1234	3/15/2013	$350.00	Int Pastels	$350.00
Green	Robin	425-678-8765	9/15/2013	$350.00	Beg Oils	$350.00
Jackson	Charles	360-789-3456	10/1/2013	$500.00	Adv Pastels	$500.00
Pearson	Jeffery	206-567-2345	10/1/2013	$500.00	Adv Pastels	$500.00
Sears	Miguel	360-789-4567	9/15/2013	$350.00	Beg Oils	$350.00
Kyle	Leah	425-678-7654	11/15/2013	$250.00	Adv Pastels	$500.00
Myers	Lynda	360-789-5678	10/15/2013	$0.00	Beg Oils	$350.00

图 1—13　重新创建艺术课程列表的 SQL 查询的结果

CustomerLastName	CustomerFirstName	Phone	Course	CourseDate	Fee	AmountPaid	AmountDue
Johnson	Ariel	206-567-1234	Adv Pastels	10/1/2013	$500.00	$250.00	$250.00
Kyle	Leah	425-678-7654	Adv Pastels	11/15/2013	$500.00	$250.00	$250.00
Myers	Lynda	360-789-5678	Beg Oils	10/15/2013	$350.00	$0.00	$350.00

图 1—14　计算 AmountDue 的 SQL 查询的结果

什么是数据库系统？

如图 1—15 所示，一个数据库系统由四部分组成：用户、数据库应用、数据库管理系统（DBMS），以及数据库。

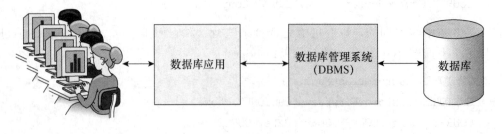

用户

图 1—15　数据库系统的组件

从图 1—15 的右侧开始依次有：**数据库**（database）是相关的表和其他结构的一个集合。**数据库管理系统**（database management system，DBMS）是一个用来创建、处理和管理数据库的计算机程序。DBMS 接收用 SQL 形式的请求，并将这些请求转换为数据库中的一系列操作。DBMS 是一个大型、复杂的程序，它要从软件供应商处获得许可，而公司几乎绝不会写自己的 DBMS 程序。

数据库应用（database application）是一个或多个计算机程序的集合，它们是用户和 DBMS 之间的中介。应用程序通过向 DBMS 发送 SQL 语句来读取或修改数据库中的数据。应用程序也可以用表单和报表单式向用户展示数据。应用程序能够从软件厂商那里购买，也经常在内部自己写出来。你从本书中所获得的知识将帮助你编写数据库应用。

数据库系统的第四个组件是**用户**（users），其使用数据库应用来跟踪各种事情。他们使用表单来读取、输入和查询数据，并生成报表。

在这些组件中，我们会更详细地考虑数据库、DBMS 和数据库应用。

数据库

在最一般的情况下，数据库被定义为相关记录的自描述的集合。对于所有的关系数据库而言（几乎是现在所有的数据库，并且也是本书中所考虑的唯一类型），该定义可以修改为数据库是一个相关表的自描述的集合。

这个定义中的两个关键术语是**自描述**（self-describing）和**相关表**（related tables）。对于我们所说的相关表你已经有了较充分的认识。相关表的一个例子包括 ADVISER 和 STUDENT 表，它们通过公共列 AdviserName 关联在一起。在下一章我们将进一步建立联系的思想。

自描述意味着在数据库本身内包含着对数据库的结构的说明。正因为如此，一个数据库的内容总是可以通过检查该数据库的内部来确定，而没有必要再看其他地方。这种情况类似于在图书馆，你可以通过查看放在图书馆内部的图书目录就可以判断图书馆中有什么。

有关数据库结构的数据被称为**元数据**（metadata）。元数据的例子包括表名、列名和它们属于哪个表、表和列的属性等。

所有的 DBMS 产品都提供了显示数据库结构的工具集。例如，图 1—16 显示了 Microsoft Access 提供的图表，其显示了图 1—10 中所示的艺术课程数据库的表之间的联系。其他工具能够描述表结构和其他组件。

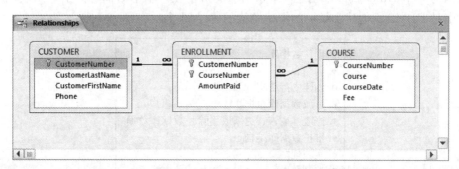

图 1—16　元数据例子：图 1—10 中艺术课程表的联系图

图 1—17 中展示了数据库中的内容。数据库中有用户数据和刚才所描述的元数据。数据库中也有索引和其他能够提高数据库性能的结构。在后面的章节中，我们就将讨论这样的结构。最后，一些数据库中还包含了应用元数据，这些数据描述了应用中的元素，如表单和报表。例如，Microsoft Access 中能够容纳应用元数据作为其数据库的一部分。

- ·用户数据
- ·元数据
- ·索引和其他overhead数据
- ·应用元数据

图 1—17　数据库内容

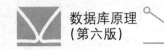 **DBMS**

DBMS 的目的是创建、处理和管理数据库。一个 DBMS 是一个大型、复杂的产品，几乎总是要获得软件供应商的许可。DBMS 产品之一是 Microsoft Access。其他商业 DBMS 产品包括：

- 微软 SQL Server；
- 甲骨文公司的 MySQL；
- 甲骨文公司的 Oracle 数据库；
- IBM 的 DB2。

还存在其他数十种 DBMS 产品，但是这五个产品占据了市场的绝大部分份额。

图 1—18 列出了 DBMS 的各项主要功能。使用 DBMS 可以创建一个数据库、创建数据库表和数据库内部的其他支撑结构。作为后者的一个例子，假设我们有一个 10 000 行的 EMPLOYEE 表，其中包含一列 DepartmentName 来记录雇员所属的工作部门的名称。此外，假设我们需要经常按 DepartmentName 访问雇员数据。因为这是一个大型数据库，例如，通过搜索表来找到会计部门的所有员工将需要很长的时间。为了提高性能，我们可以为 DepartmentName 创建一个索引（类似于在一本书后面的索引）来表明哪些员工在哪些部门。这样的索引是 DBMS 所创建和维护的支持结构的一个例子。

- 创建数据库
- 创建表
- 创建支持结构（如索引）
- 读取数据库数据
- 修改（插入、更新或删除）数据库数据
- 维护数据库结构
- 实施规则
- 控制并发
- 提供安全性
- 执行备份和恢复

图 1—18　DBMS 的功能

接下来的两个 DBMS 功能是读取和修改数据库中的数据。为了做到这一点，DBMS 接收 SQL 以及其他请求，将这些请求转换成对数据库文件的操作。另一个 DBMS 的功能是维护所有数据库结构。例如，可能时常有必要改变一个表的格式或其他支持结构。开发人员可以使用一个 DBMS 来完成这样的改变。

对大多数 DBMS 产品而言，可能需要声明关于数据值的规则，并让 DBMS 来执行这些规则。例如，在图 1—10 所示的艺术课程数据库表中，如果用户在 ENROLLMENT 表中为 CustomerID 误输入了值 9，那么会发生什么呢？不存在这样的客户，所以这样的值会导致许多错误。为了防止这种情况发生，可能需要告诉 DBMS ENROLLMENT 表中 CustomerID 的任何值都必须是 CUSTOMER 表中的某个 CustomerID 值。如果不存在这样的值，应该不允许这样的插入或更新请求。然后 DBMS 会执行这些规则，这就是所谓的**参照完整性约束**（referential integrity constraints）。

图 1—18 中所列的最后三个 DBMS 的功能与数据库管理有关。DBMS 通过确保一个用户的工作不会不适当地干扰其他用户的工作来控制**并发**（concurrency）。这一重要（而且复杂）的功能将在第 6 章中讨论。另外，DBMS 也包含安全系统以确保只有被授权的用户才能在数据库上执行已授权的操作。例如，能够防止用户看到某些数据。同样地，可以限制用户的行为使得在特定数据上只能进行某些类型的数据修改。

最后，DBMS 提供了在必要时用于备份数据库中数据并从备份中恢复数据的功能。作为一个集中的数据仓库，数据库是一种宝贵的有组织的资产。举个例子，对于像 Amazon. com 这样的公司，考虑一下一个图书数据库的价值。因为数据库是如此重要，需要采取多种有效步骤以确保数据在多数情况下不会丢失，包括错误、硬件或软件问题，或者自然或人为的灾难。

应用程序

图 1—19 列出了数据库应用程序的功能。首先，应用程序创建和处理表单。图 1—20 显示了一个用于录入和处理艺术课程的客户数据的典型表单。

```
● 创建和处理表单
● 处理用户查询
● 创建和处理报表
● 执行应用逻辑
● 控制应用
```

图 1—19   DBMS 应用程序的功能

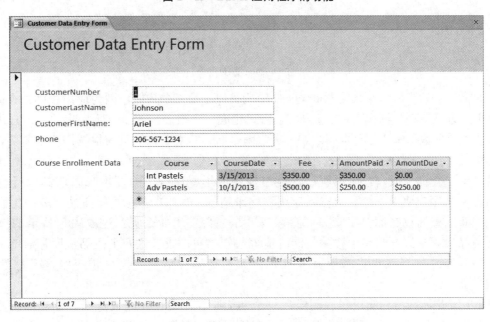

图 1—20   数据录入表单示例

注意，这个表单对用户隐藏了基础表的结构。通过比较图 1—10 中的表和数据与图 1—20 中的表单，我们可以看到来自 CUSTOMER 表的数据出现在表单的上方，而来自 ENROLLMENT 和 COURSE 表的数据结合在一起并显示在一个标记为 "Course Enrollment Data" 的列表区。

像所有数据录入表单一样，这个表单的目标是按照某种对用户有用的格式来显示数据，而不管底层的表结构。在表单的"幕后"，该应用根据用户的操作来处理数据库。应用生成 SQL 语句，对这个表单的三个基础表中的任何一个进行数据的插入、更新或删除。

应用程序的第二个功能是处理用户的查询。应用程序首先生成一个查询请求，并把它发送到 DBMS。然后结果被格式化并返回给用户。图 1—21 展示了图 1—10 中艺术课程的某个查询的这一查询过程。

在图 1—21（a）中，应用获得一门课程的名称或名称的一部分。在这里，用户输入了字符 "pas"。当用户点击 "OK" 时，应用程序构造一个 SQL 查询语句以在数据库中搜索包含这些字符的任何课程。此 SQL 查询的结果显示在图 1—21（b）中。在这种特定情况下，应用查询相关的课程，然后将 ENROLLMENT 和 COURSE 的数据链接成合格的 COURSE 行。可以观察到：只有显示的那些行才在其课程名称中包含了字符 "pas"。

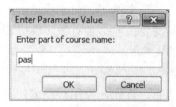

（a）查询参数表单

CustomerLastName	CustomerFirstName	Course	CourseDate	Fee	AmountPaid	Amount Due
Jackson	Charles	Adv Pastels	10/1/2013	$500.00	$500.00	$0.00
Johnson	Ariel	Int Pastels	3/15/2013	$350.00	$350.00	$0.00
Johnson	Ariel	Adv Pastels	10/1/2013	$500.00	$250.00	$250.00
Kyle	Leah	Adv Pastels	11/15/2013	$500.00	$250.00	$250.00
Pearson	Jeffery	Adv Pastels	10/1/2013	$500.00	$500.00	$0.00

Record: 1 of 5   No Filter   Search

（b）查询结果

图 1—21　查询用例

应用程序的第三个功能是创建和处理报表。此功能类似于第二个功能，因为应用程序先查询数据库中的数据（再次使用 SQL）。然后应用程序将查询结果格式化成一个报表。图 1—22 展示的一份报表按照课程顺序显示所有的艺术课程数据库登记数据。注意，类似图 1—20 的表单，该报表根据用户的需要，而不是根据底层的表结构来组织自己的结构。

除了生成表单、查询和报表，应用程序还能够按照应用程序特定的逻辑来采取其他行动以更新数据库。例如，假设一个用户使用一个订单输入应用程序来请求 10 个单位的某种商品。进一步假设，当应用程序（通过 DBMS）查询数据库时发现，库存只有 8 个，会发生什么呢？这取决于特定的应用程序的逻辑。也许没有商品应该从库存清单中移除，同时应该通知用户；或者这 8 个商品从库存清单中移除而另外两个安排在后备订单中。当然也许采取其他处理。无论是哪种情况，执行相应的逻辑都是应用程序的工作。

最后，图 1—19 中所列出的应用程序的最后一个功能是控制应用。完成这一控制功能有两种方式。首先，应用程序需要写成只将唯一合乎逻辑的选项呈现给用户。例如，应用可能会生成一个供用户选择的菜单。在这种情况下，应用程序需要确保只有适当的选择是可用的。其次，应用程序需要用 DBMS 来控制数据

Course Enrollment Report

Course	CourseDate	CustomerLastName	CustomerFirstName	Phone	Fee	AmountPaid	AmountDue
Adv Pastels							
	10/1/2013						
		Jackson	Charles	360-789-3456	$500.00	$500.00	$0.00
		Johnson	Ariel	206-567-1234	$500.00	$250.00	$250.00
		Pearson	Jeffery	206-567-2345	$500.00	$500.00	$0.00
	11/15/2013						
		Kyle	Leah	425-678-7654	$500.00	$250.00	$250.00
Beg Oils							
	9/15/2013						
		Green	Robin	425-678-8765	$350.00	$350.00	$0.00
		Sears	Miguel	360-789-4567	$350.00	$350.00	$0.00
	10/15/2013						
		Myers	Lynda	360-789-5678	$350.00	$0.00	$350.00
Int Pastels							
	3/15/2013						
		Johnson	Ariel	206-567-1234	$350.00	$350.00	$0.00

图 1—22　报表用例

的活动。例如，该应用程序可能指示 DBMS 将一组特定数据作为一个基本单元来修改。该应用程序可能会告诉 DBMS 要么完成所有变化要么都不做。你将在第 6 章了解这些控制的主题。

个人与企业级的数据库系统

数据库技术可用于各种各样的应用程序。在谱系的一端，一个研究者可以使用数据库技术追踪在实验室中完成的实验的结果。这样的数据库可能只包括几个表，每个表至多有几百行。研究人员是这个应用的唯一用户。这是个人数据库系统的一个典型用例。

而在另一端，一些庞大的数据库支持国际性组织。这样的数据库有数百张表，表中有数百万行数据，并支持数千个并发用户。这些数据库通常一个星期使用 7 天，每天 24 小时工作。对这样的一个数据库进行备份是一项艰巨的任务。这些数据库是企业级数据库系统的典型用例。

图 1—23 显示了一个个人数据库应用的四个组成部分。正如你从该图可以看到的，Microsoft Access（和其他个人 DBMS 产品）同时具有数据库应用和 DBMS 的作用。微软为 Microsoft Access 所设计的这种方式使得人们更容易建立个人数据库系统。使用 Microsoft Access 时你可以在 DBMS 功能和应用功能之间切换而绝不会感到其中的差别。

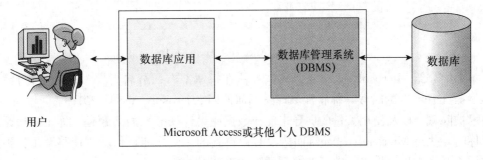

图 1—23　个人数据库系统

通过这种方法来设计 Microsoft Access，微软已经隐藏了数据库处理的许多方面。例如，在后台，Microsoft Access 像所有其他的关系型 DBMS 产品一样使用 SQL。但是，你看很难发现它是这么做的。图1—24 显示了 Microsoft Access 用来完成图 1—13 中查询的 SQL 语句。当检查该图时，你可能会想，"很高兴它们将它藏了起来——SQL 查询看起来太复杂和困难了。"事实上，它看起来更难，但我们把这个主题留待第 3 章进行讨论。

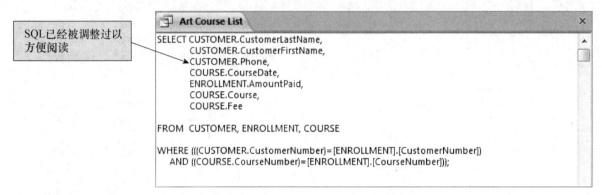

图 1—24　Microsoft Access Query 生成的 SQL

图 1—25 显示了在 Microsoft Access 2010 中的 Microsoft Access 得到的查询结果（与图 1—13 所示的结果相同）。Microsoft Access 2010 是一种常用的个人 DBMS 并且可以作为 Microsoft Office 2010 套件的一部分而得到。

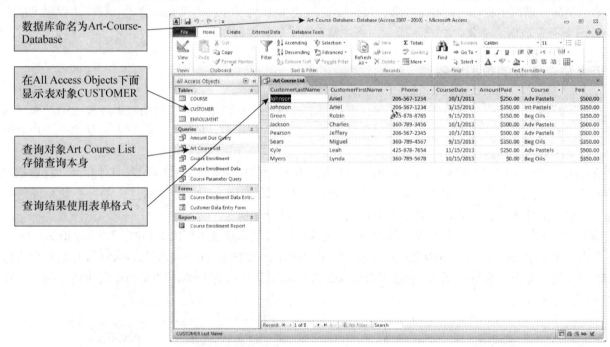

图 1—25　Microsoft Access 2010

我们将在本书中介绍 Microsoft Access 2010，具体在每章都有一节名为"Access 工作台"。当你完成所有章节的"Access 工作台"的时候，你将深刻理解如何使用 Microsoft Access 2010 来创建和使用数据库。

数据库技术被隐藏（以及使用大量的向导来完成数据库设计任务）的问题是：你不知道系统正在代表你做什么。一旦你需要执行 Microsoft Access 团队没有预料到的一些功能，你就"迷路"了！因此，即使作为一个普通的数据库开发人员，你也必须了解在幕后隐藏着什么。

此外，这种产品仅限于对个人数据库应用是有用的。当你要开发大型数据库系统时，你需要学习所有的隐藏技术。例如，图 1—26 显示了一个企业级的数据库系统，其中有三种不同的应用，每种应用都有许多用户。数据库本身的存储分布在多个不同的磁盘上，甚至在不同的称为数据库服务器的特殊的计算机上。

注意，图 1—26 中的应用程序是用三种不同的语言来编写的：Java、C♯以及 HTML 和 ASP. NET 的混合语言。这些应用程序调用一个具有工业级强度的 DBMS 产品来管理数据库。没有向导或简单的设计工具可用来开发这样一个系统，相反，开发人员是使用那些在集成开发环境中的标准工具来编写程序代码。要编写这样的代码，你需要知道 SQL 和其他数据访问标准。

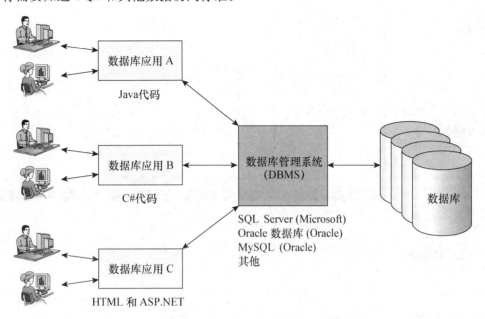

图 1—26　企业级数据库系统

虽然隐藏的技术和复杂性是良好的开始，业务需求将很快把你带到你知识的"悬崖"边上，那么你将需要了解更多。要成为能够建立这样一个数据库应用的团队的一部分，你需要知道本书中的一切。随着时间的推移，你需要了解更多信息。我们将用三个企业级 DBMS 产品的例子来结束本章。

Microsoft SQL Server 2012

图 1—27 显示了用于生成与图 1—13 相同的查询结果的 SQL 查询以及在 Microsoft SQL Server 2012 DBMS 上执行 SQL 的相应结果。我们实际上是在 Microsoft SQL Server 2012 Management Studio 中运行查询，这是 Microsoft SQL Server 2012 的一个客户端界面。

此外，我们使用的是可免费下载的 Microsoft SQL Server 2012 速成版。这个版本是一个很好的学习工具，它也可以用于较小的数据库。欲了解更多信息，请参阅附录 A "Getting Started with Microsoft SQL Server 2012 Express Edition"。

注意，在图 1—27 中，我们都使用与以前用过的完全相同的 SQL 语句，但现在你可以看到它如何输入到 Microsoft SQL Server 2012 Management Studio 的一个文本编辑器窗口中，以及如何用 "Execute" 按钮在 Art-Course-Database 表中执行 SQL 语句。你还可以看到与图 1—13 相匹配的查询结果如何在一个单独的 "Results" 窗口中显示。这展示了 SQL 语句的重要性——它们在所有的 DBMS 产品中本质上是相同的。因此，它是独立于供应商和产品的（虽然各种 DBMS 产品之间的 SQL 语法存在一定的差异）。

Oracle 数据库 11g 第 2 版

图 1—28 显示了用于生成图 1—13 的查询结果的相同 SQL 查询以及在 Oracle 数据库 11g 第 2 版的 DBMS 中执行 SQL 的相应结果。我们使用 Oracle SQL Developer 作为 Oracle 11g 第 2 版的客户端工具。

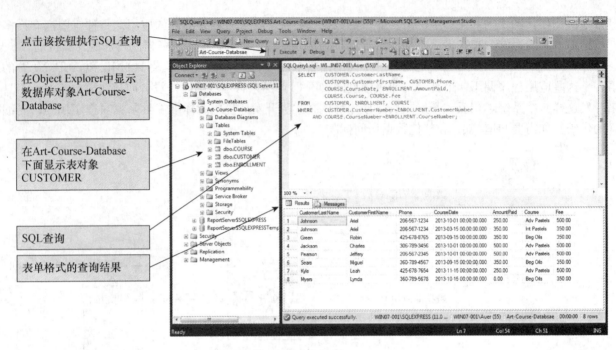

图 1—27　Microsoft SQL Server 2012

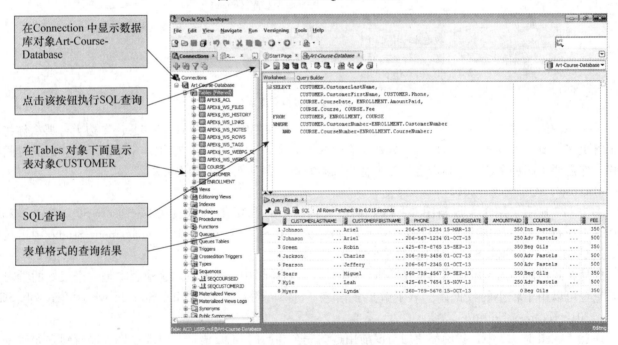

图 1—28　Oracle 数据库 11g 第 2 版

　　像微软提供 SQL Server 2012 一样，甲骨文提供了可以免费下载的 DBMS 速成版（express edition），并且是甲骨文的 Oracle 数据库 11g 第 2 版的速成版。这个版本是一个很好的学习工具，它也可以用于较小的数据库。如需了解更多信息，请参阅附录 B，"Getting Started with Oracle Database 11g Release 2 Express Edition"。

　　注意，在图 1—28 中，我们再次使用与之前用过的完全一样的 SQL 语句，但现在你可以看到它如何输入到 Oracle SQL Developer 中的文本编辑器窗口以及如何通过点击一个按钮在 Art Course 数据库表

（COURSE、CUSTOMER 和 ENROLLMENT 表对象）中运行 SQL 语句。你还可以看到与图 1—13 所示的相匹配的查询结果如何在一个单独的结果窗口中显示。

Oracle MySQL 5.5

图 1—29 显示了用于生成图 1—13 的查询结果的相同的 SQL 查询以及在 Oracle MySQL 5.5 的 DBMS 上执行 SQL 的相应结果。我们再次通过客户端界面 MySQL Workbench 访问 MySQL 5.5。

我们使用的是**甲骨文 MySQL 5.5 社区服务器版**（Oracle MySQL 5.5 Community Server Edition），它类似于 Microsoft SQL Server 2012 速成版，可以免费下载。这两个产品之间有一个显著的差异：MySQL 5.5 社区服务器版是一个标准的、完全版 MySQL。但是，如果你想获得全部产品支持包，就必须从甲骨文购买 MySQL 5.5 企业版。MySQL 是一个流行的开放源码产品，被广泛用于 Web 数据库应用程序（请参阅第 7 章中我们对 Web 数据库应用所作的讨论）。这个版本是一个很好的学习工具，并且在附录 C "Getting Started with MySQL 5.5 Community Server Edition" 中可以了解更多信息。

注意，在图 1—29 中，我们再次使用与以前用过的完全一样的 SQL 语句，但现在你可以看到它如何输入到 MySQL Workbench 的一个文本编辑器窗口以及在艺术课程数据库表（在图 1—29 的 MySQL Workbench 的 Object Browser 中标记为 Art-Course-Database）中如何点击一个按钮来运行 SQL 语句。你也可以看到与图 1—13 所示的相匹配的查询结果以不同的顺序排列并在单独的结果窗口中显示。

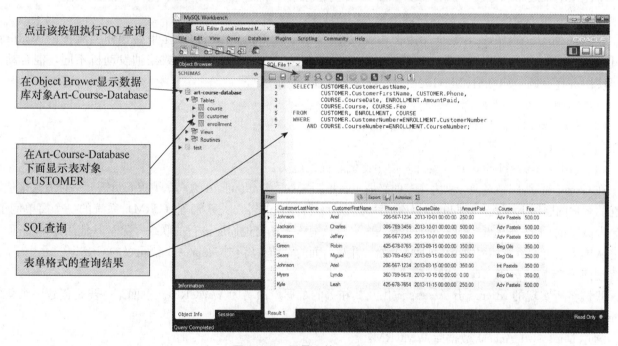

图 1—29　甲骨文的 MySQL 5.5

BTW

在这三个企业级 DBMS 产品中，Oracle 数据库 11g 第 2 版尽管可能是三者中最强大的 DBMS 产品，但也是最难掌握的。如果你正在某个课堂学习 Oracle 数据库，你的导师会知道如何给你介绍 Oracle 数据库主题使得学习过程更容易，以及选择适当的主题顺序以确保你按照一种有序的方式来学习有关资料。Oracle 数据库广泛应用于工业，你努力学习它将是一个很好的投资。

然而，如果你是独自学习本书，我们相信，你将发现从 Microsoft SQL Server 2012（在本书我们使用 DBMS 所展示的多数主题）或甲骨文的 MySQL 5.5 社区服务器版开始会很容易。这二者都比较容易下载、安装以及使用。这二者也被广泛使用，也将是你时间和精力的很好的投资。

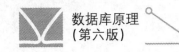

Access 工作台

第 1 节　Microsoft Access 入门

"Access 工作台"旨在加强你在每章所学习的概念。此外，通过在你的计算机上跟着学习，你会学到很多 Microsoft Access 的技能。在本章"Access 工作台"这一节我们将回顾第 1 章数据库的一些基础知识，同时我们会检查建立和使用 Microsoft Access 数据库应用程序所需的基本步骤。

就像在本章中所讨论的，Microsoft Access 是一个结合了 DBMS 与应用生成器的个人数据库。这个 DBMS 执行数据库创建、处理和管理等标准的 DBMS 功能，而应用生成器增加了其他能力：创建和存储表单、报表、查询以及其他应用相关的功能。在本节中，我们仅使用数据库中的一个表。在第 2 章的"Access 工作台"中将扩展到包括两个或多个表。

我们首先将创建一个 Microsoft Access 数据库来存储数据库表以及应用表单、报表和查询。在本节中，我们将使用基本表单和报表。Microsoft Access 查询将在第 3 章的"Access 工作台"中加以讨论。

Wallingford 汽车公司客户关系管理系统（CRM）

我们将 Microsoft Access 数据库用于一家汽车经销店 Wallingford，它设在华盛顿州西雅图的 Wallingford 区。Wallingford 汽车店经销一种新的混合动力车 Gaea。[①] 与只使用汽油或柴油发动机不同，混合动力汽车使用混合能源，如汽油和电力的组合。Gaea 生产以下四个型号：

（1）SUHi，运动型多用途混合动力（Gaea 的 SUV）；

（2）HiLuxury，豪华型四门轿车混合动力；

（3）HiStandard，基本的四门轿车混合动力；

（4）HiElectra，HiStandard 变种，使用比例较高的电力。

在 Gaea 产品线中，对混合动力汽车的兴趣正在不断增加。Wallingford 的汽车销售人员需要一种方法来追踪与它的客户的联络。因此，我们的数据库应用就是人们所熟知的客户关系管理（CRM）系统的一个简单例子。销售人员通过 CRM 来追踪当前、过去和潜在客户以及销售人员与他们所进行的联络（除了其他用途）。下面我们将从单个销售人员所使用的个人 CRM 开始，并在后面的章节中将它扩展成一个公司级的 CRM。[②]

创建一个 Microsoft Access 数据库

我们将所实现的 Microsoft Access 应用及其相关的数据库命名为 WMCRM。下面第一步是创建一个新的 Microsoft Access 数据库。

创建 Microsoft Access 数据库 WMCRM：

1. 选择"Start"|"All Programs"|"Microsoft Office"|"Microsoft Access 2010"。这时将出现"Microsoft Access"窗口（如图 AW—1—1 所示）。注意："Microsoft Access"窗口会立即显示出来，同时也打开了"Backstage"视图（这由"File"命令选项卡控制）并选中新标签。相应的"New"选项卡页面显示出"Microsoft Access"数据库模板可供用户使用。屏幕右侧的模板详细信息窗口中显示选中的空数据库模板和该模板的详细信息。

---

① Gaea 或 Gaia，盖亚，希腊大地女神［见 http://en.wikipedia.org/wiki/Gaia_(mythology)］。对于混合动力汽车的更多信息，请参阅 www.hybridcars.com。

② 很多 CRM 应用程序可在市场上获得。事实上，微软也有一个：Microsoft Dynamics CRM（见 http://crm.dynamics.com/en-us/Default.aspx）。

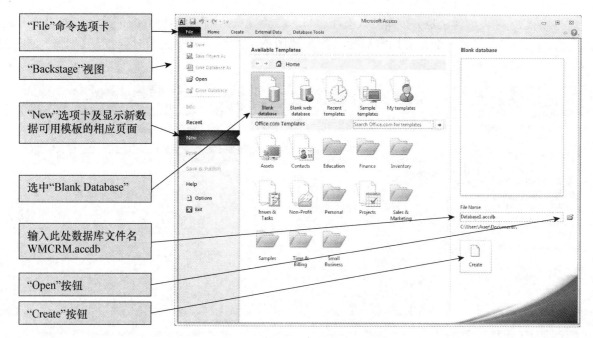

"File"命令选项卡

"Backstage"视图

"New"选项卡及显示新数据可用模板的相应页面

选中"Blank Database"

输入此处数据库文件名
WMCRM.accdb

"Open"按钮

"Create"按钮

图 AW—1—1　Microsoft Access 2010 的窗口

■ 注：用于"Access 工作台"的菜单命令、图标位置和文件位置等都是在 Microsoft Windows 7 操作系统中使用 Microsoft Access 2010 时可以见到的。如果你使用的是 Microsoft Windows Vista 或 XP 操作系统，确切的操作系统术语可能会有所不同，但这些变化不会改变所需的操作。

■ 注：本书各节使用了 Microsoft Access 2010，而各个操作步骤的用语和截图的外观都反映了它的用法。如果你有不同版本的 Microsoft Access，那么步骤细节和在屏幕上所看到的可能会有一些差异。然而，有关的基本功能是一样的，你可以使用任何版本的 Microsoft Access 完成"Access 工作台"的操作。

■ 注意：默认情况下，Windows 7 中的数据库将被创建在"Documents"库文件夹下"My Documents"文件夹。"Documents"库文件夹中包含一个"My Documents"文件夹和一个"Public Documents"文件夹。

2. 在"File Name"文本框中输入数据库名称 WMCRM. accdb，然后单击"Create"按钮。

■ 注：如果单击"Open"按钮来浏览一个不同的文件位置，则使用"File New Database"对话框来创建新的数据库文件。一旦你已经浏览到正确的文件夹，在"File New Database"对话框的"File Name"文本框中键入数据库名称，然后单击"OK"按钮来创建新的数据库。

3. 如图 AW—1—2 所示，出现新的数据库。现在"Microsoft Access"窗口本身的标题条显示为：WMCRM：Database（Access 2007-2010）— Microsoft Access，其中包括数据库名。

■ 注：如果安装了微软 Office 2010 的 Service Pack 1（SP1），则标题栏会显示："WMCRM：Database（Access 2007-2010）— Microsoft Access"，如果没有安装 Service Pack 1，则标题栏会显示："WMCRM：Database（Access 2007）— Microsoft Access"。在这本书中，我们使用安装了 SP1 的 Microsoft Office 2010。

■ 注：在窗口名称中引用 Microsoft Access 2007 表示该数据库被保存为 ＊.accdb 文件，这是 Microsoft Access 2007 所引入的 Microsoft Access 数据库文件格式。Microsoft Access 早前的版本使用 ＊.mdb 文件格式。Microsoft Access 2010 中没有引入新的数据库文件格式，而是继续使用 Microsoft Access 2007 的 ＊.accdb 文件格式。

4. 需要注意的是，因为这是一个新的数据库，Microsoft Access 假定你想立即创建一张新表。因此，一个新的名为"Table1"的表显示在文档窗口的数据表视图中。我们不希望这个时候打开这个表，于是单击"Close"按钮（如图 AW—1—2 所示）。

如果安装了微软Office 2010的Service Pack 1（SP1），则数据库名显示为："WMCRM: Database (Access 2007-2010) — Microsoft Access"，如果没有安装Service Pack 1，则数据库名显示为："WMCRM: Database (Access 2007) — Microsoft Access"

使用标签式文档接口的"Document"窗口

"Close"按钮

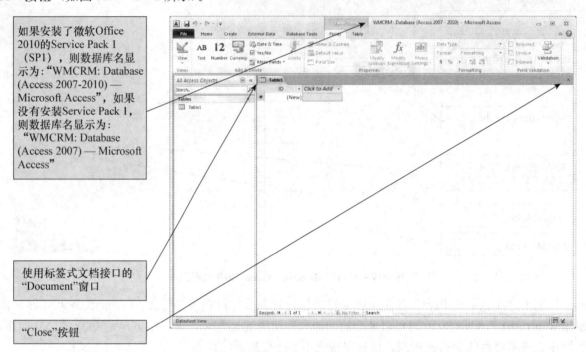

图 AW—1—2　新的 Microsoft Access 数据库

5. 图 AW—1—3 显示了有新数据库的 Microsoft Access 2010 窗口。在此窗口中你可以看到 Microsoft Office Fluent 用户界面的大部分功能。

"Quick Access Toolbar"

"File"命令选项卡

带命令选项卡的"Ribbon"区

对象"Navigation Pane"

Document窗口

"Close[Exit]"按钮

"Help"按钮

状态条

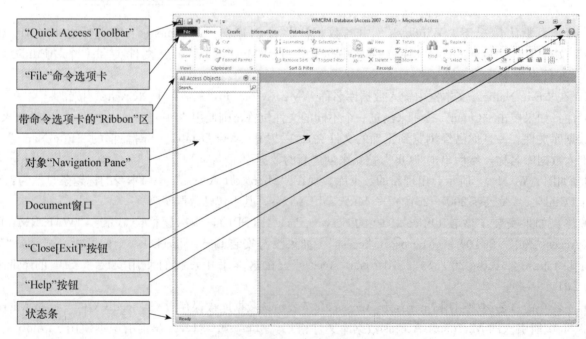

图 AW—1—3　Microsoft Office Fluent 用户界面

24

Microsoft Office Fluent 用户界面

Microsoft Access 2010 中使用大多数（但不是全部）的 Microsoft Office 2007 和 Office 2010 应用中都用到的 Microsoft Office Fluent 用户界面。图 AW—1—3 可以看到该界面的主要功能。为了说明如何使用，我们将修改 Microsoft Access 数据库窗口中的一些默认设置。

快速访问工具栏（Quick Access Toolbar）

首先，我们修改图 AW—1—3 中所显示的快速访问工具栏以包括"Quick Print"按钮和"Print Preview"按钮。

修改 Microsoft Access 的快速访问工具栏：

1. 点击图 AW—1—4 所示的"Customize Quick Access Toolbar"的下拉按钮。自定义快速访问工具栏的下拉列表，如图 AW—1—4 所示。

2. 点击"Quick Print"。"Quick Print"按钮添加到快速访问工具栏上。

3. 单击"Customize Quick Access Toolbar"的下拉按钮，则出现自定义快速访问工具栏的下拉列表。

4. 点击"Print Preview"。"Print Preview"按钮添加到快速访问工具栏上。

5. 在本节"Access 工作台"的后面各图中新添加的按钮都是可见的，比如图 AW—1—5。

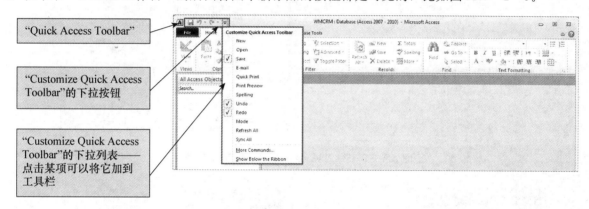

图 AW—1—4　快速访问工具栏

数据库对象和导航窗格

微软使用术语"对象"（object）作为 Microsoft Access 数据库中的各种部件的一个通用名字。因此，表（table）、报表（report）和表单（form）等都是一个个对象。Microsoft Access 的对象都显示在 Microsoft Access 的"Navigation Pane"（导航窗格）中，如图 AW—1—3 所示。但是，因为还没有在 WMCRM 数据库中创建任何对象，"Navigation Pane"目前还是空的。

现在"Navigation Pane"标签是所有访问对象，这也是我们希望看到的显示提示。但是，我们可以使用"Navigation Pane"下拉列表来准确选择要显示哪些对象。图 AW—1—5 显示了"Navigation Pane"下拉列表按钮能够控制"Navigation Pane"下拉列表。图 AW—1—6 显示了一个空的"Navigation Pane"和"Shutter Bar"的打开/关闭按钮。我们如果按一下"Shutter Bar"的打开/关闭按钮就可以隐藏导航窗格，"Shutter Bar"显示在图 AW—1—6 的"Navigation Pane"右上角的一个向左的双 V 形按钮。如果我们按一下按钮，"Navigation Pane"就缩小到 Microsoft Access 2010 窗口右侧的一个标记为"Navigation Pane"的小嵌条。然后嵌条将显示一个带向右的双 V 形开启/关闭按钮的"Shutter Bar"，我们可以单击该按钮来恢复"Navigation Pane"以便再次使用它。

关闭数据库和退出 Microsoft Access

图 AW—1—3 中所示的"Close"按钮实际上是一个关闭并退出按钮。你可以点击它来关闭活动数据库，然后退出 Microsoft Access。注意：Microsoft Access 会主动将大多数变化保存到数据库，并在需要时提示你

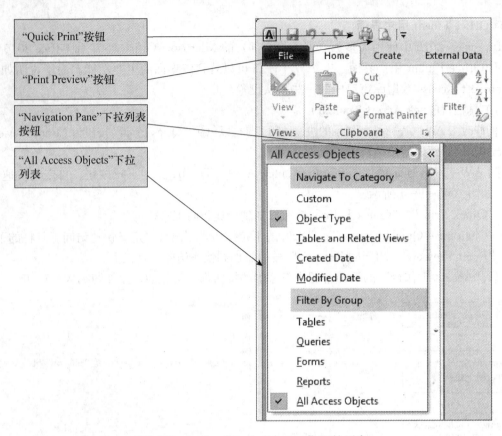

"Quick Print"按钮

"Print Preview"按钮

"Navigation Pane"下拉列表按钮

"All Access Objects"下拉列表

图 AW—1—5 "Navigation Pane"下拉列表

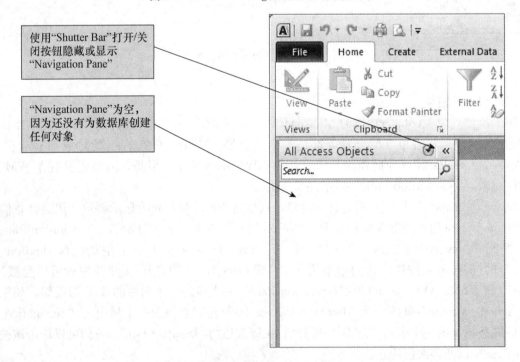

使用"Shutter Bar"打开/关闭按钮隐藏或显示"Navigation Pane"

"Navigation Pane"为空，因为还没有为数据库创建任何对象

图 AW—1—6 空白的"Navigation Pane"

执行"Save"命令请求。例如，当你关闭的表被修改了列宽时，Microsoft Access 将询问你是否要保存表布局的变化。因此，你不需要像保存 Microsoft Word 文档和 Microsoft Excel 工作簿那样来保存 Microsoft Access 数据库。你可以简单地关闭数据库，并知道 Microsoft Access 已经保存了从打开它以来所有关键的变化。

关闭数据库和退出 Microsoft Access：

1. 单击 "Close" 按钮。数据库关闭，并退出 Microsoft Access。

BTW

点击 "File" 命令选项卡，然后单击 "Exit" 命令而不是单击 "Close" 按钮，则可以同时关闭数据库并退出 Microsoft Access。如果仅关闭数据库，而保持 Microsoft Access 打开，则选择 "File" 命令选项卡，然后单击 "Close Database" 命令。

打开一个存在的 Microsoft Access 数据库

在本节 "Access 工作台" 的前面，我们为 Wallingford 汽车公司 CRM 创建了一个新的 Microsoft Access 数据库（WMCRM. accdb），修改了一些 Microsoft Access 的设置，关闭数据库并退出 Microsoft Access。在继续建设这个数据库之前，我们需要启动 Microsoft Access 并打开 WMCRM. accdb 数据库。

在打开一个现有的数据库时，Microsoft Access 2010（类似以前的 Microsoft Access 2007）使我们可以选择使用某些 Microsoft Access 安全选项在一个数据库中关闭某些 Microsoft Access 2010 的特性以保护数据库免受来自病毒以及其他可能出现的问题所带来的损害。遗憾的是，Microsoft Access 2010 中的安全选项也关闭 Microsoft Access 中某些重要而且必需的操作型特性。因此，我们通常会启用某些功能，从而导致当我们打开一个现有的数据库时 Microsoft Access 2010 的安全警告会警告我们。

打开最近打开的 Microsoft Access 数据库：

1. 选择 "Start" | "All Programs" | "Microsoft Office" | "Microsoft Access 2010" 来打开 Microsoft Access 2010。如之前的图 AW—1—1 所示，Microsoft Access 2010 显示时，"Backstage" 视图被打开并选中 "New" 选项卡。

2. 点击 "Backstage" 视图中的 "Recent" 选项卡显示 "Recent" 页面，如图 AW—1—7 所示。需要注意的是数据库文件 WMCRM. accdb 同时出现在 "Recent Documents" 窗格和快速访问列表中。

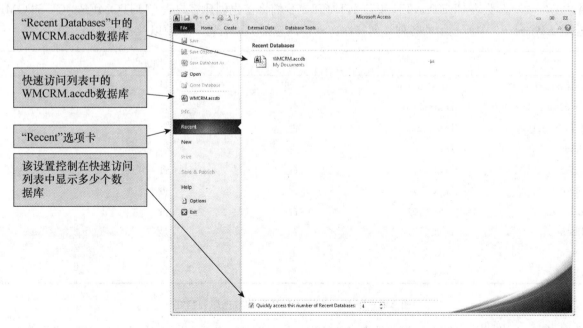

图 AW—1—7 "File" | "Recent" 命令

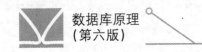
3. 注意，如果数据库在最近已经使用过，它可在"Backstage"视图的快速访问列表中见到，而不管"Recent"标签页是否显示了。否则，你需要点击"Recent"选项卡来看到它。不过，在这种情况下，你可以单击二者任何一个条目来打开数据库。由于"Recent"标签页是打开的，在"Recent Databases"区域点击WMCRM. accdb 的文件名以打开数据库。

4. 如图 AW—1—8 所示，"Security Warning"栏与数据库一起出现。

5. 在安全这一点上，我们可以选择是否点击"Security Warning"的"Click for more details"链接，它会显示安全选项和警告的详细版本。然而，考虑本书的宗旨，我们可以简单地点击"Enable Content"按钮来启用活动内容。

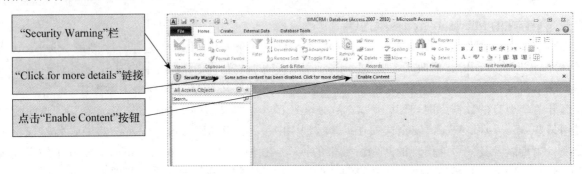

图 AW—1—8　安全警告栏

- 注：在某些时候，你应该选择"Click for more details"链接并试探可用的安全设置。
- 注：在 Microsoft Access 2007 中，每次数据库被重新打开（虽然可以从不受信任的位置，请参阅第 6 章的"Access 工作台"一节中对"可信位置"的讨论）时都会出现安全警告栏。在 Microsoft Access 2010 中，安全警告栏只在你第一次重新打开一个数据库时才显示，并记住你所选择的选项。

创建 Microsoft Access 数据库表

到此已经进入了 WMCRM 数据库应用的开发，数据库应用将仅供一个营业员使用，所以我们在 WMCRM 数据库中只需要有两张表 CUSTOMER 和 CONTACT。我们将首先创建客户表 CUSTOMER。CUSTOMER 表将包含图 AW—1—9 中所显示的各列和列特性。列特性包括类型、键、必填以及备注等。

列名	类型	键	必填	备注
CustomerID	AutoNumber	主键	是	代理键
LastName	Text（25）	否	是	
FirstName	Text（25）	否	是	
Address	Text（35）	否	否	
City	Text（35）	否	否	
State	Text（2）	否	否	
ZIP	Text（10）	否	否	
Phone	Text（12）	否	是	
Fax	Text（12）	否	否	
Email	Text（100）	否	否	

图 AW—1—9　CUSTOMER 表的数据库列特性

类型（type）指该列存储的数据的种类。图 AW—1—10 中给出了 Microsoft Access 中一些可能的数据类型。对 CUSTOMER 表来说，大多数数据存储为文本（text）数据（通常也被称为字符（character）数据），这意味着我们可以输入字母、数字和符号（空白被认为是一个符号）的字符串。Text 后面的数字表示可以在列中存储多少个字符。例如，客户的姓氏可能最多为 25 个字符。在 CUSTOMER 表中唯一的数字或数字型的数据列是 CustomerID，类型为 AutoNumber。这指示 Microsoft Access 在向表中添加每个新客户时将自动为此列提供一个序列号。

类型名	数据的类型	大小
Text	字符和数字	最多 255 个字符
Memo	大文本	最多 65 535 个字符
Number	数值数据	随 Number 类型变化
Date/Time	从 100 年到 9999 年的日期和时间	存储为 8 字节双精度整数
Currency	带小数部分的数字	一至四位小数
AutoNumber	一个唯一的序列号	每次递增 1
Yes/No	只能包含两个值的字段	是/否、开/关、真/假等
OLE Object	嵌入或链接到 Microsoft Access 表的对象	最大 1 GB
Hyperlink	超链接地址	由三部分组成的超链接地址，每个部分最多 2 048 个字符
Attachment	允许附加到记录的任何受支持类型的文件	独立于 Microsoft Access
Calculated	基于其他单元格中的数据计算的结果	取决于计算中所使用的值
Lookup Wizard…	保存在一个值列表中的可能的数据值的列表	取决于值列表中的值

图 AW—1—10　Microsoft Access 2010 的数据类型

键（Key）是指分配给某列的表标识函数。这将在第 2 章中详细描述。这里，你只需要简单知道主键（primary key）是用来标识每一行的列值；因此，在此列中的值必须是唯一的。这是使用自动编号 AutoNumber 数据类型的原因，它会自动为表中创建的每一行分配一个唯一的编号。

必填（Required）是指该列是否必须有数据值。如果必须有，则列中必须存在列值。如果不是，则列可能为空。注意，因为 CustomerID 是用于标识每一行的主键，它必须有值。

备注（Remarks）包含对列的注释或如何使用它。对 CUSTOMER 表而言；唯一的注释是 CustomerID 为代理键（surrogate key）。代理键将在第 2 章中讨论。这里，你只需要知道代理键通常是计算机生成的唯一编号，用于标识表中的行（即作为一个主键）。这通过使用 Microsoft Access 的 Auto Number 数据类型来完成。

创建 CUSTOMER 表：

1. 点击 "Create" 选项卡，显示创建命令组。
2. 单击 "Table Design" 按钮，如图 AW—1—11 所示。

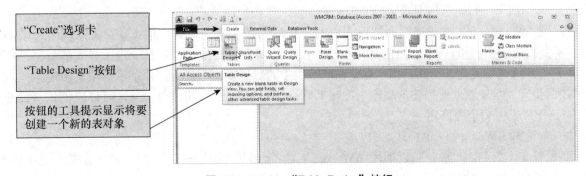

图 AW—1—11　"Table Design" 按钮

3. 在"Design"视图中显示"Table1"的选项卡文档窗口，如图 AW—1—12 所示。需要注意的是伴随着"Table1"窗口出现了一个名为"Table Tools"的上下文选项卡分组。此选项卡分组在显示的命令选项卡集中添加了一个新的命令选项卡"Design"。

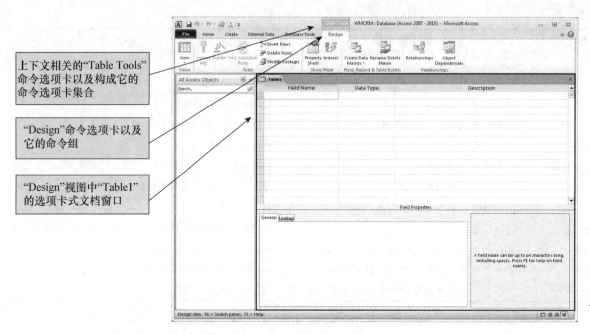

图 AW—1—12　"Table1" 选项卡式文档窗口

■ 注：现在好像是将新表命名为 CUSTOMER 的一个好时机。然而，使用 Microsoft Access 时，你可以直到第一次保存它时再命名表，并且，直到你在表中至少定义了一列之后才能保存它。因此，我们需要先定义列，然后再来保存并命名表。如果你想保存表，那么你可以在只定义了一列之后就立即保存它。不过这会关闭该表，所以你将不得不重新打开该表来定义剩余的列。

4. 在第一行的"Field Name"列的文本框中键入列名 CustomerID，然后按 Tab 键移动到"Data Type"列。（你也可以单击"Data Type"列来选中它。）

■ 注：在数据库有关文献中，列（column）和字段（field）被认为是同义词。术语"属性"（attribute）也被认为与这两个词等价。

5. 从"Data Type"的下拉列表中为 CustomerID 选择"AutoNumber"数据类型，如图 AW—1—13 所示。

6. 如果愿意，你也可以在注释说明（Description）列中保存可选的注释。要做到这一点，可以按 Tab 键或点击 Description 文本框转到该列。键入的文本为"Surrogate key for CUSTOMER"（客户代理键），然后按 Tab 键移动到下一行。选项卡式文档窗口"Table1"现在如图 AW—1—14 所示。

■ 注：图 AW—1—9 中的数据库列特性表中的备注列与图 AW—1—14 所示的表注释说明列是不一样的。注意不要混淆它们。Remark 列是用来记录技术数据，如表的键值、建立表结构所必需的数据默认值等事实。Description 列则是用来为用户描述存储在该字段中的数据以便用户了解该字段的拟定用途。

7. 按照步骤 4 至步骤 6 所描述的顺序来创建 CUSTOMER 表中的其他列——这时你应该依下面步骤添加 CUSTOMER 表中剩余的每列。

■ 注：参见图 AW—1—17 的描述条目。

8. 要设置文本列的字符数，可以如图 AW—1—15 所示编辑 Data type Field Size（数据类型字段大小）属性文本框。字段大小的默认值是 255，这也是一个文本字段的最大值。

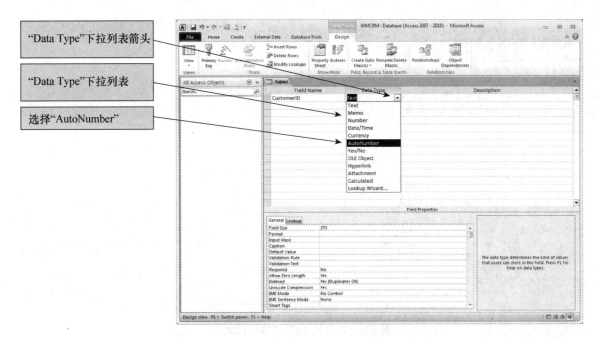

"Data Type"下拉列表箭头

"Data Type"下拉列表

选择"AutoNumber"

图 AW—1—13　选择数据类型

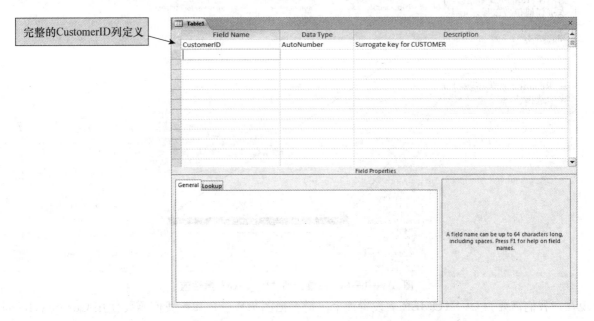

完整的CustomerID列定义

图 AW—1—14　完整的 CustomerID 列

9. 为了使某列为必填的，请单击列的 Data Type Required（数据类型必填）属性文本框，显示"Required"属性下拉列表箭头按钮，然后如图 AW—1—16 所示点击按钮以显示"Required"属性下拉列表，然后从"Required"属性下拉列表中选择 Yes。默认是 No（不要求），要使得列是"必填"必须选择 Yes。①

---

① Microsoft Access 有一个额外的名为"Allow Zero Length"（允许零长度）的数据类型属性。此属性混淆了要真正符合第 3 章将讨论的 SQL NOT NULL 约束所必需的设置。然而，讨论允许零长度已经超出了本书的范围。更多信息，请参阅 Microsoft Access 帮助系统。

编辑数字来设置字符数目

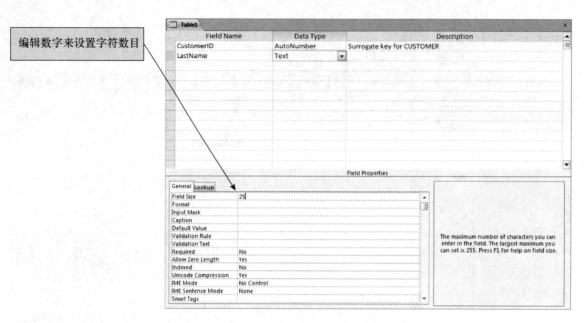

图 AW—1—15　编辑文本字段大小

请单击"Required"属性文本框任何位置以显示箭头——"Required"属性下拉列表箭头

从"Required"属性下拉列表中选择"Yes"

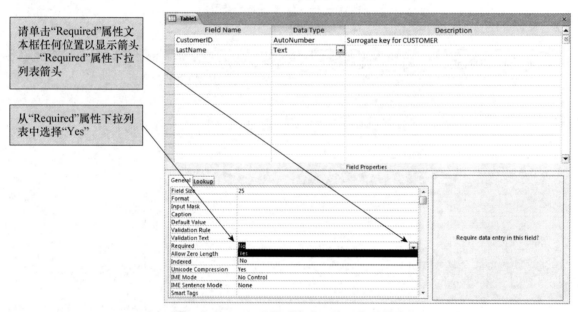

图 AW—1—16　设置列的"Required"属性值

现在，我们需要为 CUSTOMER 表设置一个主键。据图 AW—1—9，我们需要使用 CustomerID 列作为这个表的主键。

设置 CUSTOMER 表的主键：

1. 将鼠标指针移动到包含 CustomerID 属性的行的行选择器列（如图 AW—1—17 所示）。单击选择该行。

2. 在"Design"选项卡上的"Tools"组中，单击图 AW—1—18 中所示的"Primary Key"（主键）按钮。选中 CustomerID 作为 CUSTOMER 表的主键。

我们已经完成了客户表的创建。现在我们需要命名、保存并关闭该表。

命名、保存并关闭 CUSTOMER 表：

1. 为命名和保存 CUSTOMER 表，单击"Quick Access Toolbar"中的"Save"按钮。如图 AW—1—19 所示，出现"Save As"对话框。

行选择器列——将鼠标指针
移动到该列来选中特定行

将鼠标指针移动到这里并
单击选中CustomerID行

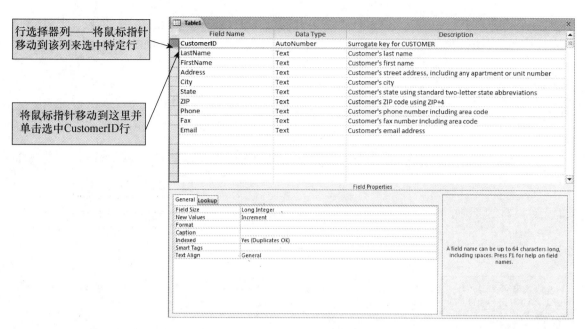

图 AW—1—17　选择 CustomerID 行

在"Design"选项卡的
"Tools"组中单击"Primary
Key"(主键)按钮将Cust-
omerID设为主键

钥匙形符号指示Cust-
omerID是表的主键。

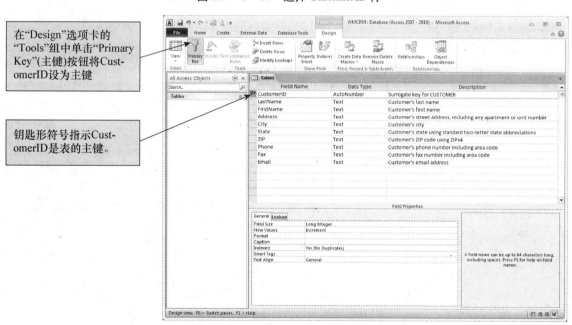

图 AW—1—18　设置主键

在"Quick Access Toolbar"
单击"Save"按钮后出现
"Save As"对话框

在表名文本框中输入表名
"CUSTOMER"

单击"OK"按钮

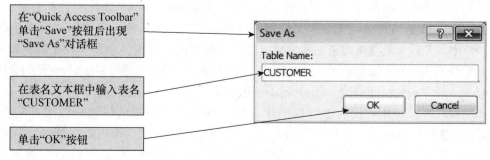

图 AW—1—19　命名和保存 CUSTOMER 表

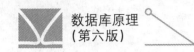
2. 在"Save As"对话框中的表名文本框中输入表名"CUSTOMER",然后单击"OK"。该表被命名并保存。现在表名 CUSTOMER 出现在文档选项卡中,并在导航窗格中显示 CUSTOMER 表对象(如图 AW—1—20 所示)。

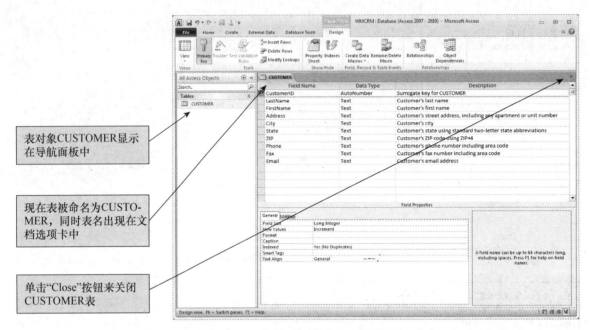

表对象CUSTOMER显示在导航面板中

现在表被命名为CUSTO-MER,同时表名出现在文档选项卡中

单击"Close"按钮来关闭 CUSTOMER表

图 AW—1—20　命名后的 CUSTOMER 表

3. 如图 AW—1—20 所示,单击选项卡文件窗口右上角的"Close"按钮来关闭 CUSTOMER 表。表关闭后,表对象 CUSTOMER 仍然显示在导航窗格中,如图 AW—1—21 所示。

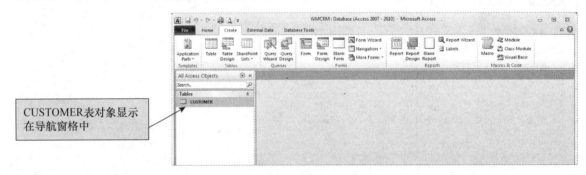

CUSTOMER表对象显示在导航窗格中

图 AW—1—21　CUSTOMER 表对象

将数据插入表中:数据表视图

有三种常用的方法将数据添加到一个表。第一种方法,我们可以将一个表作为数据表(datasheet),无论在视觉上还是运作上都像 Microsoft Excel 工作表。当我们用这种方法添加数据时,该表是在数据表视图(Datasheet view)中,然后可以逐单元格来输入数据。第二种方法,可以为表建立一个数据输入表单(data entry form),然后使用表单添加数据。第三种方法则是可以使用 SQL 来插入数据。本节介绍其中前两种方法。我们将在第 3 章的"Access 工作台"部分介绍使用 SQL 方法来插入数据。

在 Microsoft Access 2010 中,我们也可以使用"Datasheet"视图来创建和修改表的特征。当我们在"Datasheet"视图中打开一个表时,"Table Tools"上下文选项卡包含了一个数据表的命令标签和工具色带来实现这一点。但是我们不推荐这种方法,更好的方法是使用本节前面所述的"Design"视图来创建和修改表结构。

不过现在我们还不需要修改表的结构，我们只是需要把一些数据放到 CUSTOMER 表。图 AW—1—22 显示了一些有关 Wallingford 汽车公司的客户数据。

LastName	FirstName	Address	City	State	Zip
Griffey	Ben	5678 25th NE	Seattle	WA	98178
Christman	Jessica	3456 36th SW	Seattle	WA	98189
Christman	Rob	4567 47th NW	Seattle	WA	98167
Hayes	Judy	234 Highland Place	Edmonds	WA	98210

LastName	FirstName	Phone	Fax	Email
Griffey	Ben	206-456-2345		Ben. Griffey@somewhere. com
Christman	Jessica	206-467-3456		Jessica. Christman@somewhere. com
Christman	Rob	206-478-4567	206-478-9998	Rob. Christman@somewhere. com
Hayes	Judy	425-354-8765		Judy. Hayes@somewhere. com

图 AW—1—22　CUSTOMER 数据

在数据表视图中将数据添加到 CUSTOMER 表：

1. 在导航窗格中，双击 CUSTOMER 表对象。CUSTOMER 表窗口将出现在"Datasheet"视图的选项卡式文档窗口中，如图 AW—1—23 所示。注意：数据表右侧的一些列没有出现在窗口中，但通过滚动或最小化导航窗格就可以进行访问。

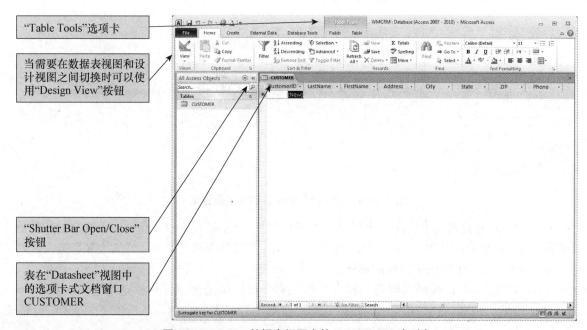

"Table Tools"选项卡

当需要在数据表视图和设计视图之间切换时可以使用"Design View"按钮

"Shutter Bar Open/Close"按钮

表在"Datasheet"视图中的选项卡式文档窗口 CUSTOMER

图 AW—1—23　数据表视图中的 CUSTOMER 表对象

■ 注：在工作表中，数据表的行和列的交叉部分称为单元格（cell）。

2. 按一下"Shutter Bar Open/Close"按钮来收起"Navigation Pane"。这样 CUSTOMER 数据表的大部分就可见了，如图 AW—1—24 所示。

3. 点击 CUSTOMER 文档选项卡来选中"Datasheet"视图中的 CUSTOMER 表。

4. 点击 CustomerID 列中有短语"（New）"的单元格来选中 CUSTOMER 数据表的新行中的单元格。

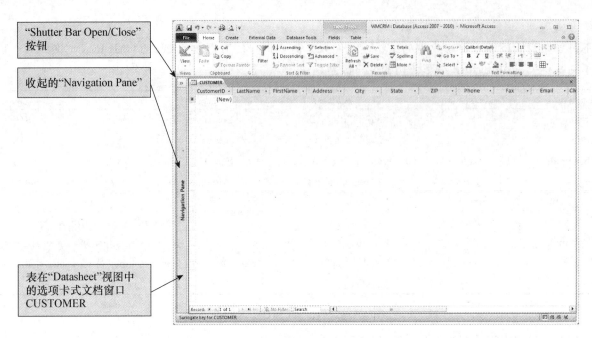

"Shutter Bar Open/Close"
按钮

收起的"Navigation Pane"

表在"Datasheet"视图中
的选项卡式文档窗口
CUSTOMER

图 AW—1—24　收起的 "Navigation Pane"

5. 在 CUSTOMER 数据表的新行中按 Tab 键移动到 LastName 单元格。对于客户 Ben Griffey，在 Last-Name 单元格中键入"Griffey"。注意，一旦你这样做了，则自动编号（AutoNumber）函数会将数字 1 放入 CustomerID 单元格并将一个新行添加到数据表中，如图 AW—1—25 所示。

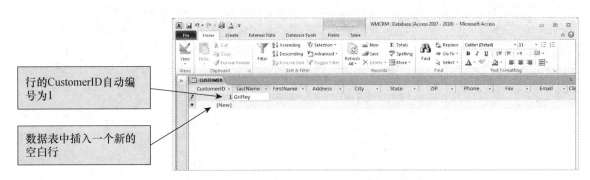

行的CustomerID自动编
号为1

数据表中插入一个新的
空白行

图 AW—1—25　输入 Ben Griffey 的数据值

6. 在 CUSTOMER 数据表中使用 Tab 键从一列移动到其他列来为 Ben Griffey 输入其余的数据值。

7. 最后的结果将显示在图 AW—1—26 中。注意，可以使用鼠标来移动 Email 列的边框来扩大其列宽——就像你在 Microsoft Excel 工作表中所做的那样。

■ 注：如果你犯了一个错误而需要返回到一个单元格，可以单击该单元格来选中它，Microsoft Access 将自动进入编辑模式。或者，你可以使用 Shift-Tab 键移动到数据表的右侧，然后按 F2 键来编辑单元格的内容。

■ 注：记住，LastName、FirstName 和 Phone 都需要数据值。直到输入完每个单元格的值，才能移动到另一行或关闭表窗口。

■ 注：图 AW—1—26 在 Email 列右侧显示有标记为 "Click to Add" 的一列。这是 "Datasheet" 视图中的一个表工具，你可以使用它来创建或修改表结构。我们不建议使用这些工具，而是更倾向于使用 "De-sign" 视图！

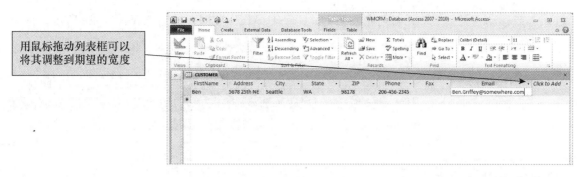

用鼠标拖动列表框可以
将其调整到期望的宽度

图 AW—1—26　完成数据输入的行

8. 使用 Tab 键移动到 CUSTOMER 数据表的下一行，并输入 Jessica Christman 的数据，如图 AW—1—27 所示。

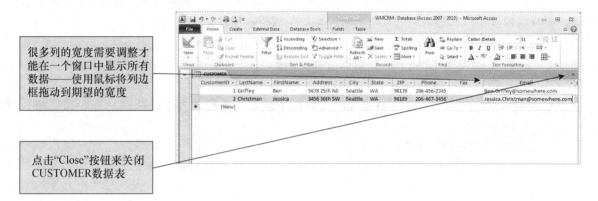

很多列的宽度需要调整才
能在一个窗口中显示所有
数据——使用鼠标将列边
框拖动到期望的宽度

点击"Close"按钮来关闭
CUSTOMER 数据表

图 AW—1—27　完成输入的 CUSTOMER 数据表

9. 调整数据表的列宽，以便你可以在屏幕上看到数据表的全部内容。最后的结果如图 AW—1—27 所示。

10. 至此，我们只是在增加 Jessica Christman 的数据，我们将在本节"Access 工作台"的稍后部分继续添加剩余的 CUSTOMER 数据。点击文档窗口右上角的 "Close"按钮来关闭 CUSTOMER 数据表。这时会出现一个对话框询问你是否要保存对布局（列宽）所做的更改。单击"Yes"按钮。

11. 单击 "Shutter Bar Open/Close" 按钮展开导航窗格。这使得导航窗格中的对象可见。

修改表中数据：数据表视图

输入一个表中的数据后，通过在"Datasheet"视图中编辑数据值可以修改或更改数据。为了说明这一点，我们先暂时将 Jessica Christman 的电话号码改为 206-467-9876。

在数据表视图修改 CUSTOMER 表的数据：

1. 在导航窗格中，双击 CUSTOMER 表对象。CUSTOMER 表窗口将出现在数据表视图的一个选项卡式文档窗口中。

2. 单击 "Shutter Bar Open/Close" 按钮收起导航窗格。

3. 单击包含 Jessica Christman 电话号码的单元格来选中它。Microsoft Access 会自动使单元格进入编辑模式。

■ 注：如果你使用 Tab 键（或 Shift-Tab 键移动到数据表左侧）来选中该单元格，则按下 F2 键编辑单元格的内容。

4. 将电话号码更改为 206-467-9876。

■ 注：要记住，Phone 字段大小为 12 个字符。你必须删除原来的字符才可以输入新的号码。

37

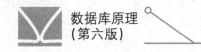

5. 按回车或移动到另一个单元格则完成编辑。CUSTOMER 数据表如图 AW—1—28 所示。

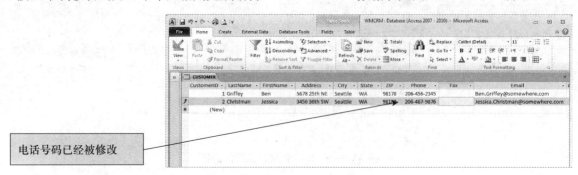

电话号码已经被修改

图 AW—1—28　修改后的客户数据

6. 因为我们并不是真的希望改变 Jessica Christman 的电话号码，编辑电话值将其恢复回原始值 206-467-3456。完成编辑并单击快速访问工具栏上的"Save"按钮，保存更改。

7. 点击文档窗口右上角 的"Close"按钮，关闭 CUSTOMER 数据表。

8. 点击"Shutter Bar Open/Close"按钮展开导航窗格。

删除表中的行：数据表视图

在数据已经输入到一个表后，你可以在数据表视图中删除一整行。为了说明这一点，我们将暂时删除 Jessica Christman 的数据。

删除数据表视图的 CUSTOMER 表中的一行：

1. 在导航窗格中，双击 CUSTOMER 表对象。CUSTOMER 表窗口将出现在数据表视图的选项卡式文档窗口。

2. 单击"Shutter Bar Open/Close"按钮收起导航窗格。

3. 对于包含 Jessica Christman 数据的行，在 CUSTOMER 数据表左侧的行选择单元格，单击右键。这会选择整行并显示一个快捷菜单，如图 AW—1—29 所示。

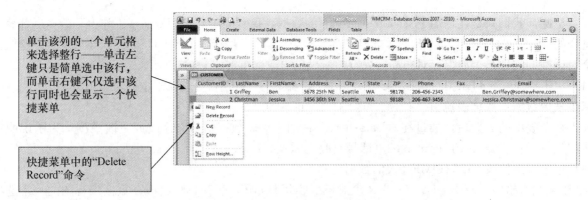

单击该列的一个单元格来选择整行——单击左键只是简单选中该行，而单击右键不仅选中该行同时也会显示一个快捷菜单

快捷菜单中的"Delete Record"命令

图 AW—1—29　在客户数据表中删除一行

■ **注**：在数据库中，术语"row"（行）和"record"（记录）是同义词。

4. 在快捷菜单中点击"Delete Record"命令。如图 AW—1—30 所示，会出现一个 Microsoft Access 对话框，警告说：你将要永久删除记录。

■ **注**：图 AW—1—30 也显示了 Microsoft Access 2010 按照默认设置执行实际删除行的视觉把戏！然而事实上，直到在 Microsoft Access 对话框中单击"Yes"按钮之前该行都没有永久删除。如果您单击"No"按钮，该行将再次出现。

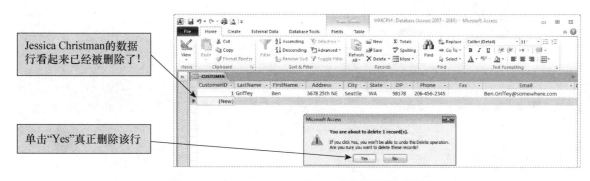

Jessica Christman的数据
行看起来已经被删除了!

单击"Yes"真正删除该行

图 AW—1—30　Microsoft Access 的删除警告对话框

5．点击"Yes"按钮即可完成行的删除。

■ 注：另外，你也可以通过单击行选择单元格，然后按 Delete 键来删除该行。然后也会出现和图 AW—1—30 相同的 Microsoft Access 对话框。

6．因为此处我们并不想真正失去 Jessica Christman 的数据，所以在 CUSTOMER 数据表中新增包含 Jessica 的数据。如图 AW—1—31 所示，Jessica Christman 的客户号是 3 而不是 2。在一个自动编号的列中，每个数字都只能使用一次。

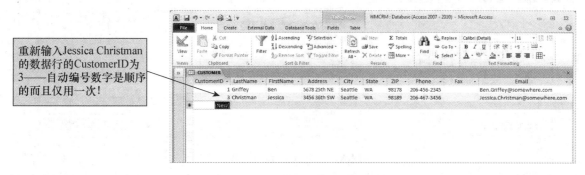

重新输入Jessica Christman
的数据行的CustomerID为
3——自动编号数字是顺序
的而且仅用一次!

图 AW—1—31　新的 CustomerID 号

7．点击文档窗口右上角的"Close"按钮，关闭客户数据表。

8．点击"Shutter Bar Open/Close"按钮，展开导航窗格。

向表中插入数据：使用表单

现在，我们将创建并使用**表单**（form）将数据插入到一个表中。表单提供了一个将数据输入到各种数据列的可视化参考，并且 Microsoft Access 有一种表单生成器作为其应用程序生成器功能的一部分。我们可以在窗体设计视图中手动建立一个表单，但是我们也可以采取简单的方法，利用**表单向导**（Form Wizard）一步一步地来创建我们想要的表单。

创建 CUSTOMER 表的数据录入表单：

1．点击"Create"命令选项卡可以显示出"Create"命令选项卡和它的命令组，如图 AW—1—32 所示。

2．点击图 AW—1—32 所示的"Form Wizard"按钮。出现如图 AW—1—33 所示的表单向导。

3．CUSTOMER 表已经被选作该表单的基础，所以我们只需要选择哪些列要包含在表单中。我们可以通过高亮列名并单击向右单 V 形按钮一次一列地来选择多列。或者我们也可以点击向右双 V 形按钮来一次选择所有列。在这里我们要添加所有列，所以点击向右双 V 形按钮添加所有列，然后单击"Next"按钮。

■ 注：在真实世界的情况下，我们可能不希望显示 CustomerID 值。在这种情况下，我们会通过高亮显示并单击向左单 V 形按钮来取消它。

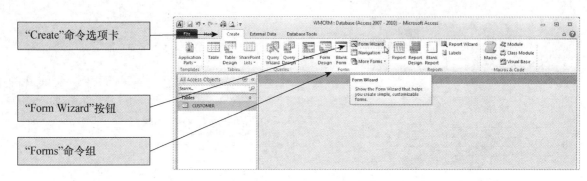

"Create"命令选项卡

"Form Wizard"按钮

"Forms"命令组

图 AW—1—32　创建命令选项卡及表单向导

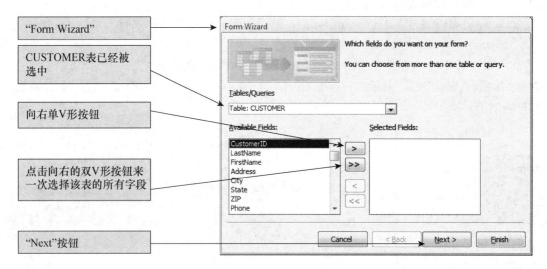

"Form Wizard"

CUSTOMER 表已经被
选中

向右单 V 形按钮

点击向右的双 V 形按钮来
一次选择该表的所有字段

"Next"按钮

图 AW—1—33　表单向导

4．当被问及"What layout would you like for your form?"问题时单击"Next"按钮，选择默认的多栏布局。

5．当被问及"What title do you want for your form?"问题时在文本框中输入窗体标题"WMCRM Customer Data Form"，然后单击"Finish"按钮。如图 AW—1—34 所示，已完成的表单出现在一个选项卡式文档窗口并且一个 WMCRM Customer Data Form 对象添加到导航窗格中。

■注：WMCRM Customer Data Form 表单按照我们的需求来正确构建和设置大小。然而，有时我们可能需要对表单设计作出调整。切换到表单设计视图，我们就可以做表单设计变更。在视图画廊中单击"Design View"按钮切换到表单设计视图。

现在，有了需要的表单，我们就可以使用该表单向 CUSTOMER 表中添加一些数据。

用表单向 CUSTOMER 表中插入数据：

1．点击"New Record"按钮。出现一个空白窗体。

2．点击"LastName"文本框。输入图 AW—1—22 中所示的 Rob Christman 的数据。你可以使用 Tab 键在文本框间移动，或者可以直接点击你要编辑的文本框。

3．当你完成 Rob Christman 数据的输入后，输入图 AW—1—22 所示的 Judy Hayes 的数据。当你输入完 Judy Hayes 的数据时，表单的外观如图 AW—1—35 所示。

4．点击文档窗口右上角的"Close"按钮，关闭 WMCRM 客户数据表单。

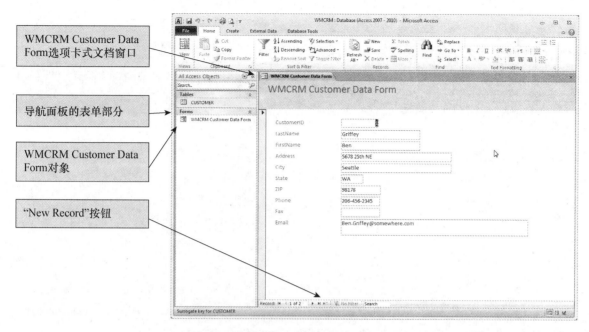

WMCRM Customer Data Form选项卡式文档窗口

导航面板的表单部分

WMCRM Customer Data Form对象

"New Record"按钮

图 AW—1—34　完成的 WMCRM Customer Data Form 表单

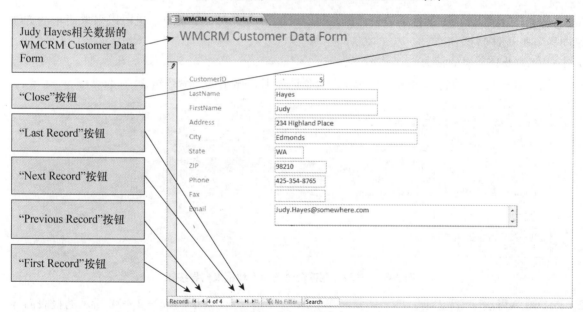

Judy Hayes相关数据的 WMCRM Customer Data Form

"Close"按钮

"Last Record"按钮

"Next Record"按钮

"Previous Record"按钮

"First Record"按钮

图 AW—1—35　客户 Judy Hayes 的 WMCRM Customer Data Form 表单

修改数据和删除记录：使用表单

正如我们可以通过在数据表视图中修改数据和删除行一样，我们可以使用表单来编辑数据和删除记录。编辑数据很简单：利用图 AW—1—35 所示的记录导航按钮（"First Record"、"Previous Record"等）移动到你要编辑的记录，单击相应的字段文本框，然后编辑其中的内容。删除记录也一样简单：使用记录导航按钮移动到你要编辑的记录，然后单击首页命令选项卡的"Records"组中的删除下拉列表的"Delete Record"按钮，如图 AW—1—36 显示。但是，目前你还不会用到这些功能。

创建单表的 Microsoft Access 报表

应用程序中一个常见的功能是生成可打印报表。Microsoft Access 2010 有一个报表生成器，作为其应用

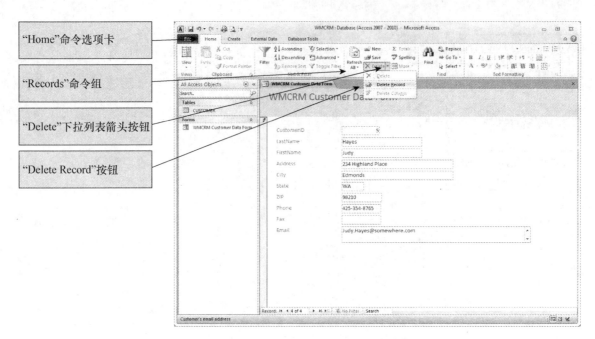

图 AW—1—36 "Delete Record"按钮

程序生成器功能的一部分。正如使用表单那样，我们可以手动建立一个表单，也可以采取简单的方法——使用**报表向导**（Report Wizard）。

创建 CUSTOMER 表的报表：

1. 如图 AW—1—37 所示，点击"Create"命令选项卡，显示创建命令组。

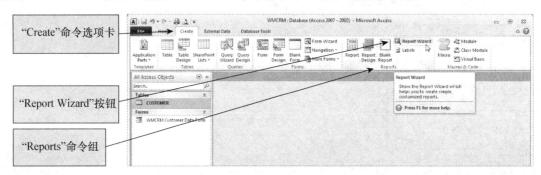

图 AW—1—37 创建命令选项卡和报表向导按钮

2. 点击图 AW—1—37 中所示的"Report Wizard"按钮，出现如图 AW—1—38 所示的报表向导。

3. CUSTOMER 表已经被选中作为报表的基础，所以我们只需要选择希望表单中出现哪些列。正如表单向导一样，我们可以选择高亮的列名，然后单击向右单 V 字形按钮来一次选择一列。我们也可以点击向右双 V 形按钮一次选择所有列。在这里，我们仅希望使用指定列：LastName、FirstName、Phone、Fax 和 Email。在"Available Fields"列表中点击每个列名来选中它，然后单击向右单 V 形按钮，将每列都移动到"Selected Fields"列表中。完成选择后的外观如图 AW—1—39 所示。

4. 单击"Next"按钮。

■ 注：你可以一次只选择一列。在这里，通常采用的按住 Ctrl 键的同时单击每个添加列来选择多个列名的方法不再有效。

5. 现在 Microsoft Access 会问，"Do you want to add any grouping levels?"分组在复杂的报表中可能有用，但对这个仅列出客户的简单报表，我们不需要任何分组。相反，我们可以使用默认的无分组的列清单，

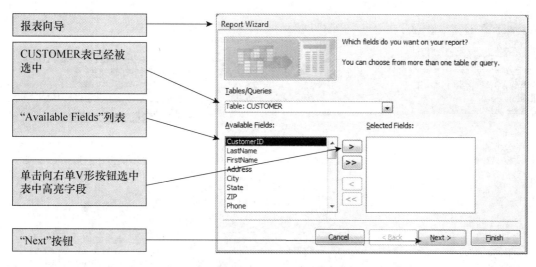

报表向导

CUSTOMER表已经被选中

"Available Fields"列表

单击向右单V形按钮选中表中高亮字段

"Next"按钮

图 AW—1—38　报表向导

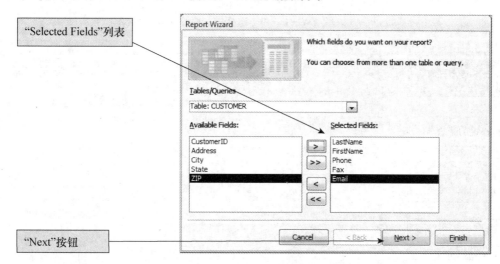

"Selected Fields"列表

"Next"按钮

图 AW—1—39　完成的列选择

所以点击"Next"按钮。

6. 如图 AW—1—40 所示，我们现在被问到，"What sort order do you want for your records？"在这种情况下最有用的排列顺序是先按姓氏排序，同姓的多个客户再按名字排序。对于这两类，我们希望有一个升序排序（从 A 到 Z）。点击排序字段 1 的下拉列表箭头，然后选择"LastName"。排序顺序按钮设置为"Ascending"。

7. 点击排序字段 2 的下拉列表箭头并选择"FirstName"，将排序按钮设置为"Ascending"，然后单击"Next"按钮。

8. 我们现在被问及，"How would you like to lay out your report？"我们将使用"Tabular layout"的默认设置，但单击"Landscape Orientation"单选按钮将方向改变为横向报表。单击"Next"按钮。

9. 最后，当问到，"What title do you want for your report？"时我们编辑报表标题，改为"Wallingford Motors Customer Report"。选中"Preview the report"单选按钮。点击"Finish"按钮。如图 AW—1—41 中所示，在一个选项卡式文档窗口中出现完成的报表。一个报表节被添加到导航窗格中，同时 Wallingford Motors Customer Report 对象出现在其中。

排序字段1的下拉列表
按钮

从下拉列表中选择
"LastName"

"Next"按钮

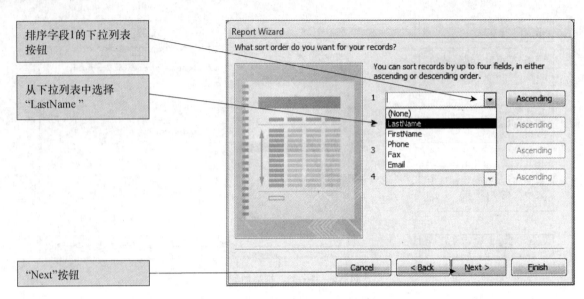

图 AW—1—40　选择排列顺序

Wallingford Motors
Customer Report打印
预览窗口

导航窗格中的报表节

Wallingford Motors
Customer Report对象

报表先按LastName后按
FirstName排序

"Close"按钮

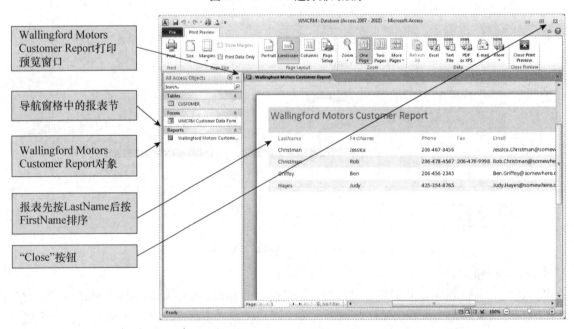

图 AW—1—41　完成的报表

10．点击文档窗口右上角的"Close"按钮。

关闭数据库并退出 Microsoft Access 2010

我们已经完成了在本章的"Access 工作台"需要做的所有工作。我们已经学会了如何创建一个数据库；如何建立数据库表、表单和报表，以及如何使用数据视图和表单来填充数据。完成所有工作后可以关闭数据库和 Microsoft Access。

关闭 WMCRM 数据库并退出 Microsoft Access 2010：

1．要关闭 WMCRM：数据库和退出 Microsoft Access 2010，仅需要单击在 Microsoft Access 2010 窗口右上角的"Close"按钮。

小　结

数据库处理的重要性与日俱增，原因在于数据库已经被用于各种信息系统中，而且越来越多。本书的目的是教你基本的数据库概念以帮助你开始使用和学习数据库技术。

数据库的目的是帮助人们对事物进行跟踪。列表也可用于此目的，但如果列表包含不止一个主题，那么在插入、更新或删除数据时，修改问题就会发生。

关系数据库以表的形式来存储数据。设计表时几乎总要使每个表仅存储单一主题的数据。涉及多个主题的列表必须分解并存储在多个表中，每个表一个主题。当这样做时，需要添加一列来将这些表彼此链接在一起，以便一个表中的一行与另一个表中的某一行之间的关系可显示出来。

结构化查询语言（SQL）是一种处理关系数据库中的表的国际语言。你可以使用 SQL 将存储在不同表中的数据链接在一起并显示，可以创建新表，以及用多种方式查询表中的数据。你也可以使用 SQL 来插入、更新和删除数据。

一个数据库系统的组件包括数据库、数据库管理系统（DBMS）、一个或多个数据库应用程序以及用户。数据库是自描述的相关记录的集合。关系数据库是一个自描述的相关联的表的集合。数据库之所以是自描述的是因为它自己包含对内容的描述，即元数据。表通过存储一个共同列的链接值来表现相关性。一个数据库的内容包括用户数据、元数据、支撑结构（如索引），有时也包括应用元数据。

一个数据库管理系统（DBMS）是一个大型而复杂的程序，可以用来创建、处理和管理数据库。DBMS产品几乎都是软件供应商授权的。在图 1—18 中总结了一个数据库管理系统的具体功能。

数据库应用程序的功能是创建和处理表单、处理用户查询并创建和处理报表。应用程序同时执行特定的应用程序逻辑并控制应用。用户提供数据和数据的变化，以及以表单、查询和报表等方式来读取数据。

DBMS 产品中的个人数据库系统提供应用程序开发和数据库管理的功能。它们将相当程度的复杂性隐藏起来，但需要付出的代价是：数据库管理系统功能特性所没有预料到的要求将很难被很容易地实现。企业级数据库系统可能包括用多种语言编写的多个应用程序。这些系统可以支持成百上千个用户。

个人数据库系统的一个例子是 Microsoft Access 2010，这是本书中"Access 工作台"各节所讨论的内容。这些章节涵盖了所有在 Microsoft Access 2010 中创建和使用数据库的基本知识。

企业级数据库产品的例子包括微软 SQL Server 2012、Oracle MySQL 5.5 和 Oracle 数据库 11g 第 2 版。这些数据库产品的信息都在附录中提供：附录 A "Getting Started with Microsoft Server 2012 Express Edition"；附录 B "Getting Started with Oracle Database 11g Release 2 Express Edition" 和附录 C "Getting Started with MySQL 5.5 Community Server Edition"。

关键术语

并发	企业级数据库系统	Microsoft SQL Server 2012 速成版
数据库	ID 列	Microsoft SQL Server 2012 管理工作室
数据库应用	插入	修改操作
数据库管理系统（DBMS）	列表	修改问题

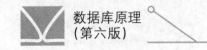

数据库原理
（第六版）

删除	元数据	关系模型
MySQL 工作台	Microsoft SQL Server 2012	自我描述
空值	甲骨文 MySQL 5.5 社区服务器版	结构化查询语言（SQL）
Oracle 数据库 11g 第 2 版	Oracle SQL Developer	表
Oracle 数据库 11g 第 2 版速成版		个人数据库系统
更新	甲骨文 MySQL 5.5	参照完整性约束
用户	相关表	关系数据库

复习题

1.1　为什么学习数据库技术很重要？

1.2　这本书的目的是什么？

1.3　描述一个数据库的用意。

1.4　什么是修改问题？三种可能的修改问题是什么？

1.5　图1—30 显示了一个兽医办公室使用的列表。描述使用这个列表时有可能发生的三个修改问题。

	A	B	C	D	E	F	G	H
1	PetName	PetType	PetBreed	PetDOB	OwnerLastName	OwnerFirstName	OwnerPhone	OwnerEmail
2	King	Dog	Std. Poodle	27-Feb-10	Downs	Marsha	201-823-5467	Marsha.Downs@somewhere.com
3	Teddy	Cat	Cashmier	1-Feb-09	James	Richard	201-735-9812	Richard.James@somewhere.com
4	Fido	Dog	Std. Poodle	17-Jul-11	Downs	Marsha	201-823-5467	Marsha.Downs@somewhere.com
5	AJ	Dog	Collie Mix	5-May-11	Frier	Liz	201-823-6578	Liz.Frier@somewhere.com
6	Cedro	Cat	Unknown	6-Jun-08	James	Richard	201-735-9812	Richard.James@somewhere.com
7	Woolley	Cat	Unknown	???	James	Richard	201-735-9812	Richard.James@somewhere.com
8	Buster	Dog	Border Collie	11-Dec-07	Trent	Miles	201-634-7865	Miles.Trent@somewhere.com

图1—30　兽医办公室使用的列表——版本1

1.6　给图1—30 列表中的两个主题命名。

1.7　一个 ID 列是什么？

1.8　将图1—30 中所示列表分解成两个表，每个表保存单一主题的数据。假设宠物主人有唯一的电话号码，但宠物没有唯一性的列。为宠物创建一个 ID 列，形式类似为图1—10 中艺术课程数据库表中的客户和课程表创建的 ID 列。

1.9　展示你为问题 1.8 所创建的表是如何解决你在问题 1.5 中所描述的问题的。

1.10　SQL 代表什么，它的目的又是什么？

1.11　兽医办公室所使用的列表的另一个版本如图1—31 所示。这个列表有多少主题？它们分别是什么？

1.12　将图1—31 的列表分解成表，每个表表示单一的主题。如果必要，可以创建 ID 列。

	A	B	C	D	E	F	G	H	I	J	K
1	PetName	PetType	PetBreed	PetDOB	OwnerLastName	OwnerFirstName	OwnerPhone	OwnerEmail	Service	Date	Charge
2	King	Dog	Std. Poodle	27-Feb-10	Downs	Marsha	201-823-5467	Marsha.Downs@somewhere.com	Ear Infection	17-Aug-13	$ 65.00
3	Teddy	Cat	Cashmier	1-Feb-09	James	Richard	201-735-9812	Richard.James@somewhere.com	Nail Clip	5-Sep-13	$ 27.50
4	Fido	Dog	Std. Poodle	17-Jul-11	Downs	Marsha	201-823-5467	Marsha.Downs@somewhere.com			
5	AJ	Dog	Collie Mix	5-May-11	Frier	Liz	201-823-6578	Liz.Frier@somewhere.com	One year shots	5-May-13	$ 42.50
6	Cedro	Cat	Unknown	6-Jun-08	James	Richard	201-735-9812	Richard.James@somewhere.com	Nail Clip	5-Sep-13	$ 27.50
7	Woolley	Cat	Unknown	???	James	Richard	201-735-9812	Richard.James@somewhere.com	Skin Infection	3-Oct-13	$ 35.00
8	Buster	Dog	Border Collie	11-Dec-07	Trent	Miles	201-634-7865	Miles.Trent@somewhere.com	Laceration Repair	5-Oct-13	$ 127.00

图1—31　兽医办公室使用的列表——版本2

1.13　显示你为问题 1.12 所创建的各表如何解决本章中对列表所识别的三个问题。

46

1.14 用自己的话描述并用表来说明在关系数据库中如何表示表的关系。

1.15 命名一个数据库系统的四个组成部分。

1.16 定义术语**数据库**。

1.17 为什么你认为一个数据库能够自我描述是很重要的？

1.18 列出数据库的组件。

1.19 定义术语**元数据**，并给出关于元数据的若干例子。

1.20 描述对一个索引的使用。

1.21 定义术语**应用程序元数据**并给出应用程序元数据的一些例子。

1.22 DBMS 的目的是什么？

1.23 列出 DBMS 的具体功能。

1.24 定义术语**参照完整性约束**。对于你在问题 1.8 中所创建的表，举一个参照完整性约束的例子。

1.25 解释数据库管理系统和数据库之间的差异。

1.26 列出一个数据库应用的功能。

1.27 解释个人数据库系统和企业级数据库系统之间的差异。

1.28 对用户隐藏 DBMS 复杂性的优点是什么？缺点是什么？

1.29 总结图 1—23 和图 1—26 中数据库系统之间的差异。

练习

下面的电子表单形成了一个带指定列标题的电子表单集。使用这些电子表单来回答问题 1.30 到问题 1.32。

A. 电子表单名称：EQUIPMENT

列标题：Number，Description，AcquisitionDate，AcquisitionPrice

B. 电子表单名称：COMPANY

列标题：Name，IndustryCode，Gross Sales，OfficerName，OfficerTitle

C. 电子表单名称：COMPANY

列标题：Name，IndustryCode，Gross Sales，NameOfPresident

D. 电子表单名称：COMPUTER

列标题：SerialNumber，Make，Model，DiskType，DiskCapacity

E. 电子表单名称：PERSON

列标题：Name，DateOfHire，DeptName，DeptManager，ProjectID，NumHours，ProjectManager

1.30 对于所提供的每一个电子表单，指明你认为该电子表单所包括的主题数目，并为每个主题提供一个合适的名字。对于其中一些表单，答案可能取决于你所做的假设。在这种情况下，说明你的假设。

1.31 对于任何有多个主题的电子表单，至少显示一个在进行插入、更新或删除数据时所引起的修改问题。

1.32 对于任何有多个主题的电子表单，将这些列分解到多个表中，每个表都有一个单一的主题。如有必要，添加 ID 列和一个链接列（或多个列）以维持主体间的关系。

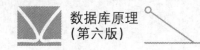
Access 工作台关键术语

自动编号（AutoNumber）（数据类型）	导航窗格中的下拉列表
Backstage 视图	导航窗格中的下拉列表按钮
字符（数据类型）	数（数据类型）
客户关系管理（CRM）系统	数值（数据类型）
数据输入表单	对象
数据表	主键
数据表视图	记录导航按钮
文件命令选项卡	备注
表单	报表向导
表单向导	必填
键	快门打开/关闭按钮
Microsoft Office Fluent 用户界面	代理键
导航窗格	文本（数据类型）
	类型

Access 工作台练习

韦奇伍德太平洋公司（Wedgewood Pacific Corporation，WPC）在华盛顿州西雅图，成立于1957年，现已发展成为一个国际公认的组织。公司坐落于两座建筑物：一栋楼安置管理、会计、财务和人力资源部门，另一栋楼则安置生产、市场营销和信息系统部门。该公司数据库中包含公司员工、部门、项目、资产（如计算机设备）以及公司运营等方面的数据。

A. 创建一个名为 WPC 的 Microsoft Access 数据库并保存在 Microsoft Access 文件 WPC. accdb 中。

B. 图 1—32 显示了 WPC EMPLOYEE 表的列特性。根据所给的列特点，在 WPC 数据库创建 EMPLOYEE 表。

EMPLOYEE

Column Name	Type	Key	Required	Remarks
EmployeeNumber	AutoNumber	Primary Key	Yes	Surrogate Key
FirstName	Text (25)	No	Yes	
LastName	Text (25)	No	Yes	
Department	Text (35)	No	Yes	
Phone	Text (12)	No	No	
Email	Text (100)	No	Yes	

图 1—32　EMPLOYEE 表的数据库列特点

C. 图1—33 显示了 WPC EMPLOYEE 表的数据。使用数据表视图将图1—33 所示的 EMPLOYEE 表中前三行的数据输入到 EMPLOYEE 表。

D. 创建一个用于 EMPLOYEE 表的数据输入表单，并将其命名为"WPC 员工数据表"。对输入表单进行任何必要的调整以便所有数据都能够正常显示。使用这个表单将图1—33 所示的 EMPLOYEE 表中剩余的数据输入 EMPLOYEE 表。

E. 创建一个名为"WPC 公司员工报表"的报表，报表中包含的员工数据先按雇员的姓排序，然后按照员工的名字排序。对报表进行任何必要的调整以便使所有标题和数据能够正确显示。打印一份报表。

Employee Number	FirstName	LastName	Department	Phone	Email
[AutoNumber]	Mary	Jacobs	Administration	360-285-8110	Mary. Jacobs@WPC. com
[AutoNumber]	Rosalie	Jackson	Administration	360-285-8120	Rosalie. Jackson@WPC. com
[AutoNumber]	Richard	Bandalone	Legal	360-285-8210	Richard. Bandalone@WPC. com
[AutoNumber]	Tom	Caruthers	Accounting	360-285-8310	Tom. Caruthers@WPC. com
[AutoNumber]	Heather	Jones	Accounting	360-285-8320	Heather. Jones@WPC. com
[AutoNumber]	Mary	Abernathy	Finance	360-285-8410	Mary. Abernathy@WPC. com
[AutoNumber]	George	Smith	Human Resources	360-285-8510	George. Smith@WPC. com
[AutoNumber]	Tom	Jackson	Production	360-287-8610	Tom. Jackson@WPC. com
[AutoNumber]	George	Jones	Production	360-287-8620	George. Jones@WPC. com
[AutoNumber]	Ken	Numoto	Marketing	360-287-8710	Ken. Numoto@WPC. com
[AutoNumber]	James	Nestor	InfoSystems		James. Nestor@WPC. com
[AutoNumber]	Rick	Brown	InfoSystems	360-287-8820	Rick. Brown@WPC. com

图1—33　WPC 公司的员工数据

圣胡安帆船包租案例问题

圣胡安帆船包租（SJSBC）是一个租赁帆船的代理商。SJSBC 并不拥有船只。相反，SJSBC 代表船主在他们自己没有使用船只的时候将船租赁出去为船主赚取一定收入，而 SJSBC 则向船主收取一定的服务费。SJSBC 主要代理可用于多天或每周包租的船。可用帆船中最小长度是 28 英尺，最大长度 51 英尺。

每个帆船被租用时设备齐全。大部分设备是包租时提供的。大部分设备由业主提供，但也有些是由 SJSBC 提供。业主提供的设备有些安装在船上，如收音机、指南针、深度指标和其他仪器仪表、炉具和冰箱等。而业主提供的其他设备则没有安装在船上，如帆、线、锚、橡皮艇、救生衣以及在船舱内的设备（餐具、银器、炊具、床上用品，等等）。SJSBC 会提供一些耗材，如图表、航海图书、潮汐和海流表、肥皂、洗碗布、卫生纸和类似物品。设备耗材被 SJSBC 视为用于跟踪和记账的设备。

跟踪这些设备是 SJSBC 的一项重要职责。许多设备价格昂贵，而没有安装到船上的那些物品则可能很容易损坏、丢失或被盗。SJSBC 监督客户在包租期间负责船的所有设备。

SJSBC 可能保持客户和租赁的准确记录，并且要求客户在每个租期内都必须保留一份日志。一些行程和天气条件是相对比较危险的，这些日志数据能够提供关于客户体验的信息。这个信息对市场非常有用并且能够用来评估客户处理特定船和行程的能力。

帆船需要维护和保养。船（boat）有两个定义：（1）"再花一千（美元）"（break out another thousand），（2）"水上花钱的无底洞"（a hole in the water into which one pours money）。按照与船主的合约，SJSBC 需要保留所有维护活动和成本的准确记录。

A. 创建业主和船只的一个示例列表。列表在结构上与图 1—30 相似，但它会关注业主和船只，而不是业主和宠物。列表应至少包括所有者名称、电话、账单地址以及船只名称、品牌型号和长度。

B. 如果 SJSBC 尝试在电子表单中维护列表，请描述有可能发生的修改问题。

C. 将列表拆分成表并使得每个表只有一个主题。建立适当的 ID 列。使用链接列来表示财产和其业主之间的关系。演示你在 B 部分中所确定的修改问题已被解决。

D. 创建一个业主、船只和租约的示例列表。列表类似图 1—31。所给的列表应包括 A 部分中的数据项以及包租日期、包租客户以及每个包租所收取的费用。

E. 如果 SJSBC 尝试在电子表单中维护 D 部分的列表，图示有可能发生的修改问题。

F. 将 D 部分中列表拆分成表，使得每个表只有一个主题。建立适当的 ID 列。使用链接列表示关系。演示你在 E 部分中所确定的修改问题已被解决。

丽园项目问题

丽园（Garden Glory）是一个合伙企业，它向个人和组织提供园艺和庭院维护服务。丽园有两个合伙人。他们聘请了两个办公室管理员以及一些全职与兼职园丁。丽园提供一次性的花园专业服务，但它主要做长期服务和维护。它的许多客户有多个建筑、公寓和出租房屋，这些都需要园艺和草坪保养服务。

A. 创建一个业主和物业示例列表。列表在结构上与图 1—30 相似，但它关注业主和物业，而不是业主和宠物。列表应至少包括业主名称、电话、账单地址以及物业名称、类型和地址。

B. 如果丽园尝试在电子表单中维护列表，请描述有可能发生的修改问题。

C. 将列表拆分成表，使得每个表只有一个主题。建立适当的 ID 列。使用链接列来表示此物业和业主之间的关系。证明你在 B 部分中所确定的修改问题已被解决。

D. 创建一个业主、物业和服务的示例列表。列表类似图 1—31。你的列表应包括 A 部分中的数据项以及日期、说明和每个服务所收取的费用。

E. 如果丽园尝试在电子表单中维护 D 部分的列表，图示有可能发生的修改问题。

F. 将 D 部分中列表拆分成表，使得每个表只有一个主题。建立适当的 ID 列。使用链接列表示关系。证明你在 E 部分中所确定的修改问题已被解决。

詹姆斯河珠宝项目问题

詹姆斯河珠宝项目问题可从在线附录 D 获得，它可以直接从教材的网站下载：www. pearsonhighered. com/ kroenke。

安妮女王古玩店项目问题

安妮女王古玩店（The Queen Anne Curiosity Shop）出售古董和对古董而言是必需或有用的家居物品。例如，商店出售古董餐桌和新的桌布。古董可能从个人和批发商那里购买，而新物品则从分销商处购买。这家商店的客户包括个人、B&B经营业主和当地为个人和小企业工作的室内设计师。古董是唯一的，虽然有时多件古董（如餐椅）可作为一组来提供（一套古董绝不能不完整）。新物品不是唯一的并且脱销时就会重新订购。新物品可以有不同尺寸和颜色（例如，一个特定风格的桌布可提供多种尺寸和各种颜色）。

A. 创建一个已购买的存货物品和供应商的示例列表，以及一个客户和销售的示例列表。第一个列表应该包括库存数据，如特征、制造商和型号（如果有）、物品成本，以及你认为应该被记录的厂商识别信息和联系人数据。第二个列表应包括你觉得对安妮女王古玩店比较重要的客户数据，以及一些典型的销售数据。

B. 描述在这些电子表单中插入、更新和删除数据时有可能发生的问题。

C. 尝试将 A 部分中创建的两个列表合成一个列表。当你试图这样做时会发生什么问题？

D. 将 A 部分中创建的电子表单拆分成表，使得每个表只有一个主题。建立适当的 ID 列。

E. 解释你在 D 部分中所给出的表如何解决 B 部分中所确定的问题。

F. 你从第一个电子表单所创建的表和从第二个电子表单所创建的表之间的联系是什么？如果你的表集中不包含这个联系，那么如何把它添加到你的表集？

第 2 章
关系模型

本章目标

- 学习关系模型的概念基础
- 理解关系如何不同于非关系型表
- 学习基本的关系术语
- 学习键、外键以及相关术语的意义和重要性
- 理解外键如何表示联系
- 学习代理键的目的和用法
- 学习函数依赖的含义
- 学习应用规范化关系的过程

本章将解释关系模型，它是如今数据库处理中一个最重要的标准。这个模型是由 Edgar Frank Codd（通常简称为 E. F. Codd[①]，后来成为 IBM 雇员）在 1970 年制定并公布的，它建立在关系代数理论基础上。该模型自建立之日起就被广泛运用到实际应用中，如今它几乎被用于每一个全球型商业数据库的设计和实施中。本章描述这个模型的概念基础。

关　系

第 1 章阐述了数据库帮助人们跟踪事物存在的轨迹，以及关系 DBMS 产品用表的形式存储数据。在这里，我们需要澄清和提炼这些描述。首先，所跟踪的"事物"的正式名称叫**实体**（entity），它被定义为对用户而言是重要的而且需要在数据库中表示。此外，简单地说，DBMS 产品以表的形式存储数据也不完全正确。DBMS产品以关系的形式存储数据，而关系是一种特殊类型的表。具体而言，**关系**（relation）是一个包含**行**（rows）和**列**（columns）的二维**表**（table），它具有以下特点：

1. 表中的每行保存与一些实体或实体的一部分相关的数据。
2. 表中的每列包含的数据代表该实体的属性。例如，在员工关系中每行包含一个特定员工的数据，每列数

---

① E. F. Codd, "A Relational Model of Data for Large Shared Databanks," *Communications of the ACM* (June 1970): 377—387.

据则表示该员工的一个属性，如姓氏、电话或电子邮件地址。

3．表中的单元格必须保存单一的值，因此在一个单元格中只允许非重复元素。

4．任何列中的所有条目必须是同一类型。例如，如果一个表第一行的第三列中包含 EmployeeNumber，那么其他所有行中的第三列也必须包含 EmployeeNumber。

5．每列必须有唯一的名称。

6．表列的顺序不重要。

7．行的顺序不重要。

8．每行的一组数据值必须是唯一的，表中没有哪两行可能会有相同的数据值集合。

关系的特性归纳在图 2—1 中。

> 1．行包含一个实体的数据
> 2．列包含实体的属性数据
> 3．表中的单元格保存单一的值
> 4．任何列中的所有条目必须是同一类型
> 5．每列必须有唯一的名称
> 6．表列的顺序不重要
> 7．行的顺序不重要
> 8．没有任何两行可能会保存相同的数据值集

图 2—1　关系的特征

一个关系示例和两个非关系示例

图 2—2 显示了一个 EMPLOYEE 表示例。根据前面讨论过的特征来考虑此表。首先，每行都是一个 EMPLOYEE 实体，每列代表员工的属性，所以这两个条件都满足。每个单元格只有一个值，每列中的所有条目都是同一类型。列名是唯一的，我们可以改变列或行的顺序，而不会丢失任何信息。最后，没有任何两行是相同的，每行拥有一组不同的数据值。因为这个表符合关系定义的所有要求，我们可以把它归类为一个关系。

EmployeeNumber	FirstName	LastName	Department	Email	Phone
100	Jerry	Johnson	Accounting	JJ@somewhere.com	834-1101
200	Mary	Abernathy	Finance	MA@somewhere.com	834-2101
300	Liz	Smathers	Finance	LS@somewhere.com	834-2102
400	Tom	Caruthers	Accounting	TC@somewhere.com	834-1102
500	Tom	Jackson	Production	TJ@somewhere.com	834-4101
600	Eleanore	Caldera	Legal	EC@somewhere.com	834-3101
700	Richard	Bandalone	Legal	RB@somewhere.com	834-3102

图 2—2　雇员示例关系

现在考虑图 2—3 和图 2—4 所示的表。这些表都不是关系。图 2—3 中的 EMPLOYEE 表不是关系，因为 Phone 列有包含多个条目的单元格。例如，Tom Caruthers 有三个电话，而 Richard Bandalone 的电话有两个值。每个单元格有多个条目是关系所不允许的。

图 2—4 中的表也不是一个关系，原因有两个。首先，行的顺序是重要的。因为 Tom Caruthers 行下包含了他的传真号码，如果我们重新排列行，则可能会失去对他的名字和传真号之间对应关系的跟踪。这个表不是关系的第二个原因是 Email 列中的值并非都是相同的种类。某些值是电子邮件地址，而其他的则是电话号码类型。

EmployeeNumber	FirstName	LastName	Department	Email	Phone
100	Jerry	Johnson	Accounting	JJ@somewhere.com	834-1101
200	Mary	Abernathy	Finance	MA@somewhere.com	834-2101
300	Liz	Smathers	Finance	LS@somewhere.com	834-2102
400	Tom	Caruthers	Accounting	TC@somewhere.com	834-1102, 834-1191, 834-1192
500	Tom	Jackson	Production	TJ@somewhere.com	834-4101
600	Eleanore	Caldera	Legal	EC@somewhere.com	834-3101
700	Richard	Bandalone	Legal	RB@somewhere.com	834-3102, 834-3191

图 2—3　非关系型表——单元格有多个条目

EmployeeNumber	FirstName	LastName	Department	Email	Phone
100	Jerry	Johnson	Accounting	JJ@somewhere.com	834-1101
200	Mary	Abernathy	Finance	MA@somewhere.com	834-2101
300	Liz	Smathers	Finance	LS@somewhere.com	834-2102
400	Tom	Caruthers	Accounting	TC@somewhere.com	834-1102
				Fax:	834-9911
				Home:	723-8765
500	Tom	Jackson	Production	TJ@somewhere.com	834-4101
600	Eleanore	Caldera	Legal	EC@somewhere.com	834-3101
				Fax:	834-9912
				Home:	723-7654
700	Richard	Bandalone	Legal	RB@somewhere.com	834-3102

图 2—4　非关系型表——行序重要及 Email 列条目的类型不同

虽然每个单元格只能有一个值，但该值可以长短不一。图 2—5 显示了对图 2—2 中的表增加了一个可变长度的 Comment 属性。虽然评论可能会很长，而且在行与行之间它们的长度也会变化，但是每个单元格仍然只有一个评论。因此，图 2—5 中的表是关系。

EmployeeNumber	FirstName	LastName	Department	Email	Phone	Comment
100	Jerry	Johnson	Accounting	JJ@somewhere.com	834-1101	Joined the Accounting Department March after completing his MBA. Will take the CPA exam this fall.
200	Mary	Abernathy	Finance	MA@somewhere.com	834-2101	
300	Liz	Smathers	Finance	LS@somewhere.com	834-2102	
400	Tom	Caruthers	Accounting	TC@somewhere.com	834-1102	
500	Tom	Jackson	Production	TJ@somewhere.com	834-4101	
600	Eleanore	Caldera	Legal	EC@somewhere.com	834-3101	
700	Richard	Bandalone	Legal	RB@somewhere.com	834-3102	Is a full-time consultant to legal on a retainer basis.

图 2—5　包含可变长度列值的关系

关于展现关系结构的一个说明

在本书中，当我们写出要讨论的关系的结构时，使用的格式如下：

RELATION _ NAME（Column01，Column02，…，LastColumn）

先写下关系名，这里的关系名用大写字母（例如，EMPLOYEE），并且用单数，而不是复数（如 EM-PLOYEE 而非 EMPLOYEES）。如果该关系的名字是两个或多个单词的组合，我们用下划线将它们连在一起

（例如，EMPLOYEE _ PROJECT _ ASSIGNMENT）。列名包含在括号中而且首字母是大写，其他是小写字母（例如，Department）。如果列名是两个或多个单词的组合，每个单词的第一个字母大写（例如，EmployeeNumber 和 LastName）。因此，图 2—2 中所示的 EMPLOYEE 关系可以写成：

EMPLOYEE（EmployeeNumber，FirstName，LastName，Department，Email，Phone）

BTW

如早前所见，关系结构是数据库模式的一部分。**数据库模式**（database schema）是建立数据库和数据库应用的一种专门设计。

▣ 关于术语的说明

在数据库世界中，人们普遍使用可互换的术语"表"和"关系"。因此，从现在起，本书也遵循同样的观点。因此，我们在使用表的任何时候，都是指一个满足了关系所需的各种特性的表。然而，记住：严格来说，一些表并不是关系。

特别是在传统的数据处理中有时人们也使用术语**文件**（file），而不是表。当这样做时，他们用术语**记录**（record）来表示行，用**字段**（field）来表示列。为了进一步"混淆"问题，一些数据库理论家有时还使用另一套术语：虽然他们将表称为关系，但是将行称为一个**元组**（tuple），而将列称为**属性**（attribute）。图 2—6 中总结了这三组术语。

表	行	列
文件	记录	字段
关系	元组	属性

图 2—6　术语的等价集

为了使事情更加混乱，人们常常混合使用这些术语集。听到有人提到关系有行和字段的情况并不少见。只要你知道是什么意思，这种术语的混合也就并不重要了。

我们应该讨论另外一个造成混乱的根源。根据图 2—1 所示，一个有重复行的表其实并不是一个关系。然而，在实践中这种情况经常被忽略。特别是用 DBMS 对关系进行操作时，我们很可能会最终得到一个有重复行的表。为了使该表成为一个关系，我们应该消除重复行。然而，对于一个大表，检查重复行是非常费时的。于是，DBMS 产品的默认行为是不去检查是否有重复行。因此，在实际应用中，表中可能存在重复（非唯一）的行但仍然被称为关系。在下一章，你会看到这种情况的例子。

键的类型

一个**键**（key）是关系中用来标识行的一列或多列。键可以是**唯一**（unique）或**非唯一**（nonunique）的。

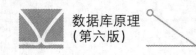

例如，对于图2—2中的雇员关系 EMPLOYEE 而言，EmployeeNumber 是一个**唯一键**（unique key），因为每个 EmployeeNumber 值标识唯一的行。因此，一个查询要显示所有 EmployeeNumber 为 200 的员工则会产生单行。相对而言，Department 则是一个**非唯一键**（nonunique key）。它是一个键，因为它可以用于标识行，但它不唯一，因为它的某个值可能标识多个行。因此，一个显示 Department 为 Accounting 的所有行的查询得到的结果会有几行。

从图2—2中的数据看来，EmployeeNumber、LastName 和 Email 都是唯一的标识符。然而，要确定这是否为真，则要求数据库开发人员除检查样本数据外必须做更多的事情。他们必须向用户或其他领域专家咨询某列是否是唯一的。比如 LastName 列就是一个例子，咨询专家很重要。从样本数据来看，LastName 可能刚好有唯一值。然而，用户可能会说 LastName 并不总是唯一的。

组合键

包含两个或更多个属性的键可以称为一个**组合键**（composite key）。例如，假设我们正在为关系 EMPLOYEE 寻找一个唯一键，用户说，虽然 LastName 不是唯一的，但 LastName 和 Department 的组合是唯一的。这样，出于某种原因，用户都知道两个同姓的人绝不会在同一个部门工作。例如，两个 Johnson 绝不会都在会计部工作。如果是这样的话，那么（LastName，Department）组合是一个唯一的组合键。

另外，用户可能知道（LastName，Department）组合不是唯一的，但（FirstName，LastName，Department）组合是唯一的。那么，后一个组合就是一个具有三个属性的组合键。

BTW

组合键像单列键，可能唯一也可能不唯一。

候选键和主键

候选键（candidate key）是唯一标识关系中每行的键。候选键可以是单列键，也可以是组合键。**主键**（primary key）是 DBMS 用来唯一标识关系中每行的候选键。例如，假设我们有以下的雇员关系：

  EMPLOYEE（EmployeeNumber，FirstName，LastName，Department，Email，Phone）

用户告诉我们：EmployeeNumber 是唯一键，Email 是唯一键，组合键（FirstName，LastName，DepartmentName）是唯一键。因此，我们有三个候选键。在设计数据库时，我们选择其中某个候选键作为主键。例如，在这种情况下，我们使用 EmployeeNumber 作为主键。

BTW

为了有助于理解为何将可能作为关系的主标识符的唯一键作为候选键，你可以考虑一下竞选"主键"的"候选人"，同时注意只能有一位候选人会赢得选举。

主键很重要，不仅是因为它可以用来识别唯一的行，而且还因为它可以用来表示有联系的行。虽然我们并没在第1章图1—10中的艺术课程数据库表中加以标明，但 CustomerID 是 CUSTOMER 的主键。同样地，我们在 ENROLLMENT 表中也插入一个 CustomerID 列以形成 CUSTOMER 与 ENROLLMENT 之间的一个链接来代表 CUSTOMER 与 ENROLLMENT 之间的联系。此外，许多 DBMS 产品使用主键的值来组织关系的存储。它们还建立索引和其他一些特殊结构以通过主键值来快速检索。

在本书中，我们用下划线来指示主键。因为 EmployeeNumber 是 EMPLDYEE 的主键，我们将 EM-PLOYEE 关系写为：

EMPLOYEE（EmployeeNumber，FirstName，LastName，Department，Email，Phone）

每个 DBMS 程序都有自己创建和指示主键的方式。在第 1 章的"Access 工作台"部分，我们简要地讨论了主键，并解释了如何在 Microsoft Access 2010 中设置一个主键。图 2—7 显示了在 Microsoft Access 表设计视图中图 1—10 的艺术课程数据库的 CUSTOMER 表。在表设计视图中，我们可以根据主键列名旁边的键符号来找到表中的主键。在这种情况下，CustomerNumber 旁边有一个键符号，这意味着开发者已经将 Cus-tomerNumber 定义为此表的主键。

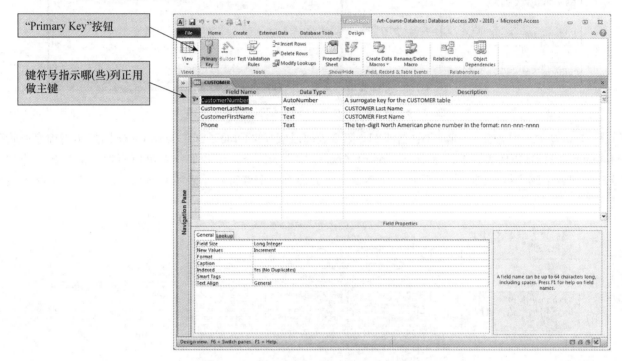

图 2—7　在 Microsoft Access 2010 中定义主键

BTW

图 2—8 所列出的表名都用 dbo 作为前导缀，例如 dbo. CUSTOMER。这里的 dbo 代表 database owner 并且频繁出现在 SQL Server 中。

图 2—8 显示了在 Microsoft SQL Server 2012 速成版①中相同的 CUSTOMER 表，这与它出现在 Microsoft SQL Server Management Studio 的图形实用工具程序中的一样。该显示看起来较为复杂，但我们仍然可以根据主键列名旁边的键符号来找到表中的主键。同样，在 CustomerNumber 旁边有一个键符号，表明 CustomerNumber 是这个表的主键。

---

① Microsoft 已经发布了多个版本的 SQL Server，最新版本是 SQL Server 2012。SQL Server 2012 速成版是功能最弱的版本，但它可用于一般用途，并且可以从 Microsoft SQL Server 2012 速成版的网站 www.microsoft. com/express/Database/免费下载。欲了解更多信息，请参见在线附录 A "Getting Started with Microsoft SQL Server 2012 Express Edition"。

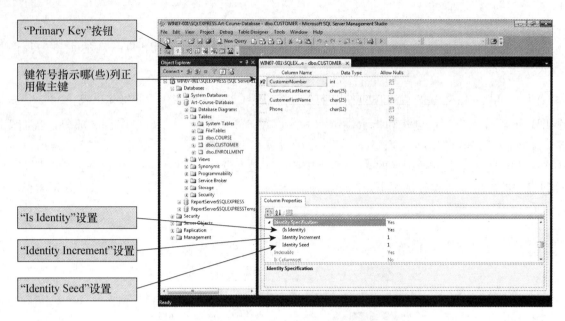

图 2—8　在 Microsoft SQL Server 2012 中定义主键

　　图 2—9 显示了甲骨文的 Oracle 数据库 11g 第 2 版速成版[①]的 Oracle SQL Developer 图形实用程序所管理的相同的 CUSTOMER 表。该显示比 Microsoft Access 中更为复杂，但我们仍然可以根据主键列名旁边的键符号来找到表中的主键。同样，在 CustomerNumber 旁边有一个键符号，表明 CustomerNumber 是这个表的主键。

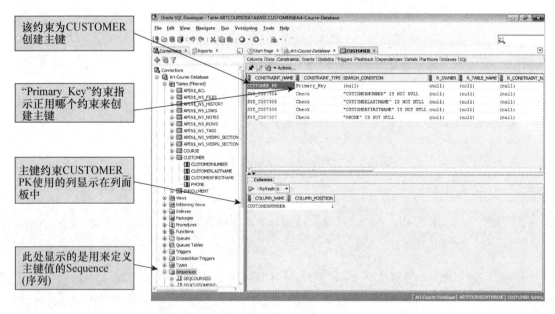

图 2—9　在 Oracle 数据库 11g 第 2 版中定义主键

---

　　①　最初它仅称为 Oracle，而甲骨文的数据库产品现在则被称为 Oracle 数据库，因为甲骨文公司已经远远超出了其最初的数据库产品，现已拥有并销售各种产品。这些可以在 www.oracle.com 看到。截至本书撰写时，Oracle 数据库 11g 第 2 版是最新的产品版本。免费的 Oracle 数据库特别版可以从 www.oracle.com/technetwork/database/express-edition/overview/index.html 下载。Oracle 数据库 11g 第 2 版是一个企业级的数据库管理系统，因此也比 Microsoft Access 复杂得多。它不包括应用开发工具，如表单和报表生成器。如需了解更多信息，请参阅在线附录 B "Getting Started with Oracle Database 11g Release 2 Express Edition"。

图 2—10 显示了 Oracle MySQL 5.5[①] 中的 CUSTOMER 表，其与 MySQL Workbench 的图形实用程序中所管理的表相同，这个显示比 Microsoft Access 更为复杂，但我们仍然可以根据主键列名旁边的键符号找到表中的主键。同样，在 CustomerNumber 旁边有一个键符号，表明 CustomerNumber 是该表的主键。

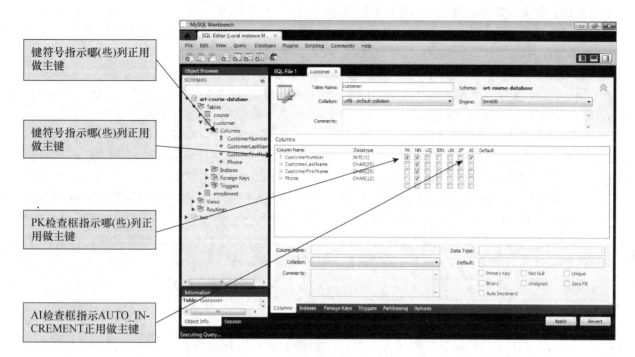

图 2—10　在 Oracle MySQL 5.5 中定义主键

指定主键的一个常用方法是使用我们在第 1 章中简要介绍过的 SQL。我们将在第 3 章中看到如何使用 SQL 指定主键。

■ 代理键

代理键（surrogate key）是一个用独特的、DBMS 分配的标识符（已被添加到表中）作为主键的列。代理键的唯一值由 DBMS 在每次创建行时分配，并且值绝不会改变。

一个理想的主键是短、数字型且永远不会改变。有时表中的一个列会满足这些要求，或接近满足。例如，EMPLOYEE 关系中的 EmployeeNumber 应该能够很好地作为主键。但其他一些表中的主键可能不太理想。例如，考虑 PROPERTY 关系：

　　　PROPERTY (Street，City，State，ZIP，OwnerID)

　　PROPERTY 的主键是（Street，City，State，ZIP），是较长和非数字型的（虽然它可能不会改变）。这

---

① 2008 年 2 月 26 日，Sun 微系统公司收购 MySQL 的 MySQL AB 公司。2009 年 4 月 29 日，甲骨文公司要约收购 Sun 微系统公司，2010 年 1 月 27 日，甲骨文收购 Sun 微系统公司。有关的详细信息，请参阅 www. oracle. com/us/sun/index. htm。这使得甲骨文拥有 Oracle 数据库 11g 第 2 版和 MySQL 两个数据库管理系统。截至本书写作时，MySQL 5.5 是流行的 MySQL 数据库管理系统的最新产品版。免费的 MySQL 5.5 社区服务器版和 MySQL Workbench 可以从 MySQL 的网站 www. mysql. com/downloads/下载。与 SQL Server 2012 一样，MySQL 是一个企业级 DBMS，因此，也比 Microsoft Access 复杂得多。此外，类似 SQL Server 2012，MySQL 不包括应用开发工具，如表单和报表生成器。有关的更多信息，请参阅在线附录 C "Getting Started with Oracle MySQL 5.5 Community Server Edition"。

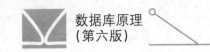
数据库原理
(第六版)

不是一个理想的主键。在这种情况下，数据库设计人员会添加代理键，如 PropertyID：

PROPERTY (PropertyID, Street, City, State, ZIP, OwnerID)

代理键是短的、数字型的且永远不会改变。它们是理想的主键。因为代理主键的值对用户没有任何意义，所以它们往往在表格、查询结果和报表中隐藏起来。

代理键已被用于我们讨论过的数据库中。例如，在图 1—10 所示的艺术课程数据库表中，我们定义 CUSTOMER 表的代理键 CustomerNumber 和 COURSE 表的 CourseNumber。

大多数 DBMS 产品有一个用于自动生成键值的工具。在图 2—7 中，我们可以看到如何在 Microsoft Access 2010 中定义代理键。在 Microsoft Access 中，数据类型设置为"AutoNumber"。按照这个说明，Microsoft Access 将为 CUSTOMER 表第一行的 CustomerNumber 分配 1，第二行的值则为 2，等等。

对于企业级 DBMS 产品，如 Microsoft SQL Server，Oracle 数据库和 Oracle MySQL 则提供更多功能。例如，使用 SQL Server 时开发人员可以指定代理键的初始值以及每个新行的键值的增量。图 2—8 显示了如何在定义 CUSTOMER 表的代理键 CustomerNumber 时做到这一点。在"Column Properties"窗口（在 dbo. CUSTOMER 表列详细信息窗口下面）中，有一组已经设置的**标识**（identity）规范指示 SQL Server 已经存在一个代理键列。CustomerNumber 的 is identity（是标识属性）值设置为"Yes"，表明 CustomerNumber 是一个代理键。代理键的起始值称为**标识种子**（identity seed）。对于 CustomerNumber，它被设置为 1。此外，每个键值增加后用来创建下一个键值的量称为**标识增量**（identity increment）。在这个例子中，它被设置为 1。这些设置意味着：当用户创建 Customer 表的第一行时，SQL Server 将 CustomerNumber 设置为 1。当客户的第二行被创建时，SQL Server 将 CustomerNumber 设置为 2，等等。

Oracle 数据库使用一个 SEQUENCE 序列函数来定义自动增加的数字序列，可以用作代理键的数字。当使用一个序列时，初始值可以是任何值（默认为 1），但增量将始终为 1。图 2—9 显示了艺术课程数据库中存在的序列。附录 B 讨论了如何使用序列生成代理键值。

MySQL 使用 AUTO _ INCREMENT 函数自动分配代理键的数字。对 AUTO _ INCREMENT 而言，初始值可以是任何值（默认为 1），但增量将始终为 1。如图 2—10 所示，CustomerNumber 是 CUSTOMER 表使用的一个代理键，它使用 AUTO _ INCREMENT（AI）设置列值。附录 C 讨论了如何使用 AUTO _ IN-CREMENT 生成代理键值。

外键和参照完整性

如第 1 章所描述的，我们把第一个关系的值放入第二关系来代表一个联系。我们所使用的值是第一个关系的主键值（必要时也可以是复合主键的值）。当我们这样做时，第二个关系中拥有这些值的属性被称为**外键**（foreign key）。例如，在图 1—10 所示的艺术课程数据库中，我们为了表示客户和他们所选的艺术课程之间的联系将 CUSTOMER 表的主键 CustomerNumber 保存在 ENROLLMENT 中。在这种情况下，ENROLLMENT 中的 CustomerID 就被视作外键。使用这个术语是因为 CustomerNumber 是它所在表的外部某关系的主键。

考虑下面两个关系，除了员工关系 EMPLOYEE，我们现在有一个部门关系 DEPARTMENT 来保存有关部门的所有数据：

EMPLOYEE (EmployeeNumber, FirstName, LastName, Department, Email, Phone)

和

　　　　DEPARTMENT（<u>DepartmentName</u>，BudgetCode，OfficeNumber，DepartmentPhone）

其中 EmployeeNumber 和 DepartmentName 分别是 EMPLOYEE 和 DEPARTMENT 的主键。

　　现在假设 EMPLOYEE 表的 Department 包含员工工作的部门名称而且 DEPARTMENT 表的 DepartmentName 也包含这些名称。在这种情况下，EMPLOYEE 表的 Department 就是 DEPARTMENT 表的一个外键。在本书中，我们以斜体来表示外键。因此，我们将这两个关系改写如下：

　　　　EMPLOYEE（<u>EmployeeNumber</u>，FirstName，LastName，*Department*，Email，Phone）

和

　　　　DEPARTMENT（<u>DepartmentName</u>，BudgetCode，OfficeNumber，DepartmentPhone）

　　注意：主键和外键没有要求必须具有相同的列名。唯一的要求是它们具有相同的一组值。
　　在大多数情况下，重要的是要确保每一个外键都与主键的值匹配。在前面的例子中，EMPLOYEE 表每一行的 Department 值都应该匹配 DEPARTMENT 表中 DepartmentName 的某个值。如果确实是这种情况（通常也是这样的），那么，我们声明如下规则：

　　　　EMPLOYEE 表的 Department 值必须存在于 DEPARTMENT 表的 DepartmentName 中

　　这样的规则称为**参照完整性约束**（referential integrity constraint）。每当你看到一个外键，你总应该寻找一个相关的参照完整性约束。
　　考虑图 1—10 所示的艺术课程数据库。这个数据库的结构是：

　　　　CUSTOMER（<u>CustomerNumber</u>，CustomerLastName，CustomerFirstName，Phone）
　　　　COURSE（<u>CourseNumber</u>，Course，CourseDate，Fee）
　　　　ENROLLMENT（<u>*CustomerNumber*</u>，<u>*CourseNumber*</u>，AmountPaid）

　　ENROLLMENT 表中有一个组合主键（CustomerNumber，CourseNumber），其中 CustomerNumber 是一个链接到 CUSTOMER 表的外键而 CourseNumber 是一个链接到 COURSE 表的外键。因此，两个参照完整性约束是必需的：

　　　　ENROLLMENT 表的 CustomerNumber 必须存在于 CUSTOMER 表的 CustomerNumber 中

并且：

　　　　ENROLLMENT 表的 CourseNumber 必须存在于 COURSE 表的 CourseNumber 中

　　正如 DBMS 产品有指定主键的方式，它们也有办法来设置外键的参照完整性约束。我们将在本章的"Access 工作台"一节来讨论设置参照完整性约束的细节。图 2—11 在 Microsoft Access 的联系窗口显示了图 1—10 的艺术课程数据库的表并用"Edit Relationships"对话框显示了 CUSTOMER 表和 ENROLLMENT 表之间联系的细节。注意："Enforce Referential Integrity"复选框已被选中，这样 ENROLLMENT 表的 Customer Number（外键）和 CUSTOMER 表的 CustomerNumber（主键）之间的参照完整性约束将被实施。
　　图 2—12 在 Microsoft SQL Server Management Studio 的程序中显示了 CUSTOMER 和 ENROLLMENT 之间相同的外键联系。同样，这个显示更为复杂，但注意该属性表设计器："Enforce Foreign Key Constraint"设置为"Yes"。这意味着 ENROLLMENT 表的 CustomerNumber（外键）和 CUSTOMER 表的 Customer

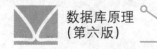

数据库原理
（第六版）

Number（主键）之间的参照完整性约束将被实施。

CUSTOMER和ENROLL-MENT间的联系——ENR-OLLMENT的外键CustomerNumber引用CUSTO-MER的主键CustomerNumber

用检查框在联系中强制实施参照完整性

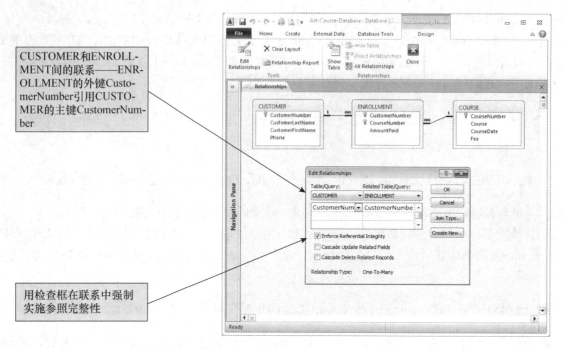

图 2—11　在 Microsoft Access 2010 中强制实施参照完整性

CUSTOMER和ENROLL-MENT间的联系

我们将强制实施外键约束——参照完整性约束

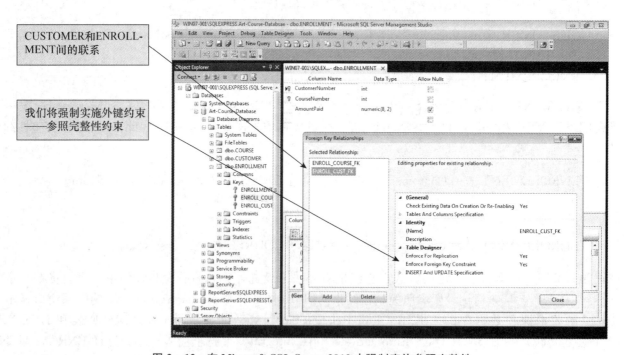

图 2—12　在 Microsoft SQL Server 2012 中强制实施参照完整性

图 2—13 在 Oracle 数据库 11g 第 2 版速成版显示了外键。这里是在 Oracle SQL 开发工具外键选项卡中显示了每个外键的属性。

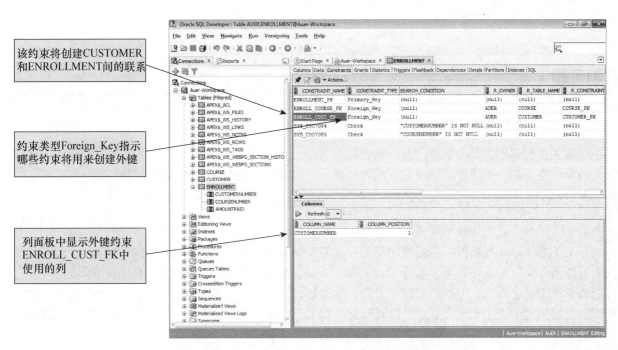

图 2—13 在 Oracle 数据库 11g 第 2 版中强制实施参照完整性

图 2—14 显示了 MySQL 5.5 中的外键。这里是在 MySQL 工作台实用工具的外键选项卡显示每个外键的属性。

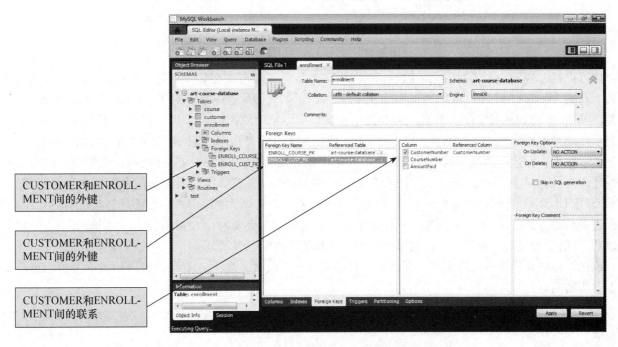

图 2—14 在 Oracle MySQL 5.5 中强制实施参照完整性

正如可以使用 SQL 来指定主键一样，也可以用 SQL 设置参照完整性约束。我们将在下一章讨论如何使用 SQL 来做到这一点。

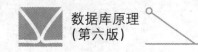
空值问题

在讨论关系和它们之间的联系之前，我们需要讨论一个微妙而重要的话题——空值。**空值**（null value）是关系的单元格中的一个缺失值。考虑下面的关系，这用来跟踪一个服装制造商的制成品：

ITEM（ItemNumber，ItemName，Color，Quantity）

图 2—15 显示了此表的样本数据。注意最后一行数据：它的 ItemNumber 为 400，ItemName 为 "Spring Hat"，但是它的 Color 没有值。空值的问题是：它们是含糊的，我们不知道如何解释它们，因为这可以解释为三个可能的含义。首先，它可能意味着没有某个 Color 值是合适的；春季帽子不会有不同的颜色。其次，它可能表示该值是已知的，但要暂时留作空白，也就是说，春季帽子有颜色，但颜色还没有确定。也许颜色根据帽子周围使用的带子颜色来确定，但直到订单到了才会这样做。最后，空值可能意味着帽子的颜色还没有人知道，帽子有颜色，但没有人检查，还没有看到它是什么颜色的。

ItemNumber	ItemName	Color	Quantity
110	Small T-Shirt	Red	15
120	Small T-Shirt	Blue	5
150	Small T-Shirt	Green	7
210	Med T-Shirt	Red	8
400	Spring Hat		5

图 2—15　ITEM 关系和其数据示例

你可以通过规定一个属性值来消除空值。DBMS 产品允许你指定在某一列是否可以出现一个空值。我们在第 1 章的 Microsoft Access 的 "Access 工作台" 讨论了如何做到这一点。对于 Microsoft SQL Server 2012，则关注图 2—8 的 dbo. CUSTOMER 表列详细信息窗口中标记为 "Allow Nulls" 的列。没有选中标记的复选框表示在此列不允许空值。在图 2—9 中，Oracle 数据库 11g 第 2 版的 SQL 开发工具在 "Constraints" 选项卡上显示数据，而这个选项卡并不指示空值。但是，如果我们看 "Columns" 选项卡，我们会看到在每列上是否允许空值。对于 MySQL 5.5，则注意图 2—10 中 MySQL 表编辑器的列详细信息选项卡所显示的 "NN（NOT NULL）" 复选框，表示是否允许空值出现在列中。不管所用的 DBMS 是哪一个，如果不允许空值，那么表中的每行都必须输入一些值。如果属性是一个文本，在必要时用户可以输入 "不恰当"、"未定" 或 "未知" 等值。如果属性不是文本，则可能需要开发其他一些编码系统。

现在，你要知道空值可能出现，而且它们总是带有一些歧义。在下一章我们将展示另一个可能更严重的关于空值的问题。

函数依赖和规范化

本节介绍一些用于关系数据库设计的概念，这些概念在后面几章都要用到，并在第 5 章中进一步加以扩充。本书仅介绍其中的要领。要了解更多信息，你可以阅读其他更全面的参考书。[①]

函数依赖

首先让我们到代数世界作一个短途旅行。假设你要买盒饼干，有人告诉你，每盒的价格为 5 美元。知道了这个事实，你可以用下面的公式计算几盒饼干的成本：

$$CookieCost = NumberOfBoxes \times 5 \text{ 美元}$$

一个表达 CookieCost 和 NumberOfBoxes 之间关系的更常见的方式是：CookieCost 依赖于 NumberOf-Boxes。这样的阐述说明了 CookieCost 和 NumberOfBoxes 之间联系的特点，尽管它没有给出公式。更形式化一些，我们可以说，CookieCost **函数依赖**（functionally dependent）于 NumberOfBoxes。这样一种所谓的**函数依赖**（functional dependency）的说法可以写成如下形式：

$$NumberOfBoxes \rightarrow CookieCost$$

这个表达式是说 NumberOfBoxes 决定 CookieCost。表达式左边的变量 NumberOfBoxes 称为**决定因子**（determinant）。

再看另一个例子，我们可以用物品的数量乘以单价来计算零件订单的扩展价格：

$$ExtendedPrice = Quantity \times UnitPrice$$

在这种情况下，我们会说，ExtendedPrice 是函数依赖于数量 Quantity 和单价 UnitPrice，或：

$$(Quantity，UnitPrice) \rightarrow ExtendedPrice$$

组合（Quantity，UnitPrice）是 ExtendedPrice 的决定因子。

现在，我们来拓展这些思想。假设你知道，一个麻袋包含红色、蓝色或黄色的物体。此外，假设你知道每个红色物体重 5 磅、蓝色物体重 5 磅以及黄色物体重 7 磅。如果某个朋友向麻袋中看，过后说看到一个物体，并告诉你物体的颜色，你就可以说出物体的重量。我们可以像前面的例子那样用同样的方式来形式化这个过程：

$$ObjectColor \rightarrow Weight$$

因此，我们可以说，Weight 函数依赖于 ObjectColor，而该 ObjectColor 决定 Weight。这里的联系不涉及方程式，但这个函数依赖仍然是正确的。给定一个 ObjectColor 的值，你可确定物体的 Weight。

此外，如果我们知道红色物体是球、蓝色的是立方体以及黄色的是立方体，那么有：

$$ObjectColor \rightarrow Shape$$

因此，ObjectColor 也决定了 Shape。我们可以把这二者结合起来陈述为：

$$ObjectColor \rightarrow (Weight，Shape)$$

因此，ObjectColor 确定 Weight 和 Shape。

表示这些事实的另一种方法是把它们放进一个表中，如图 2—16 所示。注意，该表满足我们在图 2—1 中所列出的一个关系的所有条件，所以大家可以将它作为一个关系。如果我们把它叫做 OBJECT 关系并使用 ObjectColor 作为主键，我们可以将这个关系写为：

[①] See David M. Kroenke and David J. Auer, *Database Processing：Fundamentals，Design and Implementation*, 12th edition (Upper Saddle River, NJ：Prentice Hall，2012) and C. J. Date, *An Introduction to Database Systems*, 8th edition (Boston：Addison-Wesley, 2004).

ObjectColor	Weight	Shape
Red	5	Ball
Blue	5	Cube
Yellow	7	Cube

图 2—16 OBJECT 关系和其数据示例

OBJECT （ObjectColor，Weight，Shape）

现在，你可能会想，我们刚刚用一些技巧得到了一个关系，但是大家可以讨论的问题是：建立关系的唯一原因是存储函数依赖的实例。考虑图 1—10 的艺术课程数据库中的 CUSTOMER 关系：

CUSTOMER （CustomerNumber，CustomerLastName，CustomerFirstName，Phone）

这里，我们只是简单地存储了用来表达以下函数依赖的事实：

CustomerNumber→（CustomerLastName，CustomerFirstName，Phone）

■ 再讨论主键和候选键

我们已经讨论了函数依赖的概念，那么我们现在也可以更形式化地定义主键和候选键。具体而言，一个关系的主键可以被定义为"能函数地确定关系的其他所有属性的一个或多个属性"。相同的定义也适用于候选键。

.   回想图 2—2（未显示主键或外键）的 EMPLOYEE 关系：

EMPLOYEE （EmployeeNumber，FirstName，LastName，Department，Email，Phone）

如前面所讨论的，基于用户的信息，这个关系有三个候选键：EmployeeNumber、Email 和组合键（FirstName，LastName，Department）。因此，我们可以作如下描述：

EmployeeNumber→ （FirstName，LastName，Department，Email，Phone）

等价地，如果给出 EmployeeNumber 的值，我们就能确定 FirstName、LastName、Department、Email 和 Phone。类似地，我们可以说：

Email→ （EmployeeNumber，FirstName，LastName，Department，Phone）

也就是说，如果我们有一个 Email 值，就可以判断 EmployeeNumber、FirstName、LastName、Department 和 Phone。最后，我们还可以说：

（FirstName，LastName，Department） → （EmployeeNumber，Email，Phone）

这意味着，如果给定（FirstName，LastName，Department）的一组值，我们就可以判断 EmployeeNumber、Email 和 Phone。

这三个函数依赖表达了三个候选键之所以成为候选键的原因。当从候选键中选择主键时，我们实际上是在选择哪一个函数依赖要定义为对我们是最有意义的或最重要的。

■ 规范化

函数依赖和决定因子的概念可以用于帮助设计关系。回顾第 1 章所提出的一个表或关系应该只有一个主题。我们可以把规范化（normalization）定义为：将包含多个主题的表或关系拆分成一组表使得每个表或关系只有一个主题的过程（或一组步骤）。规范化是一个复杂的话题，它通常会占更侧重理论的数据库书籍的一章或多章内容。这里，我们将这个话题减少到只是一些思想以便能够捕捉这一过程的本质，并且我们将在后面第 5 章继续展开讨论。之后，如果你仍然对这一主题有兴趣，你应该咨询前面提到的参考书以获得更多有关信息。

规范化要解决如下问题：一个表能满足图 2—1 中所列出的所有特点，但是仍然有我们在第 1 章就提出的修改问题。具体来说，考虑以下 ADVISER_LIST 关系：

ADVISER_LIST (AdviserID, AdviserName, Department, Phone, Office, StudentNumber, StudentName)

这个关系的主键是什么？根据候选键和主键的定义，它必须是一个能确定所有其他属性的属性。具有这种特性的唯一属性是 StudentNumber。给定一个 StudentNumber 值，我们可以确定所有其他属性的值：

StudentNumber→(AdviserID, AdviserName, Department, Phone, Office, StudentName)

然后，我们可以把这个关系写成如下格式：

ADVISER_LIST (AdviserID，AdviserName，Department，Phone，Office，StudentNumber，StudentName)

然而这个表有修改问题。具体而言，表中导师的数据被重复了许多次，为每个学生存了一次。这意味着导师数据的更新可能需要进行多次。例如，如果某个导师变更了办公室，这一变化将需要在所有他所指导的学生的行完成。如果他有 20 多个学生，这一变化将需要输入 20 次。

当我们从这个名单中删除一个学生时可能发生另一个修改问题。如果我们删除一个学生而他又是其导师唯一的学生，我们将不仅删除学生的数据，而且要删除导师的数据。因此，我们会在试图删除一个事实时无意中失去两个实体。

如果你仔细观察这个关系，就会看到这个关系涉及导师数据的一个函数依赖。具体是：

AdviserID→(AdviserName，Department，Phone，Office)

现在，我们可以用函数依赖来更准确地说明这个关系的问题。具体而言，这个关系构成得不好，因为它有一个不涉及主键的函数依赖。换句话说，AdviserID 是一个函数依赖的决定因子，但它不是一个候选键，因此在任何情况下它都不可能是主键。

关系型设计原则

根据迄今为止的讨论，我们可以制定以下设计原则来获得**形式良好的关系**（well-formed relation）：

1. 对于被认为是形式良好的关系，它的每个决定因子必须是一个候选键。
2. 任何非形式良好的关系都应该被分解成两个或更多的形式良好的关系。

这两个原则是规范化的核心——检查关系并对其进行修改以使得它们形式良好的过程。这个过程被称为**规范化**（normalization），因为你可以将关系容易存在的问题归类到不同的类型，即所谓的**范式**（normal forms）。

有很多已定义的范式。从技术上讲，我们所说的形式良好的关系属于 **Boyce-Codd 范式**（BCNF）。例如，任何具有图 2—1 中所列特征的关系都被称为**第一范式**（first normal form，1NF）关系。除了第一范式和 BCNF 范式，还存在其他范式，如第二、第三、第四、第五以及域/键范式。我们将在第 5 章进一步描述范式。

但是，如果我们仅简单地按照上述设计原则，就会避免几乎所有与非规范化表相关的问题。虽然在某些罕见的情况下这些原则不能解决出现的问题（见"练习"部分的问题 2.40 和问题 2.41），但如果遵循这些原则，你在大多数时候将是安全的。

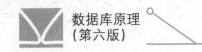

规范化过程

我们可以应用刚才所描述的原则来建立下面的规范关系的规范化过程（normalization process）：

1. 确定关系中所有的候选键。

2. 确定关系中所有的函数依赖。

3. 检查各个函数依赖的决定因素。如果某个决定因素不是候选键，则关系就不是形式良好的。在这种情况下：

a. 将函数依赖中的所有列放在它们自己构成的一个新关系中。

b. 函数依赖的决定因素作为新关系的主键。

c. 在原来的关系中保留决定因素的副本作为外键。

d. 创建原有关系和新关系之间的参照完整性约束。

4. 重复步骤 3 直到每个关系中的每个决定因素都是一个候选键。

为理解这个过程，请考虑下面的关系：

PRESCRIPTION（PrescriptionNumber，Date，Drug，Dosage，CustomerName，CustomerPhone，CustomerEmail）

PRESCRIPTION 关系的示例数据如图 2—17 所示。

PrescriptionNumber	Date	Drug	Dosage	CustomerName	CustomerPhone	CustomerEmail
P10001	10/17/2013	DrugA	10mg	Smith, Alvin	575-523-2233	ASmith@somewhere.com
P10003	10/17/2013	DrugB	35mg	Rhodes, Jeff	575-645-3455	JRhodes@somewhere.com
P10004	10/17/2013	DrugA	20mg	Smith, Sarah	575-523-2233	SSmith@somewhere.com
P10007	10/18/2013	DrugC	20mg	Frye, Michael	575-645-4566	MFrye@somewhere.com
P10010	10/18/2013	DrugB	30mg	Rhodes, Jeff	575-645-3455	JRhodes@somewhere.com

图 2—17　示例 PRESCRIPTION 关系和数据

规范化过程的步骤 1

根据规范化过程，我们首先找出所有的候选键。显然，PrescriptionNumber 决定 Date、Drug 和 Dosage。如果我们假定一个处方只用于一个人，那么它也决定了 CustomerName、CustomerPhone 和 CustomerEmail。根据法律规定，处方必须只用于一个人，所以 PrescriptionNumber 是一个候选键。

这个关系是否有其他候选键？Date、Drug、Dosage 不能决定 PrescriptionNumber，因为在一个给定的日期，可以写很多处方，很多处方可以开一个给定的药物，很多处方可以写一个给定的剂量。

顾客相关各列怎样呢？如果客户只有一个处方，那么我们可以说一些标识客户的列（例如 CustomerEmail）将确定处方数据。然而，人们可以有一个以上的处方，所以这个假设是无效的。

鉴于这一分析，PrescriptionNumber 是 PRESCRIPTION 唯一的候选键。

规范化过程的步骤 2

在规范化过程的步骤 2 中，我们现在要确定所有的函数依赖。如刚才所描述的，PrescriptionNumber 决定所有其他属性。如果药物只有一个剂量，那么我们可以指出：

Drug → Dosage

但是，因为有些药物有几个剂量，所以这是不正确的。因此，药物不是一个决定因素。此外，Dosage 也不是一个决定因素，因为不同的药物可以有相同剂量。

然而，检查客户相关的列，我们发现函数依赖：

CustomerEmail → （CustomerName，CustomerPhone）

要知道一个特定的应用程序中函数依赖是否为真,我们需要寻找图 2—17 中示例数据之外的数据,并询问用户。例如,可能有一些客户共享相同的电子邮件地址,并且也有可能一些客户没有电子邮件。现在,我们可以假设这些用户认为 CustomerEmail 是客户属性的一个决定因素。

规范化过程的步骤 3

在规范化过程的第 3 步,我们要问是否有某个决定因素不是候选键。在这个例子中,CustomerEmail 是一个决定因素,而不是一个候选键。因此,PRESCRIPTION 存在规范化问题并且不是形式良好的。根据步骤 3 我们把函数依赖分成它自身形成的关系:

CUSTOMER (CustomerName,CustomerPhone,<u>CustomerEmail</u>)

我们将函数依赖的决定因素 CustomerEmail 作为新关系的主键。

我们在原关系中保留 CustomerEmail 的副本作为外键。因此,处方现在是:

PRESCRIPTION (<u>PrescriptionNumber</u>,Date,Drug,Dosage,*CustomerEmail*)

最后,我们创建参照完整性约束:

PRESCRIPTION 表中的 CustomerEmail 必须存在于 CUSTOMER 表的 CustomerEmail 中

这时,如果我们通过了三个步骤,就会发现没有哪个关系的决定因素不是一个候选键。我们可以说现在两个关系都是规范化的。图 2—18 显示了样本数据的结果。

CustomerName	CustomerPhone	CustomerEmail
Smith, Alvin	575-523-2233	ASmith@somewhere.com
Rhodes, Jeff	575-645-3455	JRhodes@somewhere.com
Frye, Michael	575-645-4566	MFrye@somewhere.com
Smith, Sarah	575-523-2233	SSmith@somewhere.com

PrescriptionNumber	Date	Drug	Dosage	CustomerEmail
P10001	10/17/2013	DrugA	10mg	ASmith@somewhere.com
P10003	10/17/2013	DrugB	35mg	JRhodes@somewhere.com
P10004	10/17/2013	DrugA	20mg	SSmith@somewhere.com
P10007	10/18/2013	DrugC	20mg	MFrye@somewhere.com
P10010	10/18/2013	DrugB	30mg	JRhodes@somewhere.com

图 2—18 规范化的处方客户关系和数据

规范化的例子

下面,我们用四个例子展示规范化的过程。

规范化例 1

图 2—19 中的关系显示了一个名为 STU_DORM 的学生宿舍数据的表。对其规范化的第一步是识别所有候选键。因为 StudentNumber 决定其他每列,它是一个候选键。LastName 不能成为一个候选键,因为有两个学生的姓为 Smith。也没有其他列可以是一个识别符,所以 StudentNumber 是唯一的候选键。

接下来,在第 2 步中,我们找关系中的函数依赖。除了那些关于 StudentNumber 的函数依赖关系外,DormName 和 DormCost 之间似乎存在函数依赖。同样,我们将需要与用户一起检查这一点。这里先假定函数依赖:

DormName→DormCost

为真,并假定与用户的讨论表明不存在其他函数依赖。

在第 3 步,我们现在要问是否存在某个决定因素不是候选键。在这个例子中,DormName 是一个决定因素,但它不是一个候选键。因此,这个关系不是形式良好的并且存在规范化问题。

StudentNumber	LastName	FirstName	DormName	DormCost
100	Smith	Terry	Stephens	3,500.00
200	Johnson	Jeff	Alexander	3,800.00
300	Abernathy	Susan	Horan	4,000.00
400	Smith	Susan	Alexander	3,800.00
500	Wilcox	John	Stephens	3,500.00
600	Webber	Carl	Horan	4,000.00
700	Simon	Carol	Stephens	3,500.00

图 2—19 示例 STU_DORM 关系和数据

为了解决这些问题，我们将函数依赖（DormName，DormCost）涉及的列放置于一个属于自己的关系，并称该关系为 DORM。我们让函数依赖的决定因素作为主键。因此，DormName 是 DORM 的主键。我们在 STU_DORM 关系中保留决定因素 DormName 作为外键。最后，我们找到合适的参照完整性约束。最后结果是：

STU_DORM（StudentNumber，LastName，FirstName，*DormName*）
DORM（DormName，DormCost）

和约束：

STU_DORM 的 DormName 必须存在于 DORM 的 DormName 中

这些关系的数据如图 2—20 所示。

StudentNumber	LastName	FirstName	DormName
100	Smith	Terry	Stephens
200	Johnson	Jeff	Alexander
300	Abernathy	Susan	Horan
400	Smith	Susan	Alexander
500	Wilcox	John	Stephens
600	Webber	Carl	Horan
700	Simon	Carol	Stephens

DormName	DormCost
Alexander	3,800.00
Horan	4,000.00
Stephens	3,500.00

图 2—20 规范化的 STU_DORM 和 DORM 关系以及数据

规范化例子 2

现在考虑图 2—21 中的 EMPLOYEE 表。首先，我们确定 EMPLOYEE 表的候选键。从数据上看，EmployeeNumber 和 Email 看来可以确定所有其他属性。因此，它们是候选键（再次强调约束条件，我们不能单纯依赖样本数据来显示所有的情况，必须与用户验证这一假设）。

EmployeeNumber	LastName	Department	Email	DeptPhone
100	Johnson	Accounting	JJ@somewhere.com	834-1100
200	Abernathy	Finance	MA@somewhere.com	834-2100
300	Smathers	Finance	LS@somewhere.com	834-2100
400	Caruthers	Accounting	TC@somewhere.com	834-1100
500	Jackson	Production	TJ@somewhere.com	834-4100
600	Caldera	Legal	EC@somewhere.com	834-3100
700	Bandalone	Legal	RB@somewhere.com	834-3100

图 2—21 示例 EMPLOYEE 关系和数据

在步骤 2 中我们确定其他的函数依赖。从数据上看，似乎还有另外的唯一函数依赖：

Department→DeptPhone

假设这是真的，则根据步骤 3，我们得到一个决定因素——Department，而它不是一个候选键。因此，EMPLOYEE 表有规范化问题。

要解决这些问题，我们将函数依赖所涉及的列放置到一个自己构成的关系中，并让函数依赖的决定因素作为新表的主键。我们在原始关系中保留决定因素作为外键。其结果是有两个表：

EMPLOYEE（EmployeeNumber，LastName，Email，*Department*）

DEPARTMENT（Department，DeptPhone）

表中的参照完整性约束为：

EMPLOYEE 的 Department 必须存在于 DEPARTMENT 的 Department 中

样本数据的结果如图 2—22 所示。

EmployeeNumber	LastName	Department	Email
100	Johnson	Accounting	JJ@somewhere.com
200	Abernathy	Finance	MA@somewhere.com
300	Smathers	Finance	LS@somewhere.com
400	Caruthers	Accounting	TC@somewhere.com
500	Jackson	Production	TJ@somewhere.com
600	Caldera	Legal	EC@somewhere.com
700	Bandalone	Legal	RB@somewhere.com

Department	DeptPhone
Accounting	834-1100
Finance	834-2100
Legal	834-3100
Production	834-4100

图 2—22　规范化的 EMPLOYEE 和 DEPARTMENT 关系以及数据

规范化例 3

现在考虑图 2—23 中的 MEETING 表。开始寻找候选键。没有某个列自身能够作为候选键。Attorney 决定了不同的数据集，所以它不能是一个决定因素。ClientNumber、ClientName 和 MeetingDate 也同样如此。在样本数据中，唯一没有确定不同的数据集的列是持续时间 Duration，但这种独特性是偶然的。很容易想象，两个或两个以上的会议将具有相同的持续时间。

Attorney	ClientNumber	ClientName	MeetingDate	Duration
Boxer	1000	ABC, Inc	11/5/2013	2.00
Boxer	2000	XYZ Partners	11/5/2013	5.50
James	1000	ABC, Inc	11/7/2013	3.00
Boxer	1000	ABC, Inc	11/9/2013	4.00
Wu	3000	Malcomb Zoe	11/11/2013	7.00

图 2—23　示例 MEETING 关系和数据

接下来的步骤是寻找可以是候选键的列组合。（Attorney，ClientNumber）是一个组合，但值（Boxer，1000）确定了两个不同的数据集。它们不能成为一个候选键。组合（Attorney，ClientName）由于同样的原因也失败了。唯一的可能是这个关系的候选键的组合是（Attorney，ClientNumber，MeetingDate）和（Attorney，ClientName，MeetingDate）。

我们进一步考虑这些可能性。关系的名称是会议 MEETING，而我们想知道（Attorney，ClientNumber，MeetingDate）或（Attorney，ClientName，MeetingDate）是否可以作为候选键。这些组合作为会议识别符有道理吗？除非相同的律师和客户在同一天有一次以上的会议，那么这样做还是有道理的。如果出现这种情况，我们只需要在关系中添加一个新的列 MeetingTime，并使这个新列成为候选键列的一部分。在这个例子中，我们假设没有这种情况而且（Attorney，ClientNumber，MeetingDate）和（Attorney，ClientName，MeetingDate）都是候选键。

第二个步骤是识别其他的函数依赖。这里存在两个函数依赖：

ClientNumber→ClientName

和：

ClientName→ClientNumber

这些决定因素中的每一个都是某个候选键的一部分。例如，ClientNumber 是（Attorney，ClientNumber，MeetingDate）的一部分。然而，作为一个候选键的一部分是不够的。决定因素必须与整个候选键相同。因此，MEETING 表不是形式良好的并且有规范化问题。

当你不能确定是否存在规范化问题时就考虑一下第 1 章中所讨论的三个修改操作：插入、更新和删除。其中存在任何问题吗？例如，在图 2—23 中，如果改变了第一行的 ClientName，将其改为有限公司 ABC，那么是否会出现不一致的数据？答案是肯定的，因为表中 ClientNumber 为 1000 的公司将有两个不同的名字。当插入、更新或删除数据时出现这个问题以及任何第 1 章中所识别的其他问题都表明该表有规范化问题。

要解决规范化问题，我们需创建一个新表——客户表 CLIENT，表列包括 ClientNumber 和 ClientName。这两列都是决定因素，因此都可以是新表的主键。然而，无论哪一个被选中的主键都应作为 MEETING 的外键。因此，两种正确的设计都是可能的。第一种，我们可以使用：

MEETING（Attorney，*ClientNumber*，MeetingDate，Duration）
CLIENT（ClientNumber，ClientName）

参照完整性约束：

MEETING 的 ClientNumber 必须存在于 CLIENT 的 ClientNumber 中

第二种，我们可以使用：

MEETING（Attorney，*ClientName*，MeetingDate，Duration）
CLIENT（ClientNumber，ClientName）

参照完整性约束：

MEETING 的 ClientName 必须存在于 CLIENT 的 ClientName 中

第一种设计所对应的数据如图 2—24 所示。

Attorney	ClientNumber	MeetingDate	Duration
Boxer	1000	11/5/2013	2.00
Boxer	2000	11/5/2013	5.50
James	1000	11/7/2013	3.00
Boxer	1000	11/9/2013	4.00
Wu	3000	11/11/2013	7.00

ClientNumber	ClientName
1000	ABC, Inc
2000	XYZ Partners
3000	Malcomb Zoe

图 2—24 规范化的 MEETING 和 CLIENT 关系以及数据

注意，在这两种设计中无论属性 ClientNumber 还是 ClientName 都是 MEETING 的一个外键，也是主键的一部分。这表明，外键可以是一个复合主键的一部分。

需要注意的是当两个属性，就像 ClientNumber 和 ClientName 这样，一个可以决定另一个时，则它们彼此是**同义词**（synonyms）。它们必须出现在同一个关系中来建立其等价值。给定一个等价，这两列是可以互换的，在任何其他关系中，一个都可以替换另一个。尽管所有的事情都是相等的，但是如果选两个之一用来作为外键，则数据库管理会更简单。但这一策略仅是为了方便，而不是进行设计的一个逻辑要求。

规范化例 4

对于最后一个例子，我们考虑涉及学生数据的关系。具体是：

GRADE（ClassName，Section，Term，Grade，StudentNumber，StudentName，

Professor，Department，ProfessorEmail）

此表中的列让人有些困惑，它看起来并不是形式良好的而且可能有规范化问题。我们可以通过规范化的过程来发现存在什么问题并将它们删除。

首先，这个关系的候选键是什么？没有单独列是一个候选键。一个解决方法是考虑年级是班和学生的组合。那么在此表中，哪一列确定了班级和学生？一个特定班由（ClassName，Section，Term）标识，而学生由 StudentNumber 确定。那么这个关系的一个可能的候选键是：

（ClassName，Section，Term，StudentNumber）

这句话相当于说：

（ClassName，Section，Term，StudentNumber）→（Grade，StudentName，Professor，Department，ProfessorEmail）

只要只有一个教授教一个班的小组（section），这就是一个真实的陈述。现在，我们会做这样的假设并在以后再考虑其他情况。如果只有一个教授教一个组，那么（ClassName，Section，Term，StudentNumber）就是唯一的候选键。

第二，哪些是附加函数依赖？一个涉及学生的数据，另一个涉及教授的数据，特别是：

StudentNumber→StudentName

和

Professor→ProfessorEmail

我们还需要知道 Professor 是否决定 Department。如果一个教授只任教于一个系，那么这是可能的。在这种情况下我们有：

Professor→（Department，ProfessorEmail）

否则，Department 必须保留在 GRADE 关系中。

我们假定教授只在一个系任教，则从上面的讨论中我们可以确认下列函数依赖：

StudentNumber→StudentName

和

Professor→（Department，ProfessorEmail）

然而，如果我们需要再进一步检查 GRADE 关系，可以找到另外一个函数依赖。如果只有一个教授教一个班的小组，那么有：

（ClassName，Section，Term）→Professor

因此，根据规范化过程的步骤 3，因为决定因素 StudentNumber、Professor 和（ClassName，Section，Term）都不是候选键，因此 GRADE 有规范化问题。那么我们为每个函数依赖形成了一个表。结果是我们有一个 STUDENT 表、PROFESSOR 表和一个 CLASS _ PROFESSOR 表。形成这些表后，我们从 GRADE 表取出合适的列并把它们放到一个新版的 GRADE 表，命名为 GRADE _ 1。现在，我们有以下设计：

STUDENT（StudentNumber，StudentName）
PROFESSOR（Professor，Department，ProfessorEmail）

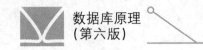

CLASS _ PROFESSOR (ClassName，Section，Term，*Professor*)

GRADE _ 1 (*ClassName*，*Section*，*Term*，Grade，*StudentNumber*)

参照完整性约束如下：

GRADE _ 1 的 StudentNumber 必须存在于 STUDENT 的 StudentNumber 中

CLASS _ PROFESSOR 的 Professor 必须存在于 PROFESSOR 的 Professor 中

GRADE _ 1 的 (ClassName，Section，Term) 必须存在于 CLASS _ PROFESSOR 的 (ClassName，Section，Term) 中

接下来考虑如果不止一个教授教一个班的小组时会发生什么。在这种情况下，唯一的变化是让教授成为 CLASS _ PROFESSOR 主键的一部分。这样，新的关系是：

CLASS _ PROFESSOR _ 1 (ClassName，Section，Term，*Professor*)

在此表中有一个以上的教授共同授课的各组将有多个记录——每个教授需要一行。

相比于简单的例子所表明的，这个例子显示了规范化问题如何变得更加复杂。对于可能涉及数百个表的大型商业应用而言，有时这些问题可以消耗数天或数周的设计时间。

BTW

> 为了充分展现例子的目的，如果教授能教一个以上的班，则 GRADE 中有所谓的**多值依赖** (multivalued dependency)。在本书我们不深入讨论这种依赖。我们将在第 5 章回顾范式时再重新讨论它们。如果你想了解更多相关内容，可以参见本书第 65 页注释①中所提到的更高级的教材，也可以参见练习 2.40 和 2.41。

Access 工作台

第 2 节　在 Microsoft Access 中使用多表

在第 1 章的"Access 工作台"中我们学会了如何创建 Microsoft Access 2010 的数据库、表、表单和报表。然而我们仅限于使用唯一的表。在本节中，我们将：

- 看到第 1 章和第 2 章中讨论过的修改问题的例子。
- 使用多表。

我们将继续使用在第 1 章"Access 工作台"一节中创建的 WMCRM 数据库。此时，你已经创建并填充（这意味着你已经向其中插入了数据）了 CONTACT 表。图 AW—2—1 显示了已与每个客户建立的联系。注意，表中没有 CustomerID 为 2 的记录，这是因为我们删除并重新输入了 Jessica Christman 的数据。

CustomerID	Date	Type	Remarks
1	7/7/2012	Phone	General interest in a Gaea.
1	7/7/2012	Email	Sent general information.
1	7/12/2012	Phone	Set up an appointment.
1	7/14/2012	Meeting	Bought a HiStandard.
3	7/19/2012	Phone	Interested in a SUHi, set up an appointment.

1	7/21/2012	Email	Sent a standard follow-up message.
4	7/27/2012	Phone	Interested in a HiStandard，set up an appointment.
3	7/27/2012	Meeting	Bought a SUHi.
4	8/2/2012	Meeting	Talked up to a HiLuxury. Customer bought one.
3	8/3/2012	Email	Sent a standard follow-up message.
4	8/10/2012	Email	Sent a standard follow-up message.
5	8/15/2012	Phone	General interest in a Gaea.

图 AW—2—1 CONTACT 表数据

WMCRM 数据库中可能的修改问题

从本章所涵盖的主题来看我们真的需要一个单独的表来存储 CONTACT 数据，但为了说明第 1 章中所讨论的修改问题，我们将它与 CUSTOMER 表的数据结合到一个表中。此表可在文件 WMCRM-Combined-Data. accdb 中获得，该数据库文件可见本书网站（www. pearsonhighered. com/kroenke）。我们将通过使用这个数据库来看看非规范化表中的修改问题，然后在实际的 WMCRM 数据库中建立正确的规范化的表。

我们需要启动 Microsoft Access 2010，打开 WMCRM-Combined-Data. accdb 文件，并看一下 WMCRM-Combined-Data 数据库。

打开一个现有的 Microsoft Access 数据库：

1. 选中"Start" ｜ "All Programs" ｜ "Microsoft Office" ｜ "Microsoft Access 2010"。出现 Microsoft Access 2010 的窗口并显示背景视图，如图 AW—2—2 所示。

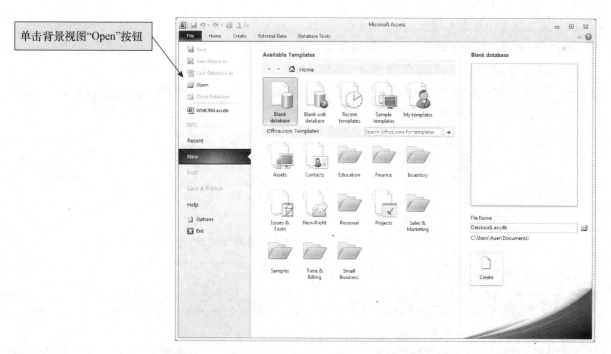

单击背景视图"Open"按钮

图 AW—2—2 Microsoft Access 2010 的 "File" 菜单

■ 注：用来启动 Microsoft Access 2010 的菜单命令或图标的位置可能会有所不同，这取决于操作系统和你所使用的电脑上的 Microsoft Office 是如何安装的。

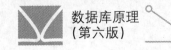

2. 单击"Open"按钮，显示"Open"对话框，如图 AW—2—3 所示。

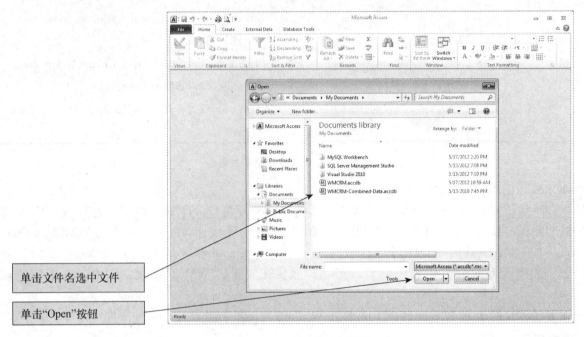

图 AW—2—3 "Open"对话框

3. 浏览 WMCRM-Combined-Data. accdb 文件，单击文件名使其高亮显示，然后单击"Open"按钮。

4. "Security Warning"（安全警告）栏与数据库一起出现。点击"Security Warning"（安全警告）栏的"Enable Content"（启用内容）按钮来选择此选项。

5. 在导航窗格中，双击 CUSTOMER _ CONTACT 表对象打开它。

6. 单击"Shutter Bar Open ｜ Close"按钮来最小化导航窗格。

7. 如图 AW—2—4 所示，在数据表视图中出现 CUSTOMER _ CONTACT 表。

图 AW—2—4 CUSTOMER _ CONTACT 表

需要注意的是每个联系都有一行，这导致了客户基本数据的重复。比如其中就有五组 Ben Griffey 的基本数据。

8. 单击文档窗口的"Close"按钮来关闭 CUSTOMER _ CONTACT 表。

9. 单击"Shutter Bar Open/Close"按钮展开导航窗格。

10. 在导航窗格中，双击"Customer Contact Data Input Form"对象来打开它。客户联络数据输入表单，如图 AW—2—5 所示。注意，该表单显示 CUSTOMER _ CONTACT 表中的一个记录的所有数据。

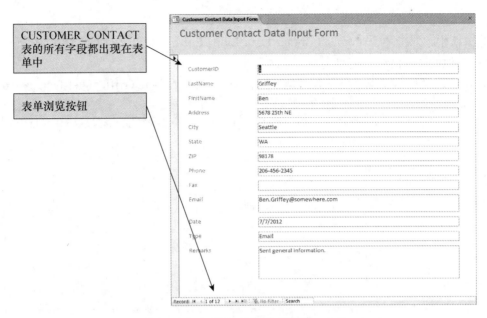

CUSTOMER_CONTACT 表的所有字段都出现在表单中

表单浏览按钮

图 AW—2—5　客户联络数据输入表单

11. 单击文档窗口的"Close"按钮，关闭客户联络数据输入表单。

12. 在导航窗格中双击"Wallingford Motors Customer Contact Report"将其打开。

13. 点击"Shutter Bar Open/Close"按钮来最小化导航窗格。

14. 打开的 Wallingford Motors Customer Contact Report 如图 AW—2—6 所示。注意，该窗体显示 CUSTOMER _ CONTACT 表中的所有联系数据，数据按照 CustomerNumber 和 Date 排序。例如，Ben Griffey（他的 CustomerID 为 1）所有联系数据被分组在报表的开头。

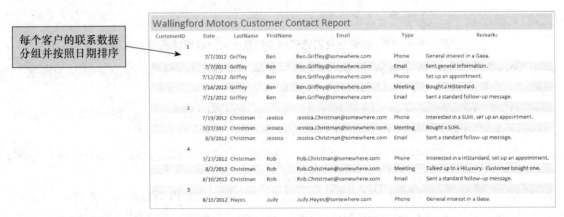

每个客户的联系数据分组并按照日期排序

图 AW—2—6　Wallingford 汽车客户联络报表

15. 单击文档窗口中的"Close"按钮，关闭"Wallingford Motors Customer Contact Report"。

16. 单击"Shutter Bar Open/Close"按钮展开导航窗格。

现在，假设 Ben Griffey 已经把他的电子邮件地址由 Ben. Griffey@somewhere.com 变为 Ben. Griffey@ elsewhere.com。在一个形式良好的关系中，我们将只做一次改变，但快速检查一下图 AW—2—4 至图 AW—2—6 的各图可以发现 Ben Griffey 的电子邮件地址出现在多个记录中。因此，我们不得不更改其中的每一个记录以避免更新问题。遗憾的是，我们很容易错过一个或更多的记录，尤其是在大型表中更容易发生这种情况。

更新 Ben Griffey 的电子邮件地址：

1. 在导航窗格中，双击 "Customer Contact Data Input Form" 对象来打开它。由于 Ben Griffey 是第一条记录中的客户，他的数据已经在表单中。

2. 如图 AW—2—7 所示，编辑电子邮件地址 "Email" 来读入 Ben. Griffey@elsewhere. com。

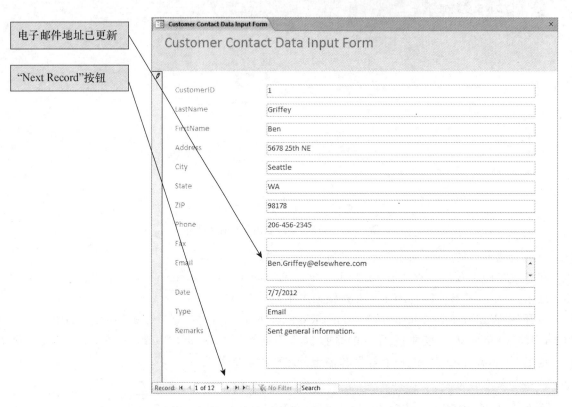

图 AW—2—7　包含已更新电子邮件地址的客户联络数据输入表单

3. 点击 "Next Record" 按钮移动到表中的下一条记录。记录中再次显示 Ben Griffey 的数据，所以再次编辑电子邮件地址 "Email" 读入 Ben. Griffey@elsewhere. com。

4. 点击 "Next Record" 按钮移动到表中的下一条记录。记录中第三次显示 Ben Griffey 的数据，然后再次编辑电子邮件地址 "Email" 读入 Ben. Griffey@elsewhere. com。

5. 点击 "Next Record" 按钮移动到表中的下一条记录。记录中第四次显示 Ben Griffey 的数据，然后再次编辑电子邮件地址 "Email" 读入 Ben. Griffey@elsewhere. com。

6. 点击 "Next Record" 按钮移动到表中的下一条记录。最后，表格中显示另一个客户的数据（该数据为 2012 年 7 月 19 日对 Jessica Christman 的联络记录），这样我们假定已经对数据库中的记录完成了所有必要的更新。

7. 点击文档窗口的 "Close" 按钮来关闭客户联络数据输入表单。

8. 在导航窗格中，双击 "Wallingford Motors Customer Contact Report" 将其打开。

9. 按一下 "Shutter Bar Open/Close" 按钮来最小化导航窗格。

10. 现在 Wallingford 汽车公司客户联络报表如图 AW—2—8 所示。注意，所显示的 Ben Griffey 的电子邮件地址是不一致的，更新联络表时我们漏掉了一个记录，所以现在我们有不一致的数据。在这种情况下，修改错误（这里是更新错误）已经发生了。

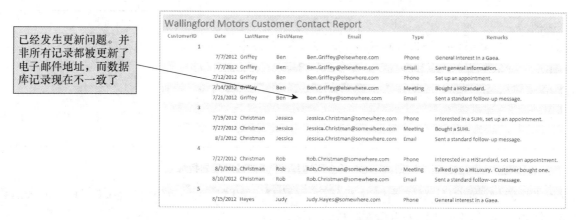

已经发生更新问题。并非所有记录都被更新了电子邮件地址，而数据库记录现在不一致了

图 AW—2—8　更新后的 Wallingford 汽车公司客户联络报表

11. 单击文档窗口的 "Close" 按钮关闭 Wallingford 汽车公司客户联络报表。

12. 按一下 "Shutter Bar Open/Close" 按钮展开导航窗格。

这个简单的例子展示了在未规范化表中修改问题是很容易发生的。而用一组形式良好、规范化的表，这个问题就不会发生。

关闭 WMCRM-Combined-Data 数据库：

1. 单击 "Close" 按钮，关闭数据库并退出 Microsoft Access。

使用多个表

WMCRM-Combined-Data 数据库中 CUSTOMER _ CONTACT 表的结构是：

CUSTOMER _ CONTACT (CustomerID, LastName, FirstName, Address, City, State, ZIP, Phone, Fax, Email, Date, Type, Remarks)

应用本章所讨论过的规范化过程，我们将有下面一组表：

CUSTOMER (CustomerID, LastName, FirstName, Address, City, State, ZIP, Phone, Fax, Email)

CONTACT (ContactID, *CustomerID*, ContactDate, ContactType, Remarks)

使用了参照完整性约束：

CONTACT 的 CustomerID 必须存在于 CUSTOMER 的 CustomerID 中

注意，我们已经修改了 CONTACT 表的一对列名——利用 ContactDate 和 ContactType 分别取代 Date 和 Type。我们将在本节后面讨论这样做的原因。我们现在的任务是建立和填充 CONTACT 表，然后在两个表之间建立联系和参照完整性约束。

首先，我们需要创建和填充（将数据插入到）CONTACT 表，其中将包含图 AW—2—9 所示的表的列和列特性。[①] CustomerID 列再次出现在 CONTACT 中，这次被设计为外键。如本章所讨论的，术语 "外键" 指定此列作为与 CUSTOMER 表的链接。CONTACT 表的 CustomerID 列中的值说明哪些客户被联络了。我们需要做的工作就是检查 CUSTOMER 表中 CustomerID 的值。

---

① 尽管在本例中我们这样用是为了简单起见，但是数据库中的某一列（比如备注等）也可能引发问题。有关的完整讨论请参见：David M. Kroenke and David J. Auer, *Database Processing Fundamentals*, *Design*, *and Implementation*, 12th edition (Upper Saddle River, NJ: Prentice Hall, 2012)。

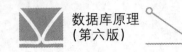

Column Name	Type	Key	Required	Remarks
ContactID	AutoNumber	Primary Key	Yes	Surrogate Key
CustomerID	Number	Foreign Key	Yes	Long Integer
ContactDate	Date/Time	No	Yes	Short Date
ContactType	Text（10）	No	Yes	Allowed values are Phone，Fax，Email，and Meeting
Remarks	Memo	No	No	

图 AW—2—9　CONTACT 表的数据库列特性

注意，当我们建立 CONTACT 表时并不存在"外键"的设置。我们将在建完 CONTACT 表后再建立 CUSTOMER 和 CONTACT 之间的数据库联系。

注意以下几点：

● 一些正在使用的新数据类型：Number（数字）、Date（日期）/Time（时间）以及 Memo（备注）。

● CustomerID 必须设置为 Number 类型，而且专门作为一个 Long Integer（长整型）来匹配 Microsoft Access 为 CUSTOMER 表创建的 AutoNumber（自动编号）数据类型。

● Type 列只允许 4 个值：Phone、Fax、Email 和 Meeting。现在，我们可以仅简单地输入这些数据值。你将在第 3 章学习如何在该列上进行数据限制。

创建 CONTACT 表：

1. 选择"Start"｜"All Programs"｜"Microsoft Office"｜"Microsoft Access 2010"。出现 Microsoft Access 2010 的窗口。

2. 在快速访问数据库文件列表中单击 WMCRM. accdb，在 Microsoft Access 中打开数据库文件。

3. 点击"Create"命令选项卡。

4. 单击"Table Design"按钮。

5. 表选项卡式文档窗口 Table1 出现在设计视图中。需要注意的是紧靠表窗口 Table1 显示着一个名为 "Table Tools"的上下文选项卡，并且这个选项卡为所显示的这组命令选项卡添加了新的名为"Design"的命令选项卡和色带。

6. 按照我们在第 1 章"Access 工作台"中创建 CUSTOMER 表的步骤开始建立 CONTACT 表。下面的步骤中仅详述了需要用来完成 CONTACT 表创建的新信息。

■ 注：当创建 CONTACT 表时，请确保在 Description 列输入适当的注释。

7. 当创建 CustomerID 列时将数据类型设置为 Number。

需要注意的是：Number 默认的字段大小设置是长整型，所以没有必要改变。确认将 Required 属性设置为"Yes"。

8. 创建 ContactID 列后，将其设置为表的主键。

9. 当创建 ContactDate 列时，开始先使用列名 Date。一旦你输入完列名并尝试移动到数据类型列时，Microsoft Access 将显示一个对话框，警告说 Date 是保留字，如图 AW—2—10 所示。点击"Cancel"按钮，并将列名改为 ContactDate。

■ 注：通常情况下，应该避免使用保留字，如 Date 和 Time 等。一般来说，ContactDate 这样的列名是首选，既能够避免保留字，又能够清楚地说明了你所指的是哪种日期，这正是我们改变 CONTACT 表中列名的原因。

80

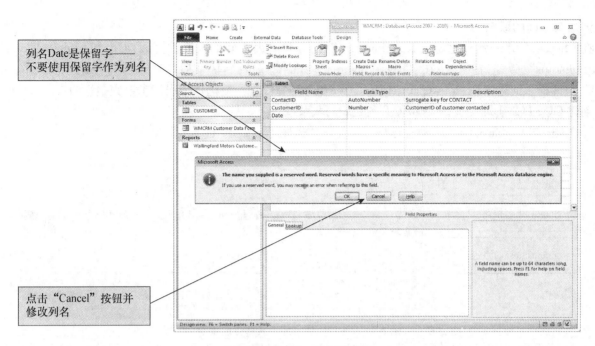

列名Date是保留字——
不要使用保留字作为列名

点击"Cancel"按钮并
修改列名

图 AW—2—10　保留字警告

10. 当创建 ContactDate 列时，它的数据类型设置为 Date/Time，并将格式设置为 Short Date，如图 AW—2—11 所示。确保将 Required 属性设置为"Yes"。

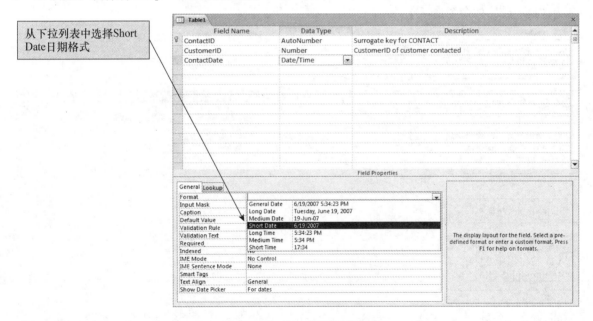

从下拉列表中选择Short
Date日期格式

图 AW—2—11　设置日期格式

11. 单击"Quick Access Toolbar"的"Save"按钮来命名和保存表。

12. 在"Save As"对话框的文本框中键入表名称 CONTACT，然后单击"OK"按钮。表被命名和保存，现在显示表名为 CONTACT。

13. 单击选项卡式文档窗口右上角的"Close"按钮以关闭 CONTACT 表。CONTACT 表现在作为一个表对象出现在导航窗格中。

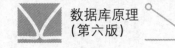
创建表之间的联系

在 Microsoft Access 中通过"Relationships"窗口建立表之间的联系。可以使用"Database Tools"｜"Relationships"命令访问它。在"Relationships"窗口建立某个联系后，在该窗口中的"Edit Relationships"对话框中通过"Referential Integrity"（实施参照完整性）复选框来设置参照完整性约束。

创建 CUSTOMER 表和 CONTACT 表之间的联系：

1. 单击"Database Tools"命令选项卡，显示数据库工具命令组，如图 AW—2—12 所示。

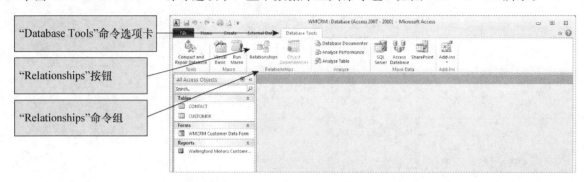

图 AW—2—12　数据库工具命令选项卡

2. 单击"Show/Hide"组中的"Relationships"按钮。如图 AW—2—13 所示，出现"Relationships"选项卡式文档窗口时，会同时出现"Show Table"对话框。需要注意的是，紧靠着"Relationships"（联系）窗口显示了名为"Relationships Tools"的上下文选项卡，并且这个选项卡为刚显示的这组命令选项卡添加了新的名为"Design"的命令选项卡。

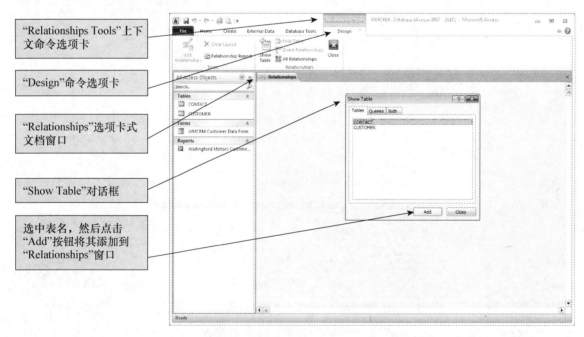

图 AW—2—13　"Relationships"窗口

3. 在"Show Table"对话框中，CONTACT 表已经被选中。点击"Add"按钮将 CONTACT 添加到"Relationships"窗口。

4. 在"Show Table"对话框中，单击选中 CUSTOMER 表。点击"Add"按钮将 CUSTOMER 添加到"Relationships"窗口。

5. 在"Show Table"对话框中，单击"Close"按钮关闭对话框。

6. 在"Relationships"窗口中使用标准的 Windows 拖动和拖放技术重新排列和调整表对象。重新排列 CUSTOMER 和 CONTACT 表对象，直到它们的布局如图 AW—2—14 所示。现在，我们已经准备好创建表之间的联系。

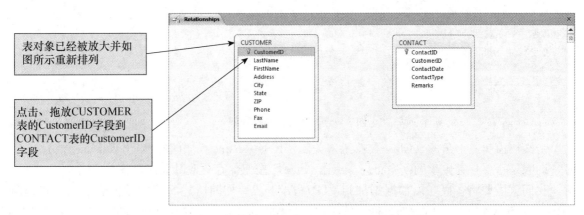

图 AW—2—14 "Relationships"窗口中的表对象

■ 注：创建两个表之间联系的形式化描述是："在'Relationships'窗口中拖动主键列并将其拖放到相应的外键列的上面"。实际上，你实际操作之后就会很容易明白这一点。

7. 点击并按住 CUSTOMER 表中的 CustomerID 列，然后将它拖到 CONTACT 表中的 CustomerID 列。松开鼠标按钮，就会出现"Edit Relationships"（编辑联系）对话框，如图 AW—2—15 所示。

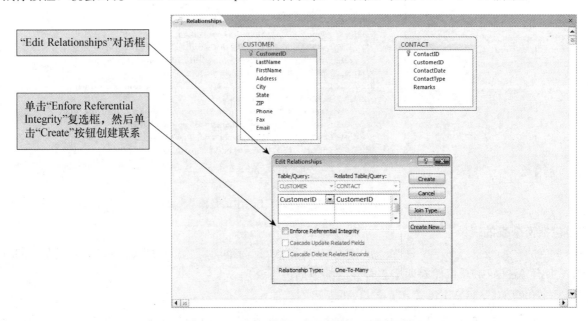

图 AW—2—15 "Edit Relationships"对话框

■ 注：在 CUSTOMER 中 CustomerID 是主键，而 CONTACT 的 CustomerID 则是外键。

8. 单击"Enforce Referential Integrity"复选框。

9. 点击"Create"按钮创建 CUSTOMER 和 CONTACT 之间的联系。现在两表之间的联系出现在"Relationships"窗口中，如图 AW—2—16 所示。

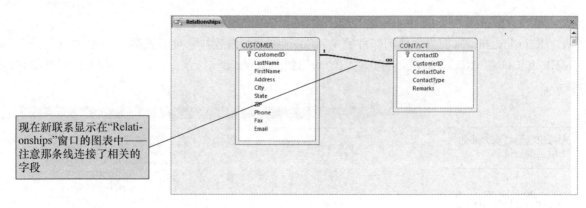

现在新联系显示在"Relationships"窗口的图表中——注意那条线连接了相关的字段

图 AW—2—16　完整的联系

10. 单击文档窗口右上角的"Close"按钮来关闭"Relationships"窗口。当出现 Microsoft Access 警告对话框时，询问是否要保存更改的联系布局。点击"Yes"按钮保存更改并关闭该窗口。

至此，我们就需要将客户联络数据添加到 CONTACT 表。如前所述，使用数据表视图，我们向 CONTACT 表中录入图 AW—2—1 所示的数据。请再次注意没有某个客户的 CustomerID 为 2——这是因为在第 1 章的"Access 工作台"一节我们删除并重新输入 Jessica Christman 的数据。另外也请注意，因为已启用参照完整性，我们不能输入在 CUSTOMER 表中不存在的 CustomerID。包含已插入数据的 CONTACT 表如图 AW—2—17 所示。确保插入数据后，一定要关闭表。

ContactID	CustomerID	ContactDate	ContactType	Remarks
1	1	7/7/2012	Phone	General interest in a Gaea.
2	1	7/7/2012	Email	Sent general information.
3	1	7/12/2012	Phone	Set up an appointment.
4	1	7/14/2012	Meeting	Bought a HiStandard.
5	3	7/19/2012	Phone	Interested in a SUHi, set up an appointment.
6	1	7/21/2012	Email	Sent a standard follow-up message.
7	4	7/27/2012	Phone	Interested in a HiStandard, set up an appointment.
8	3	7/27/2012	Meeting	Bought a SUHi.
9	4	8/2/2012	Meeting	Talked up to a HiLuxury. Customer bought one.
10	3	8/3/2012	Email	Sent a standard follow-up message.
11	4	8/10/2012	Email	Sent a standard follow-up message.
12	5	8/15/2012	Phone	General interest in a Gaea.

Record: 13 of 13　No Filter　Search

图 AW—2—17　CONTACT 表中的数据

使用包括两个表的表单

在第 1 章的"Access 工作台"一节，我们为 CUSTOMER 表创建了一个数据输入表单。现在我们将创建一个 Microsoft Access 表单以便对两个表合并后的数据进行处理。

创建一个包含 CUSTOMER 表和 CONTACT 表的表单：

1. 点击"Create"命令选项卡。

2. 在表单命令组中，单击"Form Wizard"按钮。出现表单向导。

3. 选择"Tables/Queries"下拉列表中的 CUSTOMER 表。单击向右双 V 形按钮添加所有列。不要单击"Next"按钮。

4. 在"Tables/Queries"下拉列表中选择 CONTACT 表。单击选择 ContactDate、ContactType 和 Remarks 列，然后使用右向单 V 形按钮将它们添加到"Selected Fields"列表中。现在，点击"Next"按钮。

■ 注：你刚才已经通过在一个表单中出现的两个表为表单创建了一组列。

5. 当被问及 "How do you want to view your data?" 时使用默认的 "by CUSTOMER" 选择，因为我们希望看到对每个客户的所有联络。另外，使用选定子窗体 "Forms with subforms" 选项将表 CONTACT 的数据作为 CUSTOMER 表单的子表单。单击 "Next" 按钮。

6. 当被问及 "What layout would you like for your subform?" 时，点击 "Next" 按钮来使用默认的数据表布局。

7. 当被问及 "What titles do you want for your form?" 时在表单文本框中键入表单标题：WMCRM Customer Contacts Form，在子表单文本框键入表单标题：Contact Data。点击 "Finish" 按钮。出现填好的表单。

8. 单击 "Shutter Bar Open/Close" 按钮来最小化导航窗格。完成后的表格外观如图 AW—2—18 所示。

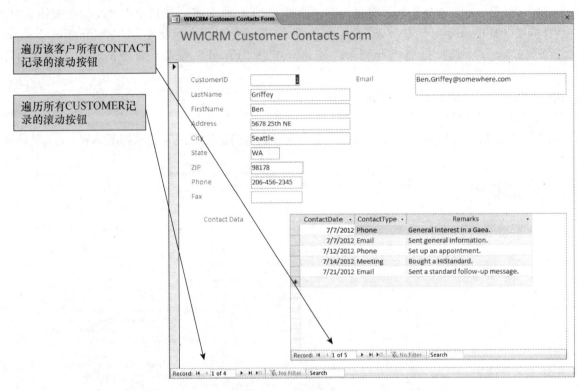

图 AW—2—18　完成的 CUSTOMER 表和 CONTACT 表的表单

9. 单击 "Shutter Bar Open/Close" 按钮来展开导航窗格。

10. 关闭表单窗口。

创建一个包括两个表中的数据的报表

在本节中，我们将创建一个包括两个或多个表中的数据的报表。该 Microsoft Access 报表将使我们利用 CUSTOMER 表和 CONTACT 表中的组合数据。

创建一个 CUSTOMER 表和 CONTACT 表的报表：

1. 点击 "Create" 选项卡。

2. 点击 "Report Wizard" 按钮，以显示报表向导。

3. 选择 "Tables/Queries" 下拉列表中的 CUSTOMER 表。逐个单击选择 LastName、FirstName、Phone、Fax 和 Email，然后单击右向单 V 形按钮将每一列添加到 "Selected Fields" 列表中。不要单击 "Next" 按钮。

4. 在 "Tables/Queries" 下拉列表中选择 CONTACT 表。单项选择 ContactDate、ContactType 和 Re-

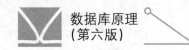
marks 列，然后使用右向单 V 形按钮将它们添加到"Selected Fields"列表中。现在点击"Next"按钮。

5. 当被问及"How do you want to view your data?"时单击"Next"按钮，使用默认的"by CUS-TOMER"选择（以便看到对每个客户的所有联络）。

6. 当被问及"Do you want to add any grouping levels?"时单击"Next"按钮，使用默认的无分组列清单。

7. 现在被问到："What sort order do you want for detail records?"这是为了 CONTACT 信息用的排序。最有用的排列顺序是按日期升序排列。点击排序字段 1 下拉列表箭头并选择"ContactDate"。设置排列顺序按钮为"Ascending"。单击"Next"按钮。

8. 现在被问及"How would you like to lay out your report?"时，我们将使用默认设置的阶梯布局，单击"Landscape orientation"单选按钮，将报表方位设置为"Landscape"。然后单击"Next"按钮。

9. 当被问及"What title do you want for your report?"时编辑报表标题改为"Wallingford Motors Customer Contacts Report"。选择报表"Preview"按钮。点击"Finish"按钮。完成的报表显示为打印预览模式。

10. 单击"Close Print Preview"按钮，关闭打印预览。

11. 点击"Home"命令选项卡。

12. 单击"Shutter Bar Open/Close"按钮来最小化导航窗格。完整报表显示如图 AW—2—19 所示。

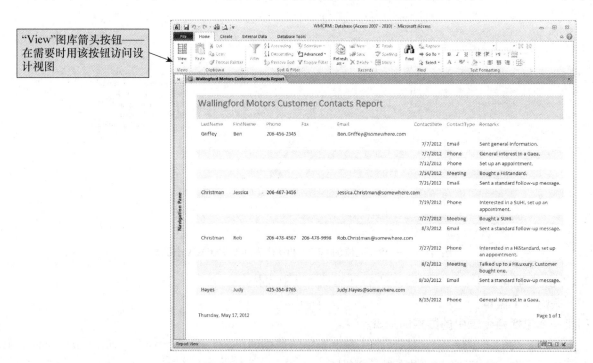

图 AW—2—19　Wallingford 汽车公司客户联络报表

13. 尽管这可能不是该报表的最佳布局，但 Microsoft Access 表单向导已经创建了一个可用的报表，所有列都有恰当的尺寸来显示信息（如果有任何列显示不正确，则使用视图库中的布局视图作出微调——这个工具可以用来对报表中你选中后想改变的部分作基本的调整）。我们将在第 5 章的"Access 工作台"一节讨论如何使用报表"Design"视图来修改报表。

14. 点击"Shutter Bar Open/Close"按钮来展开导航窗格。

15. 单击文档窗口中的"Close"按钮，关闭报表窗口。

关闭数据库并退出 Microsoft Access

我们已经完成了本章需要在"Access 工作台"所做的工作，像往常一样，我们关闭数据库和 Microsoft Access 后结束。

关闭 WMCRM 数据库并退出 Microsoft Access：

1. 单击 Microsoft Access 2010 窗口右上角的"Close"按钮来关闭 WMCRM 数据库并退出 Microsoft Access 2010。

小　结

关系模型是现今数据库处理的最重要的标准。这由 E. F. Codd 首次发表于 1970 年。目前它被用在几乎所有的商业数据库的设计和实施中。

对用户而言，实体是一个需要被表示在数据库中的重要事物。关系是一个二维的表，该表具有图 2—1 中所列的特性。在本书和通常的数据库领域中表和关系作为同义词使用。关系结构使用三套术语。表、行和列是最常用的术语，但有时文件、记录和字段也被用在传统的数据处理中。理论家还使用关系、元组、属性来表示这三个相同的结构。有时这些术语混合使用和搭配。严格地说，关系可能不会有重复的行，然而有时这个条件会被放宽，因为消除重复可能是一个很耗时的过程。

键是用于标识行的关系的一列或多列。一个唯一键标识单个行，而非唯一键可能标识几行。组合键是有两个或两个以上的属性的键。一个关系有一个主键，它必须是唯一键。一个关系也可能有额外的唯一键，称为候选键。主键用来表示联系中的表，而且许多 DBMS 产品都使用主键值来组织表的存储。此外，通常构造索引以便能够通过主键值提供对数据的快速访问。一个理想的主键是短的、数字型的而且永远不会改变。

代理键是附加到一个关系上作为主键的唯一数值。代理键的值对用户没有任何意义，通常在表单、查询结果和报表中被隐藏起来。

外键是被放置在一个关系中代表联系的一个属性。外键是不同于它所放置的那个表的（外部的）另外一个表的主键。主键和外键名称可能不同，但它们必须使用相同的数据类型和值集。参照完整性约束指定外键的值必须出现在主键中。

当一个属性没有给定任何值时，它只有空值。空值的一个问题是其含义是不明确的，有二义性：它可以表示没有适当的值；或者某个值是适当的但还没有被选择；或者值是适当的且已被选择，但对用户仍然是未知的。要求有属性值有可能消除空值。（关于空值的另一个问题将在下一章讨论。）

当一个属性（或属性集）的值决定了第二个属性（或属性集）的值时称为存在函数依赖。函数依赖左侧的属性称为决定因素。审视关系的目的的一种方法是说关系的存在用来存储函数依赖的实例。定义一个主键（候选键）的另一种方式则是说一个键是关系中能够用函数确定其他所有属性的一个属性。

规范化是评价关系的一个过程，必要时将某个关系拆分成两个或更多的关系是更好的设计或者说是形式良好的关系。根据规范化理论，如果关系有不涉及主键的一个函数依赖，则它有不良的结构。具体而言，在一个良构的关系中每个决定因素都是一个候选键。

本书第 66 页给出了关系规范化的过程。根据该过程，具有规范化问题的关系会被划分成两个或多个不具有这种问题的关系。外键用来建立旧关系和新关系之间的联系，并创建参照完整性约束。

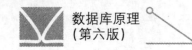

关键术语

属性	外键	主键
AUTO_INCREMENT	函数依赖	记录
Boyce-Codd 范式（BCNF）	函数依赖的决定因素	参照完整性约束
候选键	标识	关系
列	标识增量	行
组合键	标识种子	序列
数据库模式	是标识属性	代理键
决定因素	键	同义词
实体	多值依赖	表
字段	非唯一键	元组
文件	规范化	唯一键
第一范式（1NF）	规范化过程	形式良好的关系
	空值	

复习题

2.1 为什么关系模型重要？

2.2 定义实体并给出一个实体的例子（本章以外的例子）。

2.3 列出一个表被认为是一个关系所必须具有的特点。

2.4 给出一个关系的例子（本章以外的例子）。

2.5 给出一个不是关系的表的例子（本章以外的例子）。

2.6 在什么情况下关系的属性可以是可变长度的？

2.7 解释文件、记录和字段的用法。

2.8 解释关系、元组和属性的用法。

2.9 在什么情况下关系有重复行？

2.10 定义唯一键并举一个例子。

2.11 定义非唯一键并举一个例子。

2.12 举一个有唯一组合键的关系例子。

2.13 解释主键和候选键之间的差异。

2.14 描述主键的四个用途。

2.15 什么是代理键，以及在什么情况下会使用它？

2.16 代理键如何获取值？

2.17 为什么在表单、查询和报表中通常对用户隐藏代理键的值？

2.18　解释外键，并举一个例子。

2.19　解释在本书中如何表示主键和外键。

2.20　定义参照完整性约束，并给出一个例子。

2.21　解释对空值的三种可能的解释。

2.22　举一个空值的例子（本章以外的例子），并对该值说明对它的三个可能的解释。

2.23　请用本书以外的例子来定义函数依赖和决定因素。

2.24　从以下公式中命名函数依赖并确定决定因素：

$$Area = Length \times Width$$

2.25　解释下列表达式的含义：

$$A \rightarrow (B,C)$$

根据这个表达式判断下面的表达式是否为真：

$$A \rightarrow B$$

和

$$A \rightarrow C$$

2.26　解释下列表达式的含义：

$$(D,E) \rightarrow F$$

根据这个表达式判断下面的表达式是否为真：

$$D \rightarrow F$$

和

$$E \rightarrow F$$

2.27　解释你对问题 2.25 和问题 2.26 的答案间的差异。

2.28　用函数依赖来定义主键。

2.29　如果假设一个关系没有重复的数据，你如何知道关系中总是至少有一个主键？

2.30　如果你允许一个关系中有重复数据，请问你对问题 2.29 的答案如何变化？

2.31　用自己的话来描述规范化过程的性质和目的。

2.32　检查图 1—30 中兽医办公室使用的列表——版本 1 中的数据，说明对该表中的函数依赖的假设。基于样本数据作出这种结论的危险是什么？

2.33　使用问题 2.32 答案中的假设，这个关系的决定因素是什么？什么属性可以是这个关系的主键？

2.34　当改动问题 2.32 关系中的数据时描述所发生的修改问题和在删除这个关系中的数据时所发生的第二种修改问题。

2.35　检查图 1—31 中兽医办公室使用的列表——版本 2 的数据并说明对该表中的函数依赖的假设。

2.36　使用问题 2.35 答案中的假设，这个关系的决定因素是什么？什么属性可以是这个关系的主键？

2.37　当改动问题 2.35 关系中的数据时描述所发生的修改问题和在删除这个关系中的数据时所发生的第二种修改问题。

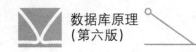

数据库原理
（第六版）

练 习

2.38　对图 1—30 中的兽医办公室使用的列表——版本 1 应用规范化过程来开发一组规范化关系。给出规范化过程每个步骤的结果。

2.39　对图 1—31 中的兽医办公室使用的列表——版本 2 应用规范化过程来开发一组规范化关系。给出规范化过程每个步骤的结果。

2.40　考虑下面的关系：

STUDENT（StudentNumber，StudentName，SiblingName，Major）

假设 SiblingName 的值是某个给定学生的所有兄弟姐妹的名字，并假设学生最多有一个专业。

A. 给出这个关系的一个例子，它包括两名学生，其中一人有三个兄弟姐妹而另一个人只有两个兄弟姐妹。

B. 列出这个关系中的候选键。

C. 说明这个关系中的函数依赖。

D. 解释为什么这个关系不符合本章所建立的关系设计标准（也就是说，为什么这不是一个形式良好的关系）。

E. 将这个关系划分成一组符合关系设计标准（即形式良好的）的关系。

2.41　改变问题 2.40，允许学生有多个专业。在这种情况下，关系结构是：

STUDENT （StudentNumber，StudentName，SiblingName，Major）

A. 给出这个关系的一个例子，它包括两名学生，其中一人有三个兄弟姐妹而另一个人只有两个兄弟姐妹。

B. 只有第一个学生需要添加第二个专业，请给出必要的数据变化。

C. 基于 B 部分的答案，请给出为第二个学生添加第二个专业时必要的数据变化。

D. 解释 B 部分和 C 部分所给的答案的差异，评论这种情况的可取之处。

E. 将该关系划分成一组形式良好的关系。

2.42　教材中提到你可以就"存在关系的唯一原因是用来存储函数依赖的实例"。用你自己的话来解释其含义。

Access 工作台关键术语

编辑联系对话框　　　　　联系窗口　　　　实施参照完整性复选框

Access 工作台练习

在第 1 章的"Access 工作台"中我们为华盛顿州西雅图的韦奇伍德太平洋公司（WPC）创建了一个数据

90

库，并创建和填充了 EMPLOYEE 表。在这个练习中，我们会建立数据库中所需的其余表、它们之间的参照完整性约束并填充这些表。

WPC 数据库中规范化表的全集如下：

DEPARTMENT （DepartmentName，BudgetCode，OfficeNumber，Phone）
EMPLOYEE （EmployeeNumber，FirstName，LastName，*Department*，Phone，Email）
PROJECT （ProjectID，ProjectName，*Department*，MaxHours，StartDate，EndDate）
ASSIGNMENT （ProjectID，*EmployeeNumber*，HoursWorked）

DEPARTMENT 的主键是 DepartmentName，EMPLOYEE 的主键是 EmployeeNumber，PROJECT 的主键是 ProjectID。注意，EMPLOYEE 表除了 DepartmentName 是一个外键之外，与我们已经创建的一样。在 EMPLOYEE 和 PROJECT 中 Department 外键引用 DEPARTMENT 中的 DepartmentName。注意，外键不需要和它所引用的主键具有相同的名称。ASSIGNMENT 的主键是组合键（ProjectID，EmployeeNumber）。ProjectID 也是外键，引用 PROJECT 中的 ProjectID 而外键 EmployeeNumber 则是引用 EMPLOYEE 的 EmployeeNumber。参照完整性约束是：

EMPLOYEE 的 Department 必须存在于 DEPARTMENT 的 DepartmentName 中
PROJECT 的 Department 必须存在于 DEPARTMENT 的 DepartmentName 中
ASSIGNMENT 的 ProjectID 必须存在于 PROJECT 的 ProjectID 中
ASSIGNMENT 的 EmployeeNumber 必须存在于 EMPLOYEE 的 EmployeeNumber 中

A. 图 2—25 显示了 WPC DEPARTMENT 表的列特性。使用列特性创建 WPC. accdb 数据库中的 DEPARTMENT 表。

列名	类型	键	必填	备注
DepartmentName	Text（35）	主键	是	
BudgetCode	Text（30）	否	是	
OfficeNumber	Text（15）	否	是	
Phone	Text（12）	否	是	

图 2—25 DEPARTMENT 表的列特征

B. 对 DEPARTMENT 表创建一个名为 WPC Department Data Form 的表单。对表单进行必要的调整使得所有数据能够正常显示。使用这个表单输入图 2—26 所示的 DEPARTMENT 表的数据。

DepartmentName	BudgetCode	OfficeNumber	Phone
Administration	BC-100-10	BLDG01-300	360-285-8100
Legal	BC-200-10	BLDG01-200	360-285-8200
Accounting	BC-300-10	BLDG01-100	360-285-8300
Finance	BC-400-10	BLDG01-140	360-285-8400
Human Resources	BC-500-10	BLDG01-180	360-285-8500
Production	BC-600-10	BLDG02-100	360-287-8600
Marketing	BC-700-10	BLDG02-200	360-287-8700
InfoSystems	BC-800-10	BLDG02-270	360-287-8800

图 2—26 WPC DEPARTMENT 的数据

C. 创建 DEPARTMENT 和 EMPLOYEE 表之间的联系和参照完整性约束。启用实施参照完整性和级

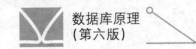

数据库原理
(第六版)

联数据更新，但不启用级联删除。

D. 图 2—27 显示了 WPC PROJECT 表的列特性。使用列特性创建 WPC.accdb 数据库中的 PROJECT 表。

列名	类型	键	必填	备注
ProjectID	Number	主键	是	Long Integer
ProjectName	Text（50）	否	是	
Department	Text（35）	外键	是	
MaxHours	Number	否	是	Double, fixed, 2 decimal places
StartDate	Date/Time	否	否	Medium date
EndDate	Date/Time	否	否	Medium date

图 2—27 PROJECT 表的列特征

E. 创建 DEPARTMENT 表和 PROJECT 表之间的联系和参照完整性约束。启用实施参照完整性和级联数据更新，但不启用级联删除。

F. 给项目 PROJECT 表创建一个名为 WPC Project Data Form 的表单。对表单进行必要的调整使得所有数据能够正常显示。使用这个表单输入图 2—28 所示的 PROJECT 表的数据。

ProjectID	ProjectName	Department	MaxHours	StartDate	EndDate
1000	2012 Q3 Product Plan	Marketing	135.00	10-MAY-12	15-JUN-12
1100	2012 Q3 Portfolio Analysis	Finance	120.00	05-JUL-12	25-JUL-12
1200	2012 Q3 Tax Preparation	Accounting	145.00	10-AUG-12	15-OCT-12
1300	2012 Q4 Product Plan	Marketing	150.00	10-AUG-12	15-SEP-12
1400	2012 Q4 Portfolio Analysis	Finance	140.00	05-OCT-12	NULL

图 2—28 WPC PROJECT 的数据

G. 当创建和填充 DEPARTMENT 表时，数据在创建 EMPLOYEE 表的参照完整性约束前输入表中，但在创建和填充 PROJECT 表时参照完整性约束则在数据被输入之前已经创建。为什么步骤顺序有所不同？哪个顺序通常是正确使用的顺序？

H. 图 2—29 显示了 WPC ASSIGNMENT 表的列特性。使用列特性创建 WPC.accdb 数据库中的 ASSIGNMENT 表。

列名	类型	键	必填	备注
ProjectID	Number	主键，外键	是	Long Integer
EmployeeNumber	Number	主键，外键	是	Long Integer
HoursWorked	Number	否	否	Double, fixed, 1 decimal places

图 2—29 ASSIGNMENT 表的列特征

I. 创建 ASSIGNMENT 和 EMPLOYEE 表之间的联系和参照完整性约束。建立关系时，启用实施参照完整性，但不启用级联数据更新和级联删除。

J. 对于 ASSIGNMENT 表，创建一个名为 WPC Assignment Data Form 的表单。对表单进行必要的调整使得所有数据能够正常显示。使用这个表单输入图 2—30 所示的 ASSIGNMENT 表的数据。

ProjectID	EmployeeNumber	HoursWorked
1000	1	30.0
1000	8	75.0

92

续前表

ProjectID	EmployeeNumber	HoursWorked
1000	10	55.0
1100	4	40.0
1100	6	45.0
1200	1	25.0
1200	2	20.0
1200	4	45.0
1200	5	40.0
1300	1	35.0
1300	8	80.0
1300	10	50.0
1400	4	15.0
1400	5	10.0
1400	6	27.5

图 2—30　WPC ASSIGNMENT 的数据

K. 当创建数据库表之间的联系时，我们允许某些数据表之间数据的级联变化，但其他数据表之间则不允许级联变化。（**级联**（cascading）是指一个表中数据发生变化，相应地与其有联系的关系中的数据也要发生变化。）在这种情况下，一个主键值变化了，与其匹配的外键值也要改变。为什么我们启用相关字段的值之间不同的级联设置？包括：（1）DEPARTMENT 和 EMPLOYEE 以及（2）DEPARTMENT 和 PROJECT 之间启用，但（3）EMPLOYEE 和 ASSIGNMENT 以及（4）PROJECT 和 ASSIGNMENT 之间不启用。

L. 对于 DEPARTMENT 和 EMPLOYEE 这两个表，创建一个名为 WPC.Department Employee Data Form 的数据输入表单。这个表单将展现各部门的所有员工。

M. 创建一个名为 Wedgewood Pacific Corporation Department Employee 的报表，报表会展示 DEPARTMENT 和 EMPLOYEE 表中所包含的数据。该报表将按部门对员工分组。打印出这份报表。

区域实验室案例问题

区域实验室是一家按照合同为其他公司和组织开展研究和开发工作的公司。图 2—31 显示了数据区域实验室收集的有关项目和所指派员工的数据。

ProjectID	EmployeeName	EmployeeSalary
100-A	Eric Jones	64,000.00
100-A	Donna Smith	70,000.00
100-B	Donna Smith	70,000.00
200-A	Eric Jones	64,000.00
200-B	Eric Jones	64,000.00
200-C	Eric Parks	58,000.00
200-C	Donna Smith	70,000.00
200-D	Eric Parks	58,000.00

图 2—31　区域实验室的样本数据

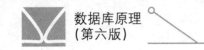

这部分数据存储在名为 PROJECT 的关系（表）中：

PROJECT（ProjectID，EmployeeName，EmployeeSalary）

A. 假设在此数据中所有函数依赖都是显而易见的，以下哪些为真？

1. ProjectID→EmployeeName

2. ProjectID→EmployeeSalary

3. （ProjectID，EmployeeName）→EmployeeSalary

4. EmployeeName→EmployeeSalary

5. EmployeeSalary→ProjectID

6. EmployeeSalary→（ProjectID，EmployeeName）

B. PROJECT 的主键是什么？

C. 所有的非键属性（如果有的话）依赖于主键吗？

D. PROJECT 属于哪种范式？

E. 描述影响 PROJECT 的两个修改异常问题。

F. ProjectID 是决定因素吗？如果是，它是基于 A 部分的哪个函数依赖？

G. EmployeeName 是决定因素吗？如果是，它是基于 A 部分的哪个函数依赖？

H. （ProjectID，EmployeeName）是决定因素吗？如果是，它是基于 A 部分的哪个函数依赖？

I. EmployeeSalary 是决定因素吗？如果是，它是基于 A 部分的哪个函数依赖？

J. 这个关系是否包含传递依赖？如果是，都是什么？

K. 重新设计关系以消除修改异常。

丽园项目问题

图 2—32 给出了丽园所收集的有关物业和服务的数据。

PropertyName	Type	Street	City	ZIP	ServiceDate	Description	Amount
Eastlake Building	Office	123 Eastlake	Seattle	98119	5/5/2012	Lawn Mow	$ 42.50
Elm St Apts	Apartment	4 East Elm	Lynnwood	98223	5/8/2012	Lawn Mow	$ 123.50
Jeferson Hill	Office	42 West 7th St	Bellevue	98040	5/8/2012	Garden Service	$ 53.00
Eastlake Building	Office	123 Eastlake	Seattle	98119	5/10/2012	Lawn Mow	$ 42.50
Eastlake Building	Office	123 Eastlake	Seattle	98119	5/12/2012	Lawn Mow	$ 42.50
Elm St Apts	Apartment	4 East Elm	Lynnwood	98223	5/15/2012	Lawn Mow	$ 123.50
Eastlake Building	Office	123 Eastlake	Seattle	98119	5/19/2012	Lawn Mow	$ 42.50

图 2—32 丽园的样本数据

A. 使用这些数据说明数据列之间存在的函数依赖假设。基于这些样本数据和你所知道的有关服务企业的知识来解释说明你所做假设的合理性。

B. 鉴于你在 A 部分的假设，评论以下设计的恰当程度：

1. PROPERTY（<u>PropertyName</u>，PropertyType，Street，City，Zip，ServiceDate，Description，Amount）

2. PROPERTY（PropertyName，PropertyType，Street，City，Zip，<u>ServiceDate</u>，Description，Amount）

3. PROPERTY （<u>PropertyName</u>，PropertyType，Street，City，Zip，<u>ServiceDate</u>，Description，Amount）

4. PROPERTY （<u>PropertyID</u>，PropertyName，PropertyType，Street，City，Zip，ServiceDate，Description，Amount）

5. PROPERTY （<u>PropertyID</u>，PropertyName，PropertyType，Street，City，Zip，<u>ServiceDate</u>，Description，Amount）

6. PROPERTY （<u>PropertyID</u>，PropertyName，PropertyType，Street，City，Zip，*ServiceDate*）

和

SERVICE （<u>ServiceDate</u>，Description，Amount）

7. PROPERTY （<u>PropertyID</u>，PropertyName，PropertyType，Street，City，Zip，ServiceDate）

和

SERVICE （<u>ServiceID</u>，*ServiceDate*，Description，Amount）

8. PROPERTY （<u>PropertyID</u>，PropertyName，PropertyType，Street，City，Zip，*Service*）

和

SERVICE （<u>ServiceID</u>，ServiceDate，Description，Amount，*PropertyID*）

9. PROPERTY （<u>PropertyID</u>，PropertyName，PropertyType，Street，City，Zip）

和

SERVICE （<u>ServiceID</u>，ServiceDate，Description，Amount，PropertyID）

C. 假设丽园项目决定添加下表：

SERVICE-FEE （PropertyID，ServiceID，Description，Amount）

将此表以你认为是回答 B 部分的最好方式添加到设计中。在必要时对 B 部分的表作必要修改以尽量减少重复的数据量。请问这样的设计对图 2—31 中的数据有效吗？如果无效，修改设计以使这些数据能够正常工作。说明这个设计所隐含的假设。

詹姆斯河珠宝项目问题

詹姆斯河珠宝项目问题可访问在线附录 D，可以直接从教材的网站：www. pearsonhighered. com/kroenke 下载。

安妮女王古玩店项目问题

图 2—33 给出了安妮女王古玩店的典型销售数据而图 2—34 显示了典型的购买数据。

LastName	FirstName	Phone	InvoiceDate	InvoiceItem	Price	Tax	Total
Shire	Robert	206-524-2433	14-Dec-12	Antique Desk	3 000. 00	249. 00	3 249. 00
Shire	Robert	206-524-2433	14-Dec-12	Antique Desk Chair	500. 00	41. 50	541. 50

Goodyear	Katherine	206-524-3544	15-Dec-12	Dining Table Linens	1 000.00	83.00	1 083.00
Bancroft	Chris	425-635-9788	15-Dec-12	Candles	50.00	4.15	54.15
Griffith	John	206-524-4655	23-Dec-12	Candles	45.00	3.74	48.74
Shire	Robert	206-524-2433	5-Jan-13	Desk Lamp	250.00	20.75	270.75
Tierney	Doris	425-635-8677	10-Jan-13	Dining Table Linens	750.00	62.25	812.25
Anderson	Donna	360-538-7566	12-Jan-13	Book Shelf	250.00	20.75	270.75
Goodyear	Katherine	206-524-3544	15-Jan-13	Antique Chair	1 250.00	103.75	1 353.75
Goodyear	Katherine	206-524-3544	15-Jan-13	Antique Chair	1 750.00	145.25	1 895.25
Tierney	Doris	425-635-8677	25-Jan-13	Antique Candle Holders	350.00	29.05	379.05

图 2—33　安妮女王古玩店的样品销售数据

PurchaseItem	PurchasePrice	PurchaseDate	Vendor	Phone
Antique Desk	1 800.00	7-Nov-12	European Specialties	206-325-7866
Antique Desk	1 750.00	7-Nov-12	European Specialties	206-325-7866
Antique Candle Holders	210.00	7-Nov-12	European Specialties	206-325-7866
Antique Candle Holders	200.00	7-Nov-12	European Specialties	206-325-7866
Dining Table Linens	600.00	14-Nov-12	Linens and Things	206-325-6755
Candles	30.00	14-Nov-12	Linens and Things	206-325-6755
Desk Lamp	150.00	14-Nov-12	Lamps and Lighting	206-325-8977
Floor Lamp	300.00	14-Nov-12	Lamps and Lighting	206-325-8977
Dining Table Linens	450.00	21-Nov-12	Linens and Things	206-325-6755
Candles	27.00	21-Nov-12	Linens and Things	206-325-6755
Book Shelf	150.00	21-Nov-12	Harrison, Denise	425-746-4322
Antique Desk	1 000.00	28-Nov-12	Lee, Andrew	425-746-5433
Antique Desk Chair	300.00	28-Nov-12	Lee, Andrew	425-746-5433
Antique Chair	750.00	28-Nov-12	New York Brokerage	206-325-9088
Antique Chair	1 050.00	28-Nov-12	New York Brokerage	206-325-9088

图 2—34　安妮女王古玩店的样品采购数据

A. 使用这些数据，说明数据列之间的函数依赖假设。基于这些样本数据和你所知道的有关零售销售的知识来说明你的假设的合理性。

B. 根据 A 部分所给的假设，评论以下设计的恰当程度：

1. CUSTOMER(LastName, FirstName, Phone, Email, InvoiceDate, InvoiceItem, Price, Tax, Total)

2. CUSTOMER(LastName, FirstName, Phone, Email, InvoiceDate, InvoiceItem, Price, Tax, Total)

3. CUSTOMER(LastName, FirstName, Phone, Email, InvoiceDate, InvoiceItem, Price, Tax, Total)

4. CUSTOMER(LastName, FirstName, Phone, Email, InvoiceDate, InvoiceItem, Price, Tax, Total)

5. CUSTOMER(<u>LastName</u>, <u>FirstName</u>, Phone, Email, InvoiceDate, <u>InvoiceItem</u>, Price, Tax, Total)

6. CUSTOMER(<u>LastName</u>, <u>FirstName</u>, Phone, Email)

和

SALE (<u>InvoiceDate</u>, InvoiceItem, Price, Tax, Total)

7. CUSTOMER (<u>LastName</u>, <u>FirstName</u>, Phone, Email, *InvoiceDate*)

和

SALE (<u>InvoiceDate</u>, InvoiceItem, Price, Tax, Total)

8. CUSTOMER (<u>LastName</u>, <u>FirstName</u>, Phone, Email, *InvoiceDate*, *InvoiceItem*)

和

SALE (<u>InvoiceDate</u>, Item, Price, Tax, Total)

C. 修改你认为是 B 部分中最好的设计以包括代理 ID 列 CustomerID 和 SaleID。这会如何改进设计？

D. 修改 C 部分的设计，将 SALE 拆分为 SALE 及 SALE_ITEM 两个关系。如果你认为必要可以修改列和添加额外的列。这会如何改进设计？

E. 根据你的假设，评论以下设计的恰当程度：

1. PURCHASE (<u>PurchaseItem</u>, PurchasePrice, PurchaseDate, Vendor, Phone)

2. PURCHASE (<u>PurchaseItem</u>, <u>PurchasePrice</u>, PurchaseDate, Vendor, Phone)

3. PURCHASE (<u>PurchaseItem</u>, PurchasePrice, <u>PurchaseDate</u>, Vendor, Phone)

4. PURCHASE (<u>PurchaseItem</u>, PurchasePrice, PurchaseDate, <u>Vendor</u>, Phone)

5. PURCHASE (<u>PurchaseItem</u>, PurchasePrice, <u>PurchaseDate</u>)

和

VENDOR (<u>Vendor</u>, Phone)

6. PURCHASE (<u>PurchaseItem</u>, PurchasePrice, <u>PurchaseDate</u>, Vendor)

和

VENDOR (<u>Vendor</u>, Phone)

7. PURCHASE (<u>PurchaseItem</u>, PurchasePrice, <u>PurchaseDate</u>, *Vendor*)

和

VENDOR (<u>Vendor</u>, Phone)

F. 修改 E 部分中你认为是最好的设计以包括代理 ID 列 PurchaseID 和 VendorID。这会如何改进设计？

G. 你在 D 部分和 F 部分所设计的关系中没有连接。修改数据库的设计使得销售数据和采购数据相关。

第 3 章
结构化查询语言

本章目标

- 学习创建数据库结构的基本的 SQL 语句
- 了解将数据添加到数据库的基本的 SQL 语句
- 了解处理单一表的基本的 SQL SELECT 语句和选项
- 了解处理带子查询的多个表的基本的 SQL SELECT 语句
- 了解处理带连接的多个表的基本的 SQL SELECT 语句
- 了解修改和删除数据库数据的基本的 SQL 语句
- 学习修改和删除数据库中的表和约束的基本的 SQL 语句

本章介绍并讨论**结构化查询语言**（Structured Query Language，SQL）。SQL 不是一个完整的编程语言，相反，它是一个**数据子语言**（data sublanguage）。SQL 只包含用于定义和处理数据库的语言结构。为了获得一个完整的编程语言，SQL 语句必须嵌入脚本语言（如 VBScript），或其他编程语言（如 Java 或 C♯）。SQL 语句也可以使用 DBMS 提供的命令行以交互方式提交。

SQL 是由 IBM 公司在 20 世纪 70 年代中后期开发的，后续版本由美国国家标准学会（American National Standards Institute，ANSI）于 1986 年、1989 年和 1992 年认可作为国家标准。1992 年的版本有时也被称为 SQL-92 或 ANSI-92 SQL。SQL:1999（也简称为 SQL3）于 1999 年发布，其中纳入了一些面向对象的概念。其后发布的有 2003 年的 SQL:2003、2006 年的 SQL:2006 和 2008 年的 SQL:2008。SQL 也被**国际标准化组织**（International Organization for Standardization，ISO）认可作为一个标准。（写法没错，缩写是 ISO，而不是 IOS！）这些不同版本增加了新功能或扩展了现有的 SQL 功能，包括 SQL 支持**可扩展标记语言**（Extensible Markup Language，XML），这将在第 7 章讨论。我们这里只讨论自 SQL-92 以来一直常见的语言特性，但也包括一些来自 SQL:2003 和 SQL:2008 的特性。

SQL 面向文本。早在图形用户界面出现以前就被开发出来并且只需要一个文字处理器。现在的 Microsoft Access、Microsoft SQL Server、Oracle Database、MySQL 和其他 DBMS 产品都提供图形工具来执行许多使用 SQL 执行的任务。然而，最后一句中的关键短语是"许多"。你不能用图形工具实现 SQL 所做的一切。此外，若在程序代码中动态生成 SQL 语句，则必须使用 SQL。

在本章的"Access 工作台"，你将学习如何使用 SQL 与 Microsoft Access。Access 使用 SQL，但它通过一个通用的**按示例查询**（Query by Example，QBE）的图形界面的变种将 SQL 隐藏在幕后。虽然使用 Access 并不要求有 SQL 知识，但如果你知道 SQL，就会成为一个更强大和更有效的 Access 开发者。

SQL 命令可以分为几大类，其中两个是我们最感兴趣的：**数据定义语言**（data definition language，DDL），用来定义数据库结构；**数据操纵语言**（data manipulation language，DML），用于查询修改数据库数据。[①] SQL DML 的组件之一是 SQL 视图，可用来创建预定义的查询。在本章我们将依次对它们进行讨论。

示例数据库

韦奇伍德太平洋公司（Wedgewood Pacific Corporation，WPC）在华盛顿州西雅图，成立于 1957 年，现已发展成为一个国际知名的组织。公司坐落于两座建筑物，其中一栋楼安置管理、会计、财务和人力资源部门，另一栋楼则安置生产、市场营销和信息系统部门。该公司数据库中包含员工、部门、项目、资产（如计算机设备）以及公司运营等方面的数据。

在本章中，我们使用的一个 WPC 数据库实例具有以下四个关系：

DEPARTMENT（<u>DepartmentName</u>，BudgetCode，OfficeNumber，Phone）
EMPLOYEE（<u>EmployeeNumber</u>，FirstName，LastName，*Department*，Phone，Email）
PROJECT（<u>ProjectID</u>，ProjectName，*Department*，MaxHours，StartDate，EndDate）
ASSIGNMENT（<u>*ProjectID*</u>，<u>*EmployeeNumber*</u>，HoursWorked）

DEPARTMENT 的主键是 DepartmentName，EMPLOYEE 的主键是 EmployeeNumber，PROJECT 的主键是 ProjectID。在 EMPLOYEE 和 PROJECT 中 Department 外键引用 DEPARTMENT 中的 Department-Name。注意，外键不需要和它所引用的主键具有相同的名称。ASSIGNMENT 的主键是组合键（ProjectID，EmployeeNumber）。ProjectID 也是引用 PROJECT 中 ProjectID 的外键，而外键 EmployeeNumber 则是引用 EMPLOYEE 的 EmployeeNumber。

参照完整性约束包括：

EMPLOYEE 的 Department 必须存在于 DEPARTMENT 的 DepartmentName 中
PROJECT 的 Department 必须存在于 DEPARTMENT 的 DepartmentName 中
ASSIGNMENT 的 ProjectID 必须存在于 PROJECT 的 ProjectID 中
ASSIGNMENT 的 EmployeeNumber 必须存在于 EMPLOYEE 的 EmployeeNumber 中

图 3—1 给出了这些表在 Microsoft Access 2010 中的图示，同时也给出了这些表的数据库列特性。这些关系的样本数据如图 3—2 所示。

在这个数据库中，DEPARTMENT 的每行可能与 EMPLOYEE 和 PROJECT 的多行相关。同样，PROJECT 的每行可能与 ASSIGNMENT 的多行相关，EMPLOYEE 的每行可能与 ASSIGNMENT 的多行相关。

最后，假设有下面的若干规则，也就是所谓的**业务规则**（business rules）：

● 如果 EMPLOYEE 的一行被删除而且该行与 ASSIGNMENT 的某行连接，那么将禁止删除 EMPLOYEE 的行。

● 如果 PROJECT 的一行被删除，那么所有连接到已删除的 PROJECT 行的所有 ASSIGNMENT 的行也将被删除。

---

① 查询本身有时也被认为是另一大类 SQL 命令。但在本书中，我们不作这样的区分。欲了解更多详细信息，请参阅网址 http://en.wikipedia.org/wiki/SQL 的维基百科中关于 SQL 的文章。

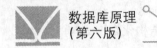

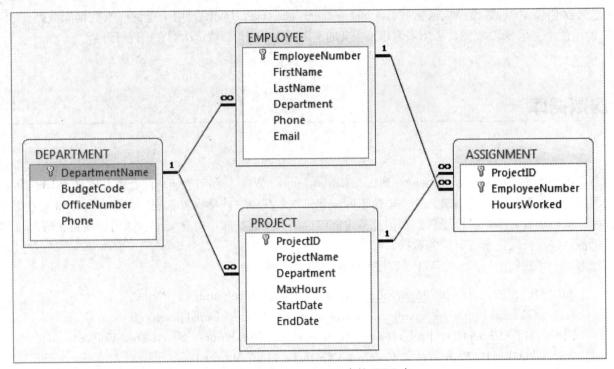

(a) Microsoft Access 2010 中的 WPC 表

列名	类型	键	必填	备注
DepartmentName	Text (35)	主键	是	
BudgetCode	Text (30)	否	是	
OfficeNumber	Text (15)	否	是	
Phone	Text (12)	否	是	

(b) DEPARTMENT 表

列名	类型	键	必填	备注
EmployeeNumber	AutoNumber	主键	是	代理键
FirstName	Text (25)	否	是	
LastName	Text (25)	否	是	
Department	Text (35)	外键	是	链接到 DEPARTMENT 的 DepartmentName
Phone	Text (12)	否	否	
Email	Text (100)	否	是	

(c) EMPLOYEE 表

列名	类型	键	必填	备注
ProjectID	Number	主键	是	Long Integer
ProjectName	Text (50)	否	是	
Department	Text (35)	外键	是	链接到 DEPARTMENT 的 DepartmentName
MaxHours	Number	否	是	Double
StartDate	Date/Time	否	否	
EndDate	Date/Time	否	否	

(d) PROJECT 表

列名	类型	键	必填	备注
ProjectID	Number	主键 外键	是	Long Integer 链接到 PROJECT 的 ProjectID
EmployeeNumber	Number	主键 外键	是	Long Integer 链接到 EMPLOYEE 的 EmployeeNumber
HoursWorked	Number	否	否	Double

(e) ASSIGNMENT 表

图 3—1　WPC 数据库的数据库列特征

DepartmentName	BudgetCode	OfficeNumber	Phone
Administration	BC-100-10	BLDG01-300	360-285-8100
Legal	BC-200-10	BLDG01-200	360-285-8200
Accounting	BC-300-10	BLDG01-100	360-285-8300
Finance	BC-400-10	BLDG01-140	360-285-8400
Human Resources	BC-500-10	BLDG01-180	360-285-8500
Production	BC-600-10	BLDG02-100	360-287-8600
Marketing	BC-700-10	BLDG02-200	360-287-8700
InfoSystems	BC-800-10	BLDG02-270	360-287-8800

(a) DEPARTMENT 表

Employee Number	FirstName	LastName	Department	Phone	Email
1	Mary	Jacobs	Administration	360-285-8110	Mary. Jacobs@WPC. com
2	Rosalie	Jackson	Administration	360-285-8120	Rosalie. Jackson@WPC. com
3	Richard	Bandalone	Legal	360-285-8210	Richard. Bandalone@WPC. com
4	Tom	Caruthers	Accounting	360-285-8310	Tom. Caruthers@WPC. com
5	Heather	Jones	Accounting	360-285-8320	Heather. Jones@WPC. com
6	Mary	Abernathy	Finance	360-285-8410	Mary. Abernathy@WPC. com
7	George	Smith	Human Resources	360-285-8510	George. Smith@WPC. com
8	Tom	Jackson	Production	360-287-8610	Tom. Jackson@WPC. com
9	George	Jones	Production	360-287-8620	George. Jones@WPC. com
10	Ken	Numoto	Marketing	360-287-8710	Ken. Numoto@WPC. com
11	James	Nestor	InfoSystems		James. Nestor@WPC. com
12	Rick	Brown	InfoSystems	360-287-8820	Rick. Brown@WPC. com

(b) EMPLOYEE 表

ProjectID	ProjectName	Department	MaxHours	StartDate	EndDate
1000	2012 Q3 Product Plan	Marketing	135. 00	10-MAY-12	15-JUN-12
1100	2012 Q3 Portfolio Analysis	Finance	120. 00	05-JUL-12	25-JUL-12
1200	2012 Q3 Tax Preparation	Accounting	145. 00	10-AUG-12	15-OCT-12
1300	2012 Q4 Product Plan	Marketing	150. 00	10-AUG-12	15-SEP-12
1400	2012 Q4 Portfolio Analysis	Finance	140. 00	05-OCT-12	

(c) PROJECT 表

ProjectID	EmployeeNumber	HoursWorked
1000	1	30.0
1000	8	75.0
1000	10	55.0
1100	4	40.0
1100	6	45.0
1200	1	25.0
1200	2	20.0
1200	4	45.0
1200	5	40.0
1300	1	35.0
1300	8	80.0
1300	10	50.0
1400	4	15.0
1400	5	10.0
1400	6	27.5

(d) ASSIGNMENT 表

图 3—2 WPC 数据库的样本数据

这些规则的商业意义如下：

● 如果 EMPLOYEE 的一行被删除（例如，如果雇员被调离），那么必须有人接手该员工的任务。因此，应用程序需要在删除员工行前有人重新分配任务。

● 如果 PROJECT 的一行被删除，那么该项目已被取消，也就没有必要维护该项目所分配的员工的记录。

这些规则是典型的商务规则。在第 5 章你将了解更多这类有关规则。

■ "不使用 Microsoft Access ANSI-89 SQL 工作"

如果你已经完成了第 1 章和第 2 章的章末 "Access 工作台练习"，你会意识到我们在本章中正在使用的数据库就是这些练习中的韦奇伍德太平洋公司 WPC 数据库。你可以利用该数据库来尝试本章的 SQL 命令。但是要注意并非所有标准的 SQL 语法在 Access 中都能够执行。

正如前面提到的，我们对 SQL 的讨论是基于 ANSI SQL-92 标准（Microsoft 所指的 ANSI-92 SQL）以来的 SQL 标准所体现的 SQL 特性。遗憾的是，Microsoft Access 默认的版本是早期的 SQL-89 版本——Microsoft 称为 ANSI-89 SQL 或 Microsoft JET SQL（因 Access 所使用的 Microsoft Jet DBMS 而命名）。ANSI-89 SQL 与 SQL-92 有显著不同，因此在 Access 中 SQL-92 语言的某些功能将无法正常工作。

Microsoft Access 2010（以及较早的 Microsoft Access 2003 版本和 2007 版本）包含一个设置，允许你使用 SQL-92，而不是默认的 ANSI-89 SQL。Microsoft 包括此选项以允许像表单和报表等 Access 工具可以用于支持新的 SQL 标准的 Microsoft SQL Server 的应用程序开发中。要设置选项，需要在已经打开的 Microsoft Access 2010 中单击 "File" 命令选项卡，然后单击 "Options" 命令，打开 "Access Options" 对话框。在 "Access Options" 对话框中，单击 "Object Designers" 按钮以显示 "Access Options Object Designers" 页面，如图 3—3 所示。

如图 3—3 所示，在 "SQL Server Compatible Syntax（ANSI 92）" 选项可以控制在 Access 2010 数据库中使用哪个版本的 SQL。如果你选中 "This database" 复选框，你会在当前数据库中使用 SQL-92 语法（如果你

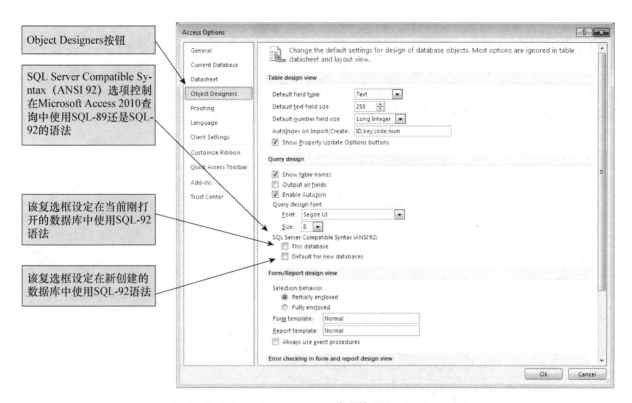

图 3—3 Microsoft Access 2010 选项的 Object Designers 页

打开 Microsoft Access 时没有打开数据库，此选项变灰不可用）。或者，你可以勾选 "Default for new data-bases" 复选框，使所有新创建的数据库默认使用 SQL-92 语法。

遗憾的是，很少有 Access 用户或组织可能将 Access SQL 版本设置为 SQL-92 选项，并且在本章中我们假定 Access 在默认的 ANSI-89 SQL 模式下运行。这样做的一个好处是，它会帮助你了解 Access 的 ANSI-89 SQL 的局限性以及如何磨合它们。

BTW

不同的 DBMS 产品的 SQL 实现方式略有不同。本章中的 SQL 语句运行于 Microsoft SQL Server（SQL Sever 2012 特别版用于获取本章所示的输出），也运行于 Microsoft Access，不过存在某些被指出的例外情况。如果要在不同的 DBMS 上运行这些 SQL 语句，你可能需要做出适当的调整；请查阅你正使用的数据库管理系统的文档。

在接下来的讨论中，我们使用 "Does Not Work with Microsoft Access ANSI-89 SQL" 框标识不能用于 Access ANSI-89 SQL 的 SQL 命令和子句。我们也会标出任何可用的变通方法。记住，一个一劳永逸的解决办法是在你所创建的数据库中选择使用 SQL-92 语法选项！

数据定义类 SQL

SQL DDL 用来创建和修改数据库结构（如表），以及插入、修改、删除表中的数据。

103

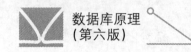

在创建表之前，你必须创建一个数据库。虽然有创建数据库的 SQL 语句，但大多数开发人员仍然使用图形工具来创建数据库。这些工具都是针对特定的 DBMS 的。在第 1 章的"Access 工作台"一节演示了如何创建 Microsoft Access 数据库。在 Microsoft SQL Server 速成版中建立一个数据库的指令请参阅附录 A 的说明。如何在 MySQL 中创建一个数据库参见附录 B。对于其他的 DBMS 产品，可参阅相关文档。[①]

SQL 的 CREATE TABLE 语句用于创建表结构。这条语句的基本格式是：

```
CREATE TABLE NewTableName (
    three-part column definition,
    three-part column definition,
    three-part column definition,
    optional table constraints
    ...
);
```

三部分列定义（three-part column definition）的 3 个部分分别是：列名、列的数据类型以及一个可选的列值约束。因此，我们可以将 CREATE TABLE 改写为如下格式：

```
CREATE TABLE NewTableName (
    ColumnName DataType OptionalConstraint,
    ColumnName DataType OptionalConstraint,
    ColumnName DataType OptionalConstraint,
    optional table constraints
    ...
);
```

本书中我们认为列约束是 PRIMARY KEY、NOT NULL、NULL 以及 UNIQUE。除此之外还有一个 CHECK 列约束，我们将在本章结尾与 ALTER 语句一起进行讨论。最后，DEFAULT 关键字（默认不被视为一个列约束）可用于设置初始值。

Does Not Work with Microsoft Access ANSI-89 SQL

Microsoft Access ANSI-89 SQL 不支持 UNIQUE 和 CHECK 列约束，也不支持 DEFAULT 关键字。

解决方案：等价约束初始值可以在表设计视图中设定。参考本章的"Access 工作台"一节。

考虑图 3—4（其中包括 DEPARTMENT、EMPLOYEE 和 PROJECT 表，但在这里有意略掉了 AS-SIGNMENT 表）所示的 DEPARTMENT 表和 EMPLOYEE 表的 SQL CREATE TABLE 语句。

EMPLOYEE 的 EmployeeNumber 列有一个整型数据类型（简称 Int）和主键列约束。下一列 FirstName 使用一个字符数据类型（字符标志为 Char），长度为 25 个字符。列约束 NOT NULL 表示创建一个新行时必须提供值。第五列 Phone 使用一个带 NULL 列约束的 Char（12）数据类型（也存储区号、前缀和号码之间的分隔符）。NULL 表示允许空值，这意味着可以创建一个行，而该列没有值。

第四列 Department 使用 CHAR（35）数据类型、NOT NULL 列约束以及 DEFAULT 关键字来设置部

---

① See David M. Kroenke and David J. Auer, *Database Processing：Fundamentals，Design，and Implementation*，12th edition（Upper Saddle River，NJ：Prentice Hall，2012）. 第 10 章有在 SQL Server 2008 R2 中创建数据库的信息，在线的第 10A 章有在 Oracle 数据库 11g 第 2 版中创建数据库的信息，而在线的第 10B 章有在 MySQL 服务器 5.5 中创建数据库的信息。

```
CREATE   TABLE DEPARTMENT(
    DepartmentName    Char(35)        PRIMARY KEY
    BudgetCode        Char(30)        NOT NULL,
    OfficeNumber      Char(15)        NOT NULL,
    Phone             Char(12)        NOT NULL
    );


CREATE   TABLE EMPLOYEE(
    EmployeeNumber    Int             PRIMARY KEY,
    FirstName         Char(25)        NOT NULL,
    LastName          Char(25)        NOT NULL,
    Department        Char(35)        NOT NULL DEFAULT 'Human Resources',
    Phone             Char(12)        NULL,
    Email             VarChar(100)    NOT NULL UNIQUE
    );

CREATE   TABLE PROJECT (
    ProjectID         Int             PRIMARY KEY,
    ProjectName       Char(50)        NOT NULL,
    Department        Char(35)        NOT NULL,
    MaxHours          Numeric(8,2)    NOT NULL DEFAULT 100,
    StartDate         DateTime        NULL,
    EndDate           DateTime        NULL
    );
```

图 3—4 SQL CREATE TABLE 语句

门的默认值为人力资源管理部门。如果创建一个新行时没有给部门输入值，则使用默认值。

第六列也是最后一列 Email 使用 VarChar(100) 数据类型以及 NOT NULL 与 UNIQUE 列约束。VarChar 意味着一个可变长度的字符数据类型。因此，电子邮件包含的字符数据在每一行的长度值可能变化，而且电子邮件地址值的最大长度为 100 个字符。但是，如果电子邮件地址值只有 14 个字符，那么只保存 14 个字符。

如 VarChar 所隐含的意义，Char 值是固定长度。在 FirstName 的定义中，Char（25）意味着无论输入值长度如何，每个 FirstName 值将存储 25 个字符。若不足 25 个字符，必要时用空格填充 FirstNames。

你可能感到不解的是：既然 VarChar 有明显的优势，为什么不在任何时候都使用它。原因是 VarChar 列需要额外的处理。它需要一些额外字节来存储值的长度，DBMS 还必须去做一些麻烦事以在内存和磁盘上组织可变长度的值。DBMS 产品的供应商通常会提供指南来指导在何时使用哪种类型。更多信息请查看你所选用的特定的 DBMS 产品的文档。

电子邮件 Email 列的 UNIQUE 列约束意味着电子邮件列中不能有重复值。这将确保每个人都有不同的电子邮件地址。

在 PROJECT 表中，MaxHours 列使用 Numeric（8，2）数据类型。这意味着，MaxHours 值最多包括 8 个十进制数，并指定小数点右边的两个数字。小数点不存储，也不算作 8 个数字之一。因此，DBMS 会将存储的值 12345 显示为 123.45，如果储值 12345678（使用所允许的所有八位数字），则显示为 123456.78。

DEFAULT 关键字也被使用了。默认为 100 意味着：当创建一个新行时，如果没有提供 MaxHours 值，DBMS 将提供值 100.00。需要注意的是，输入值没有假定最后两个数字是小数点右边的数字。

此外，PROJECT 表中的起始日期 StartDate 列使用 DateTime 数据类型。这意味着 StartDate 将包括日期值（实际上，如果你想要，这个数据类型还可以指定时间）。各种 DBMS 产品以不同的方式处理日期和时间值。再次强调，你应该参阅特定的 DBMS 产品的文档。根据 SQL 标准和图 3—4 所示，每个 SQL 语句需要以分号结束。虽然某些 DBMS 产品不需要分号，但学习使用它也是很好的实践。此外，作为一个风格问题，我们将在单独一行放置一个结束括号和分号。这个风格能够区分表定义以易于阅读。

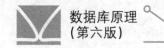

Does Not Work with Microsoft Access ANSI-89 SQL

虽然 Microsoft Access 支持数字数据类型，但是它不支持（m，n）扩展以便指定数字位数和小数点右边的数字位数。

解决方案：可以在表设计视图中创建列后再设置这些值。参考本章的"Access 工作台"一节。

图 3—4 所示的四种数据类型是基本的 SQL 数据类型，但 DBMS 厂商在它们的产品中添加了其他类型。图 3—5（a）、图 3—5（b）和图 3—5（c）分别显示了在 SQL Server 2012、Oracle 数据库 11g 第 2 版和MySQL 5.5 中所允许的一些数据类型。

Data Type	Description
Binary	二进制，长度 0～8 000 字节。
Char	字符，长度 0～8 000 字节。
Datetime	8 字节日期时间。范围从 1753 年 1 月 1 日到 9999 年 12 月 31 日，准确度为 0.03 秒。
Image	变长二进制数据。最大长度 2 147 483 647 字节。
Integer	4 字节整数。范围从－2 147 483 648 到 2 147 483 647。
Money	8 字节货币。范围从－922 337 203 685 477.580 8 到＋922 337 203 685 477.580 7，准确度为货币单位的千分之十。
Numeric	十进制数——可以设置精度和标度。范围从－$10^{38}+1$ 到 $10^{38}-1$。
Smalldatetime	4 字节日期时间。范围从 1990 年 1 月 1 日到 2079 年 6 月 6 日，准确度为 1 分钟。
Smallint	2 字节整数。范围从－32 768 到 32 767。
Smallmoney	4 节货币。范围从－214 748.364 8 到＋214 748.364 7，准确度为货币单位的千分之十。
Text	变长文本，最大长度为 2 147 483 648 字符。
Tinyint	1 字节整数。范围从 0 到 255。
Varchar	变长字符，长度 0～8 000 字节。

(a) SQL Server 2012 常用数据类型

Data Type	Description
BLOB	二进制大对象。长度可达 4G 字节。
CHAR（n）	长度为 n 的定长字符字段。最多 2 000 字符。
DATE	7 字节包含日期和时间的字段。
INTEGER	长度为 38 位的所有整数。
NUMBER（n，d）	长度为 n、小数点后有 d 位的数值字段。
VARCHAR（n） 或 VARCHAR2（n）	至多可用 n 个字符的变长字符字段。n 的最大值为 4 000。

(b) Oracle 数据库 11 g 第 2 版常用数据类型

Numeric Data Type	Description
BIT（M）	M = 1～64
TINYINT	－128～127
TINYINT UNSIGNED	0～255
BOOLEAN	0 = FALSE；1 = TRUE

SMALLINT	−32 768〜32 767
SMALLINT UNSIGNED	0〜65 535
MEDIUMINT	−8 388 608〜8 388 607
MEDIUMINT UNSIGNED	0〜16 777 215
INT or INTEGER	−2 147 483 648〜2 147 483 647
INT UNSIGNED or INTEGER UNSIGNED	0〜4 294 967 295
BIGINT	−9 223 372 036 854 775 808〜9 223 372 036 854 775 807
BIGINT UNSIGNED	0〜1 844 674 073 709 551 615
FLOAT (P)	P ＝精度＝ 0〜24
FLOAT (M，D)	小（单精度）浮点数： M ＝显示宽度 D ＝有效数字位数
DOUBLE (M，B)	常规（双精度）浮点数： M ＝显示宽度， B ＝精度＝（25〜53）
DEC (M［，D］) or DECIMAL (M［，D］) or FIXED (M［，D］)	定点数： M ＝总的数字位数 D ＝小数位数

Date and Time Data Types	Description
DATE	YYYY-MM-DD 1000-01-01〜9999-12-31
DATETIME	YYYY-MM-DD HH：MM：SS 1000-01-01 00：00：00〜9999-12-31 23：59
TIMESTAMP	参见 MySQL 5.5 的技术文档
TIME	HH：MM：SS 00：00：00〜23：59：59
YEAR (M)	M ＝ 2〜4（默认） IF 2 ＝ 1970〜2069（70〜60） IF 4 ＝ 1901〜2155

String Data Types	Description
CHAR（M）	M ＝ 0〜255
VARCHAR（M）	M ＝ 1〜255
BLOB（M）	BLOB 指二进制大对象 最多 65535 个字符
TEXT（M）	最多 65535 个字符
TINYBLOB	参见 MySQL 5.5 的技术文档
MEDIUMBLOB	参见 MySQL 5.5 的技术文档
LONGBLOB	参见 MySQL 5.5 的技术文档
TINYTEXT	参见 MySQL 5.5 的技术文档
MEDIUMTEXT	参见 MySQL 5.5 的技术文档
LONGTEXT	参见 MySQL 5.5 的技术文档
ENUM（'value1'，'value2'，…）	枚举，只能从列表中取出一个值 参见 MySQL 5.5 的技术文档
SET（'value1'，'value2'，…）	集合，可以从列表中取出零个或多个值 参见 MySQL 5.5 的技术文档

（c）MySQL 5.5 常用数据类型

图 3—5 广泛使用的 DBMS 产品中的数据类型

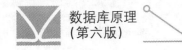
BTW

即使当 Microsoft Access 读入标准 SQL 时，SQL 语句的运行结果在 Access 中也可能有所不同。例如，Microsoft Access 读入含有 Char 和 VarChar 数据类型的 SQL 语句时，这些数据类型都被转换到 Access 数据库中的一个定长的文本数据类型。

定义主键表约束

虽然主键可以按图 3—4 所示的来定义，但我们还是优先使用表约束来定义主键。表约束用 CON-STRAINT 关键字来标记，可以用来实现各种约束条件。考虑在图 3—6 中显示的 CREATE TABLE 语句，现在语句也包括了 ASSIGNMENT 表，并展示了如何通过使用表约束来定义一个表的主键。

```
CREATE   TABLE DEPARTMENT(
     DepartmentName    Char(35)         NOT NULL,
     BudgetCode        Char(30)         NOT NULL,
     OfficeNumber      Char(15)         NOT NULL,
     Phone             Char(12)         NOT NULL,
     CONSTRAINT        DEPARTMENT_PK    PRIMARY KEY(DepartmentName)
     );

CREATE   TABLE EMPLOYEE(
     EmployeeNumber    Int              NOT NULL IDENTITY (1, 1),
     FirstName         Char(25)         NOT NULL,
     LastName          Char(25)         NOT NULL,
     Department        Char(35)         NOT NULL DEFAULT 'Human Resources',
     Phone             Char(12)         NULL,
     Email             VarChar(100)     NOT NULL UNIQUE,
     CONSTRAINT        EMPLOYEE_PK      PRIMARY KEY(EmployeeNumber)
     );

CREATE   TABLE PROJECT (
     ProjectID         Int              NOT NULL IDENTITY (1000, 100),
     ProjectName       Char(50)         NOT NULL,
     Department        Char(35)         NOT NULL,
     MaxHours          Numeric(8,2)     NOT NULL DEFAULT 100,
     StartDate         DateTime         NULL,
     EndDate           DateTime         NULL,
     CONSTRAINT        PROJECT_PK       PRIMARY KEY(ProjectID)
     );

CREATE   TABLE ASSIGNMENT (
     ProjectID         Int              NOT NULL,
     EmployeeNumber    Int              NOT NULL,
     HoursWorked       Numeric(6,2)     NULL,
     CONSTRAINT        ASSIGNMENT_PK    PRIMARY KEY(ProjectID, EmployeeNumber)
     );
```

图 3—6　使用表约束创建主键

首先，像往常一样定义表的列，除了主键列必须设定 NOT NULL 列约束外。在定义表的列之后，用 CON-STRAINT 来确定一个表约束以创建主键。每个表约束有一个名字，然后是约束的定义。注意：DEPARTMENT 表中的 DepartmentName 列标记为 NOT NULL，而在表定义的结尾添加了一个 CONSTRAINT 子句。约束被命名为 DEPARTMENT _ PK，用关键字 PRIMARY KEY（DepartmentName）来定义。约束名由开发者选择，命名的唯一限制就是约束名称在数据库内必须是唯一的。通常情况会使用某个标准命名约定。在本书中我们将主键约束命名为表名，后跟一个下划线和几个字母：

CONSTRAINT TABLENAME＿PK PRIMARY KEY（{PrimaryKeyColumns}）

使用表约束定义主键有三大优点。首先，它可以定义组合主键，因为主键的列约束不能同时用于多个列。之前我们在图 3—4 中排除 ASSIGNMENT 表就是因为图 3—4 使用的技术不能声明 ASSIGNMENT 表的主键，但现在图 3—6 包括了 ASSIGNMENT 表，并图示了使用 SQL 短语 PRIMARY KEY（ProjectID，EmployeeNumber）将组合键声明为主键 ASSIGNMENT＿PK。第二个优点是通过使用表约束，可以在定义时选择主键约束的名称。控制约束的名称能够方便管理数据库，当我们讨论 DROP 语句时你会看到这个优点。

最后，使用表约束定义主键可以让我们很容易地在某些 DBMS 产品中定义代理键。注意，在图 3—6 中 EMPLOYEE 的 EmployeeNumber 的列定义和 PROJECT 的 ProjectID 列定义现在包括了 IDENTITY（M，N）属性。这展示了如何在 Microsoft SQL Server 中定义代理键。关键字 IDENTITY 表明这是一个代理键，在创建第一行时将从 M 值开始，而每创建一个新增行时增量值为 N。因此，EmployeeNumber 将以数字 1 开始，增量为 1（即 1，2，3，4，5，…）。而 ProjectID 将从数字 1000 开始，每次增加 100（即 1000，1100，1200，…）。用来定义代理键序列变化的确切技术在不同的 DBMS 之间变化很大，所以需要参阅产品的具体文档。

Does Not Work with Microsoft Access ANSI-89 SQL

Microsoft Access 中虽然不支持 AutoNumber 数据类型，但它总是从 1 开始并且递增 1。此外，AutoNumber 不能被用作一个 SQL 数据类型。

解决方案：创建表后手动设置 AutoNumber 数据类型。任何其他编号系统必定支持手动或由应用程序编码进行设置。

用表约束定义外键

你可能已经注意到，图 3—4 或图 3—6 的表中都没有包括任何外键列。你还可以使用表约束定义外键和它们相关的参照完整性约束。图 3—7 显示了带有外键约束的表定义的最终 SQL 代码。

EMPLOYEE 有一个名为 EMP＿DEPART＿FK 的表约束，它定义了 EMPLOYEE 的 Department 列和 DEPARTMENT 的 DepartmentName 之间的外键联系。

注意短语 ON UPDATE CASCADE。ON UPDATE 短语显示当 DEPARTMENT 的主键 DepartmentName 的某个值发生了变化时应采取的动作。CASCADE 关键字意味着 EMPLOYEE 中相关的 Department 列也作相同的更改。这意味着，当一个部门名称从 Marketing 改为 Sales and Marketing 时外键值应该相应更新以反映这一变化。因为 DepartmentName 不是代理键，值可以改变，所以 ON UPDATE CASCADE 的设定是合理的。

PROJECT 表与 DEPARTMENT 表一样也有类似的外键关系，也适用同样的逻辑，但例外之处在于这里有两种类型的项目：已完成的和进行中的。在本章结束处的练习中会探讨处理这种情况的业务规则。

ASSIGNMENT 表有两个外键约束：一个关联 EMPLOYEE，另一个关联 PROJECT。第一个定义了约束 ASSIGN＿PROJ＿FK（名字取决于开发者，只要它是唯一的即可），其指定 ASSIGNMENT 的 ProjectID 引用 PROJECT 的 ProjectID 列。这里的 ON UPDATE 语句设置为 NO ACTION。回想一下，ProjectID 是代理键，因此永远也不会改变。在这种情况下，就没有必要建立对引用主键的级联更新。

```
CREATE   TABLE DEPARTMENT(
     DepartmentName   Char(35)        NOT NULL,
     BudgetCode       Char(30)        NOT NULL,
     OfficeNumber     Char(15)        NOT NULL,
     Phone            Char(12)        NOT NULL,
     CONSTRAINT       DEPARTMENT_PK   PRIMARY KEY(DepartmentName)
     );

CREATE   TABLE EMPLOYEE(
     EmployeeNumber   Int             NOT NULL IDENTITY (1, 1),
     FirstName        Char(25)        NOT NULL,
     LastName         Char(25)        NOT NULL,
     Department       Char(35)        NOT NULL DEFAULT 'Human Resources',
     Phone            Char(12)        NULL,
     Email            VarChar(100)    NOT NULL UNIQUE,
     CONSTRAINT       EMPLOYEE_PK     PRIMARY KEY(EmployeeNumber),
     CONSTRAINT       EMP_DEPART_FK   FOREIGN KEY(Department)
                      REFERENCES DEPARTMENT(DepartmentName)
                          ON UPDATE CASCADE
     );

CREATE   TABLE PROJECT (
     ProjectID        Int             NOT NULL IDENTITY (1000, 100),
     ProjectName      Char(50)        NOT NULL,
     Department       Char(35)        NOT NULL,
     MaxHours         Numeric(8,2)    NOT NULL DEFAULT 100,
     StartDate        DateTime        NULL,
     EndDate          DateTime        NULL,
     CONSTRAINT       PROJECT_PK      PRIMARY KEY(ProjectID),
     CONSTRAINT       PROJ_DEPART_FK FOREIGN KEY(Department)
                      REFERENCES DEPARTMENT(DepartmentName)
                          ON UPDATE CASCADE
     );

CREATE   TABLE ASSIGNMENT (
     ProjectID        Int             NOT NULL,
     EmployeeNumber   Int             NOT NULL,
     HoursWorked      Numeric(6,2)    NULL,
     CONSTRAINT       ASSIGNMENT_PK   PRIMARY KEY(ProjectID, EmployeeNumber),
     CONSTRAINT       ASSIGN_PROJ_FK FOREIGN KEY(ProjectID)
                      REFERENCES PROJECT (ProjectID)
                          ON UPDATE NO ACTION
                          ON DELETE CASCADE,
     CONSTRAINT       ASSIGN_EMP_FK   FOREIGN KEY(EmployeeNumber)
                      REFERENCES EMPLOYEE (EmployeeNumber)
                          ON UPDATE NO ACTION
                          ON DELETE NO ACTION
     );
```

图 3—7　使用表约束创建外键

注意，这里还有一个 ON DELETE 语句显示当 PROJECT 中的行删除时应采取怎样的行动。这里的短语 ON DELETE CASCADE 意味着 PROJECT 行被删除时，ASSIGNMENT 中连接到已删除的 PROJECT 行的所有行也应予以删除。因此，当一个 PROJECT 行被删除时与它关联的所有 ASSIGNMENT 行也会被删除。此操作将实现第 99 页上的第二个业务规则。

第二个外键表约束定义了外键约束 ASSIGN_EMP_FK。该约束表明它的 EmployeeNumber 列引用 EMPLOYEE 的 EmployeeNumber 列。同样，引用的主键是一个代理键，因此 ON UPDATE NO AC-TION 适合这个约束。ON DELETE NO ACTION 短语指示 DBMS 在 EMPLOYEE 的某行连接到 AS-

SIGNMENT 的一行，则该 EMPLOYEE 行应该允许设置为不被删除。这个声明实现了第 97 页上的第一个业务规则。

因为 ON DELETE NO ACTION 是默认的，所以可以省略 ON DELETE 表达式，声明也将默认为无动作。然而，指定它能使得文档更好一些。①

除了创建主键和外键约束的用途以外，表约束还可用于其他场合。其中一个最重要的用途是定义数据的值约束，我们将在本章末的练习中探讨定义 CHECK 约束。一如往常，关于这一主题的更多信息请参阅 DBMS 的文档。

Does Not Work with Microsoft Access ANSI-89 SQL

Microsoft Access 不完全支持外键 CONSTRAINT 短语。虽然基本的参照完整性约束可以使用 SQL 创建，但是不支持 ON UPDATE 和 ON DELETE 子句。

解决方案：ON UPDATE 和 ON DELETE 操作可以在创建联系后手动设置。参考本章的"Access 工作台"一节。

向 DBMS 提交 SQL

在你已经开发了一个包括如图 3—4、图 3—6 和图 3—7 所示的 SQL 语句的文本文件后，就可以把它们提交给 DBMS。通过何种方式提交 SQL 随 DBMS 的不同而各有不同。使用 SQL Sever 2012，你可以在 Microsoft SQL Server Management Studio 的一个查询窗口中键入它们，或者通过 Visual Studio. NET 输入它们。在 Oracle 数据库 11g 第 2 版和 MySQL 5.5 中也可以使用类似的技术。至于 Microsoft Access 如何做到这一点则在本章的"Access 工作台"一节中加以讨论。

图 3—8 显示了在输入图 3—7 中的 SQL 语句并在 SQL Server 速成版处理后的 Microsoft SQL Server Management Studio 窗口。SQL 代码本身在右上角的查询窗口中，在右下角的消息窗口中出现"Command (s) completed successfully"消息表明 SQL 语句被正确处理。在左边的对象资源管理器窗口中可以看到代表表的对象图标，每个表的名称有前缀 dbo（表示 SQL Server 中数据库所有者 database owner）。

图 3—9 显示了当图 3—7 中的 SQL 语句（略作修改以符合 Oracle 数据库语法，见附录 B）在 Oracle 数据库 11g 第 2 版中处理后的 Oracle SQL Developer 窗口。SQL 代码出现在右边的一个选项卡式的脚本窗口，在左边的选项卡式连接窗口中可以看到代表新创建表的对象图标。

Does Not Work with Microsoft Access ANSI-89 SQL

与 SQL Server 2012、Oracle 数据库 11g 第 2 版和 My SQL 5.5 不同，Microsoft Access 不支持 SQL 脚本。

解决方案：你仍然可以用 SQL CREATE 命令创建表并用 SQL INSERT 命令插入数据（本章后面将对此加以讨论），但只能逐个命令进行处理。参考本章的"Access 工作台"一节的讨论。

---

① 你可能会好奇，我们为什么在 DEPARTMENT 和 EMPLOYEE 以及 DEPARTMENT 和 PROJECT 之间的外键约束上不使用 ON DE-LETE 短语。毕竟，可能有业务规则定义了当删除了一个部门时应该如何处理员工和项目。但执行这些规则会比简单地使用 ON DELETE 语句更加复杂，而这个话题超出了本书的范围。完整的讨论请参阅：David M. Kroenke and David J. Auer, *Database Processing*：*Fundamentals, Design and Implementation*，12th edition（Upper Saddle River，NJ：Prentice Hall，2012 年），Chapter 6。

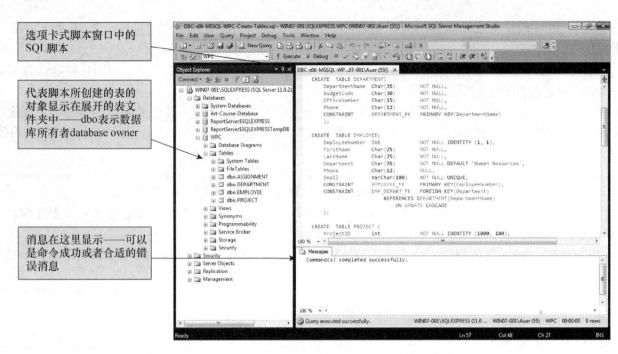

图 3—8　用 SQL Server 2012 处理 CREATE TABLE 语句

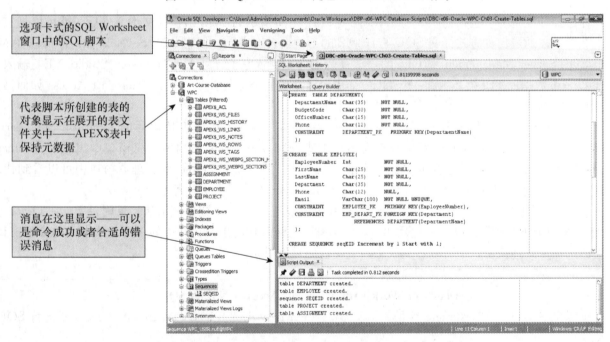

图 3—9　用 Oracle 数据库 11g 第 2 版处理 CREATE TABLE 语句

　　图 3—10 显示了当图 3—7 中的 SQL 语句［略作修改以符合 MySQL 语法的 SQL 语句，见附录 C 并注意使用 AUTO_INCREMENT 关键字，而不是 IDENTITY（1，1）］由 MySQL 处理后的 MySQL Workbench 窗口。SQL 代码出现在右边的一个选项卡式的脚本窗口，在左边的对象资源管理器窗口中可以看到代表新创建的表的对象图标。

　　有些 DBMS 产品可以创建数据库图表来显示数据库中的表和联系。我们已经使用了 Microsoft Access 的"Relationships"窗口（在第 2 章的"Access 工作台"一节）。对于 SQL Server 2012，图 3—11 显示了在 Microsoft SQL Server Management Studio 中的 WPC 数据库结构。

代表脚本所创建的表的
对象显示在展开的WPC
模式中

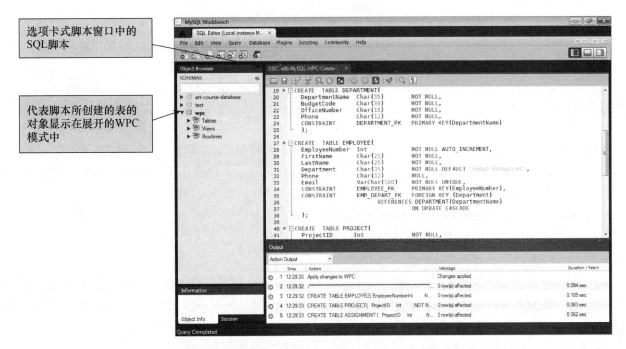

图 3—10　利用 MySQL 5.5 处理的 CREATE TABLE 语句

选项卡式图表窗口中显示
了数据库中的表以及表之
间的链接

代表数据库图表的对象
显示在展开的数据库图
表文件夹中——dbo表示
数据库所有者database
owner

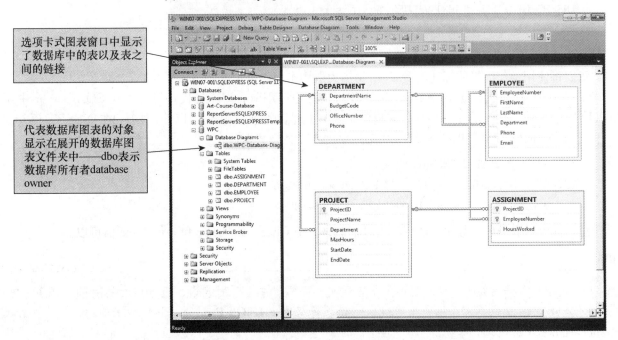

图 3—11　Microsoft SQL Server Management Studio 中的数据库图表

插入关系数据类 SQL

SQL DML 用于查询数据库并修改表中的数据。在本节中我们将讨论如何使用 SQL 将数据插入到数据库中、如何查询数据，以及如何更改和删除数据。

有三种可能的数据修改操作：插入、更新和删除。因为我们需要填充数据库表，在这里我们将讨论如何插入数据。我们将在讨论了其他一些有用的 SQL 语法后再研究更新和删除数据。

插入数据

数据可以用 SQL INSERT 语句添加一个关系。这条语句有两种形式，这取决于数据是否提供了所有列。

我们会把图 3—2（a）中显示的数据放入 DEPARTMENT 表。如果提供了数据的所有列，例如对行政部，那么可以使用下面的 INSERT：

```
INSERT INTO DEPARTMENT VALUES('Administration',
    'BC-100-10', 'BLDG01-300', '360-285-8100');
```

如果 DBMS 提供了代理键，则主键的值不需要指定。

SQL 语句也可以包含 **SQL 注释**（SQL comment），这是一个用来标注 SQL 语句的文本块，但不作为 SQL 语句的一部分被执行。SQL 注释都包含在符号 / * 和 * / 之间，执行 SQL 语句时，会忽略这对符号之间的任何文本。例如，下面是对前面的 SQL INSERT 语句添加了语句标号注释后的 SQL 语句：

```
/ * * * * SQL-INSERT-CH03-01 * * * * /
INSERT INTO DEPARTMENT VALUES('Administration',
    'BC-100-10', 'BLDG01-300', '360-285-8100');
```

因为执行 SQL 语句时，SQL 注释会被忽略，该语句的运行结果与不包括注释的此语句的运行结果相同。在本章我们将使用类似注释所标注的 SQL 语句作为引用本书中特定的 SQL 语句的一个简单方法。

图 3—2（c）所示的数据将被放入 PROJECT 表。因为 ProjectID 是代理键——在 SQL Server 中用 IDENTITY（1000，100）指定，所以如果提供了所有其他列数据，则也可以使用同样的 INSERT 语句。例如，下面的 INSERT 语句可以插入 2012 年第三季度产品计划数据：

```
/ * * * * SQL-INSERT-CH03-02 * * * * /
INSERT INTO PROJECT VALUES('2012 Q3 Product Plan',
    'Marketing', 135.00,'10-MAY-12', '15-JUN-12');
```

注意，如整数和数值等数字不能用单引号括起来，但 Char，VarChar 和 DateTime 值可以。

BTW

SQL 对单引号非常挑剔。它想要的就是普通文本编辑器中用到的普通、无方向性的引号。许多文字处理器所产生的奇怪方向的括号将产生错误。例如，数据值'2012 Q3 Product Plan'是正确的，但 '2012 Q3 Product Plan' 就不正确。你看到区别了吗？

如果缺少某些列的数据，则必须列出被提供数据的列的名称。例如，可以考虑 2012 年第四季度投资组合分析（2012 Q4 Portfolio Analysis）项目，该项目中没有给出 EndDate 的值。正确的 INSERT 语句如下：

```
/ * * * * SQL-INSERT-CH03-03 * * * * /
INSERT INTO PROJECT
    (ProjectName, Department, MaxHours, StartDate)
        VALUES('2012 Q4 Portfolio Analysis', 'Finance',
        140.00, '05-OCT-12');
```

EndDate 将被插入 NULL 值。

第二个版本的 INSERT 命令需我们考虑三个要点。首先，列名顺序必须匹配值的顺序。在前面的例子中，列名的顺序是 Name，Department，MaxHours 和 StartDate，所以值的顺序也必须是 Name，Department，Max-Hours 和 StartDate。

其次，虽然数据的顺序必须匹配列名的顺序，但列名的顺序并不是必须与表中的列顺序相匹配。例如，下面的 INSERT 语句中 Department 被放置在列表开始，也能够正常工作：

```
/ **** SQL-INSERT-CH03-04 **** /
INSERT INTO PROJECT
    (Department, ProjectName, MaxHours, StartDate)
     VALUES('Finance', '2012 Q4 Portfolio Analysis', 140.00, '05-OCT-12');
```

最后，为了让 INSERT 能够工作，必须提供所有的 NOT NULL 列值。你只可以省略 EndDate，因为只有该列定义为 NULL。

图 3—12 显示了用来向由图 3—7 的 SQL CREATE TABLE 语句所创建的 WPC 数据库的表中填充数据所需的 SQL INSERT 语句。需要注意的是：因为存在外键参照完整性约束，填充表中数据的顺序是重要的。

```
/*****    DEPARTMENT DATA    ***********************************************/
INSERT INTO DEPARTMENT VALUES(
    'Administration', 'BC-100-10', 'BLDG01-300', '360-285-8100');
INSERT INTO DEPARTMENT VALUES(
    'Legal', 'BC-200-10', 'BLDG01-200', '360-285-8200');
INSERT INTO DEPARTMENT VALUES(
    'Accounting', 'BC-300-10', 'BLDG01-100', '360-285-8300');
INSERT INTO DEPARTMENT VALUES(
    'Finance', 'BC-400-10', 'BLDG01-140', '360-285-8400');
INSERT INTO DEPARTMENT VALUES(
    'Human Resources', 'BC-500-10', 'BLDG01-180', '360-285-8500');
INSERT INTO DEPARTMENT VALUES(
    'Production', 'BC-600-10', 'BLDG02-100', '360-287-8600');
INSERT INTO DEPARTMENT VALUES(
    'Marketing', 'BC-700-10', 'BLDG02-200', '360-287-8700');
INSERT INTO DEPARTMENT VALUES(
    'InfoSystems', 'BC-800-10', 'BLDG02-270', '360-287-8800');

/*****    EMPLOYEE DATA    ***********************************************/
INSERT INTO EMPLOYEE VALUES(
    'Mary', 'Jacobs', 'Administration', '360-285-8110',
    'Mary.Jacobs@WPC.com');
INSERT INTO EMPLOYEE VALUES(
    'Rosalie', 'Jackson', 'Administration', '360-285-8120',
    'Rosalie.Jackson@WPC.com');
INSERT INTO EMPLOYEE VALUES(
    'Richard', 'Bandalone', 'Legal', '360-285-8210',
    'Richard.Banalone@WPC.com');
INSERT INTO EMPLOYEE VALUES(
    'Tom', 'Caruthers', 'Accounting', '360-285-8310',
    'Tom.Caruthers@WPC.com');
INSERT INTO EMPLOYEE VALUES(
    'Heather', 'Jones', 'Accounting', '360-285-8320',
    'Heather.Jones@WPC.com');
```

图 3—12 SQL INSERT 语句

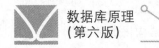

```
INSERT INTO EMPLOYEE VALUES(
      'Mary', 'Abernathy', 'Finance', '360-285-8410',
      'Mary.Abernathy@WPC.com');
INSERT INTO EMPLOYEE VALUES(
      'George', 'Smith', 'Human Resources', '360-285-8510',
      'George.Smith@WPC.com');
INSERT INTO EMPLOYEE VALUES(
      'Tom', 'Jackson', 'Production', '360-287-8610',
      'Tom.Jackson@WPC.com');
INSERT INTO EMPLOYEE VALUES(
      'George', 'Jones', 'Production', '360-287-8620',
      'George.Jones@WPC.com');
INSERT INTO EMPLOYEE VALUES(
      'Ken', 'Numoto', 'Marketing', '360-287-8710',
      'Ken.Mumoto@WPC.com');
INSERT INTO EMPLOYEE(FirstName, LastName, Department, Email)
      VALUES(
      'James', 'Nestor', 'InfoSystems',
      'James.Nestor@WPC.com');
INSERT INTO EMPLOYEE VALUES(
      'Rick', 'Brown', 'InfoSystems', '360-287-8820',
      'Rick.Brown@WPC.com');

/*****    PROJECT DATA    **************************************************/

INSERT INTO PROJECT VALUES(
      '2012 Q3 Product Plan', 'Marketing', 135.00, '10-MAY-12', '15-JUN-12');
INSERT INTO PROJECT VALUES(
      '2012 Q3 Portfolio Analysis', 'Finance', 120.00, '05-JUL-12',
      '25-JUL-12' );
INSERT INTO PROJECT VALUES(
      '2012 Q3 Tax Preparation', 'Accounting', 145.00, '10-AUG-12',
      '15-OCT-12');
INSERT INTO PROJECT VALUES(
      '2012 Q4 Product Plan', 'Marketing', 150.00, '10-AUG-12', '15-SEP-12');
INSERT INTO PROJECT (ProjectName, Department, MaxHours, StartDate)
      VALUES(
      '2012 Q4 Portfolio Analysis', 'Finance', 140.00, '05-OCT-12');

/*****    ASSIGNMENT DATA    ***********************************************/

INSERT INTO ASSIGNMENT VALUES(1000, 1, 30.0);
INSERT INTO ASSIGNMENT VALUES(1000, 8, 75.0);
INSERT INTO ASSIGNMENT VALUES(1000, 10, 55.0);
INSERT INTO ASSIGNMENT VALUES(1100, 4, 40.0);
INSERT INTO ASSIGNMENT VALUES(1100, 6, 45.0);
INSERT INTO ASSIGNMENT VALUES(1200, 1, 25.0);
INSERT INTO ASSIGNMENT VALUES(1200, 2, 20.0);
INSERT INTO ASSIGNMENT VALUES(1200, 4, 45.0);
INSERT INTO ASSIGNMENT VALUES(1200, 5, 40.0);
INSERT INTO ASSIGNMENT VALUES(1300, 1, 35.0);
INSERT INTO ASSIGNMENT VALUES(1300, 8, 80.0);
INSERT INTO ASSIGNMENT VALUES(1300, 10, 50.0);
INSERT INTO ASSIGNMENT VALUES(1400, 4, 15.0);
INSERT INTO ASSIGNMENT VALUES(1400, 5, 10.0);
INSERT INTO ASSIGNMENT VALUES(1400, 6, 27.5);
```

图 3—12　SQL INSERT 语句（续）

BTW

Oracle 数据库和 MySQL 以自己的独特方式来处理代理键。Oracle 数据库使用序列（见附录 B 和 Oracle 数据库 11g 第 2 版的文档）而 MySQL 将 AUTO_INCREMENT 值作为一个缺失值（missing value），所以你必须列出所有其他列名（见附录 C 和 MySQL 5.5 社区服务器版的文档）。

关系查询类 SQL

在定义和填充表后，你可以通过多种方式使用 SQL DML 来查询数据。你也可以使用它来更改和删除数据。但如果从查询语句开始，这些关于更改和删除活动的 SQL 语句会更容易学习。在下面的讨论中，假设图 3—2 中所示的示例数据已输入到数据库中。

■ SQL SELECT/FROM/WHERE 框架

查询数据库中单表的基本 SQL SELECT/FROM/WHERE 框架使用带 FROM 和 WHERE 子句的 SQL SELECT 命令：

```
SELECT      ColumnNames
FROM        TableName
WHERE       SomeConditionExists;
```

通过在下面章节的实例，我们将使用和扩充这个框架。所有例子都使用图 3—2 中的数据来作为查询结果的基础。

■ 从单表中读取指定列

下面的 SQL 语句查询（读取）PROJECT 表的 6 列中的 3 列：

```
/ **** SQL-QUERY-CH03-01 **** /
SELECT      ProjectName, Department, MaxHours
FROM        PROJECT;
```

注意，要查询的列名跟在关键字 SELECT 之后，而使用的表名则在关键字 FROM 后面。这个语句执行结果是：

	ProjectName	Department	MaxHours
1	2012 Q3 Product Plan	Marketing	135.00
2	2012 Q3 Portfolio Analysis	Finance	120.00
3	2012 Q3 Tax Preparation	Accounting	145.00
4	2012 Q4 Product Plan	Marketing	150.00
5	2012 Q4 Portfolio Analysis	Finance	140.00

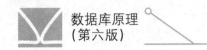

为了展示在实际的数据库管理工具中结果看起来如何，图 3—13 显示了在 Microsoft SQL Server 中执行的查询，图 3—14 显示了在 Oracle 数据库 11g 第 2 版中执行的查询，而图 3—15 则显示了在 MySQL Workbench 中执行的查询。

一个 SQL SELECT 语句的结果是一个关系。对 SELECT 语句而言这始终为真。SELECT 语句从一个或多个关系开始，以某种方式操纵它们，然后产生关系。即使操作的结果是单一的数字，这个数字也被认为是带一行和一列的一个关系。

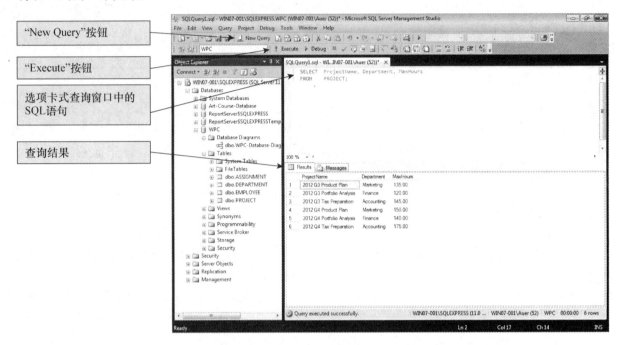

图 3—13　Microsoft SQL Server Management Studio 中的 SQL 查询结果

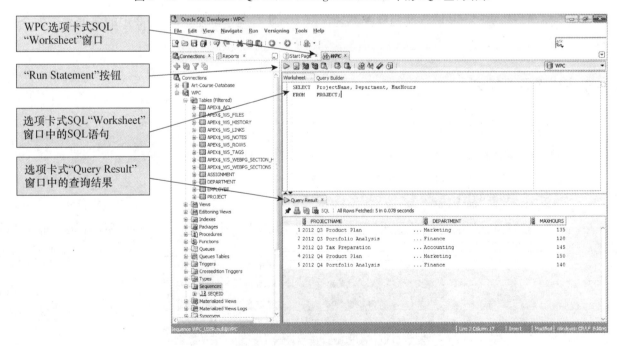

图 3—14　Oracle SQL Developer 中的 SQL 查询结果

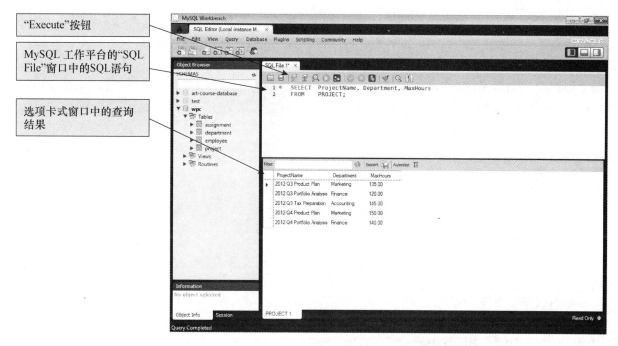

"Execute"按钮

MySQL 工作平台的"SQL File"窗口中的SQL语句

选项卡式窗口中的查询结果

图 3—15   MySQL Workbench 中的 SQL 查询结果

关键字 SELECT 之后列名的顺序确定了结果表中的列顺序。因此，如果你改变了前面的 SELECT 语句中的列顺序：

/ ＊＊＊＊ SQL-QUERY-CH03-02 ＊＊＊＊ /

SELECT   ProjectName, MaxHours, Department
FROM   PROJECT;

其结果将是：

	Project Name	MaxHours	Department
1	2012 Q3 Product Plan	135.00	Marketing
2	2012 Q3 Portfolio Analysis	120.00	Finance
3	2012 Q3 Tax Preparation	145.00	Accounting
4	2012 Q4 Product Plan	150.00	Marketing
5	2012 Q4 Portfolio Analysis	140.00	Finance

下一个 SQL 语句从 PROJECT 表只获得 Department 列：

/ ＊＊＊＊ SQL-QUERY-CH03-03 ＊＊＊＊ /

SELECT   Department
FROM   PROJECT;

其结果是：

	Department
1	Marketing
2	Finance
3	Accounting
4	Marketing
5	Finance

119

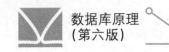

注意，此表中的第一行和第四行是重复的，第二行和最后一行也是如此。根据第 2 章中给出的有关定义，这样的重复行是禁止的。然而，如第 2 章中提到的那样，检查和消除重复的行的过程是耗时的。因此，默认情况下，DBMS 产品不重复检查。因此，在实践中，可能会出现重复的行。

如果你希望 DBMS 来检查并消除重复行，你必须使用 DISTINCT 关键字，如下：

```
/ * * * * SQL-QUERY-CH03-04 * * * * /
SELECT      DISTINCT Department
FROM        PROJECT;
```

这句话的结果是：

	Department
1	Accounting
2	Finance
3	Marketing

重复的行已如愿地被消除了。

从单一的表中读取指定的行

在前面的 SQL 语句中，我们选择了一个表的所有行的某些列。也可以反过来使用 SQL 语句，也就是说，可以用 SQL 来选择某些行的所有列。被选中的行通过使用 SQL WHERE 子句来指定。例如，下面的 SQL 语句将获得 PROJECT 表中由财务部门所发起的项目的所有列：

```
/ * * * * SQL-QUERY-CH03-05 * * * * /
SELECT      ProjectID, ProjectName, Department, MaxHours,
            StartDate, EndDate
FROM        PROJECT
WHERE       Department = 'Finance';
```

其结果是：

	ProjectID	ProjectName	Department	MaxHours	StartDate	EndDate
1	1100	2012 Q3 Portfolio Analysis	Finance	120.00	2012-07-05 ...	2012-07-25 ...
2	1400	2012 Q4 Portfolio Analysis	Finance	140.00	2012-10-05 ...	NULL

BTW

对日期和时间值所作的特定处理在不同的 DBMS 产品之间差别很大。注意，我们为 ProjectID 1100 所输入的 StartDate 为 05-JUL-10 （DD-MMM-YY），但之前的输出显示为 2012－07－05 （YYYY-MM-DD）。事实上，上面的 StartDate 值实际上是 2012－07－05 00：00：00：0000——输入日期和时间的一个组合（因为我们没有输入时间，它全显示为零）。因为我们不关心时间，所以本书的查询结果中也不显示它，但它可能会显示在 DBMS 实际的输出结果中。像以往那样，请参阅 DBMS 产品的文档。

指定一个表中所有列的第二种方法是在 SELECT 关键字后使用 **SQL 星号 （ * ） 通配符** ［SQL asterisk （ * ） wildcard operator］。下面的 SQL 语句等价于上一个：

```
/ **** SQL-QUERY-CH03-06 **** /
SELECT      *
FROM        PROJECT
WHERE       Department = 'Finance';
```

其结果是 PROJECT 表中那些 Department 值为 Finance 的行的所有列所形成的一个表：

	ProjectID	ProjectName	Department	MaxHours	StartDate	EndDate
1	1100	2012 Q3 Portfolio Analysis	Finance	120.00	2012-07-05 ...	2012-07-25 ...
2	1400	2012 Q4 Portfolio Analysis	Finance	140.00	2012-10-05 ...	NULL

如前所述，SELECT/FROM/WHERE 模式是 SQL SELECT 语句的基础。各种不同的条件都可以放置在 WHERE 子句中。例如，下面的查询：

```
/ **** SQL-QUERY-CH03-07 **** /
SELECT      *
FROM        PROJECT
WHERE       MaxHours > 135;
```

能够选择 PROJECT 表中 MaxHours 列值大于 135 的所有列。其结果是：

	ProjectID	ProjectName	Department	MaxHours	StartDate	EndDate
1	1200	2012 Q3 Tax Preparation	Accounting	145.00	2012-08-10 ...	2012-10-15 ...
2	1300	2012 Q4 Product Plan	Marketing	150.00	2012-08-10 ...	2012-09-15 ...
3	1400	2012 Q4 Portfolio Analysis	Finance	140.00	2012-10-05 ...	NULL

注意，当列的数据类型是 Char 或 VarChar 时，比较值必须放在单引号中。如果该列是 Integer 或 Numeric，则不需要引号。因此 WHERE 条件中的 VarChar 列 Department 就需要使用记号 Department = 'Finance '，但对 Numeric 列 MaxHours 只要使用 MaxHours=100 即可。

引号中的值对大小写是敏感的。例如，WHERE Department= 'Finance '和 WHERE Department= 'FINANCE '是不一样的。

你可以在 WHERE 子句中通过使用 AND 关键字设置一个以上的条件。如果使用 AND 关键字，只有符合所有条件的行才会被选中。例如，下面的查询确定了"哪些项目是由财务部门主办且被分配的最大小时数大于 135"：

```
/ **** SQL-QUERY-CH03-08 **** /
SELECT      *
FROM        PROJECT
WHERE       Department = 'Finance' AND MaxHours > 135;
```

这个查询的结果是：

	ProjectID	ProjectName	Department	MaxHours	StartDate	EndDate
1	1400	2012 Q4 Portfolio Analysis	Finance	140.00	2012-10-05 ...	NULL

■ 从单表中读取指定列和指定行

你可以结合刚刚展示的技术仅选择表中的某些列和某些行。例如，只获得会计部门员工的 FirstName，

121

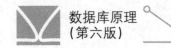

LastName，Phone 和 Department 值，可以使用下面的查询：

```
/ * * * * SQL-QUERY-CH03-09 * * * * /
SELECT      FirstName, LastName, Phone, Department
FROM        EMPLOYEE
WHERE       Department = 'Accounting';
```

其结果是：

	FirstName	LastName	Phone	Department
1	Tom	Caruthers	360-285-8310	Accounting
2	Heather	Jones	360-285-8320	Accounting

你可以在 WHERE 子句中使用 AND 关键字和 OR 关键字来结合两个或多个条件。如前所述，如果只使用 AND 关键字，只有满足所有条件的行才会被选中。但如果使用 OR 关键字，则满足任何条件的行都将被选择。

例如，下面的查询使用 AND 关键字查找在会计部工作并且电话号码为 360-285-8310 的员工：

```
/ * * * * SQL-QUERY-CH03-10 * * * * /
SELECT      FirstName, LastName, Phone, Department
FROM        EMPLOYEE
WHERE       Department = 'Accounting'
AND         Phone = '360-285-8310';
```

其结果是：

	FirstName	LastName	Phone	Department
1	Tom	Caruthers	360-285-8310	Accounting

但下面的查询则使用 OR 关键字查找在会计部工作或者电话号码为 360-285-8410 的员工：

```
/ * * * * SQL-QUERY-CH03-11 * * * * /
SELECT      FirstName, LastName, Phone, Department
FROM        EMPLOYEE
WHERE       Department = 'Accounting'
    OR Phone = '360-285-8410';
```

其结果是：

	FirstName	LastName	Phone	Department
1	Tom	Caruthers	360-285-8310	Accounting
2	Heather	Jones	360-285-8320	Accounting
3	Mary	Abernathy	360-285-8410	Finance

WHERE 子句的另一个用法是使用 IN 关键字指定一个列应该是一组值中的一个值，如：

```
/ * * * * SQL-QUERY-CH03-12 * * * * /
SELECT      FirstName, LastName, Phone, Department
FROM        EMPLOYEE
WHERE       Department IN ('Accounting', 'Finance', 'Marketing');
```

在此查询中，如果某行的 Department 值等于 Accounting、Finance 或 Marketing，则会显示。其结果是：

	FirstName	LastName	Phone	Department
1	Tom	Caruthers	360-285-8310	Accounting
2	Heather	Jones	360-285-8320	Accounting
3	Mary	Abernathy	360-285-8410	Finance
4	Ken	Numoto	360-287-8710	Marketing

要选择那些 Department 没有这些值的行，只需要在如下查询中的 NOT IN 词组中使用 NOT 关键字即可：

```
/ * * * * SQL-QUERY-CH03-13 * * * * /
SELECT      FirstName, LastName, Phone, Department
FROM        EMPLOYEE
WHERE       Department NOT IN ('Accounting', 'Finance',
            'Marketing');
```

这个查询的结果是：

	FirstName	LastName	Phone	Department
1	Mary	Jacobs	360-285-8110	Administration
2	Rosalie	Jackson	360-285-8120	Administration
3	Richard	Bandalone	360-285-8210	Legal
4	George	Smith	360-285-8510	Human Resources
5	Tom	Jackson	360-287-8610	Production
6	George	Jones	360-287-8620	Production
7	James	Nestor	NULL	InfoSystems
8	Rick	Brown	360-287-8820	InfoSystems

注意，IN 和 NOT IN 之间的本质区别。在使用 IN 时，该列可能等于列表中的某个值。当使用 NOT IN 时，列必须不等于列表中的所有值。

■ WHERE 子句中的范围、通配符和空值

WHERE 子句可以指定值的范围和部分值。使用 BETWEEN 关键字设定值的范围。例如下面的语句：

```
/ * * * * SQL-QUERY-CH03-14 * * * * /
SELECT      FirstName, LastName, Phone, Department
FROM        EMPLOYEE
WHERE       EmployeeNumber BETWEEN 2 AND 5;
```

将产生如下的结果：

	FirstName	LastName	Phone	Department
1	Rosalie	Jackson	360-285-8120	Administration
2	Richard	Bandalone	360-285-8210	Legal
3	Tom	Caruthers	360-285-8310	Accounting
4	Heather	Jones	360-285-8320	Accounting

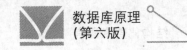

注意，SQL 关键字 BETWEEN 包括端点，因而 SQL-QUERY-CH03-14 相当于下面使用 SQL **比较运算符**（comparison operators）>=（大于或等于）和<=（小于或等于）的查询：

```
/ **** SQL-QUERY-CH03-15 **** /
SELECT      FirstName，LastName，Phone，Department
FROM        EMPLOYEE
WHERE       EmployeeNumber > = 2
        AND EmployeeNumber < = 5;
```

因此，BETWEEN 端点值（这里是 2 和 5）也包括在选定的范围内。SQL 比较运算符集合如图 3—16 所示。创建 WHERE 子句时，你可以使用表中所列的任何操作符。

操作符	含义
=	等式
>	大于
<	小于
>=	大于或等于
<=	小于或等于
<>	不等于

图 3—16 SQL 比较操作符

在 SQL 表达式中 **LIKE 关键字**（LIKE Keyword）用于选择部分值。它使用**通配符**（wildcard characters）表示模式中的未知字符。SQL 通配符包括**下划线**（underscore symbol）（ _ ），它代表单个、未指定的字符；以及**百分号**（percent sign）（%），它用来表示一系列的一个或多个未指定的字符。

在下面的查询中，LIKE 用下划线符号查找适合模式的值：

```
/ **** SQL-QUERY-CH03-16 **** /
SELECT      *
FROM        PROJECT
WHERE       ProjectName LIKE '2012 Q_ Portfolio Analysis';
```

下划线意味着任何字符可以出现在下划线占用的位置。语句的结果是：

	ProjectID	ProjectName	Department	MaxHours	StartDate	EndDate
1	1100	2012 Q3 Portfolio Analysis	Finance	120.00	2012-07-05 ...	2012-07-25 ...
2	1400	2012 Q4 Portfolio Analysis	Finance	140.00	2012-10-05 ...	NULL

一个下划线用于代表一个未知字符。要查找 Phone 值开头为 360-287-的所有员工，你可以使用四个下划线表示任意后四位数字，查询如下：

```
/ **** SQL-QUERY-CH03-17 **** /
SELECT      *
FROM        EMPLOYEE
WHERE       Phone LIKE '360-287-____';
```

其结果是:

	EmployeeNumber	FirstName	LastName	Department	Phone	Email
1	8	Tom	Jackson	Production	360-287-8610	Tom.Jackson@WPC.com
2	9	George	Jones	Production	360-287-8620	George.Jones@WPC.com
3	10	Ken	Numoto	Marketing	360-287-8710	Ken.Mumoto@WPC.com
4	12	Rick	Brown	InfoSystems	360-287-8820	Rick.Brown@WPC.com

百分号可代表一个或多个未知字符,则另一种方式写出 Phone 值开头为 360-287-的员工的查询是:

```
/ * * * * SQL-QUERY-CH03-18 * * * * /
SELECT          *
FROM            EMPLOYEE
WHERE           Phone LIKE '360-287- % ';
```

其结果和前面的例子一样:

	EmployeeNumber	FirstName	LastName	Department	Phone	Email
1	8	Tom	Jackson	Production	360-287-8610	Tom.Jackson@WPC.com
2	9	George	Jones	Production	360-287-8620	George.Jones@WPC.com
3	10	Ken	Numoto	Marketing	360-287-8710	Ken.Mumoto@WPC.com
4	12	Rick	Brown	InfoSystems	360-287-8820	Rick.Brown@WPC.com

如果你想找的员工所工作的部门以 ing 结尾,你可以按照如下查询的方式使用字符%:

```
/ * * * * SQL-QUERY-CH03-19 * * * * /
SELECT          *
FROM            EMPLOYEE
WHERE           Department LIKE ' % ing';
```

其结果是:

	EmployeeNumber	FirstName	LastName	Department	Phone	Email
1	4	Tom	Caruthers	Accounting	360-285-8310	Tom.Caruthers@WPC.com
2	5	Heather	Jones	Accounting	360-285-8320	Heather.Jones@WPC.com
3	10	Ken	Numoto	Marketing	360-287-8710	Ken.Mumoto@WPC.com

BTW

我们在前面 NOT IN 短语中使用的 NOT 关键字,也可以用于 LIKE 而形成 NOT LIKE 短语。例如,如果你想找到所有工作部门不是以 ing 结束的员工,你可以使用下面的 SQL 查询:

```
/ * * * * SQL-QUERY-CH03-20 * * * * /
SELECT          *
FROM            EMPLOYEE
WHERE           Department NOT LIKE ' % ing';
```

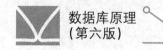

Does Not Work with Microsoft Access ANSI-89 SQL

Microsoft Access ANSI-89 SQL 使用非 SQL-92 标准的通配符。Microsoft Access 用**问号**（question mark）（?）而非下划线来代表单个字符，同时用星号（*）代替百分号来表示多个字符。这些符号的根源来自于 MS-DOS 操作系统，在该系统中它们也是作为通配符使用。

另外，Microsoft Access 有时也可能对文本字段中保存的尾部空白符比较挑剔。如果使用下面的 WHERE 子句就可能遇到问题：

  WHERE ProjectName LIKE '2012 Q? Portfolio Analysis';

但如果使用一个结尾星号（*），子句可能就正常了。这时就允许尾部空白符：

  WHERE ProjectName LIKE '2012 Q? Portfolio Analysis*';

  解决方案：使用合适的 Microsoft Access 通配符并且在需要时使用结尾星号（*）。

另一个有用的 SQL 关键字是 IS NULL 关键字，可以用于 WHERE 子句中搜索空值。下面的 SQL 将找到电话为空值的所有员工的姓名和部门：

```
/ * * * * SQL-QUERY-CH03-21 * * * * /
SELECT        FirstName, LastName, Phone, Department
FROM          EMPLOYEE
WHERE         Phone IS NULL;
```

这个查询的结果是：

	First Name	Last Name	Phone	Department
1	James	Nestor	NULL	Info Systems

BTW

关键字 NOT 也可以和 IS NULL 构成 IS NOT NULL 短语。例如，如果你想找到所有有电话号码的员工，则可以使用下面的 SQL 查询：

```
/ * * * * SQL-QUERY-CH03-22 * * * * /
SELECT        FirstName, LastName, Phone, Department
FROM          EMPLOYEE
WHERE         Phone IS NOT NULL;
```

查询结果排序

一个 SELECT 语句的结果行的顺序是有点随意的。如果这不是所希望的，我们可以使用 **ORDER BY 子句**（ORDER BY clause）对行进行排序。例如，下面的查询将按 Department 排序后显示所有员工的 FirstName，LastName，Phone 以及 Department：

```
/ * * * * SQL-QUERY-CH03-23 * * * * /
SELECT        FirstName, LastName, Phone, Department
```

```
FROM        EMPLOYEE
ORDER  BY  Department;
```

其结果是：

	FirstName	LastName	Phone	Department
1	Tom	Caruthers	360-285-8310	Accounting
2	Heather	Jones	360-285-8320	Accounting
3	Mary	Jacobs	360-285-8110	Administration
4	Rosalie	Jackson	360-285-8120	Administration
5	Mary	Abernathy	360-285-8410	Finance
6	George	Smith	360-285-8510	Human Resources
7	James	Nestor	NULL	InfoSystems
8	Rick	Brown	360-287-8820	InfoSystems
9	Richard	Bandalo...	360-285-8210	Legal
10	Ken	Numoto	360-287-8710	Marketing
11	Tom	Jackson	360-287-8610	Production
12	George	Jones	360-287-8620	Production

默认情况下 SQL 按升序排列。必要时可以用关键字 ASC 和 DESC 指定升序和降序。因此，如果要对员工按 Department 进行降序排列，那么可以使用下面的查询：

```
/ * * * * SQL-QUERY-CH03-24 * * * * /
SELECT      FirstName, LastName, Phone, Department
FROM        EMPLOYEE
ORDER  BY  Department DESC;
```

其结果是：

	FirstName	LastName	Phone	Department
1	Tom	Jackson	360-287-8610	Production
2	George	Jones	360-287-8620	Production
3	Ken	Numoto	360-287-8710	Marketing
4	Richard	Bandalone	360-285-8210	Legal
5	James	Nestor	NULL	InfoSystems
6	Rick	Brown	360-287-8820	InfoSystems
7	George	Smith	360-285-8510	Human Resources
8	Mary	Abernathy	360-285-8410	Finance
9	Mary	Jacobs	360-285-8110	Administration
10	Rosalie	Jackson	360-285-8120	Administration
11	Tom	Caruthers	360-285-8310	Accounting
12	Heather	Jones	360-285-8320	Accounting

也可用两个或两个以上的列来排序。要对雇员的姓名和部门先按 Department 降序排列，然后同一 Department 内按 LastName 升序排列，则可用下面的查询：

```
/ * * * * SQL-QUERY-CH03-25 * * * * /
SELECT      FirstName, LastName, Phone, Department
FROM        EMPLOYEE
ORDER  BY  Department DESC, LastName ASC;
```

其结果是：

	FirstName	LastName	Phone	Department
1	Tom	Jackson	360-287-8610	Production
2	George	Jones	360-287-8620	Production
3	Ken	Numoto	360-287-8710	Marketing
4	Richard	Bandalone	360-285-8210	Legal
5	Rick	Brown	360-287-8820	InfoSystems
6	James	Nestor	NULL	InfoSystems
7	George	Smith	360-285-8510	Human Resources
8	Mary	Abernathy	360-285-8410	Finance
9	Rosalie	Jackson	360-285-8120	Administration
10	Mary	Jacobs	360-285-8110	Administration
11	Tom	Caruthers	360-285-8310	Accounting
12	Heather	Jones	360-285-8320	Accounting

内置的 SQL 函数和计算公式

SQL 允许你根据表中的数据计算值。你可以使用算术公式，也可以使用 **SQL 的内置函数**（SQL built-in functions）。SQL 包括五个内置函数：COUNT，SUM，AVG，MAX 和 MIN。这些函数在 SELECT 语句的结果上进行操作。COUNT 不管列的数据类型，但 SUM，AVG，MAX 和 MIN 只能操纵整型、数值型和其他面向数字的列。

COUNT 和 SUM 看起来类似，但也有所不同。COUNT 对结果中的行进行计数，而 SUM 则对数值型列的值集求和。因此，下面的 SQL 语句计算 PROJECT 表中的行数：

```
/ **** SQL-QUERY-CH03-26 **** /
SELECT      COUNT( * )
FROM        PROJECT;
```

这个语句的结果是如下关系：

	(No column name)
1	5

如前所述，一个 SQL SELECT 语句的结果始终是一个关系。按照这里的情况，如果其结果是单一的数字，则这个数字也被认为是一种关系，它只有单行和单列。

注意：先前显示的结果都没有列名。你可以使用 AS 关键字给结果指定一个列名：

```
/ **** SQL-QUERY-CH03-27 **** /
SELECT      COUNT( * ) AS NumberOfProjects
FROM        PROJECT;
```

现在产生的数字有列标题标识：

	NumberOfProjects
1	5

考虑以下两个 SELECT 语句：

```
/ **** SQL-QUERY-CH03-28 **** /
SELECT      COUNT(Department) AS NumberOfDepartments
FROM        PROJECT;
```

和

```
/ **** SQL-QUERY-CH03-29 **** /
SELECT      COUNT(DISTINCT  Department) AS NumberOfDepartments
FROM        PROJECT;
```

SQL-QUERY-CH03-28 的结果是关系：

	NumberOfDepartments
1	5

而 SQL-SUERY-CH03-29 的结果是：

	NumberOfDepartments
1	3

答案发生差异是因为第二个 SELECT 查询中部门的重复行在计数时被淘汰。

Does Not Work with Microsoft Access ANSI-89 SQL

Microsoft Access 不支持 DISTINCT 关键字作为 COUNT 表达式的一部分，所以使用 COUNT（Department）的 SQL 能够成功，而包含 COUNT（DISTINCT Department）的 SQL 则会失败。

解决方案：使用 SQL 子查询结构（本章后面讨论），子查询使用 DISTINCT 关键字。下面的 SQL 查询是有效的：

```
/ **** SQL-QUERY-CH03-29-Access **** /
SELECT      COUNT( * ) AS NumberOfDepartments
FROM        (SELECT  DISTINCT  Department
             FROM  PROJECT) AS DEPT;
```

注意，这个查询与本书中其他地方使用子查询的查询有点儿不同，因为这个子查询出现在 FROM 子句而不是 WHERE 子句中。一般说来，这个子查询建立了一个只包含不同的 Department 值的临时表 DEPT，而后查询完成对这个表中的值的计数。

下面是内置函数的另一个例子：

```
/ **** SQL-QUERY-CH03-30 **** /
SELECT      MIN(MaxHours) AS MinimumMaxHours,
            MAX(MaxHours) AS MaximumMaxHours,
            SUM(MaxHours) AS TotalMaxHours
FROM        PROJECT
WHERE       ProjectID <= 1200;
```

其结果是：

	MinmumMaxHours	MaximumMaxHours	TotalMaxHours
1	120.00	145.00	400.00

SQL 中也可以完成标准的数学计算。例如，假设所有韦奇伍德太平洋公司（WPC）的员工每小时可获得 18.50 美元。鉴于每个项目都有一个 MaxHours 值，你可能要为每个项目计算的**最大项目成本**（maximum

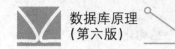

project cost）值等于 MaxHours 乘以小时工资率。通过使用下面的查询，你可以计算出所需的数字：

```
/ * * * * SQL-QUERY-CH03-31 * * * * /
SELECT      ProjectID, ProjectName, MaxHours,
            (18.50 * MaxHours) AS MaxProjectCost
FROM        PROJECT;
```

现在所给查询的结果显示的就是每个项目的最大项目成本：

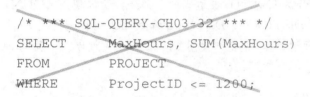

	ProjectID	ProjectName	MaxHours	MaxProjectCost
1	1000	2012 Q3 Product Plan	135.00	2497.5000
2	1100	2012 Q3 Portfolio Analysis	120.00	2220.0000
3	1200	2012 Q3 Tax Preparation	145.00	2682.5000
4	1300	2012 Q4 Product Plan	150.00	2775.0000
5	1400	2012 Q4 Portfolio Analysis	140.00	2590.0000

注意，标准 SQL 不允许列名和内置函数混合在一起，除非使用了某些 SQL GROUP BY 子句，在下一节将加以讨论。因此，下面的查询是不允许的：

```
/* *** SQL-QUERY-CH03-32 *** */
SELECT      MaxHours, SUM(MaxHours)
FROM        PROJECT
WHERE       ProjectID <= 1200;
```

如果你试图运行此查询，则 SQL Server 可能返回以下错误消息：

```
Msg 8120, Level 16, State 1, Line 1
Column 'PROJECT.MaxHours' is invalid in the select list because
it is not contained in either an aggregate function or the GROUP
BY clause.
```

此外，不同 DBMS 产品的内置函数的使用方法也各有不同。一般来说，内置函数不能在 WHERE 子句中使用。因此，如下的 WHERE 子句通常也不允许：

```
/* *** SQL-QUERY-CH03-33 *** */
SELECT      ProjectID, MaxHours
FROM        PROJECT
WHERE       MaxHours < AVG(MaxHours);
```

如果你试图运行此查询，则 SQL Server 返回以下错误消息：

```
Msg 147, Level 15, State 1, Line 3
An aggregate may not appear in the WHERE clause unless it is
in a subquery contained in a HAVING clause or a select list,
and the column being aggregated is an outer reference.
```

内置函数和分组

在 SQL 中，你可以使用 **GROUP BY 子句**（GROUP BY clause）对行按共同值进行分组。因为这可以将内置函数应用到一组的行上而增加它们的效用。例如，下面的语句计算每个部门的雇员数：

```
/ **** SQL-QUERY-CH03-34 **** /
SELECT      Department, Count( * ) AS NumberOfEmployees
FROM        EMPLOYEE
GROUP BY    Department;
```

其结果是：

	Department	NumberOfEmployees
1	Accounting	2
2	Administration	2
3	Finance	1
4	Human Resources	1
5	InfoSystems	2
6	Legal	1
7	Marketing	1
8	Production	2

GROUP BY 关键字告诉 DBMS 对表按指定的列分类，然后将内置函数应用到指定列具有相同值的行组上。当使用 GROUP BY 时，分组列名和内置函数的名称可出现在 SELECT 子句中。这是列名和内置函数可以一起出现的唯一情形。

我们可以使用 **HAVING 子句**（HAVING clause）在分组上施加条件来进一步限制结果。例如，如果你想只考虑有两个以上成员的组，可以指定：

```
/ **** SQL-QUERY-CH03-35 **** /
SELECT      Department, Count( * ) AS NumberOfEmployees
FROM        EMPLOYEE
GROUP BY    Department
HAVING      COUNT( * ) > 1;
```

这个 SQL 语句的结果是：

	Department	NumberOfEmployees
1	Accounting	2
2	Administration	2
3	InfoSystems	2
4	Production	2

使用 GROUP BY 时也可以添加 WHERE 子句。然而，这样做可能导致一个有歧义的结果。如果分组之前应用 WHERE 条件，我们得到一个结果。而如果在分组之后应用 WHERE 条件我们又得到不同的结果。为了解决这种模棱两可的状况，SQL 标准规定当 WHERE 和 GROUP BY 一起出现时，WHERE 条件将首先被应用。例如，考虑下面的查询：

```
/ **** SQL-QUERY-CH03-36 **** /
SELECT      Department, Count( * ) AS NumberOfEmployees
FROM        EMPLOYEE
WHERE       EmployeeNumber <= 6
GROUP BY    Department
```

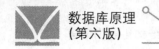
```
HAVING      COUNT( * ) > 1;
```

在这个表达式中，WHERE 子句首先被用来选择 EmployeeNumber 小于或等于 6 的员工。然后形成组。最后，应用 HAVING 条件。其结果是：

	Department	NumberOfEmployees
1	Accounting	2
2	Administration	2

查询含子查询的多个表

到目前为止所考虑的查询都只涉及单表的数据。然而很多时候必须处理一个以上的表以获得所需的信息。例如，假设我们想知道在任何单一的任务中已经工作超过 40 小时的所有员工的名字。雇员的姓名存储在 EMPLOYEE 表中，但他们工作的时间存储在 ASSIGNMENT 表中。

如果我们知道 EmployeeNumber 为 8 和 10 的员工在某个任务上已经工作超过 50 小时（这是真的），我们可以用下面的表达式得到他们的名字：

```
/ * * * * SQL-QUERY-CH03-37 * * * * /
SELECT      FirstName, LastName
FROM        EMPLOYEE
WHERE       EmployeeNumber IN (8,10);
```

其结果是：

	FirstName	LastName
1	Tom	Jackson
2	Ken	Numoto

但是根据问题的描述，我们没有雇员编号。然而我们可以用下面的查询获得相应的员工编号：

```
/ * * * * SQL-QUERY-CH03-38 * * * * /
SELECT      DISTINCT EmployeeNumber
FROM        ASSIGNMENT
WHERE       HoursWorked > 50;
```

其结果是：

	EmployeeNumber
1	8
2	10

现在我们可以使用**子查询**（subquery）将这两个 SQL 语句组合如下：

```
/ * * * * SQL-QUERY-CH03-39 * * * * /
SELECT      FirstName, LastName
FROM        EMPLOYEE
WHERE       EmployeeNumber IN
            (SELECT      DISTINCT  EmployeeNumber
```

```
FROM        ASSIGNMENT
WHERE       HoursWorked > 50);
```

这个表达式的结果是:

	FirstName	LastName
1	Tom	Jackson
2	Ken	Numoto

这些确实是在某个单一任务上工作超过 50 小时的员工的名字。子查询可以扩展至三层、四层或者更多层。举个例子,你想知道在某个会计部资助的任务中已经工作超过 40 小时的所有员工的名字。你可以用下列查询得到会计部支持的项目的项目 ID:

```
/ **** SQL-QUERY-CH03-40 **** /
SELECT     ProjectID
FROM       PROJECT
WHERE      Department = 'Accounting';
```

其结果是:

	ProjectID
1	1200

然后可以获取在这些项目上工作超过 40 小时的员工的员工编号:

```
/ **** SQL-QUERY-CH03-41 **** /
SELECT     DISTINCT EmployeeNumber
FROM       ASSIGNMENT
WHERE      HoursWorked > 40
AND        ProjectID IN
           (SELECT    ProjectID
            FROM      PROJECT
            WHERE     Department = 'Accounting');
```

其结果是:

	EmployeeNumber
1	4

最后,在前面的 SQL 语句的基础上可以得到员工的名字:

```
/ **** SQL-QUERY-CH03-42 **** /
SELECT     FirstName,LastName
FROM       EMPLOYEE
WHERE      EmployeeNumber IN
           (SELECT    DISTINCT   EmployeeNumber
            FROM      ASSIGNMENT
            WHERE     HoursWorked > 40
```

133

```
AND ProjectID   IN
    (SELECT   ProjectID
     FROM      PROJECT
     WHERE     Department = 'Accounting'));
```

最后的结果是：

	FirstName	LastName
1	Tom	Caruthers

多表连接查询

只要结果来自一个单一的表，子查询就能够有效处理多个表。然而，如果我们需要显示来自两个或多个表中的数据，子查询就不能有效工作。此时，我们需要使用**连接操作**（join operation）。

连接的基本思想是通过连接两个或两个以上的其他关系的内容以形成新的关系。请看下面的例子：

```
/ **** SQL-QUERY-CH03-43 **** /
SELECT    FirstName, LastName, HoursWorked
FROM      EMPLOYEE, ASSIGNMENT
WHERE     EMPLOYEE.EmployeeNumber =
          ASSIGNMENT.EmployeeNumber;
```

这条语句的功能是创建一个有 LastName、FirstName 和 HoursWorked 三列的新表。这些列取自 EMPLOYEE 表和 ASSIGNMENT 表，条件是 EMPLOYEE 的 EmployeeNumber（按照 TABLENAME.Column Name 的格式写为 EMPLOYEE.EmployeeNumber）等于 ASSIGNMENT 的 EmployeeNumber（写为 ASSIGNMENT.EmployeeNumber）。每当对列数据来自哪些表有歧义时，可以使用列名前面加上表名的格式 TABLENAME.ColumnName。

BTW

列数据来自哪个表这种歧义经常发生，这种情况主要是因为主键和外键的列名是相同的，但也可能发生在其他情况下。例如，EMPLOYEE 和 DEPARTMENT 都有一个电话列，但电话既不是两个表的主键，也不是外键。如果想同时列出员工自己的电话号码和他们所在部门的电话号码，我们将不得不限定字段名为 EMPLOYEE.Phone 和 DEPARTMENT.Phone。

你可以认为连接操作按如下过程工作。从 EMPLOYEE 的第一行开始。用第一行的 EmployeeNumber 值（在图 3—2（b）中的数据是 1）来检查 ASSIGNMENT 的行。当你找到 ASSIGNMENT 某一行的 EmployeeNumber 也等于 1 时，则将 EMPLOYEE 第一行的 FirstName 和 LastName 与刚刚找到的 ASSIGNMENT 行的 HoursWorked 连接。

在图 3—2（c）所示的数据中，ASSIGNMENT 第一行的 EmployeeNumber 等于 1，所以 EMPLOYEE 第一行的 FirstName 和 LastName 连接 ASSIGNMENT 第一行的 HoursWorked 形成连接的第一行。其结果是：

	FirstName	LastName	HoursWorked
1	Mary	Jacobs	30.00

现在，仍在使用 EmployeeNumber 值 1，找出 ASSIGNMENT 中第二个 EmployeeNumber 等于 1 的行。对于我们的数据，ASSIGNMENT 的第六行也有这样的值。所以，EMPLOYEE 的 FirstName 和 LastName 连接 ASSIGNMENT 第六行的 HoursWorked，形成第二个连接行如下所示：

	FirstName	LastName	HoursWorked
1	Mary	Jacobs	30.00
2	Mary	Jacobs	25.00

继续以这种方式寻找与 EmployeeNumber 值 1 匹配的行。第十行又有一个，加入匹配的数据来获得如下结果：

	FirstName	LastName	HoursWorked
1	Mary	Jacobs	30.00
2	Mary	Jacobs	25.00
3	Mary	Jacobs	35.00

至此，样本数据中没有更多 EmployeeNumber 值为 1 的元组，所以现在移动到 EMPLOYEE 的第二行，取得新的 EmployeeNumber 值（等于 2），并开始寻找 ASSIGNMENT 中匹配的行。在这种情况下，第七行匹配，所以将 FirstName，LastName 和 HoursWorked 添加到结果中：

	FirstName	LastName	HoursWorked
1	Mary	Jacobs	30.00
2	Mary	Jacobs	25.00
3	Mary	Jacobs	35.00
4	Rosalie	Jackson	20.00

继续下去直到 EMPLOYEE 所有行已检查完。最后的结果是：

	FirstName	LastName	HoursWorked
1	Mary	Jacobs	30.00
2	Mary	Jacobs	25.00
3	Mary	Jacobs	35.00
4	Rosalie	Jackson	20.00
5	Tom	Caruthers	45.00
6	Tom	Caruthers	40.00
7	Tom	Caruthers	15.00
8	Heather	Jones	10.00
9	Heather	Jones	40.00
10	Mary	Abernathy	45.00
11	Mary	Abernathy	27.50
12	Tom	Jackson	80.00
13	Tom	Jackson	75.00
14	Ken	Numoto	55.00
15	Ken	Numoto	50.00

实际上，这是理论的结果。但请记住在 SQL 查询中行顺序可以是任意的。为了确保得到上面的结果，查询需要添加一个 ORDER BY 子句：

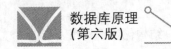
```
/ * * * * SQL-QUERY-CH03-44 * * * * /
SELECT      FirstName, LastName, HoursWorked
FROM        EMPLOYEE, ASSIGNMENT
WHERE       EMPLOYEE.EmployeeNumber =
                ASSIGNMENT.EmployeeNumber
ORDER BY    EMPLOYEE.EmployeeNumber, ProjectID;
```

在 SQL Server 中运行原始查询的实际结果是：

	FirstName	LastName	HoursWorked
1	Mary	Jacobs	30.00
2	Tom	Jackson	75.00
3	Ken	Numoto	55.00
4	Tom	Caruthers	40.00
5	Mary	Abernathy	45.00
6	Mary	Jacobs	25.00
7	Rosalie	Jackson	20.00
8	Tom	Caruthers	45.00
9	Heather	Jones	40.00
10	Mary	Jacobs	35.00
11	Tom	Jackson	80.00
12	Ken	Numoto	50.00
13	Tom	Caruthers	15.00
14	Heather	Jones	10.00
15	Mary	Abernathy	27.50

数据结果是相同的，但行顺序肯定是不同的！

连接也就是另一个表，所以前面所有的 SQL SELECT 命令都可以使用。例如，我们可以用员工对连接行分组并对他们的工作时间求和。以下是该 SQL 查询：

```
/ * * * * SQL-QUERY-CH03-45 * * * * /
SELECT      FirstName, LastName,
            SUM(HoursWorked) AS TotalHoursWorked
FROM        EMPLOYEE AS E, ASSIGNMENT AS A
WHERE       E.EmployeeNumber = A.EmployeeNumber
GROUP BY    LastName, FirstName;
```

注意 AS 关键字的另一个用途，现在可以用它给表名指定别名，这样我们可以在 WHERE 子句中使用这些别名。这使得编写带有长表名的查询更容易。这个查询的结果是：

	FirstName	LastName	TotalHoursWorked
1	Heather	Jones	50.00
2	Ken	Numoto	105.00
3	Mary	Abernathy	72.50
4	Mary	Jacobs	90.00
5	Rosalie	Jackson	20.00
6	Tom	Caruthers	100.00
7	Tom	Jackson	155.00

或者，我们可以像下面那样在创建连接的过程中也应用一个 WHERE 子句：

```
/ **** SQL-QUERY-CH03-46 **** /
SELECT      FirstName，LastName，HoursWorked
FROM        EMPLOYEE AS E，ASSIGNMENT AS A
WHERE       E.EmployeeNumber = A.EmployeeNumber
    AND     HoursWorked > 50；
```

这个连接的结果是：

	First Name	Last Name	Hours Worked
1	Tom	Jackson	75.00
2	Ken	Numoto	55.00
3	Tom	Jackson	80.00

现在，假设我们要把 PROJECT、EMPLOYEE 和 ASSIGNMENT 相连接来显示员工工作的项目的名称。我们可以使用和以前一样的 SQL 语句结构，除了一个新的复杂情况之外，即：现在必须使用 AND 结合的两个 WHERE 短语来连接三个表：

```
/ **** SQL-QUERY-CH03-47 **** /
SELECT      ProjectName，FirstName，LastName，HoursWorked
FROMEM      PLOYEE AS E，PROJECT AS P，ASSIGNMENT AS A
WHERE       E.EmployeeNumber = A.EmployeeNumber
    AND     P.ProjectID = A.ProjectID
ORDER BY    P.ProjectID，A.EmployeeNumber；
```

这个查询的结果如下：

	Project Name	First Name	Last Name	Hours Worked
1	2012 Q3 Product Plan	Mary	Jacobs	30.00
2	2012 Q3 Product Plan	Tom	Jackson	75.00
3	2012 Q3 Product Plan	Ken	Numoto	55.00
4	2012 Q3 Portfolio Analysis	Tom	Caruthers	40.00
5	2012 Q3 Portfolio Analysis	Mary	Abernathy	45.00
6	2012 Q3 Tax Preparation	Mary	Jacobs	25.00
7	2012 Q3 Tax Preparation	Rosalie	Jackson	20.00
8	2012 Q3 Tax Preparation	Tom	Caruthers	45.00
9	2012 Q3 Tax Preparation	Heather	Jones	40.00
10	2012 Q4 Product Plan	Mary	Jacobs	35.00
11	2012 Q4 Product Plan	Tom	Jackson	80.00
12	2012 Q4 Product Plan	Ken	Numoto	50.00
13	2012 Q4 Portfolio Analysis	Tom	Caruthers	15.00
14	2012 Q4 Portfolio Analysis	Heather	Jones	10.00
15	2012 Q4 Portfolio Analysis	Mary	Abernathy	27.50

■ SQL JOIN…ON 语法

连接语法的另一种方法是 **JOIN…ON 语法**（JOIN…ON syntax）。考虑我们的查询例子 SQL-QUERY-CH03-

44，修改它的 ORDER BY 子句成为 SQL-QUERY-CH03-44。这个查询在 WHERE 子句中使用了一个连接：

```
/ * * * * SQL-QUERY-CH03-44 * * * * /
SELECT      FirstName, LastName, HoursWorked
FROM        EMPLOYEE, ASSIGNMENT
WHERE       EMPLOYEE.EmployeeNumber =
                ASSIGNMENT.EmployeeNumber
ORDER BY    EMPLOYEE.EmployeeNumber, ProjectID;
```

使用 JOIN…ON 语法，SQL-QUERY-CH03-44 将修改成如下的 SQL-QUERY-CH03-48：

```
/ * * * * SQL-QUERY-CH03-48 * * * * /
SELECT      FirstName, LastName, HoursWorked
FROM        EMPLOYEE JOIN ASSIGNMENT
            ON  EMPLOYEE.EmployeeNumber =
                ASSIGNMENT.EmployeeNumber
ORDER BY    EMPLOYEE.EmployeeNumber, ProjectID;
```

正如你所期望的，查询的结果是：

	FirstName	LastName	HoursWorked
1	Mary	Jacobs	30.00
2	Mary	Jacobs	25.00
3	Mary	Jacobs	35.00
4	Rosalie	Jackson	20.00
5	Tom	Caruthers	40.00
6	Tom	Caruthers	45.00
7	Tom	Caruthers	15.00
8	Heather	Jones	40.00
9	Heather	Jones	10.00
10	Mary	Abernathy	45.00
11	Mary	Abernathy	27.50
12	Tom	Jackson	75.00
13	Tom	Jackson	80.00
14	Ken	Numoto	55.00
15	Ken	Numoto	50.00

我们也可以使用 JOIN…ON 语法连接两个以上的表。下面用 JOIN…ON 语法改写前面的查询来结合 EMPLOYEE、PROJECT 和 ASSIGNMENT 的数据：

```
/ * * * * SQL-QUERY-CH03-49 * * * * /
SELECT      ProjectName, FirstName, LastName, HoursWorked
FROM        EMPLOYEE AS E JOIN ASSIGNMENT AS A
            ON  E.EmployeeNumber = A.EmployeeNumber
            JOIN PROJECT AS P
                ON  A.ProjectID = P.ProjectID
ORDER BY    P.ProjectID, A.EmployeeNumber;
```

正如你所期望的，结果与我们前面的查询所得到的一样：

	Project Name	First Name	Last Name	Hours Worked
1	2012 Q3 Product Plan	Mary	Jacobs	30.00
2	2012 Q3 Product Plan	Tom	Jackson	75.00
3	2012 Q3 Product Plan	Ken	Numoto	55.00
4	2012 Q3 Portfolio Analysis	Tom	Caruthers	40.00
5	2012 Q3 Portfolio Analysis	Mary	Abernathy	45.00
6	2012 Q3 Tax Preparation	Mary	Jacobs	25.00
7	2012 Q3 Tax Preparation	Rosalie	Jackson	20.00
8	2012 Q3 Tax Preparation	Tom	Caruthers	45.00
9	2012 Q3 Tax Preparation	Heather	Jones	40.00
10	2012 Q4 Product Plan	Mary	Jacobs	35.00
11	2012 Q4 Product Plan	Tom	Jackson	80.00
12	2012 Q4 Product Plan	Ken	Numoto	50.00
13	2012 Q4 Portfolio Analysis	Tom	Caruthers	15.00
14	2012 Q4 Portfolio Analysis	Heather	Jones	10.00
15	2012 Q4 Portfolio Analysis	Mary	Abernathy	27.50

Does Not Work with Microsoft Access ANSI-89 SQL

Microsoft Access 的 JOIN…ON 语法仅支持关键字指定的标准（INNER）JOIN 和非标准的（OUTER）JOIN。

解决方案：Microsoft Access JOIN…ON 查询写成 INNER 关键字的形式则可以运行：

```
/ * * * * SQL-QUERY-CH03-48 – Access * * * * /
SELECT      FirstName, LastName, HoursWorked
FROM        EMPLOYEE INNER JOIN ASSIGNMENT
    ON   EMPLOYEE. EmployeeNumber =
            ASSIGNMENT. EmployeeNumber
ORDER BY    EMPLOYEE. EmployeeNumber, ProjectID;
```

另外，当有三个或更多表连接时，Microsoft Access 要求将连接用括号分组。

```
/ * * * * SQL-QUERY-CH03-40 – Access * * * * /
SELECT      ProjectName, FirstName, LastName, HoursWorked
FROM        (EMPLOYEE AS E INNER JOIN ASSIGNMENT AS A
    ON   E. EmployeeNumber = A. EmployeeNumber)
            INNER JOIN PROJECT AS P
                ON A. ProjectID = P. ProjectID
ORDER BY    P. ProjectID, A. EmployeeNumber;
```

我们添加一个新的项目，由会计部所运作的 2012 年第四季度报税（2012 Q4 Tax Preparation）项目，插入项目表语句如下：

```
/ * * * * SQL-INSERT-CH03-05 * * * * /
```

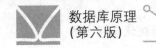
```
INSERT INTO PROJECT
   (ProjectName, Department, MaxHours, StartDate)
      VALUES('2012 Q4 Tax Preparation', 'Accounting',
      175.00, '10-DEC-12');
```

要看更新的项目表，我们使用查询：

```
/ * * * * SQL-QUERY-CH03-50 * * * * /
SELECT * FROM PROJECT;
```

其结果为：

	ProjectID	ProjectName	Department	MaxHours	StartDate	EndDate
1	1000	2012 Q3 Product Plan	Marketing	135.00	2012-05-10 ...	2012-06-15 ...
2	1100	2012 Q3 Portfolio Analysis	Finance	120.00	2012-07-05 ...	2012-07-25 ...
3	1200	2012 Q3 Tax Preparation	Accounting	145.00	2012-08-10 ...	2012-10-15 ...
4	1300	2012 Q4 Product Plan	Marketing	150.00	2012-08-10 ...	2012-09-15 ...
5	1400	2012 Q4 Portfolio Analysis	Finance	140.00	2012-10-05 ...	NULL
6	1500	2012 Q4 Tax Preparation	Accounting	175.00	2012-12-12 ...	NULL

现在，随着新的项目加入到 PROJECT 表中，我们将重新在 EMPLOYEE、PROJECT 和 ASSIGN-MENT 上执行前面的查询：

```
/ * * * * SQL-QUERY-CH03-51 * * * * /
SELECT     ProjectName, FirstName, LastName, HoursWorked
FROM       EMPLOYEE AS E JOIN ASSIGNMENT AS A
           ON  E.EmployeeNumber = A.EmployeeNumber
              JOIN PROJECT AS P
                 ON   A.ProjectID = P.ProjectID
ORDER BY   P.ProjectID, A.EmployeeNumber;
```

其结果为：

	ProjectName	FirstName	LastName	HoursWorked
1	2012 Q3 Product Plan	Mary	Jacobs	30.00
2	2012 Q3 Product Plan	Tom	Jackson	75.00
3	2012 Q3 Product Plan	Ken	Numoto	55.00
4	2012 Q3 Portfolio Analysis	Tom	Caruthers	40.00
5	2012 Q3 Portfolio Analysis	Mary	Abernathy	45.00
6	2012 Q3 Tax Preparation	Mary	Jacobs	25.00
7	2012 Q3 Tax Preparation	Rosalie	Jackson	20.00
8	2012 Q3 Tax Preparation	Tom	Caruthers	45.00
9	2012 Q3 Tax Preparation	Heather	Jones	40.00
10	2012 Q4 Product Plan	Mary	Jacobs	35.00
11	2012 Q4 Product Plan	Tom	Jackson	80.00
12	2012 Q4 Product Plan	Ken	Numoto	50.00
13	2012 Q4 Portfolio Analysis	Tom	Caruthers	15.00
14	2012 Q4 Portfolio Analysis	Heather	Jones	10.00
15	2012 Q4 Portfolio Analysis	Mary	Abernathy	27.50

这里得出的结果是正确的，但发生了令人惊奇的结果。新增加的 2012 年第四季度报税（2012 Q4 Tax Preparation）项目发生了什么事？答案是：因为其 ProjectID 值 1500 在 ASSIGNMENT 表中没有匹配的行，所以它不会出现在连接的结果中。这个结果没有任何问题，而你只需要知道，不匹配的行不会出现在一个连接的结果中。

内部连接和外部连接

前面的章节中讨论的连接操作有时称为**等值连接**（equijoin）或**内部连接**（inner join）。一个内部连接仅显示根据连接条件匹配的行的数据，并且正如你在上一节最后一个查询所看到的，当你执行一个内部连接时可以发生数据丢失（或至少看起来丢失了）。特别是，当某行具有的值不能够匹配 WHERE 子句的条件时，该行不会包括在连接结果中。2012 年第四季度报税项目没有出现在前面的连接结果中就是因为在 ASSIGNMENT 表中没有匹配其 ProjectID 值的行。这种丢失并不总是可取的，所以提出了一种所谓**外部连接**（outer join）的特殊类型的连接以避免这种现象。

外部连接不是 SQL-92 规范的一部分，但现在大多数 DBMS 产品都支持它们。但是，特定外部连接的语法会因不同的 DBMS 产品而变化。

考虑下面的例子并注意 JOIN … ON 语法的用法——**LEFT 关键字**（LEFT keyword）被简单地添加到 SQL 查询中：

```
/ * * * * SQL-QUERY-CH03-52 * * * * /
SELECT      ProjectName, EmployeeNumber, HoursWorked
FROM        PROJECT LEFT JOIN ASSIGNMENT
            ON  PROJECT.ProjectID = ASSIGNMENT.ProjectID;
```

如前面所述的那样，此连接的目的是将 PROJECT 的行附加到 ASSIGNMENT 的行上。例外情况是如果 FROM 子句左边的表（在这种情况下就是 PROJECT）中的任何行没有匹配行，则它都包括在结果中。这个查询的结果是：

	ProjectName	EmployeeNumber	HoursWorked
1	2012 Q3 Product Plan	1	30.00
2	2012 Q3 Product Plan	8	75.00
3	2012 Q3 Product Plan	10	55.00
4	2012 Q3 Portfolio Analysis	4	40.00
5	2012 Q3 Portfolio Analysis	6	45.00
6	2012 Q3 Tax Preparation	1	25.00
7	2012 Q3 Tax Preparation	2	20.00
8	2012 Q3 Tax Preparation	4	45.00
9	2012 Q3 Tax Preparation	5	40.00
10	2012 Q4 Product Plan	1	35.00
11	2012 Q4 Product Plan	8	80.00
12	2012 Q4 Product Plan	10	50.00
13	2012 Q4 Portfolio Analysis	4	15.00
14	2012 Q4 Portfolio Analysis	5	10.00
15	2012 Q4 Portfolio Analysis	6	27.50
16	2012 Q4 Tax Preparation	NULL	NULL

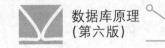
注意，此表最后一排为第四季度报税项目追加了空值。

除了要使用 **RIGHT 关键字**（RIGHT keyword）外，右外连接操作与之类似，而且包含的行也是 FROM 子句右侧的表中的行。例如，你可以用下面的右外连接来连接所有三个表：

```
/ **** SQL-QUERY-CH03-53 **** /
SELECT      ProjectName, HoursWorked, FirstName, LastName
FROM        (PROJECT AS P JOIN ASSIGNMENT AS A
        ON   P.ProjectID = A.ProjectID)
            RIGHT JOIN EMPLOYEE AS E
                ON   A.EmployeeNumber = E.EmployeeNumber
ORDER BY    P.ProjectID, A.EmployeeNumber;
```

现在这个连接的结果中不仅显示了分配到项目的员工，也包括没有分配到任何项目的员工，具体结果是：

	ProjectName	HoursWorked	FirstName	LastName
1	NULL	NULL	Richard	Bandalone
2	NULL	NULL	George	Smith
3	NULL	NULL	George	Jones
4	NULL	NULL	James	Nestor
5	NULL	NULL	Rick	Brown
6	2012 Q3 Product Plan	30.00	Mary	Jacobs
7	2012 Q3 Product Plan	75.00	Tom	Jackson
8	2012 Q3 Product Plan	55.00	Ken	Numoto
9	2012 Q3 Portfolio Analysis	40.00	Tom	Caruthers
10	2012 Q3 Portfolio Analysis	45.00	Mary	Abernathy
11	2012 Q3 Tax Preparation	25.00	Mary	Jacobs
12	2012 Q3 Tax Preparation	20.00	Rosalie	Jackson
13	2012 Q3 Tax Preparation	45.00	Tom	Caruthers
14	2012 Q3 Tax Preparation	40.00	Heather	Jones
15	2012 Q4 Product Plan	35.00	Mary	Jacobs
16	2012 Q4 Product Plan	80.00	Tom	Jackson
17	2012 Q4 Product Plan	50.00	Ken	Numoto
18	2012 Q4 Portfolio Analysis	15.00	Tom	Caruthers
19	2012 Q4 Portfolio Analysis	10.00	Heather	Jones
20	2012 Q4 Portfolio Analysis	27.50	Mary	Abernathy

Does Not Work with Microsoft Access ANSI-89 SQL

甚至使用前面在 Microsoft Access 中已经有效的语法的查询时也会在运行时返回 Join expression not supported 的错误消息。

142

```
/ * * * * SQL-QUERY-CH03-53-Access * * * * /
    SELECT      ProjectName, HoursWorked, FirstName, LastName
    FROM        (PROJECT AS P INNER JOIN ASSIGNMENT AS A
                ON   P.ProjectID = A.ProjectID)
                    RIGHT JOIN EMPLOYEE AS E
                        ON   A.EmployeeNumber =
                            E.EmployeeNumber
    ORDER       BY P.ProjectID, A.EmployeeNumber;
```

解决方案：用 Microsoft Access Query by Example（QBE）建立等价查询或查询集合。本章的"Access 工作台"一节将讨论 Query by Example（QBE）。

关系数据修改和删除类 SQL

SQL DDL 命令包含三种可能的数据更改操作：插入，修改和删除。我们已经讨论过插入数据，现在我们考虑修改和删除数据。

修改数据

通过使用 SQL **UPDATE** ... **SET** 命令（UPDATE ... SET command）可以修改现有的数据值。然而这是一个需要谨慎使用的功能强大的命令。考虑 EMPLOYEE 表，通过下面的命令我们可以看到当前表中的数据：

```
/ * * * * SQL-QUERY-CH03-54 * * * * /
SELECT * FROM EMPLOYEE;
```

EMPLOYEE 表中目前的数据如下所示：

	EmployeeNumber	FirstName	LastName	Department	Phone	Email
1	1	Mary	Jacobs	Administration	360-285-8110	Mary.Jacobs@WPC.com
2	2	Rosalie	Jackson	Administration	360-285-8120	Rosalie.Jackson@WPC.com
3	3	Richard	Bandalone	Legal	360-285-8210	Richard.Bandalone@WPC.com
4	4	Tom	Caruthers	Accounting	360-285-8310	Tom.Caruthers@WPC.com
5	5	Heather	Jones	Accounting	360-285-8320	Heather.Jones@WPC.com
6	6	Mary	Abernathy	Finance	360-285-8410	Mary.Abernathy@WPC.com
7	7	George	Smith	Human Resources	360-285-8510	George.Smith@WPC.com
8	8	Tom	Jackson	Production	360-287-8610	Tom.Jackson@WPC.com
9	9	George	Jones	Production	360-287-8620	George.Jones@WPC.com
10	10	Ken	Numoto	Marketing	360-287-8710	Ken.Mumoto@WPC.com
11	11	James	Nestor	InfoSystems	NULL	James.Nestor@WPC.com
12	12	Rick	Brown	InfoSystems	360-287-8820	Rick.Brown@WPC.com

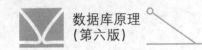
需要注意的是 James Nestor（EmployeeNumber = 11）的电话号码是一个 NULL 值。假设他刚刚得到一个电话，电话号码为 360-287-8810。我们可以使用 UPDATE…SET 语句改变他的数据行的 Phone 列值，SQL 命令如下所示：

```
/ * * * * SQL-UPDATE-CH03-01 * * * * /
UPDAT       EEMPLOYEE
SET         Phone  = '360-287-8810'
WHERE       EmployeeNumber = 11;
```

要看到结果我们重复下面的命令：

```
/ * * * * SQL-QUERY-CH03-55 * * * * /
SELECT * FROM EMPLOYEE;
```

修改后的 EMPLOYEE 表中的数据有了新的电话号码，现在看起来如下：

	EmployeeNumber	First Name	Last Name	Department	Phone	Email
1	1	Mary	Jacobs	Administration	360-285-8110	Mary.Jacobs@WPC.com
2	2	Rosalie	Jackson	Administration	360-285-8120	Rosalie.Jackson@WPC.com
3	3	Richard	Bandalone	Legal	360-285-8210	Richard.Bandalone@WPC.com
4	4	Tom	Caruthers	Accounting	360-285-8310	Tom.Caruthers@WPC.com
5	5	Heather	Jones	Accounting	360-285-8320	Heather.Jones@WPC.com
6	6	Mary	Abernathy	Finance	360-285-8410	Mary.Abernathy@WPC.com
7	7	George	Smith	Human Res…	360-285-8510	George.Smith@WPC.com
8	8	Tom	Jackson	Production	360-287-8610	Tom.Jackson@WPC.com
9	9	George	Jones	Production	360-287-8620	George.Jones@WPC.com
10	10	Ken	Numoto	Marketing	360-287-8710	Ken.Mumoto@WPC.com
11	11	James	Nestor	InfoSystems	360-287-8810	James.Nestor@WPC.com
12	12	Rick	Brown	InfoSystems	360-287-8820	Rick.Brown@WPC.com

现在考虑为什么这个命令是危险的。假设打算进行更新的时候出了一个错误，忘记了包括 WHERE 子句。那么我们将提交给 DBMS 以下的语句：

```
/ * * * * EXAMPLE CODE-DO NOT RUN * * * * /
/ * * * * SQL-UPDATE-CH03-02 * * * * /
UPDATE      EMPLOYEE
SET         Phone = '360-287-8810';
```

执行该命令后，我们会再次使用 SELECT 命令显示 EMPLOYEE 表的内容：

```
/ * * * * SQL-QUERY-CH03-56 * * * * /
SELECT * FROM EMPLOYEE;
```

EMPLOYEE 表会如下所示：

	EmployeeNumber	FirstName	LastName	Department	Phone	Email
1	1	Mary	Jacobs	Administration	360-287-8810	Mary.Jacobs@WPC.com
2	2	Rosalie	Jackson	Administration	360-287-8810	Rosalie.Jackson@WPC.com
3	3	Richard	Bandalone	Legal	360-287-8810	Richard.Bandalone@WPC.com
4	4	Tom	Caruthers	Accounting	360-287-8810	Tom.Caruthers@WPC.com
5	5	Heather	Jones	Accounting	360-287-8810	Heather.Jones@WPC.com
6	6	Mary	Abernathy	Finance	360-287-8810	Mary.Abernathy@WPC.com
7	7	George	Smith	Human Resources	360-287-8810	George.Smith@WPC.com
8	8	Tom	Jackson	Production	360-287-8810	Tom.Jackson@WPC.com
9	9	George	Jones	Production	360-287-8810	George.Jones@WPC.com
10	10	Ken	Numoto	Marketing	360-287-8810	Ken.Mumoto@WPC.com
11	11	James	Nestor	InfoSystems	360-287-8810	James.Nestor@WPC.com
12	12	Rick	Brown	InfoSystems	360-287-8810	Rick.Brown@WPC.com

这显然不是我们要做的事情。如果在从事一份新工作时你这样做了，而且 EMPLOYEE 表中有 10 000 行，你能体会到沉重的感觉，并计划更新你的简历。这里的教训是：UPDATE 功能强大且易于使用，但它也能够导致严重后果。

UPDATE 命令可以如下面的语句所示一次修改多个列的值。例如，如果 Heather Jones（EmployeeNumber = 5）从会计部调到财务部，并分配了新的财务部电话号码，你可以使用下面的命令来更新她的数据：

```
/ **** SQL-UPDATE-CH03-03 **** /
UPDATE      EMPLOYEE
SET         Department = 'Finance', Phone = '360-285-8420'
WHERE       EmployeeNumber = 5;
```

此命令更改所示雇员的 Phone 和 Department 值。你可以使用 SELECT 命令看到结果：

```
/ **** SQL-QUERY-CH03-57 **** /
SELECT      *
FROM        EMPLOYEE
WHERE       EmployeeNumber = 5;
```

结果如下：

	EmployeeNumber	FirstName	LastName	Department	Phone	Email
1	5	Heather	Jones	Finance	360-285-8420	Heather.Jones@WPC.com

BTW

SQL：2003 引入了 **MERGE 语句**（MERGE statement），它从本质上将 INSERT 和 UPDATE 语句结合为一个语句，并能够根据是否满足某些条件来插入或更新数据。因此，MERGE 语句需要一些相当复杂的 SQL 代码，在这一点上你应该集中精力深入理解 INSERT 和 UPDATE 语句。当你准备好了之后，请参考你所选定的 DBMS 产品的文档，看看它如何实现 MERGE 语句。

■ **删除数据**

你可以用 SQL **DELETE 命令**（DELETE command）删除行。然而，对 DELETE 有类似 UPDATE 的警告。DE-

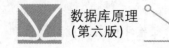
LETE 看似使用简单，并且很容易以意想不到的方式发挥作用。例如，下列语句会删除所有营销部门赞助的项目：

```
/ **** EXAMPLE CODE-DO NOT RUN **** /
/ **** SQL-DELETE-CH03-01 **** /
DELETE
FROM        PROJECT
WHERE       Department = 'Marketing';
```

考虑到我们创建了一个 ON DELETE CASCADE 参照完整性约束，这个 DELETE 操作不仅能删除 PROJECT 行，也会删除任何有关的 ASSIGNMENT 行。对于图 3—2 中的 WPC 数据，这个 DELETE 操作删除 ProjectID 为 1000（2012 年第 3 季度产品计划，2012 Q3 Product Plan）和 1300（2012 年第 3 季度产品计划，2012 Q3 Product Plan）的项目，同时还有 ASSIGNMENT 的六行（ProjectID 为 1000 的第 1、2、3 行以及 ProjectID 为 1300 的第 10、11、12 行）。

像 UPDATE 那样，如果你忘了包括 WHERE 子句，灾难随之降临。例如如下的 SQL 代码：

```
/ **** EXAMPLE CODE-DO NOT RUN **** /
/ **** SQL-DELETE-CH03-02 **** /
DELETE
FROM        PROJECT;
```

删除 PROJECT 中的所有行（因为 ON DELETE CASCADE 约束，以及所有 ASSIGNMENT 行）。这确实将是一场灾难！

观察它与 EMPLOYEE 表的参照完整性约束的不同之处。这里如果我们尝试处理如下命令：

```
/ **** EXAMPLE CODE-DO NOT RUN **** /
/ **** SQL-DELETE-CH03-03 **** /
DELETE
FROM        EMPLOYEE
WHERE       EmployeeNumber = 1;
```

但 DELETE 操作失败了，因为 ASSIGNMENT 依赖于 EMPLOYEE 中的 EmployeeNumber 值为 1 的行。如果你想删除该员工的行，你必须先重新指定或者删除他或她在 ASSIGNMENT 中的行。

表和约束修改及删除类 SQL

我们还有很多未描述的数据定义类 SQL 语句。其中最有用的两个是 SQL DROP TABLE 和 ALTER TABLE 语句。

▢ DROP TABLE 语句

DROP TABLE 语句（DROP TABLE statement）也是最危险的 SQL 语句之一，因为它能够删除表结构连同表的所有数据。例如，你可以使用下面的 SQL 语句删除 ASSIGNMENT 表及其所有数据：

```
/**** EXAMPLE CODE-DO NOT RUN ****/
/**** SQL-DROP-TABLE-CH03-01 ****/
DROP TABLE ASSIGNMENT;
```

如果表中包含或可能包含需要保证参照完整性约束的值，DROP TABLE 语句不起作用。例如，EM-PLOYEE 包含的 EmployeeNumber 值是外键约束 ASSIGN＿EMP＿FK 所需的。在这种情况下，发出语句 DROP TABLE EMPLOYEE 会失败并产生一个错误消息。

ALTER TABLE 语句

要删除 EMPLOYEE 表，就必须先删除 ASSIGNMENT 表，或者至少要删除外键约束 ASSIGN＿EMP＿FK。这是 ALTER TABLE 命令非常有用的一个地方。你可以使用 **ALTER TABLE 语句**（ALTER TABLE statement）来添加、修改和删除列及约束。例如，你可以用下面的语句来删除约束 ASSIGN＿EMP＿FK：

```
/**** EXAMPLE CODE-DO NOT RUN ****/
/**** SQL-ALTER-TABLE-CH03-01 ****/
ALTER TABLE ASSIGNMENT
     DROP CONSTRAINT ASSIGN_EMP_FK;
```

删除 ASSIGNMENT 表或 ASSIGN＿EMP＿FK 的外键约束后，你就可以成功删除 EMPLOYEE 表了。

BTW

现在你就知道为什么说通过约束语法 CONSTRAINT 控制约束名称是一个优势了。因为我们自己创建了外键约束名称 ASSIGN＿EMP＿FK，所以我们知道它是什么。这使得我们在需要它时能够易于使用。

TRUNCATE TABLE 语句

TRUNCATE TABLE 语句（TRUNCATE TABLE statement）是 SQL:2008 标准中增加的，所以它是 SQL 的一个新增项。它可以用于从表中删除所有数据，同时在数据库中保留表的结构本身。SQL TRUNCATE TABLE 语句不使用 SQL WHERE 子句来指定数据删除的条件——表中所有数据总是会被 TRUNCATE 删除。

可以使用下面的语句删除 PROJECT 表中的所有数据：

```
/**** EXAMPLE CODE-DO NOT RUN ****/
/**** SQL-ALTER-TABLE-CH03-01 ****/
TRUNCATE TABLE PROJECT;
```

TRUNCATE TABLE 语句不能用于一个外键约束所引用的表，因为这可能会生成没有相应的主键值的外键值。因此，虽然我们可以对 PROJECT 表使用 TRUNCATE，但我们不能对 DEPARTMENT 表使用该语句。

CHECK 约束

我们也可以使用 ALTER 语句来添加约束。例如，项目表中有列 StartDate 和 EndDate。很显然，起始日期 StartDate 必须早于结束日期 EndDate，但目前这在表的定义中还没有被执行。这是一个使用 CHECK 约

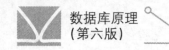

束的绝佳地方。CHECK 约束类似于 SQL 查询的 WHERE 子句。它们可以包含关键字 IN、NOT IN 和 LIKE（小数位数的规定），也可以用小于（<）、大于（>）号进行范围检查。

Does Not Work with Microsoft Access ANSI-89 SQL

如前面所讨论的，Microsoft Access 不支持 CHECK 列约束。

解决方案：等价约束可以在表设计视图中设定。参考本章的"Access 工作台"一节的有关讨论。

修改项目表 PROJECT 增加所需要的约束，我们使用下面的 SQL 语句：

```
/**** SQL-ALTER-TABLE-CH03-21 ****/
ALTER TABLE PROJECT
      ADD CONSTRAINT PROJECT_Check_Dates
            CHECK (StartDate < EndDate);
```

当你需要添加或删除列时 ALTER TABLE 语句也是很方便的。例如，假设你要为 PROJECT 添加一列来跟踪一个项目实际已经做了多少小时。如果该列名为 CurrentTotalHours，你可以用 SQL 语句把它添加到表中（注意，此命令不使用关键字 COLUMN）：

```
/**** EXAMPLE CODE-DO NOT RUN ****/
/**** SQL-ALTER-TABLE-CH03-03 ****/
ALTER TABLE PROJECT
    ADD CurrentTotalHours Numeric(8,2) NULL;
```

注意，因为这里是往现有的包含数据的表中添加一列，所以不能添加 NOT NULL 列约束。因为每行都会有丢失的数据，约束会立即被违反。如果你想一列成为 NOT NULL，你必须把它创建为 NULL，插入所需的数据，然后将列修改为 NOT NULL。例如，向现有的行的 CurrentTotalHours 中放入必要的数据后，你可以把它转换为 NOT NULL（同时提供默认值）。通过使用 SQL 语句完成约束修改：

```
/**** EXAMPLE CODE-DO NOT RUN ****/
/**** SQL-ALTER-TABLE-CH03-04 ****/
ALTER TABLE PROJECT
     ALTER COLUMN CurrentTotalHours Numeric(8,2) NOT NULL
         DEFAULT 1;
```

如果决定不再需要此列，利用 SQL 语句把它从 PROJECT 表中删除：

```
/**** EXAMPLE CODE-DO NOT RUN ****/
/**** SQL-ALTER-TABLE-CH03-04 ****/
ALTER TABLE PROJECT
     DROP COLUMN CurrentTotalHours;
```

我们也可以使用 ALTER TABLE 语句来修改数据类型，但你必须要小心，因为这可能会导致数据丢失。试图修改数据类型前请仔细检查你的 DBMS 文档。[1]

---

[1] See David M. Kroenke and David J. Auer, *Database Processing*: *Fundamentals*, *Design*, *and Implementation*, 12th edition (Upper Saddle River, NJ: Prentice Hall, 2012), Chapter 8.

SQL 视图

SQL 包含一个功能强大的工具——SQL 视图。**SQL 视图**（SQL view）是一个存储在 DBMS 中的 SE-LECT 语句所创建的虚拟表，因此可以组合访问多表数据，甚至是其他视图中的数据。在线附录 E "SQL View" 中展示了如何创建和使用 SQL 视图，并讨论了数据库应用程序中的一些具体的应用程序。这是很重要的材料，你在建立数据库和数据库应用程序时会发现它们非常有用，另外在第 8 章讨论联机分析处理（OLAP）的报表系统时我们将使用 SQL 视图。

Access 工作台

第 3 节　在 Microsoft Access 中使用查询

在前面各节 "Access 工作台"，你学会了创建 Microsoft Access 数据库、表、表单和数据库多个表的报表。在这一节，你将：

- 了解如何使用 Access SQL。
- 了解如何使用 SQL 和示例查询（QBE）来运行单表查询和多表查询。
- 学习如何手动设置 Access SQL 不支持的表属性和联系属性。

在本节中，我们将继续使用你已经用的 WMCRM 数据库。在这里，我们已经创建和填充（即插入数据）了 CUSTOMER 表和 CONTACT 表并设置了它们之间的参照完整性约束。

用 Microsoft Access SQL 进行工作

你要用在 SQL 视图查询窗口中的 Microsoft Access SQL 来工作。以下的简单查询展示了这是如何工作的：

```
/**** SQL-Query-AW03-01 ****/
SELECT * FROM CUSTOMER;
```

在 "Design" 视图中打开 Access 查询窗口：

1. 启动 Microsoft Access 2010。

2. 点击 "File" 命令选项卡以显示文件菜单，然后单击快速访问列表的 "WMCRM.accdb" 数据库文件名，打开数据库。

3. 点击 "Create" 命令选项卡，以显示创建命令组，如图 AW—3—1 所示。

4. 单击 "Query Design" 按钮。

5. "Query1" 选项卡式文档窗口显示在设计视图中，同时出现 "Show Table" 对话框，如图 AW—3—2 所示。

6. 单击 "Show Table" 对话框上的 "Close" 按钮。"Query1" 选项卡式文档窗口现在如图 AW—3—3 所示。此窗口用于创建和编辑设计视图中的 Access 查询，并与 Access QBE 一起使用。这在本节后面讨论。

注意，在图 AW—3—3 中 "Design" 选项卡上的 "Query Type" 组的 "Select" 按钮已选中。因为活动或选定的按钮总是显示为彩色，你可以据此判断。这表明我们正在创建一个相当于 SQL SELECT 语句的查询。

149

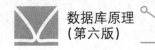

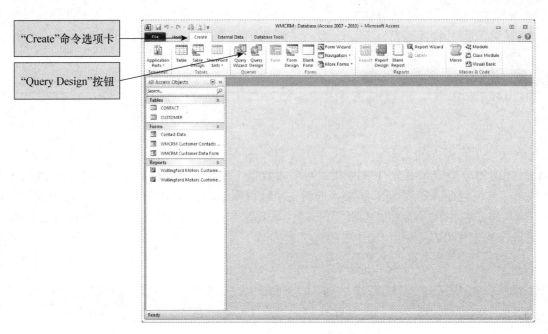

图 AW—3—1 "Create"命令选项卡

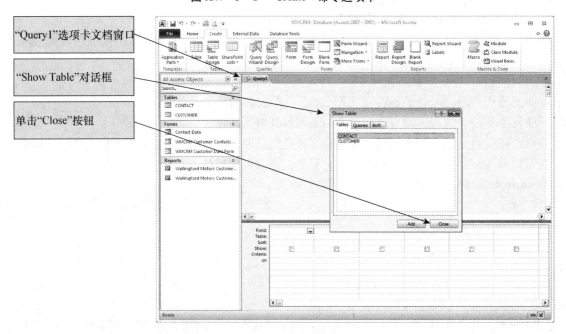

图 AW—3—2 "Show Table"对话框

还要注意,图 AW—3—3 中的视图画廊在"Design"选项卡的"Results"组中可用。我们可以通过这个画廊在"Design"视图和 SQL 视图之间进行切换。不过,我们也可以使用显示过的"SQL View"按钮来切换到正显示的 SQL 视图,因为 Access 认为当使用某个视图时该 SQL 视图是你最有可能在画廊中选择的。Access 总是呈现出"最可能需要"的视图选择作为上面的视图画廊的按钮。

打开一个 Access SQL 查询窗口并运行一个 Access SQL 查询:

1. 单击"Design"选项卡上"Results"组中的"SQL View"按钮。如图 AW—3—4 所示,"Query1"窗口切换到 SQL 视图。注意,在窗口中显示的基本 SQL 命令"SELECT;"。这是一个不完整的命令,运行它不会产生任何结果。

"Query Tools"命令选项卡

"SQL View"按钮

"View"画廊下拉箭头按钮

"Select"查询类型按钮

"Query Type"命令组

"Design"视图的"Query1"
选项卡文档窗口

"Design"选项卡的命令选
项卡

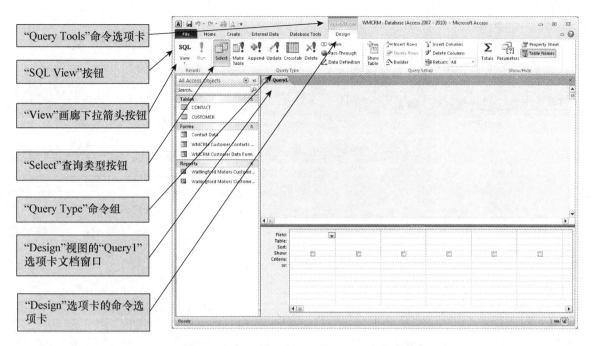

图 AW—3—3　"Query Tools" 上下文命令选项卡

SQL 视图中的"Query1"窗口

语句"SQL SELECT;"——这
是一个不完整的语句，也不
会像写的这样运行——它只
是一个SQL查询的开始

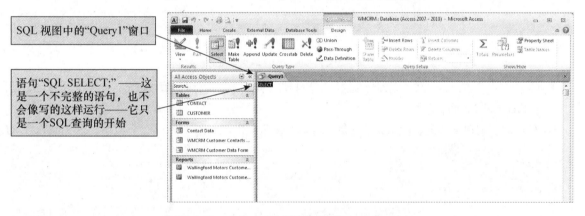

图 AW—3—4　SQL 视图中的 "Query1" 窗口

2. 编辑 SQL SELECT 命令来写入 "SELECT ＊ FROM CUSTOMER;"，如图 AW—3—5 所示。

"Run"按钮

完整的SQL查询语句——
"SELECT * FROM CUST-
OMER;"

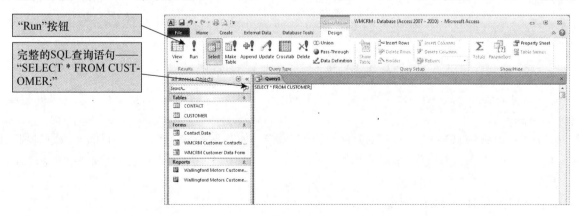

图 AW—3—5　SQL 查询

3. 单击"Design"选项卡上的"Run"按钮。

4. 单击"Shutter Bar Open / Close"按钮来最小化导航窗格，然后单击"Query1"文档选项卡来选中"Query1"窗口。查询结果如图 AW—3—6 所示。

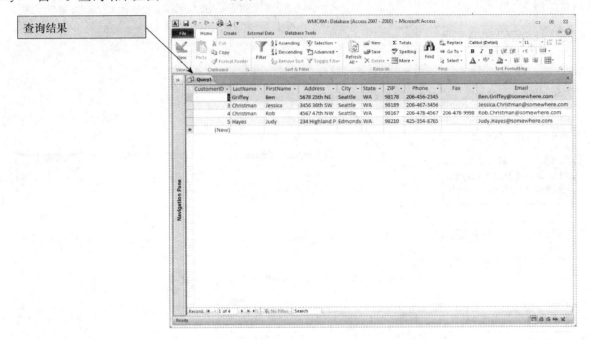

图 AW—3—6　SQL 查询结果

正如我们可以保存 Access 的表、窗体和报表等对象一样，我们可以保存 Access 查询以备将来使用。

保存一个 Access SQL 查询：

1. 要保存查询，请单击快速访问工具栏上的"Save"按钮。出现如图 AW—3—7 所示的"Save As"对话框。

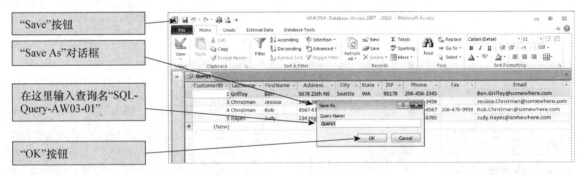

图 AW—3—7　"Save As"对话框

2. 键入查询名称"SQL-Query-AW03-01"，然后单击"OK"按钮。查询被保存，窗口被重新命名，如图 AW—3—8 所示。

3. 单击"Shutter Bar Open / Close"按钮展开导航窗格。如图 AW—3—8 所示，查询文档窗口现在被命名为"SQL-Query-AW03-01"，并且一个新创建的"SQL-Query-AW03-01"查询对象会出现在导航窗格的"Queries"部分。

4. 单击文档窗口的"Close"按钮来关闭"SQL-Query-AW03-01"窗口。

5. 如果 Access 显示一个对话框询问是否要保存设计中对查询"SQL-Query-AW03-01"的更改，单击"Yes"按钮。

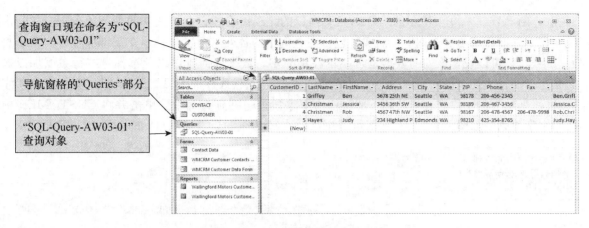

图 AW—3—8　命名并保存的查询

用 Microsoft Access QBE 来工作

默认情况下，Microsoft Access 不使用 SQL 接口。相反，它使用示例查询（QBE）的一个版本，其用 Access GUI 来构建查询。为了明白这是如何工作的，我们将使用 QBE 重建刚刚创建的 SQL 查询。

创建并运行一个 Access QBE 查询：

1. 点击"Create"命令选项卡，显示"Create"命令组。

2. 单击"Query Design"按钮。

3. "Query1"选项卡式文档窗口显示在"Design"视图中，同时有"Show Table"对话框，如图 AW—3—2所示。

4. 点击 CUSTOMER 来选择 CUSTOMER 表。点击"Add"按钮，将 CUSTOMER 表添加到查询。

5. 点击"Close"按钮来关闭"Show Table"对话框。

6. 使用标准的 Windows 拖动和拖放技术来重新排列和调整在"Query1"查询文档窗口中的查询窗口对象。重新排列窗口元素直到它们如图 AW—3—9 所示。

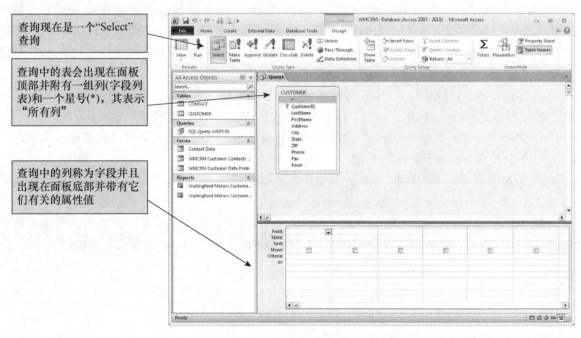

图 AW—3—9　QBE 的"Query1"查询窗口

7. 注意，图 AW—3—9 中所示的 "Query1" 窗口的元素：表和它们相关联的列的集合——称为字段列表，都包含在上部面板所示的查询中，而实际包含在查询中的各列（字段）显示在下部面板中。对于每个被包含的列（字段），可以设置该列的数据是否显示在结果中、数据如何排序以及选择哪些行数据加以显示的标准。需要注意的是表的字段列表中的第一项是星号（＊），它代表标准 SQL 意义，即 "表中所有的列"。

8. 通过将列从表的字段列表拖动到下部窗格中将字段列包括到查询中。单击并将 CUSTOMER 中的 ＊拖动到第一个字段列，如图 AW—3—10 所示。注意，该列被输入成 CUSTOMER 表的 CUSTOMER. ＊。

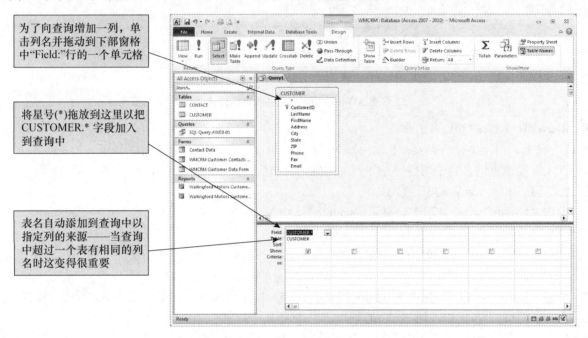

图 AW—3—10　向 QBE 查询增加列

9. 为了保存 QBE 查询，单击快速查询工具栏上的 "Save" 按钮以显示 "Save As" 对话框。键入查询名称 "QBE-Query-AW03-02"，然后点击确定 "OK" 按钮。查询被保存后，查询窗口改名为 "QBE-Query-AW03-02"，一个新创建的 "QBE-Query-AW03-02" 查询对象出现在导航窗格中的一个 "Queries" 部分。

10. 单击 "Query Design" 工具栏上的 "Run" 按钮。

11. 单击 "Shutter Bar Open / Close" 按钮来最小化导航窗格。你可能需要调整列宽以便看到所有的数据。查询结果如图 AW—3—11 所示。注意，这些结果与图 AW—3—6 所示的结果相同。

12. 单击 "Shutter Bar Open / Close" 按钮来展开导航窗格，然后单击查询文档选项卡以选中它。

13. 关闭 "QBE-Query-AW03-02" 查询。

14. 如果 Access 显示一个对话框询问是否要保存 "QBE-Query-AW03-02" 查询的布局更改，请单击 "Yes" 按钮。

此查询差不多是所能得到的尽可能简单的了，但我们可以用 QBE 表达更复杂的查询。例如，考虑一个只使用表中一些列的查询，包括 SQL WHERE 子句并使用 SQL ORDER BY 子句对数据排序：

```
/**** SQL-Version-Of-QBE-Query-AW03-03 ****/
SELECT      CustomerID, LastName, FirstName
FROM        CUSTOMER
WHERE       CustomerID > 2
ORDER BY    LastName DESC;
```

和预期相同，查询结果和图AW—3—6所示的结果相同

结果按照CustomerID排序

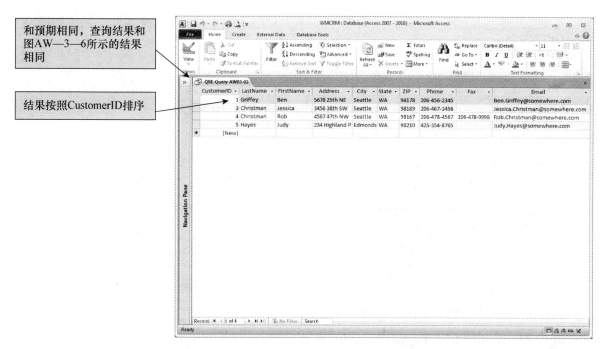

图 AW—3—11 QBE 查询结果

图 AW—3—12 所显示的 QBE 查询名为 QBE-Query-AW03-03。需要注意的是，现在我们已经包含了查询想要使用的特定的列，而不是星号，我们使用了 CustomerID 的排序属性，并且我们已经在 LastName 的 Criteria 属性中设置了行选择条件。

查询中有字段CustomerID, LastName和FirstName

结果将按照LastName降序排列(Z~A)

结果将仅显示CustomerID大于2的客户

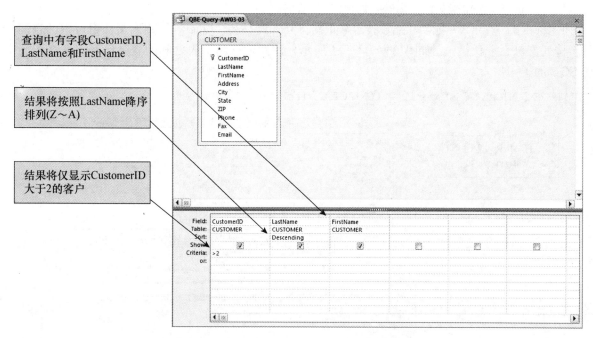

图 AW—3—12 QBE-Query-AW03-03 的查询窗口

创建和运行 QBE-Query-AW03-03：

1. 使用前面关于 QBE-Query-AW03-03 的指令，创建、运行和保存 QBE-Query-AW03-03。该查询的结果显示在图 AW—3—13 中。

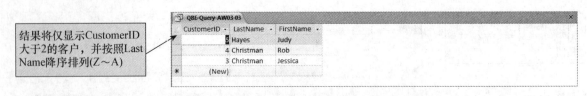

结果将仅显示CustomerID大于2的客户，并按照LastName降序排列(Z～A)

图 AW—3—13　QBE-Query-AW03-03 查询结果

当然，我们可以在 QBE 查询中使用一个以上的表。下面，我们将创建这样一个 SQL 查询的 QBE 版本：

```
/ **** SQL-Version-Of-QBE-Query-AW03-04 **** /
SELECT    LastName, FirstName, ContactDate,
          ContactType, Remarks
FROM      CUSTOMER, CONTACT
WHERE     CUSTOMER.CustomerID = CONTACT.CustomerID
          AND CustomerID = 3
ORDER BY  Date;
```

创建并运行一个涉及多表的 Access QBE 查询：

1. 点击 "Create" 命令选项卡。
2. 单击 "Query Design" 按钮。
3. "Query1" 选项卡式文档窗口显示在 "Design" 视图中，同时出现 "Show Table" 对话框。
4. 点击 CUSTOMER 来选择 CUSTOMER 表。点击 "Add" 按钮，将 CUSTOMER 表添加到查询。
5. 点击 CONTACT 来选择 CONTACT 表。点击 "Add" 按钮，将 CONTACT 表添加到查询。
6. 点击 "Close" 按钮来关闭 "Show Table" 对话框。

7. 使用标准的 Windows 拖动和拖放技术来重新排列和调整在 "Query1" 查询文档窗口中的查询窗口对象。重新排列窗口元素直到它们如图 AW—3—14 所示。注意，这两个表之间的联系已经包括在图表中。这实现了 SQL 的子句：

```
WHERE CUSTOMER.CustomerID = CONTACT.CustomerID
```

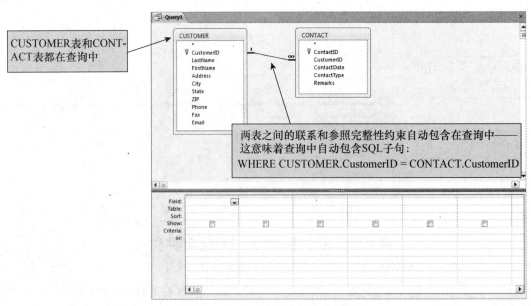

CUSTOMER表和CONTACT表都在查询中

两表之间的联系和参照完整性约束自动包含在查询中——这意味着查询中自动包含SQL子句：
WHERE CUSTOMER.CustomerID = CONTACT.CustomerID

图 AW—3—14　两个表的查询窗口

156

8. 单击并将 CustomerID、LastName 和 FirstName 从 CUSTOMER 中拖动到下方窗格的前三列中。

9. 单击并将 Date、Type 和 Remarks 从 CONTACT 中拖动到下方窗格接下来的三列中。

10. 在 CustomerID 字段列取消 "Show" 复选框，以便来自此列的数据不包括在显示的结果中。

11. 在 CustomerID 字段列，在 "Criteria" 中键入 3。

12. 在 Date 字段列将 "Sort" 设置为 "Ascending"。完整的 QBE 查询如图 AW—3—15 所示。

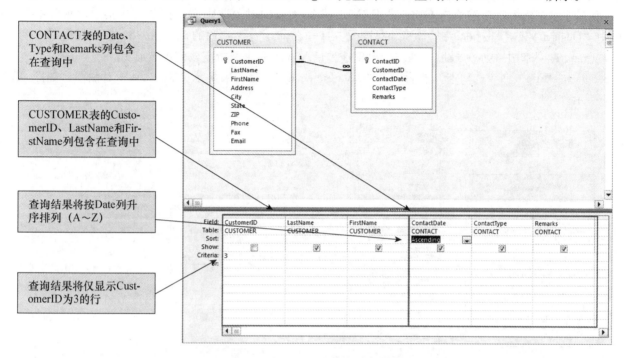

图 AW—3—15　完整的两表查询

13. 点击 "Run" 按钮。查询结果如图 AW—3—16 所示。

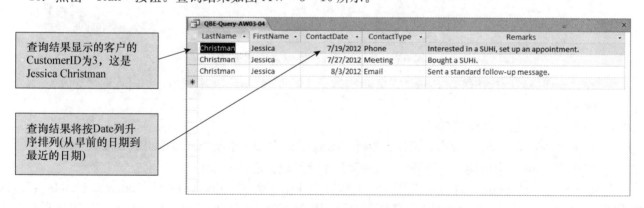

图 AW—3—16　两表查询结果

14. 要保存查询，单击快速访问工具栏上的 "Save" 按钮以显示 "Save As" 对话框。键入查询名称 QBE-Query-AW03-04，然后点击 "OK" 按钮。查询保存后文档窗口被重命名为新的查询名称，同时 QBE-Query-AW03-04 对象添加到导航窗格中的 "Queries" 部分。

15. 关闭 QBE-Query-AW03-04 窗口。

使用 Microsoft Access 参数式查询

Access 允许我们构建的查询能够提示用户输入在查询的 WHERE 子句中要使用的值。这类查询称为**参**

157

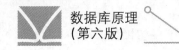

数化查询（parameterized queries），这里所说的参数是指所需值的列。因为我们可以创建基于查询的报表，参数化查询就可以用作参数化报表的基础。

作为一个参数化查询的例子，我们将修改 QBE-Query-AW03-04 使得 CustomerID 作为参数并且在运行查询时系统会提示用户输入 CustomerID 的值。

创建并运行一个 Access 参数化查询：

1. 在导航窗格中，右键单击 QBE-QUERY-AW03-04 查询对象选中它，打开快捷菜单，然后单击快捷菜单中"Design View"按钮，在"Design"视图中打开查询。需要注意的是，CustomerID 列是第一列，现在在"Design"视图中显示为最后一列。会出现这种情况是因为我们指定该列不被显示。

2. 单击"File"命令选项卡，然后单击"Save Object As"命令来显示"Save As"对话框，如图 AW—3—17 所示。

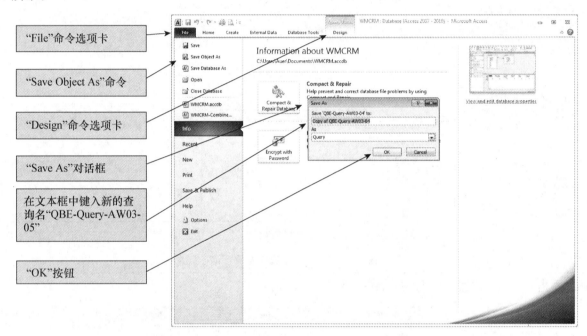

图 AW—3—17　查询"Save As"对话框

3. 在"Save As"对话框的"Save 'QBE-QUERY-AW03-04' to"文本框中，编辑查询名称改为"QBE-Query-AW03-05"。

4. 单击"OK"按钮保存查询。

5. 单击"Design"命令选项卡，返回到设计视图的查询，现更名为"QBE-QUERY-AW03-05"。

6. 单击" Shutter Bar Open / Close"按钮来最小化导航窗格。

7. 在 CustomerID 列的条件行，删除数值（为 3），并输入文字"Enter the CustomerID Number："。这里你需要扩大 CustomerID 列的宽度以便能够同时看到所有文字。"QBE-QUERY-AW03-05"窗口现在如图 AW—3—18 所示。

8. 单击快速访问工具栏上的"Save"按钮来保存对查询设计的更改。

9. 点击"Run"按钮。"Enter Parameter Value"对话框会出现，如图 AW—3—19 所示。注意，我们在条件行输入的文字现在就会出现在提示对话框中。

10. 输入 CustomerID 编号 3 作为参数值，然后单击"OK"按钮。然后出现查询结果。它们与图 AW—3—16 所示的结果是相同的。

11. 点击"Save"按钮来保存查询设计的更改，然后关闭查询。

158

因为不会在查询结果中
显示，CustomerID列被
调换到最后一列

CustomerID列的条件现
在包含了在"Enter Param-
eter Value"对话框中要显
示的提示信息并获得用户
给出的参数值

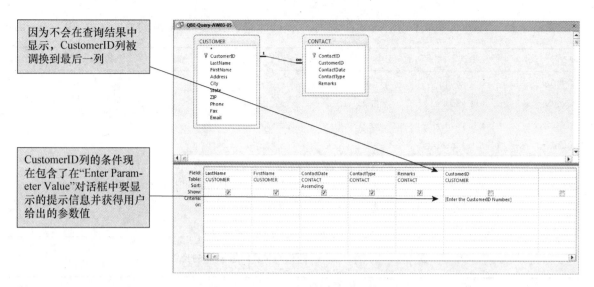

图 AW—3—18　完整的参数化查询

"Enter Parameter Value"
对话框

这就是在CustomerID列
的条件字段中输入的提
示文本

此处输入CustomerID的
数值

单击"OK"按钮运行查询

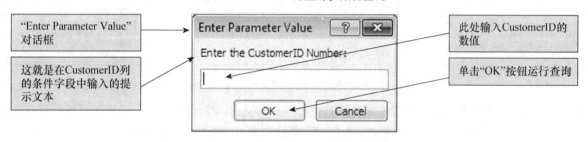

图 AW—3—19　参数值输入对话框

12. 单击"Shutter Bar Open / Close"按钮展开导航窗格。

至此，我们就完成了对 Microsoft Access 2010 中 SQL 和 QBE 查询的讨论。利用我们已经描述的查询工具，你应该能够在 Access 数据库中运行任何需要的查询。

用 Microsoft Access SQL 创建表

在前面的"Access 工作台"一节中，我们使用表设计视图创建并填充了 Microsoft Access 的表。现在我们将仿照在查询窗口的 SQL 视图中所做的那样使用 Microsoft Access SQL 来创建和填充表。到目前为止，Wallingford 汽车公司的 CRM 仅由一个销售人员使用。现在我们将添加一个 SALESPERSON 表。Wallingford 汽车店的每个销售人员使用一个昵称来识别。昵称是人的实际名字或一个真正的昵称，但它必须是唯一的。我们可以假设为每个客户指派了一个销售人员，只有该销售人员会与其联系。

WMCRM 数据库中的所有表现在如下所示：

SALESPERSON（NickName，LastName，FirstName，HireDate，WageRate，CommissionRate，Phone，Email）

CUSTOMER（CustomerID，LastName，FirstName，Address，City，State，ZIP，Phone，Fax，Email，*NickName*）

CONTACT（ContactID，*CustomerID*，Date，Type，Remarks）

参照完整性约束：

CUSTOMER 的 NickName 必须存在于 SALESPERSON 的 NickName 中

CONTACT 的 CustomerID 必须存在于 CUSTOMER 的 CustomerID 中

159

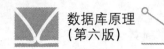
SALESPERSON 的数据库列特性如图 AW—3—20 所示，而 SALESPERSON 的数据如图 AW—3—21 所示。

列名	类型	键	必填	备注
NickName	Text（35）	主键	是	
LastName	Text（25）	否	是	
FirstName	Text（25）	否	是	
HireDate	Date/Time	否	是	Medium Date
WageRate	Number	否	是	Double，Currency，Default value ＝ $ 12.50
CommissionRate	Number	否	是	Double，Percent，3 Decimal places
Phone	Text（12）	否	是	
Email	Text（100）	否	是	Unique

图 AW—3—20　SALESPERSON 表的数据库列特性

Nick Name	Last Name	First Name	Hire Date	Wage Rate	Commission Rate	Phone	Email
Tina	Smith	Tina	10-AUG-04	$ 15.50	12.500%	206-287-7010	Tina@WM.com
Big Bill	Jones	William	25-SEP-04	$ 15.50	12.500%	206-287-7020	BigBill@WM.com
Billy	Jones	Bill	17-MAY-05	$ 12.50	12.000%	206-287-7030	Billy@WM.com

图 AW—3—21　SALESPERSON 表的数据

注意，增加 SALESPERSON 表需要更改现有的 CUSTOMER 表。我们需要一个新的外键列 NickName（CUSTOMER 和 SALESPERSON 之间的一个参照完整性约束），以及新的数据列。

首先，我们将构建 SALESPERSON 表。正确的 SQL 语句是：

```
/ * * * * SQL-CREATE-TABLE-AW03-01 * * * * /
CREATE TABLE SALESPERSON(
    NickName          Char(35)          NOT NULL,
    LastName          Char(25)          NOT NULL,
    FirstName         Char(25)          NOT NULL,
    HireDate          DateTime          NOT NULL,
    WageRate          Numeric(5,2)      NOT NULL
                                        DEFAULT(12.50),
    CommissionRate    Numeric(5,3)      NOT NULL,
    Phone             Char(12)          NOT NULL,
    Email             Varchar(100)      NOT NULL UNIQUE,
    CONSTRAINT        SALESPERSON_PK    PRIMARY KEY
                                        (NickName)
    );
```

这个语句使用标准的 SQL 数据类型（特别是 SQL Server 数据类型），但这不是一个问题，因为 Access 能正确读取它们，并把它们翻译成 Access 数据类型。然而，从本章对 SQL 的讨论中我们知道，Access 不支持使用（m，n）语法形式的数字数据类型（其中 m ＝总位数，n ＝小数点右边的数字位数）。此外，Access 不支持 UNIQUE 约束或 DEFAULT 关键字。因此，我们要创建一个没有这些成分的 SQL 语句，然后在创建表后使用 Access GUI 来对表进行微调。

能在 Access 运行的 SQL 是：

```
/**** SQL-CREATE-TABLE-AW03-02 ****/
CREATE TABLE SALESPERSON(
        NickName          Char(35)              NOT NULL,
        LastName          Char(25)              NOT NULL,
        FirstName         Char(25)              NOT NULL,
        HireDate          DateTime              NOT NULL,
        WageRate          Numeric               NOT NULL,
        CommissionRate    Numeric               NOT NULL,
        Phone             Char(12)              NOT NULL,
        Email             Varchar(100)          NOT NULL,
        CONSTRAINT        SALESPERSON_PK        PRIMARY KEY
                                                     (NickName)
);
```

使用 Access SQL 创建 SALESPERSON 表：

1. 如在本章前面"Access 工作台"所述，在 SQL 视图中打开一个 Access 查询窗口。
2. 在查询窗口中键入 SQL 代码。查询窗口现在如图 AW—3—22 所示。

完整的SQL CREATE TABLE SALESPERSON 语句

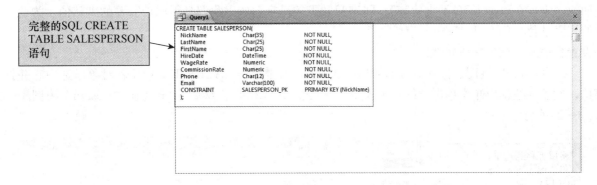

图 AW—3—22 SQL CREATE TABLE SALESPERSON 语句

3. 点击"Run"按钮。语句被运行，但因为这个语句创建一个表，所以立即可见的结果只是 SALESPERSON 表对象被添加到导航窗格中的"Tables"部分。

4. 将查询保存为"Create-Table-SALESPERSON"。

5. 关闭查询窗口。现在"Create-Table-SALESPERSON"查询对象出现在导航窗格中的"Queries"部分，如图 AW—3—23 所示。

修改 Access 表来添加 Access SQL 不支持的数据要求

要修改 SALESPERSON 表来添加 Access SQL 不支持的表要求，我们使用 Access 表设计视图。[1]

首先，记住 Access SQL 不支持 numeric（m，n）的语法，其中 m 是存储的数字位数而 n 是右边小数位的位数。在一定程度上，我们可以通过设置字段属性"Field Size"来设置数字位数（这令 Access 尽可能接

---

[1] 尽管本书中我们并不全面讨论这个问题，但重要的是要提到 Access SQL 在处理 SQL NOT NULL 列约束时所造成的混淆。当你定义列中使用 NOT NULL 时，Access 能够正确设置该列的必填字段属性是"Yes"。（我们在第 1 章的"Access 工作台"创建 CUSTOMER 表时讨论了如何手动做到这一点。）但是，Access 添加第二个字段属性："Allow Zero Length"字段属性，它被设置为"Yes"。然而要真正符合 NOT NULL，这个值应该被设置为"No"。对于"Allow Zero Length"字段属性的一个完整讨论，请参阅 Microsoft Access 帮助系统。

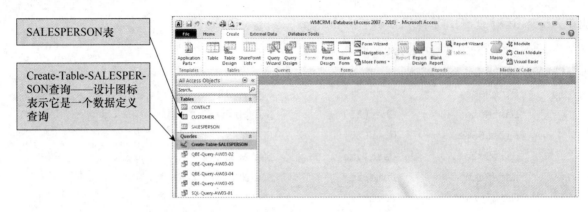

SALESPERSON表

Create-Table-SALESPER-SON查询——设计图标表示它是一个数据定义查询

图 AW—3—23　导航窗格中的 SALESPERSON 对象

近支持设置 numeric 类型字段的 m 值）。默认情况下，Access 会将数值字段的"Field Size"属性设置为"double"。我们可以改变这一状况，但是对这个字段属性的全面讨论超出了本书的范围——参见 Microsoft Access 帮助系统中对字段"Field Size"属性的讨论以获取更多信息。

但是，我们可以很容易地使用**小数位数字段属性**（Decimal Places field property）来设置小数点后的位数（n 值）。此外，Microsoft Access 的优势是有一个**格式字段属性**（Format field property），使我们能够对数值型值套用格式以便数据表现为货币、百分数或者其他格式。我们将保留默认的"Field Size"设置并改变"Format"和"Decimal Places"的属性值。

回想一下，Access SQL 不支持 SQL DEFAULT 关键字，所以我们必须添加需要的默认值。为此，我们可以使用**默认值**（Default Value）字段属性。

设置数值和默认值字段属性：

1. 在"Design"视图中打开 SALESPERSON 表，右键单击 SALESPERSON 表对象以选中它并打开快捷菜单，然后在快捷菜单中单击"Design View"按钮。SALESPERSON 表出现在"Design"视图中，如图 AW—3—24 所示。

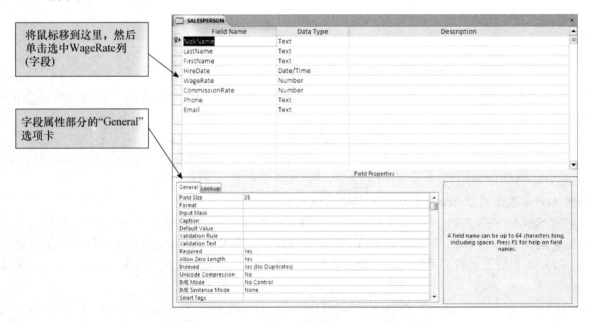

将鼠标移到这里，然后单击选中WageRate列（字段）

字段属性部分的"General"选项卡

图 AW—3—24　在"Design"视图中的 SALESPERSON

2. 选择 WageRate 字段。WageRate 的字段属性显示在"General"选项卡，如图 AW—3—25 所示。

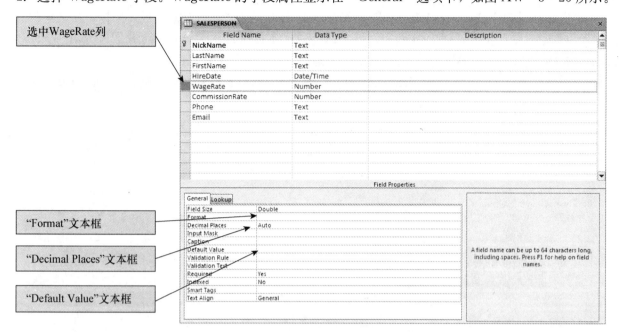

图 AW—3—25　WageRate 字段属性

3. 单击"Format"文本字段。文本字段的右端会出现一个下拉列表箭头，如图 AW—3—26 所示。单击下拉列表箭头以显示列表，并选择"Currency"。

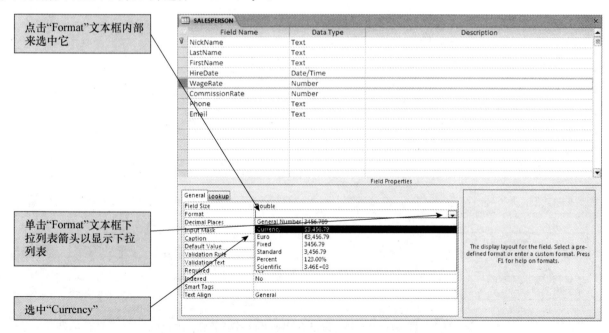

图 AW—3—26　"Format"文本框

■ **注：** 当这样做时，一个小图标会出现在文本字段的左侧。这是属性更新选项（"Property Update Options"）的下拉列表。忽略它即可，当你采取下一步动作时它就会消失。然后，它会因为该动作而再次出现！在一般情况下，忽略它，继续工作。

4. 单击"Decimal Places"文本字段（目前设置为"Auto"（自动））。另外，会再次出现一个下拉列表

163

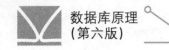

箭头。使用下拉列表选择 2 位小数。

　5. 单击"Default Value"文本框。如图 AW—3—27 所示，出现了表达式生成器图标。在这里我们不需要使用表达式生成器（"Expression Builder"）。在默认值文本框中键入"12.50"。我们完成对 WageRate 字段属性的设置。最终值如图 AW—3—28 所示。

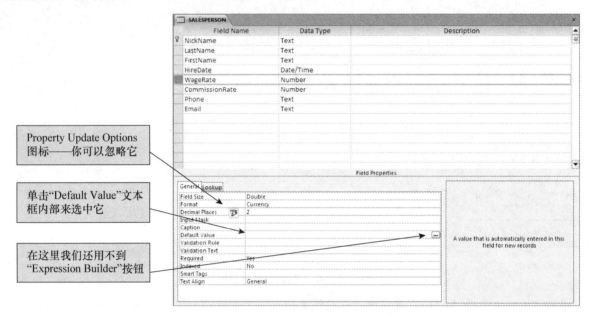

图 AW—3—27　"Default Value"文本框

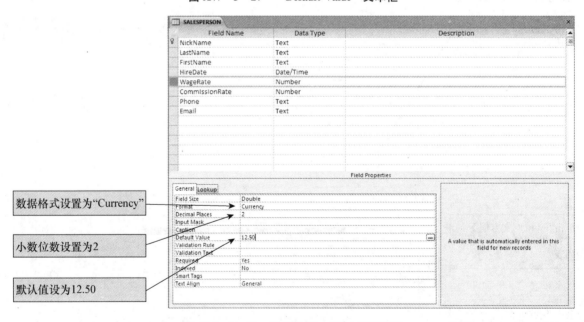

图 AW—3—28　完整的 WageRate 字段属性

　■ 注：Access 实际将这个数字存储为 12.5，一个不带尾数 0 的相同的值。当你再次看到这些属性值并注意到缺少的零时不要惊慌！

　6. 点击"Save"按钮，保存对 SALESPERSON 表完成的改变。

　7. 选择 CommissionRate 字段。在"General"选项卡中显示了 CommissionRate 字段属性。

　8. 将"Format"值设定为"Percentage"。

9. 将 "Decimal Places" 设置为 3。

10. 选中 "HireDate" 字段。在 "General" 选项卡中显示 HireDate 的字段属性。

11. 设置 "Format" 值为 "Medium Date"。

12. 点击 "Save" 按钮，保存对 SALESPERSON 表完成的改变。

13. 在 "Design" 视图中将 SALESPERSON 表保持打开状态以完成下一组步骤。

UNIQUE 约束是 Access SQL 不支持的另一个 SQL 约束。为了在 Access 中设置一个 UNIQUE 约束，我们设置 "Indexed" 字段属性的值。Access 最初将该值设置为 "No"，这意味着此列没有索引（使查询更加高效的工具）。另外两个可能的属性值为 "Yes（Duplicates Ok）" 和 "Yes（No Duplicates）"。我们通过设置属性值为 "Yes（No Duplicates）" 来实施 UNIQUE 约束。

设置索引字段属性：

1. SALESPERSON 表应该已经在 "Design" 视图中打开。如果未打开，则在 "Design" 视图中打开表。

2. 选中 Email 字段。

3. 点击 "Indexed" 文本字段。文本字段的右侧会出现一个下拉列表箭头按钮，如图 AW—3—29 所示。单击 "Indexed" 下拉列表箭头按钮来显示列表并选中 "Yes（No Duplicates）"。

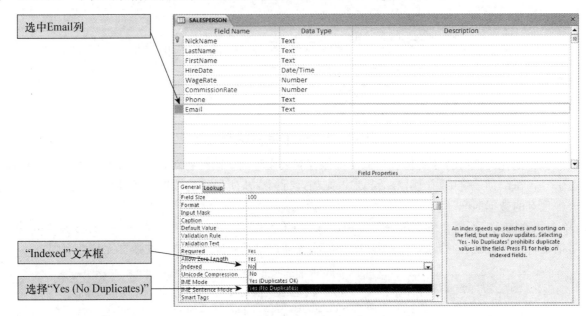

图 AW—3—29　Email 字段属性

4. 点击 "Save" 按钮，保存对 SALESPERSON 表完成的改变。

5. 关闭 SALESPERSON 表。

最后，我们将实现 SQL CHECK 约束。当我们创建 CONTACT 表时，类型列允许的数据类型只有 Phone，Fax，Email 和 Meeting。向 CONTACT 表添加此约束的正确的 SQL 语句将是：

```
/ **** SQL-ALTER-TABLE-AW03-01 **** /
ALTER TABLE CONTACT
    ADD CONSTRAINT CONTACT_Check_Type
        CHECK (ContactType IN ('Phone', 'Fax', 'Email',
            'Meeting'));
```

为了在 Access 中实现 CHECK 约束，我们设置类型列的 "Validation Rule" 字段属性的值。

165

创建 CONTACT 表的 CHECK 约束：

1. 在"Design"视图中打开 CONTACT 表。

2. 选择"ContactType"行。

3. 点击"Validation Rule"文本框，然后如图 AW—3—30 所示在文本框输入"Phone or Fax or Email or Meeting"。

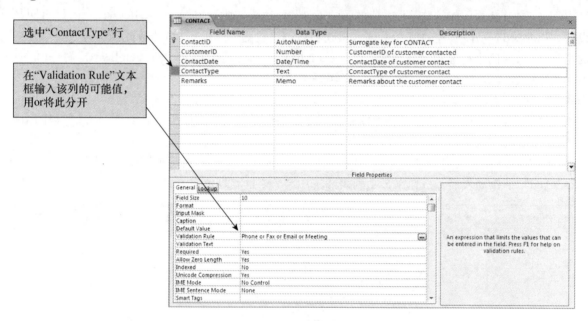

图 AW—3—30　指定验证规则

■ 注：不要把允许值用引号括起来。Access 保存对表设计的更改时将对每个词添加引号。如果你添加自己的一组引号，每个词最终用两组引号括起来，则当运行第 4 步所讨论的数据完整性检查时，Access 不会认为这与表中现有的数据匹配。

4. 单击快速访问工具栏上的"Save"按钮，保存 CONTACT 表。如图 AW—3—31 所示，Access 会显示一个对话框，警告说现有的数据可能不匹配我们刚才通过设置验证规则建立的数据完整性规则。

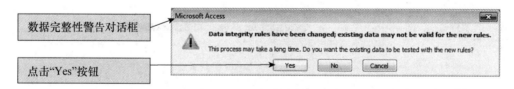

图 AW—3—31　数据完整性警告对话框

5. 点击对话框上的"Yes"按钮。

6. 关闭 CONTACT 表。

利用 Microsoft Access SQL 插入数据

我们可以用 Access SQL 向 SALESPERSON 表输入图 AW—3—20 所示的数据。这里唯一的问题是：Access 无法处理在一个查询中的多个 SQL 命令。所以每行数据必须单独输入。输入数据的 SQL 命令是：

```
/ **** SQL-INSERT-AW03-01 **** /
INSERT INTO SALESPERSON
    VALUES('Tina', 'Smith', 'Tina', '10-AUG-06',
```

'15.50', '.125', '206-287-7010', 'Tina@WM.com');

/ ＊＊＊＊ SQL-INSERT-AW03-02 ＊＊＊＊/

INSERT INTO SALESPERSON

　　VALUES('Big Bill', 'Jones', 'William', '25 – SEP – 06',

　　'15.50', '.125', '206-287-7020', 'BigBill@WM.com');

/ ＊＊＊＊ SQL-INSERT-AW03-03 ＊＊＊＊/

INSERT INTO SALESPERSON

　　VALUES('Billy', 'Jones','Bill', '17-MAY-07',

　　'12.50', '.120', '206-287-7030', 'Billy@WM.com');

利用 Access SQL 向 SALESPERSON 表插入数据：

1. 如前所述，在 SQL 视图中打开 Access 的查询窗口。

2. 将第一个 SQL INSERT 语句的 SQL 代码输入到查询窗口。

3. 点击"Run"按钮。如图 AW—3—32 所示，查询更改为追加/Append 查询，然后会出现一个对话框要求确认要插入的数据。

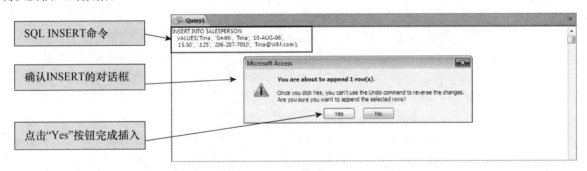

图 AW—3—32　向 SALESPERSON 表插入数据

4. 在该对话框中点击"Yes"按钮。数据插入到表中。

5. 重复步骤 2、3、4，完成其余插入 SALESPERSON 数据的 SQL INSERT 语句。

6. 关闭"Query1"窗口。这时会出现一个对话框询问你是否要保存查询。单击"No"按钮——没有必要保存这个 SQL 语句。

7. 在"Datasheet"视图中打开 SALESPERSON 表。

8. 单击"Shutter Bar Open / Close"按钮来最小化导航窗格，然后整理各列以便所有的列名和数据能够正确显示。

9. 该表的外观如图 AW—3—33 所示。注意，各行在主键（NickName）的值上按字母升序排列——它们没有按照输入的顺序显示。

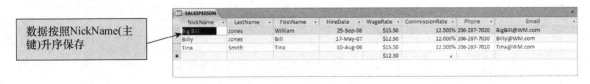

图 AW—3—33　SALESPERSON 表的数据

■ 注：这不是典型的 SQL DBMS。通常情况下，如果你执行一个查询 SELECT ＊ FROM SALESPER-SON 时，数据就按照它们的输入顺序显示，除非增加 ORDER BY 子句。

10. 单击"Shutter Bar Open / Close"按钮，展开导航窗格。

11. 单击快速访问工具栏上的"Save"按钮来保存对表布局的改变。

12. 关闭 SALESPERSON 表。

此时，SALESPERSON 表已创建，而且数据也填充完毕。Wallingford 汽车公司为每个客户安排了有且只有一个店员，所以现在我们需要创建 SALESPERSON 和 CUSTOMER 之间的联系。这需要为 CUSTOMER 中的外键提供到 SALESPERSON 所需的链接。

问题是，外键所需的列 NickName 在 CUSTOMER 中不存在。因此，在创建外键约束前，我们必须修改 CUSTOMER 表以增加 NickName 列及相应的数据值。

图 AW—3—34 显示了 CUSTOMER 表的 NickName 列的列特性，图 AW—3—35 显示了该列的数据。

列名	类型	键	必填	备注
NickName	Text（35）	外键	是	

图 AW—3—34　NickName 列的数据库列特性

CustomerID	LastName	FirstName	…	NickName
1	Griffey	Ben	…	Big Bill
3	Christman	Jessica	…	Billy
4	Christman	Rob	…	Tina
5	Hayes	Judy	…	Tina

图 AW—3—35　CUSTOMER 的 NickName 列数据

如图 AW—3—34 所示，NickName 设有 NOT NULL 约束。但根据本章中的讨论，加入一个填充了数据的 NOT NULL 列需要多个步骤。首先，该列必须以 NULL 列添加。接下来，必须添加列值。最后，该列必须改为 NOT NULL。为此，我们可以通过使用 Access 的 GUI 界面来完成，但因为本节中我们使用的是 Access SQL，所以我们将用 SQL 执行这些步骤。所需的 SQL 语句包括：

```
/**** SQL-ALTER-TABLE-AW03-02 ****/
ALTER TABLE CUSTOMER
    ADD NickName Char(35) NULL;
/**** SQL-UPDATE-AW03-01 ****/
UPDATE CUSTOMER
SET        NickName = 'Big Bill'
WHERE      CustomerID = 1;
/**** SQL-UPDATE-AW03-2 ****/
UPDATE CUSTOMER
SET        NickName = 'Billy'
WHERE      CustomerID = 3;
/**** SQL-UPDATE-AW03-3 ****/
UPDATE CUSTOMER
SET        NickName = 'Tina'
WHERE      CustomerID = 4;
/**** SQL-UPDATE-AW03-4 ****/
```

```
UPDATE CUSTOMER
SET        NickName = 'Tina'
WHERE      CustomerID = 5;
/ **** SQL-ALTER-TABLE-AW03-03 **** /
ALTER TABLE CUSTOMER
        ALTER COLUMN NickName Char(35) NOT NULL;
```

使用 Access SQL 在 CUSTOMER 表中创建和填充 NickName 列：

1. 如前所述，在 SQL 视图中打开 Access 的查询窗口。

2. 在查询窗口输入第一个 SQL ALTER TABLE 语句的 SQL 代码。

3. 点击"Run"按钮。

■ 注：该命令已成功运行的唯一指示是没有显示错误消息。

4. 在查询窗口输入第一个 SQL UPDATE 语句的 SQL 代码。

5. 点击"Run"按钮。当出现要求你确认要插入数据的对话框时，单击该对话框中的"Yes"按钮。数据被插入到表中。

6. 重复步骤 4 和步骤 5，完成其余对 CUSTOMER 数据的 SQL UPDATE 语句。

7. 在查询窗口输入第二个 SQL ALTER TABLE 语句的 SQL 代码。

8. 点击"Run"按钮。

■ 注：同样，该命令已成功运行的唯一指示是没有显示错误消息。

9. 关闭"Query1"窗口。这时会出现一个对话框，询问是否要保存查询。单击"No"按钮——因为没有必要保存这个 SQL 语句。

10. 打开 CUSTOMER 表。

11. 单击"Shutter Bar Open / Close"按钮来最小化导航窗格，然后向右侧滚动使得添加的 NickName 列和其中的数据能够显示出来。这时的表如图 AW—3—36 所示。

图 AW—3—36 带 NickName 数据的 CUSTOMER 表

12. 单击"Shutter Bar Open / Close"按钮来展开导航窗格，然后单击设计视图按钮从 CUSTOMER 表切换到"Design"视图。

13. 点击 NickName 字段名来选择它。

14. 带有新添加的 NickName 列的表如图 AW—3—37 所示。注意，该列的数据是必填的——这在 Access 中等价于 NOT NULL。

15. 关闭 CUSTOMER 表。

使用 Access SQL 添加参照完整性约束

现在 NickName 列已添加到 CUSTOMER 表中并填充了数据，这样我们可以通过添加外键来创建所需的 SALESPERSON 和 CUSTOMER 之间的参照完整性约束。

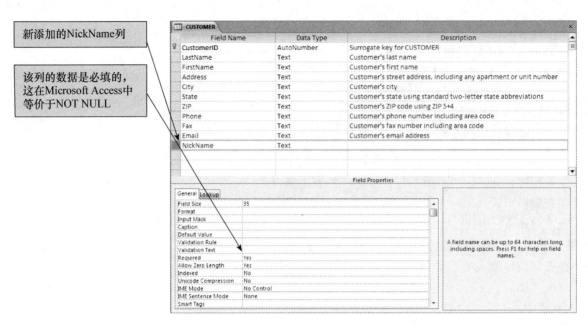

新添加的NickName列

该列的数据是必填的，
这在Microsoft Access中
等价于NOT NULL

图 AW—3—37　改变后的 CUSTOMER 表

因为 NickName 不是代理键，所以我们希望 SALESPERSON 中的 NickName 的任何改变的值在 CUS-TOMER 中也都更新。但如果某行从 SALESPERSON 中删除，我们不希望该删除会导致 CUSTOMER 数据的删除。因此，设置必要的约束的 SQL ALTER TABLE 语句是：

```
/ **** SQL-ALTER-TABLE-AW03-04 **** /
ALTER TABLE CUSTOMER
      ADD CONSTRAINT CUSTOMER_SP_FK FOREIGN KEY(NickName)
            REFERENCES SALESPERSON(NickName)
                ON UPDATE CASCADE;
```

遗憾的是，正如本章所讨论的，Access SQL 不支持 ON UPDATE 和 ON DELETE 子句。因此，我们用 SQL 语句创建基本约束后必须手动设置 ON UPDATE CASCADE：

```
/ **** SQL-ALTER-TABLE-AW03-05 **** /
ALTER TABLE CUSTOMER
      ADD CONSTRAINT CUSTOMER_SP_FK FOREIGN KEY(NickName)
            REFERENCES SALESPERSON(NickName);
```

使用 Access SQL 创建 CUSTOMER 和 SALESPERSON 之间的参照完整性约束：

1. 如前所述，在 SQL 视图中打开 Access 的查询窗口。

2. 在查询窗口中键入 SQL ALTER TABLE 语句的 SQL 代码。

3. 点击"Run"按钮。

■ 注：与以前一样，该命令已成功运行的唯一指示是没有显示错误消息。

4. 关闭"Query1"窗口。这时会出现一个对话框询问是否要保存查询。单击"No"按钮，因为没有必要保存这个 SQL 语句。

修改 Access 数据库来添加 Access SQL 不支持的约束

像第 2 章"Access 工作台"一节中所讨论的，我们将使用"Relationships"窗口和"Edit Relationships"对话框来设置 ON UPDATE CASCADE 约束。

使用 Access SQL 创建 CUSTOMER 和 SALESPERSON 之间的一个参照完整性约束：

1. 单击"Database Tools"命令选项卡，然后单击"Show/Hide"组中的"Relationships"按钮。出现如图 AW—3—38 所示的"Relationships"窗口。

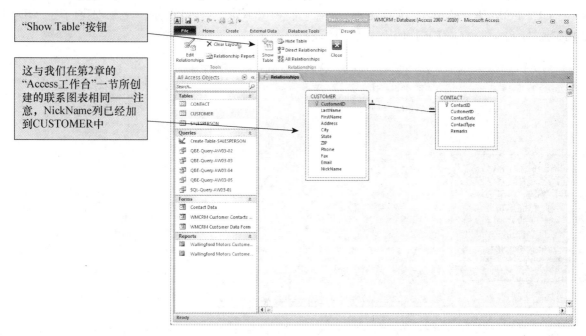

图 AW—3—38　包含当前联系图表的"Relationships"窗口

2. 单击"Design"功能区上的"Relationships"组中的"Show Table"按钮。出现"Show Table"对话框，如图 AW—3—39 所示。

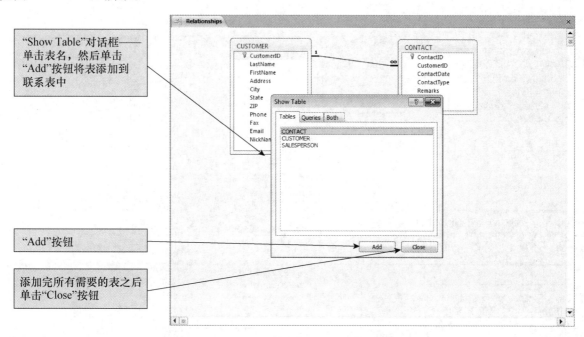

图 AW—3—39　将 SALESPERSON 添加到联系图中

3. 在"Show Table"对话框中，单击 SALESPERSON 选中它，然后单击"Add"按钮将 SALESPER-

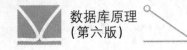

SON 添加到"Relationships"窗口。

4. 点击"Close"按钮，关闭"Show Table"对话框。

5. 使用标准的窗口拖放技术来重新排列和调整"Relationships"窗口中的表对象。重新排列 SALES-PERSON、CUSTOMER 和 CONTACT 表对象直到它们如图 AW—3—40 所示。注意，我们用 SQL 创建的 SALESPERSON 和 CUSTOMER 这两个表之间的联系已经包括在图表中。

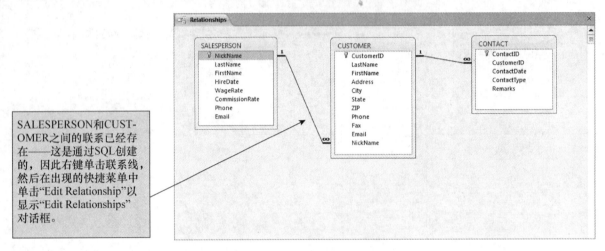

图 AW—3—40　更新的联系图表

6. 右键单击 SALESPERSON 和 CUSTOMER 之间的联系线，然后在出现的快捷菜单中单击"Edit Relationship"，出现"Edit Relationships"对话框。需要注意的是已经选中了"Enforce Referential Integrity"复选框——这是通过创建两表之间联系的 SQL ALTER TABLE 语句设置的。

7. 点击"Cascade Update Related Fields"复选框，设置 ON UPDATE CASCADE。"Edit Relationships"对话框如图 AW—3—41 所示。

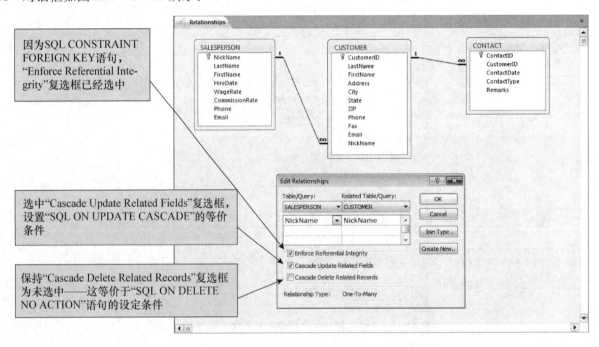

图 AW—3—41　完成的"Edit Relationships"对话框

8. 单击 "OK" 按钮。出现一个 Access 对话框询问是否要保存联系布局的更改。点击 "Yes" 按钮保存修改并关闭窗口。

关闭数据库并退出 Access

现在，我们已经完成将 SALESPERSON 表添加到数据库。我们创建了 SALESPERSON 表、添加了数据、增加了一个新的列和外键的值而改变了 CUSTOMER 的数据，并创建了两个表之间的参照完整性约束。在这个过程中，我们看到 Access SQL 所不支持的标准 SQL 语言，并学会了如何使用 Access GUI 来弥补所缺乏的 SQL 语言特性。

这样就完成了我们要在本章的 "Access 工作台" 需要完成的工作。如果你已经上过 Microsoft Access 的某堂课，你可能已经以不同的方式完成了本节所覆盖的很多任务。在 Microsoft Access 中，SQL DDL 通常相当隐蔽，但在本章 "Access 工作台" 一节中我们已经展示了如何使用 SQL 来完成这些任务。像往常一样，我们以关闭数据库和 Access 来结束。

关闭 WMCRM 数据库和退出 Access：

1. 点击 Microsoft Access 窗口右上角的 "Close" 按钮关闭 WMCRM 数据库并退出 Access。

小 结

结构化查询语言（SQL）是一个数据子语言，其结构用于定义和处理数据库。SQL 由若干部件组成，其中两个是本章中所论述的：数据定义语言（DDL）——用于创建数据库表和其他结构；数据操纵语言（DML）——用来查询和修改数据库的数据。SQL 可以嵌入到脚本语言（如 VBScript）或编程语言（如 Java 和 C#）。此外，SQL 语句可以从命令窗口来处理。SQL 由 IBM 开发，并已由美国国家标准学会（ANSI）认可作为国家标准。目前已经有几个版本的 SQL。我们的讨论基于 SQL-92，但后来出现的更高版本特别增加了支持可扩展标记语言（XML）。现代 DBMS 产品都提供了图形工具用以完成许多 SQL 执行的任务。SQL 语句强制性地用于以编程方式创建 SQL 语句。

微软 Access 2010 中使用 SQL 的一个变种，即：ANSI-89 SQL 或 Microsoft Jet SQL，它与 SQL-92 显著不同。并非所有 SQL-92 及更高版本的 SQL 语句都能够在 Access ANSI-89 SQL 上运行。

CREATE TABLE 语句用于创建关系。每列描述为三个部分：列名、数据类型以及可选的列约束。本章中考虑的列约束是 PRIMARY KEY，NULL，NOT NULL 和 UNIQUE。DEFAULT 关键字（不作为约束来考虑）也被认为是约束。如果没有指定列约束，列被设置为 NULL。

标准数据类型是 Char，VarChar，Integer，Numeric 和 DateTime。这些类型都被 DBMS 供应商作了补充。图 3—4 显示了 SQL Server，Oracle 数据库和 MySQL 所提供的一些额外的数据类型。

如果主键只有一列，你可以使用主键约束来定义它。另一种方法是使用表约束定义主键。你可以使用这样的约束定义单列和多列主键，也可以通过定义外键来实现参照完整性约束。外键定义可以指定级联更新和删除。

创建表和约束后，你可以使用 INSERT 命令添加数据，也可以使用 SELECT 命令查询数据。SQL SELECT 命令的基本格式是 SELECT（列名或星号 [*]），FROM（表名，如果有一个以上的表，则用逗号隔开），WHERE（条件）。可以使用 SELECT 来获得特定的列、特定的行，或两者兼而有之。

WHERE 后的条件要求 Char 和 VarChar 列的值用单引号括起来。然而单引号不适用于 Integer 和 Numeric 列。你可以指定含 AND 和 OR 的复合条件。你可以使用组值，可以用 IN（匹配集合中任何一个值）和 NOT IN（不匹配集合中所有值）。你可以和 WITH 一起来使用通配符 "_" 和 "%"（在 Microsoft Ac-

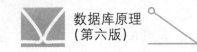

cess 则是 "?" 和 " * "）分别指定单一未知字符和多个未知字符。你可以使用 IS NULL 来检验空值。

你可以使用 ORDER BY 命令对结果进行排序。五个 SQL 内置函数是 COUNT、SUM、MAX、MIN 和 AVG。SQL 还可以进行数学计算。你可以使用 GROUP BY 进行分组，并且可以使用 HAVING 来限制组。如果关键字 WHERE 和 HAVING 都出现在一个 SQL 语句中，WHERE 需用在 HAVING 之前。

你可以使用子查询或连接来查询多个表。如果所有的结果数据来自单个表，则可以使用子查询。如果结果来自两个或多个表，则必须使用连接。JOIN ... ON 语法可以用于连接中。不符合连接条件的行不会出现在结果中。外部连接则能够用来确保某一个表中的所有行都出现在结果中。

你可以通过使用 DELETE、UPDATE 修改数据以及 DELETE 来删除数据。UPDATE 和 DELETE 很容易造成灾难，所以使用该命令必须非常小心。

你可以使用 DROP TABLE 从数据库中删除表（及其数据）。你可以使用 ALTER TABLE DROP CONSTRAINT 命令来删除约束。你可以使用 ALTER TABLE 命令修改表和约束。最后，你可以使用 CHECK 约束来验证数据值。

关键术语

ALTER TABLE 语句	可扩展标记语言（XML）	NULL 约束
美国国家标准学会（ANSI）	GROUP BY 子句	ON DELETE 短语
AND 关键字	HAVING 子句	ON UPDATE 短语
AS 关键字	IDENTITY（M，N）属性	OR 关键字
ASC 关键字	IN 关键字	ORDER BY 子句
AVG	内部连接	外部连接
业务规则	INSERT 语句	百分号（%）
CASCADE 关键字	国际标准化组织（ISO）	PRIMARY KEY 约束
CHECK 约束	IS NOT NULL 短语	示例查询（QBE）
比较运算符	NULL 关键字	问号（?）
CONSTRAINT 关键字	连接操作	RIGHT 关键字
COUNT	JOIN...ON 语法	SQL 星号（*）通配符
CREATE TABLE 语句	LEFT 关键字	SQL 内置函数
数据定义语言（DDL）	LIKE 关键字	SQL SELECT/FROM/WHERE 框架
数据操纵语言（DML）	MAX	结构化查询语言（SQL）
数据子语言	MERGE 语句	子查询
DEFAULT 关键字	MIN	SUM
DELETE 命令	NO ACTION 关键字	TRUNCATE TABLE 语句
DESC 关键字	NOT IN 短语	下划线符号（_）
DISTINCT 关键字	NOT 关键字	UNIQUE 约束
DROP TABLE 语句	NOT LIKE 短语	UPDATE...SET 命令
等值连接	NOT NULL 约束	通配符

复习题

3.1 SQL 代表什么？

3.2 什么是数据子语言？

3.3 解释 SQL-92 的重要性。

3.4 为什么学习 SQL 很重要？

3.5 用自己的话描述第 99 页上列出的两个业务规则的用途。

3.6 为什么有些 SQL-92 标准语句未能在 Microsoft Access 上成功运行？

使用下表来解答问题 3.7 到问题 3.51：

PET_OWNER (OwnerID，OwnerLastName，OwnerFirstName，OwnerPhone，OwnerEmail)

PET (PetID，PetName，PetType，PetBreed，PetDOB，*OwnerID*)

这些表中的示例数据都显示在图 3—17 和图 3—18 中。你写的每个 SQL 语句所显示的结果都基于这些数据。

OwnerID	OwnerLastName	OwnerFirstName	OwnerPhone	OwnerEmail
1	Downs	Marsha	555-537-8765	Marsha.Downs@somewhere.com
2	James	Richard	555-537-7654	Richard.James@somewhere.com
3	Frier	Liz	555-537-6543	Liz.Frier@somewhere.com
4	Trent	Miles		Miles.Trent@somewhere.com

图 3—17 PET_OWNER 数据

PetID	PetName	PetType	PetBreed	PetDOB	OwnerID
1	King	Dog	Std. Poodle	27-Feb-09	1
2	Teddy	Cat	Cashmere	01-Feb-10	2
3	Fido	Dog	Std. Poodle	17-Jul-08	1
4	AJ	Dog	Collie Mix	05-May-09	3
5	Cedro	Cat	Unknown	06-Jun-07	2
6	Wooley	Cat	Unknown	NULL	2
7	Buster	Dog	Border Collie	11-Dec-06	4

图 3—18 PET 数据

如果可能，在实际的 DBMS 上运行你为下列问题所写的语句以取得适当的结果。使用与正在使用的 DBMS 一致的数据类型。如果你没有使用实际的 DBMS，那么始终使用图 3—4 所示的 SQL Server、Oracle 数据库或 MySQL 数据类型来表示你所使用的数据类型。

3.7 写一个 SQL CREATE TABLE 语句创建 PET_OWNER 表，它的 OwnerID 列作为代理键。解释你对列属性的选择。

3.8 写一个 SQL CREATE TABLE 语句创建 PET 表，它的 OwnerID 列没有参照完整性约束。解释对

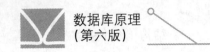

列属性的选择。为什么不把每一列都设为 NOT NULL?

3.9 在 PET 的 OwnerID 列上建立参照完整性约束。假设不做级联删除。

3.10 在 PET 的 OwnerID 列上创建一个参照完整性约束。假设做级联删除。

下面 PET_2 的表模式是 PET 表的另一个版本:

PET_2(PetName, PetType, PetBreed, PetDOB, *OwnerID*)

3.11 写出创建 PET_2 表所需的 SQL 语句。

3.12 PET 或 PET_2 中哪一个是更好的设计? 解释你的理由。

3.13 写出从数据库删除 PET_OWNER 表的必要的 SQL 语句。假设参照完整性约束将被删除。不要在实际的数据库运行这些命令!

3.14 写出从数据库删除 PET_OWNER 表的必要的 SQL 语句。假设 PET 表要被删除。不要在一个实际的数据库运行这些命令!

3.15 写出显示 PET 表的所有行所有列的 SQL 语句。不要使用星号(*)。

3.16 写出显示 PET 表的所有行所有列的 SQL 语句。使用星号(*)。

3.17 写出显示所有宠物的品种和类型的 SQL 语句。

3.18 写出显示所有 Dog 类宠物的品种、类型和 DOB 的 SQL 语句。

3.19 写出一个显示 PET 的 PetBreed 列的 SQL 语句。

3.20 写出一个显示 PET 的 PetBreed 列的 SQL 语句。不显示重复的行。

3.21 编写一个显示所有品种为 Std. Poodle 的 Dog 类宠物的品种、类型和 DOB 的 SQL 语句。

3.22 编写一个 SQL 语句来显示所有非 Cat、Dog 或 Fish 的宠物的名称、品种、类型。

3.23 写出 SQL 语句来显示所有名称为以 K 开头的 4 个字符的宠物的 ID、品种、类型。

3.24 写出 SQL 语句来显示所有拥有以 somewhere. com 结束的某个电子邮件地址的宠物主人的姓氏、名字和电子邮件。假设该电子邮件账户名称可以是任意多的字符。

3.25 编写一个 SQL 语句来显示任何 OwnerPhone 为 NULL 值的宠物主人的姓氏、名字和电子邮件。

3.26 写出 SQL 语句来显示所有宠物的名称和品种,按 PetName 排序。

3.27 写出 SQL 语句来显示所有宠物的名称和品种,按 PetBreed 升序排序并在 PetBreed 内按 PetName 降序排列。

3.28 写出 SQL 语句来计算宠物的数量。

3.29 写出 SQL 语句来计算不同品种的数量。

下述 PET_3 表的模式是 PET 表的另一个替代版本:

PET_3(PetID, PetName, PetType, PetBreed, PetDOB, PetWeight, *OwnerID*)

PET_3 的数据如图 3—19 所示。除问题中特别指出以外,使用 PET_3 表来回答余下的所有复习题。

3.30 写出创建 PET_3 表所需的 SQL 语句。假设 PetWeight 是 Numeric (4, 1)。

3.31 写出 SQL 语句来显示 Dog 的最小、最大和平均体重。

3.32 写出 SQL 语句对数据按照 PetBreed 进行分组并显示每个品种的平均体重。

3.33 回答问题 3.32,但只考虑在数据库中包含 5 个或更多的宠物的品种。

3.34 回答问题 3.33,但不考虑任何 PetBreed 值未知的宠物。

176

PetID	PetName	PetType	PetBreed	PetDOB	PetWeight	OwnerID
1	King	Dog	Std. Poodle	27-Feb-09	25.5	1
2	Teddy	Cat	Cashmere	01-Feb-10	10.5	2
3	Fido	Dog	Std. Poodle	17-Jul-08	28.5	1
4	AJ	Dog	Collie Mix	05-May-09	20.0	3
5	Cedro	Cat	Unknown	06-Jun-07	9.5	2
6	Wooley	Cat	Unknown	NULL	9.5	2
7	Buster	Dog	Border Collie	11-Dec-06	25.0	4

图 3—19 PET_3 的数据

3.35 写出 SQL 语句来显示任何 Cat 的主人的姓氏、名字、电子邮件。使用子查询。

3.36 写出 SQL 语句来显示名为 Teddy 的 Cat 的主人的姓氏、名字和电子邮件。使用子查询。

下面的 BREED 表的模式显示了添加到宠物数据库中的一个新表：

BREED (BreedName，MinWeight，MaxWeight，AverageLifeExpectancy)

假设 PET_3 的 PetBreed 是一个外键，它匹配 BREED 的主键 BreedName，并且 BreedName 现在是一个连接两个表的外键，它的参照完整性约束是：

PET_3 的 BreedName 必须存在于 BREED 的 BreedName 中

如果需要的话，也可以假设在 PET 和 BREED 之间以及 PET_2 和 BREED 之间都存在类似的参照完整性约束。BREED 表的数据如图 3—20 所示。

3.37 写出 SQL 语句完成：（1）创建 BREED 表；（2）将图 3—20 中的数据插入到 BREED 表；（3）改变 PET_3 表使得 PetBreed 是一个引用 BREED 的 BreedName 的外键；（4）显示宠物主人的姓氏、名字和电子邮件，如果他/她有一个宠物的 AverageLifeExpectancy 值大于 15，使用子查询。

3.38 回答问题 3.35，但使用连接。

3.39 回答问题 3.36，但使用连接。

3.40 回答问题 3.37 的 (4)，但使用连接。

3.41 写出 SQL 语句来显示已知 PetBreed 的宠物的 OwnerLastName，OwnerFirstName，PetName，PetType，PetBreed 以及 AverageLifeExpectancy。

BreedName	MinWeight	MaxWeight	AverageLifeExpectancy
Border Collie	15.0	22.5	20
Cashmere	10.0	15.0	12
Collie Mix	17.5	25.0	18
Std. Poodle	22.5	30.0	18
Unknown			

图 3—20 BREED 数据

3.42 写出向 PET_OWNER 表中添加三个新行的 SQL 语句。假设 OwnerID 是代理键，而且 DBMS 将提供值。使用图 3—21 中前三行提供的数据。

3.43 写出向 PET_OWNER 表中添加三个新行的 SQL 语句。假设 OwnerID 是代理键，而且 DBMS 将提供值。但是，假设你只有 LastName，FirstName 和 Phone，因此 Email 是 NULL。使用图 3—21 中最后三行提供的数据。

OwnerID	OwnerLastName	OwnerFirstName	OwnerPhone	OwnerEmail
5	Rogers	Jim	555-232-3456	Jim. Rogers@somewhere. com
6	Keenan	Mary	555-232-4567	Mary. Keenan@somewhere. com
7	Melnik	Nigel	555-232-5678	Nigel. Melnik@somewhere. com
8	Mayberry	Jenny	555-454-1243	
9	Roberts	Ken	555-454-2354	
10	Taylor	Sam	555-454-3465	

图 3—21　附加的 PET _ OWNER 数据

3.44　写出将 PET _ 3 中 BreedName 的值从 Std. Poodle 改为 Poodle，Std 的 SQL 语句。

3.45　如果对问题 3.44 所给的答案去掉 WHERE 子句，解释会发生什么事情。

3.46　写出 SQL 语句来删除所有类型为 Anteater 的宠物。如果忘了编写这个语句中的 WHERE 子句，会发生什么事情？

3.47　写出 SQL 语句以在 PET 表中添加一个类似 PET _ 3 的 PetWeight 列，设定此列为 NULL。此外，假设 PetWeight 为 Numeric（4，1）。

3.48　写出向问题 3.47 中所创建的 PetWeight 列插入数据的 SQL 语句。使用图 3—19 所示的 PET _ 3 表的 PetWeight 数据。

3.49　写出 SQL 语句以在 PET 表添加一个类似 PET _ 3 中的 PetWeight 列，假定该列是 NOT NULL。此外，假设 PetWeight 为 Numeric（4，1）。使用图 3—19 所示的 PET _ 3 表的 PetWeight 数据。

3.50　写出 SQL 语句以在 PET 表添加 CHECK 约束使得问题 3.47 或问题 3.49 中所添加到表的 Pet-Weight 列所记录的重量数据都小于 250。

3.51　写出 SQL 语句来删除问题 3.47 或问题 3.49 中添加到 PET 表的 PetWeight 列。

练　习

以下是图 1—10 所示的艺术课程数据库的一组表。对于这些表中的数据，使用图 1—10 所示的数据。

CUSTOMER（CustomerNumber，CustomerLastName，
　CustomerFirstName，Phone）
COURSE（CourseNumber，Course，CourseDate，Fee）
ENROLLMENT（_CustomerNumber_，_CourseNumber_，AmountPaid）

其中：

ENROLLMENT 的 CustomerNumber 必须存在于 CUSTOMER 的 CustomerNumber 中
ENROLLMENT 的 CustomerNumber 必须存在于 COURSE 的 CourseNumber 中

CustomerNumber 和 CourseNumber 都是代理键。因此，这些数字将永远不会被修改，也没有必要作级联更新。没有客户数据会被删除，所以没有必要做级联删除。课程可以被删除。如果在删除的班上有报名的条目，则学生的相应报名条目也应该被删除。

这些表、参照完整性约束和数据都是你将在后面的练习中所创建的 SQL 语句的基础。如果可能，在实际的 DBMS 中运行这些语句，并得到适当的结果。将你的数据库命名为 ART _ COURSE _ DATABASE。你写的每个 SQL 语句都会基于这些数据来显示结果。使用与正在使用的 DBMS 一致的数据类型。如果你使

用的不是一个实际的 DBMS，那么始终使用图 3—4 所示的 SQL Server、Oracle 数据库或 MySQL 数据类型来表示你所使用的数据类型。

3.52 编写和运行必要的 SQL 语句来创建表和它们的参照完整性约束。

3.53 在表格中填充数据。

3.54 编写和运行一个 SQL 查询来列出所有 Adv. Pastels。同时包括出现的每个班的所有关联数据。

3.55 编写和运行一个 SQL 查询来列出所有学生和他们登记的课程。按顺序包括 CustomerNumber，CustomerLastName，CustomerFirstName，Phone，CourseNumber 和 AmountPaid。

3.56 编写和运行一个 SQL 查询来列出所有注册了 2013 年 10 月 1 日开始的 Adv. Pastels 课的学生。按顺序包括 Course，CourseDate，Fee，CustomerLastName，CustomerFirstName 和 Phone。

3.57 编写和运行一个 SQL 查询来列出所有注册了 2013 年 10 月 1 日开始的 Adv. Pastels 课的学生。按顺序包括 Course，CourseDate，CustomerLastName，CustomerFirstName，Phone，Fee 和 AmountPaid。使用连接。

3.58 修改查询以包括所有学生，而不管他们是否注册了 2013 年 10 月 1 日开始的 Adv. Pastels 课。按顺序包括 CustomerLastName，CustomerFirstName，Phone，Course，CourseDate，Fee 和 AmountPaid。

3.59 写一组 SQL 语句（**提示**：使用 SQL ALTER TABLE 命令）向 ENROLLMENT 添加一个 FullFeePaid 列并填充数据，假设该列是 NULL。此列可能的值只有 Yes 和 No（通过比较 COURSE. Fee 和 EN-ROLLMENT. AmountPaid 来确定数据值）。

3.60 写一组 SQL 语句（**提示**：使用 SQL ALTER TABLE 命令）向 ENROLLMENT 添加一个 FullFeePaid 列并填充数据，假设该列是 NOT NULL。此列可能的值只有 Yes 和 No（通过比较 COURSE. Fee 和 ENROLLMENT. AmountPaid 来确定数据值）。你对这个问题的答案和问题 3.59 的答案之间的区别是什么？

3.61 写一个 ALTER TABLE 语句来向 ENROLLMENT 表添加一个 CHECK 约束以确保 FullFeePaid 的值是 Yes 或 No。

下面练习的目的是为了使用 Microsoft Access 以外的 DBMS。如果你现在使用的是 Microsoft Access，则可以操作后面"Access 工作台练习"中的等价问题。

3.62 如果你还没有这样做，那么使用你选择的 SQL 数据库管理系统（DBMS）来创建本章中所描述的 WPC 数据库、表和关系。请务必在表中填充图 3—2 所示的数据。

3.63 使用你选择的 SQL 数据库管理系统（DBMS）创建并运行查询来回答练习 AW.3.1 的问题。

3.64 使用你选择的 SQL 数据库管理系统（DBMS）完成练习 AW.3.3 中的 A 部分到 E 部分，但 F 部分除外。

Access 工作台关键术语

Allow Zero Length 字段属性
Decimal Places 字段属性
Default Value 字段属性
Field Size 字段属性
Format 字段属性

Indexed 字段属性
参数化查询
Validation Rule 字段属性
Yes（Duplicates OK）
Yes（No Duplicates）

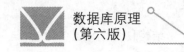

Access 工作台练习

在第1章和第2章的"Access 工作台练习"中你为华盛顿西雅图的韦奇伍德太平洋公司（WPC）创建了数据库。那么在这组练习中你将完成：

- 利用 Access SQL 建立并运行对数据库的查询。
- 利用 Access QBE 建立并运行对数据库的查询。
- 利用 Access SQL 创建表和关系。
- 利用 Access SQL 填充表数据。

AW. 3. 1 利用 Access SQL 创建并运行查询来回答下列问题。使用查询命名格式 SQLQuery-AWE-3-1-♯♯来保存每个查询，这里的♯♯符号替换为问题的字母代号。例如，第一个查询将被保存为 SQLQuery-AWE-3-1-A。

A. PROJECT 表都有什么项目？显示每个项目的所有信息。

B. PROJECT 表中项目的 ProjectID，ProjectName，StartDate 和 EndDate 的值是什么？

C. PROJECT 表中什么项目在 2012 年 8 月 1 日前开始？显示每个项目的所有信息。

D. PROJECT 表中什么项目尚未完成？显示每个项目的所有信息。

E. 分配给每个项目的员工有哪些？显示 ProjectID，EmployeeNumber，LastName，FirstName 和 Phone。

F. 分配给每个项目的员工有哪些？显示 ProjectID，ProjectName 和 Department。也显示 EmployeeNumber，LastName，FirstName 和 Phone。

G. 分配给每个项目的员工有哪些？显示 ProjectID，ProjectName，Department 和 Department Phone。也显示 EmployeeNumber，LastName，FirstName 和 Employee Phone。结果按照 ProjectID 升序排列。

H. 分配给由营销部门运作的项目的员工有哪些？显示 ProjectID，ProjectName，Department 和 Department Phone。也显示 EmployeeNumber，LastName，FirstName 和 Employee Phone。结果按照 ProjectID 升序排列。

I. 有多少项目正在由营销部门运作？确保为计算结果指定合适的列名。

J. 正在由营销部门运作的项目的总的 MaxHours 是多少？确保为计算结果指定合适的列名。

K. 正在由营销部门运作的项目的平均 MaxHours 是多少？确保为计算结果指定合适的列名。

L. 每个部门正在运行多少项目？确保显示每个 DepartmentName 并为计算结果指定合适的列名。

AW. 3. 2 利用 Access QBE 创建并运行新的查询来回答练习 AW. 3. 1 的问题。使用查询命名格式 QBEQuery-AWE-3-1-♯♯来保存每个查询，这里的♯♯符号替换为问题的字母代号。例如，第一个查询将被保存为 QBEQuery-AWE-3-1-A。

AW. 3. 3 WPC 决定跟踪员工所使用的计算机。为了做到这一点，两个新表将被添加到数据库中。因为关系到现有 EMPLOYEE 表，这些表的模式是：

EMPLOYEE (<u>EmployeeNumber</u>, FirstName, LastName, *Department*,
  Phone, Email)

COMPUTER (<u>SerialNumber</u>, Make, Model, ProcessorType,
  ProcessorSpeed, MainMemory, DiskSize)

COMPUTER _ ASSIGNMENT (*<u>SerialNumber</u>*, *<u>EmployeeNumber</u>*,

DateAssigned，DateReassigned)

参照完整性约束是：

> COMPUTER＿ASSIGNMENT 的序列号必须存在于 CUSTOMER 的序列号中
>
> COMPUTER＿ASSIGNMENT 的 EmployeeNumber 必须存在于 EMPLOYEE 的 EmployeeNumber 中

EmployeeNumber 是代理键，永远不会改变。员工记录永远不会从数据库中删除。SerialNumber 不是一个代理键，因为它不是由数据库生成的。然而，计算机的 SerialNumber 永远不会改变，因此，没有必要级联更新。当一台计算机在其使用寿命结束时，该电脑的 COMPUTER 表中的记录和 COMPUTER＿AS-SIGNMENT 表中所有相关记录会从数据库中删除。

A. 图 3—22 显示 WPC COMPUTER 的列特性。使用所给的列特性，用 Access SQL 在 WPC. accdb 数据库中创建 COMPUTER 表和相关的约束。是否有不能在 SQL 中创建的表特性？如果有，是什么？如果有必要，可以使用 Access GUI 来完成表特性的设置。

B. COMPUTER 表的数据如图 3—23 所示。使用 Access SQL 将这些数据输入 COMPUTER 表。

C. 图 3—24 显示了 WPC COMPUTER＿ASSIGNMENT 表的列特征。使用所给的列特性，用 Access SQL 在 WPC. accdb 数据库中创建 COMPUTER＿ASSIGNMENT 表和相关的约束。是否有表或联系的设置或特性不能用 SQL 创建？如果有，是什么？如果有必要，可以使用 Access GUI 来完成表特性和联系的设置。

D. COMPUTER＿ASSIGNMENT 表的数据如图 3—25 所示。使用 Access SQL 将这些数据输入 COM-PUTER＿ASSIGNMENT 表。

列名	类型	键	必填	备注
SerialNumber	Number	主键	是	Long Integer
Make	Text (12)	否	是	Must be "Dell" or "Gateway" or "HP" or "Other"
Model	Text (24)	否	是	
ProcessorType	Text (24)	否	否	
ProcessorSpeed	Number	否	是	Double [3, 2]，Between 1.0 and 4.0
MainMemory	Text (15)	否	是	
DiskSize	Text (15)	否	是	

图 3—22　COMPUTER 表的列特性

Serial Number	Make	Model	Processor Type	Processor Speed	Main Memory	Disk Size
9871234	HP	Compaq dx7500	Intel Core 2 Duo	2.80	2.0 GBytes	160 GBytes
9871245	HP	Compaq dx7500	Intel Core 2 Duo	2.80	2.0 GBytes	160 GBytes
9871256	HP	Compaq dx7500	Intel Core 2 Duo	2.80	2.0 GBytes	160 GBytes
9871267	HP	Compaq dx7500	Intel Core 2 Duo	2.80	2.0 GBytes	160 GBytes
9871278	HP	Compaq dx7500	Intel Core 2 Duo	2.80	2.0 GBytes	160 GBytes
9871289	HP	Compaq dx7500	Intel Core 2 Duo	2.80	2.0 GBytes	160 GBytes
6541001	Dell	OptiPlex 960	Intel Core 2 Quad	3.00	4.0 GBytes	320 GBytes
6541002	Dell	OptiPlex 960	Intel Core 2 Quad	3.00	4.0 GBytes	320 GBytes
6541003	Dell	OptiPlex 960	Intel Core 2 Quad	3.00	4.0 GBytes	320 GBytes
6541004	Dell	OptiPlex 960	Intel Core 2 Quad	3.00	4.0 GBytes	320 GBytes
6541005	Dell	OptiPlex 960	Intel Core 2 Quad	3.00	4.0 GBytes	320 GBytes
6541006	Dell	OptiPlex 960	Intel Core 2 Quad	3.00	4.0 GBytes	320 GBytes

图 3—23　WPC COMPUTER 表的数据

181

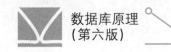
列名	类型	键	必填	备注
SerialNumber	Number	主键，外键	是	Long Integer
EmployeeNumber	Number	主键，外键	是	Long Integer
DateAssigned	Date/Time	主键	是	Medium Date
DateReassigned	Date/Time	否	否	Medium Date

图 3—24　COMPUTER _ ASSIGNMENT 表的列特性

SerialNumber	EmployeeNumber	DateAssigned	DateReassigned
9871234	11	15-Sep-2012	21-Oct-2012
9871245	12	15-Sep-2012	21-Oct-2012
9871256	4	15-Sep-2012	
9871267	5	15-Sep-2012	
9871278	8	15-Sep-2012	
9871289	9	15-Sep-2012	
6541001	11	21-Oct-2012	
6541002	12	21-Oct-2012	
6541003	1	21-Oct-2012	
6541004	2	21-Oct-2012	
6541005	3	21-Oct-2012	
6541006	6	21-Oct-2012	
9871234	7	21-Oct-2012	
9871245	10	21-Oct-2012	

图 3—25　WPC COMPUTER _ ASSIGNMENT 表的数据

E. 谁正在使用 WPC 的哪台计算机？创建合适的 SQL 查询来回答这个问题。显示 SerialNumber，Make 和 Model。也显示 EmployeeID，LastName，FirstName，Department 与 Employee Phone。使用在练习 AW.3.1 中的查询命名规则保存此查询。

F. 谁正在使用 WPC 的哪台计算机？创建一个适当的 QBE 查询去回答这个问题。显示 SerialNumber，Make，Model，ProcessorType 和 ProcessorSpeed。也显示 EmployeeID，LastName，FirstName，Department 与 Employee Phone。排序先按 Department，然后再按员工的 LastName。使用练习 AW.3.2 中的查询命名规则保存此查询。

希瑟·斯威尼设计案例问题

希瑟·斯威尼（Heather Sweeney）是一名室内设计师，专门做家庭的厨房设计。她在其展出、厨房和家电卖场以及其他公共场所提供各类讲座。这些讲座是免费的，这也是她建立客户基础的一种方式。她主要通过销售那些指导人们进行厨房设计的书和视频来赚取收益。她还提供客户定制的设计咨询服务。

当有人出席研讨会后，希瑟要不遗余力地尝试向他/她出售她的产品或服务。因此，她想开发一个数据库来跟踪客户、他们所参加的研讨会、她与客户的联络以及客户所采购的东西。她想用这个数据库继续联系她的客户，并为他们提供产品和服务。

我们以为 Heather Sweeney Designs（HSD）设计数据库的任务为例来先后讨论第 4 章的 HSD 数据模型和第 5 章的 HSD 数据库设计。虽然你将在这些章节中详细学习 HSD 数据库开发，你仍然不需要知道回答下列问题的那些资料。在这里，我们将采取数据库的最终设计并使用你在本章学到的 SQL 技术以在数据库中真正实现它。

BTW

一些教师和教授愿意按照我们在本书中所给出的章节顺序来讲解，而其他人则倾向于在讲授本章中的 SQL 技术前就覆盖第 4 章和第 5 章。这确实是个人喜好的问题（虽然你可能会听到支持一种方法或另外一种方法的一些有力的论据），而且这些案例问题被设计成独立于你学习 SQL、数据建模和数据库设计的顺序。

作为参考，这里显示的 SQL 语句是从图 5—27 的 HSD 数据库设计、图 5—26 所示的列规范以及图 5—28 中详细的参照完整性约束规范构造出来的。

图 3—26 所示的创建 Heather Sweeney Designs（HSD）数据库的 SQL 语句用的是 SQL Server 语法。向 HSD 数据库填充数据的 SQL 语句如图 3—27 所示，仍然使用了 SQL Server 语法。

```
CREATE TABLE SEMINAR(
    SeminarID           Int             NOT NULL IDENTITY (1, 1),
    SeminarDate         DateTime        NOT NULL,
    SeminarTime         DateTime        NOT NULL,
    Location            VarChar(100)    NOT NULL,
    SeminarTitle        VarChar(100)    NOT NULL,
    CONSTRAINT          SEMINAR_PK      PRIMARY KEY(SeminarID)
    );


CREATE TABLE CUSTOMER(
    EmailAddress        VarChar(100)    NOT NULL,
    LastName            Char(25)        NOT NULL,
    FirstName           Char(25)        NOT NULL,
    Phone               Char(12)        NOT NULL,
    [Address]           Char(35)        NULL,
    City                Char(35)        NULL DEFAULT 'Dallas',
    [State]             Char(2)         NULL DEFAULT 'TX',
    ZIP                 Char(10)        NULL DEFAULT '75201',
    CONSTRAINT          CUSTOMER_PK     PRIMARY KEY(EmailAddress)
    );


CREATE TABLE SEMINAR_CUSTOMER(
    SeminarID           Int             NOT NULL,
    EmailAddress        VarChar(100)    NOT NULL,
    CONSTRAINT          S_C_PK PRIMARY KEY(SeminarID,EmailAddress),
    CONSTRAINT          S_C_SEMINAR_FK   FOREIGN KEY(SeminarID)
                            REFERENCES SEMINAR(SeminarID)
                                ON UPDATE NO ACTION
                                ON DELETE NO ACTION,
    CONSTRAINT          S_C_CUSTOMER_FK FOREIGN KEY(EmailAddress)
                            REFERENCES CUSTOMER(EmailAddress)
                                ON UPDATE CASCADE
                                ON DELETE NO ACTION
    );
```

图 3—26　创建 HSD 数据库的 SQL 语句

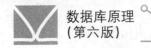

```
CREATE TABLE CONTACT(
    EmailAddress        VarChar(100)        NOT NULL,
    Contact             DateTime            NOT NULL,
    ContactNumber       Int                 NOT NULL,
    ContactType         Char(15)            NOT NULL,
    SeminarID           Int                 NULL,
    CONSTRAINT          CONTACT_PK          PRIMARY KEY(EmailAddress, [Date]),
    CONSTRAINT          CONTACT_SEMINAR_FK FOREIGN KEY(SeminarID)
                            REFERENCES SEMINAR(SeminarID)
                                ON UPDATE NO ACTION
                                ON DELETE NO ACTION,
    CONSTRAINT          CONTACT_CUSTOMER_FK FOREIGN KEY(EmailAddress)
                            REFERENCES CUSTOMER(EmailAddress)
                                ON UPDATE CASCADE
                                ON DELETE NO ACTION
    );


CREATE TABLE PRODUCT(
    ProductNumber       Char(35)            NOT NULL,
    [Description]       VarChar(100)        NOT NULL,
    UnitPrice           Numeric(9,2)        NOT NULL,
    QuantityOnHand      Int                 NOT NULL DEFAULT 0,
    CONSTRAINT          PRODUCT_PK          PRIMARY KEY(ProductNumber)
    );


CREATE TABLE INVOICE(
    InvoiceNumber       Int                 NOT NULL IDENTITY (35000, 1),
    InvoiceDate         DateTime            NOT NULL,
    PaymentType         Char(25)            NOT NULL DEFAULT 'Cash',
    SubTotal            Numeric(9,2)        NULL,
    Shipping            Numeric(9,2)        NULL,
    Tax                 Numeric(9,2)        NULL,
    Total               Numeric(9,2)        NULL,
    EmailAddress        VarChar(100)        NOT NULL,
    CONSTRAINT          INVOICE_PK          PRIMARY KEY (InvoiceNumber),
    CONSTRAINT          INVOICE_CUSTOMER_FK FOREIGN KEY(EmailAddress)
                            REFERENCES Customer(EmailAddress)
                                ON UPDATE CASCADE
                                ON DELETE NO ACTION
    );


CREATE TABLE LINE_ITEM(
    InvoiceNumber       Int                 NOT NULL,
    LineNumber          Int                 NOT NULL,
    Quantity            Int                 NOT NULL,
    UnitPrice           Numeric(9,2)        NOT NULL,
    Total               Numeric(9,2)        NULL,
    ProductNumber       Char(35)            NOT NULL,
    CONSTRAINT          LINE_ITEM_PK PRIMARY KEY(InvoiceNumber, LineNumber),
    CONSTRAINT          L_I_INVOICE_FK   FOREIGN KEY(InvoiceNumber)
                            REFERENCES INVOICE(InvoiceNumber)
                                ON UPDATE NO ACTION
                                ON DELETE CASCADE,
    CONSTRAINT          L_I_PRODUCT_FK   FOREIGN KEY(ProductNumber)
                            REFERENCES PRODUCTProductNumber)
                                ON UPDATE CASCADE
                                ON DELETE NO ACTION
    );
```

图 3—26　创建 HSD 数据库的 SQL 语句（续）

```
/*****     SEMINAR DATA     ***********************************************/
INSERT INTO SEMINAR VALUES(
   '11-OCT-2011', '11:00 AM', 'San Antonio Convention Center',
   'Kitchen on a Budget');
INSERT INTO SEMINAR VALUES(
   '25-OCT-2011', '04:00 PM', 'Dallas Convention Center',
   'Kitchen on a Big D Budget');
INSERT INTO SEMINAR VALUES(
   '01-NOV-2011', '08:30 AM', 'Austin Convention Center',
   'Kitchen on a Budget');
INSERT INTO SEMINAR VALUES(
   '22-MAR-2012', '11:00 AM', 'Dallas Convention Center',
   'Kitchen on a Big D Budget');


/*****     CUSTOMER DATA     **********HSD***********************************/


INSERT INTO CUSTOMER VALUES(
   'Nancy.Jacobs@somewhere.com', 'Jacobs', 'Nancy', '817-871-8123',
   '1440 West Palm Drive', 'Fort Worth', 'TX', '76110');
INSERT INTO CUSTOMER VALUES(
   'Chantel.Jacobs@somewhere.com', 'Jacobs', 'Chantel', '817-871-8234',
   '1550 East Palm Drive', 'Fort Worth', 'TX', '76112');
INSERT INTO CUSTOMER VALUES(
   'Ralph.Able@somewhere.com', 'Able', 'Ralph', '210-281-7987',
   '123 Elm Street', 'San Antonio', 'TX', '78214');
INSERT INTO CUSTOMER VALUES(
   'Susan.Baker@elsewhere.com', 'Baker', 'Susan', '210-281-7876',
   '456 Oak Street', 'San Antonio', 'TX', '78216');
INSERT INTO CUSTOMER VALUES(
   'Sam.Eagleton@elsewhere.com', 'Eagleton', 'Sam', '210-281-7765',
   '789 Pine Street', 'San Antonio', 'TX', '78218');
INSERT INTO CUSTOMER VALUES(
   'Kathy.Foxtrot@somewhere.com', 'Foxtrot', 'Kathy', '972-233-6234',
   '11023 Elm Street', 'Dallas', 'TX', '75220');
INSERT INTO CUSTOMER VALUES(
   'Sally.George@somewhere.com', 'George', 'Sally', '972-233-6345',
   '12034 San Jacinto', 'Dallas', 'TX', '75223');
INSERT INTO CUSTOMER VALUES(
   'Shawn.Hullett@elsewhere.com', 'Hullett', 'Shawn', '972-233-6456',
   '13045 Flora', 'Dallas', 'TX', '75224');
INSERT INTO CUSTOMER VALUES(
   'Bobbi.Pearson@elsewhere.com', 'Pearson', 'Bobbi', '512-974-3344',
   '43 West 23rd Street', 'Auston', 'TX', '78710');
INSERT INTO CUSTOMER VALUES(
   'Terry.Ranger@somewhere.com', 'Ranger', 'Terry', '512-974-4455',
   '56 East 18th Street', 'Auston', 'TX', '78712');
INSERT INTO CUSTOMER VALUES(
   'Jenny.Tyler@somewhere.com', 'Tyler', 'Jenny', '972-233-6567',
   '14056 South Ervay Street', 'Dallas', 'TX', '75225');
INSERT INTO CUSTOMER VALUES(
   'Joan.Wayne@elsewhere.com', 'Wayne', 'Joan', '817-871-8245',
   '1660 South Aspen Drive', 'Fort Worth', 'TX', '76115');
```

图 3—27　向 HSD 数据库填充数据的 SQL 语句

```
/*****     SEMINAR_CUSTOMER DATA     *****************************************/

INSERT INTO SEMINAR_CUSTOMER VALUES(1, 'Nancy.Jacobs@somewhere.com');
INSERT INTO SEMINAR_CUSTOMER VALUES(1, 'Chantel.Jacobs@somewhere.com');
INSERT INTO SEMINAR_CUSTOMER VALUES(1, 'Ralph.Able@somewhere.com');
INSERT INTO SEMINAR_CUSTOMER VALUES(1, 'Susan.Baker@elsewhere.com');
INSERT INTO SEMINAR_CUSTOMER VALUES(1, 'Sam.Eagleton@elsewhere.com');
INSERT INTO SEMINAR_CUSTOMER VALUES(2, 'Kathy.Foxtrot@somewhere.com');
INSERT INTO SEMINAR_CUSTOMER VALUES(2, 'Sally.George@somewhere.com');
INSERT INTO SEMINAR_CUSTOMER VALUES(2, 'Shawn.Hullett@elsewhere.com');
INSERT INTO SEMINAR_CUSTOMER VALUES(3, 'Bobbi.Pearson@elsewhere.com');
INSERT INTO SEMINAR_CUSTOMER VALUES(3, 'Terry.Ranger@somewhere.com');
INSERT INTO SEMINAR_CUSTOMER VALUES(4, 'Kathy.Foxtrot@somewhere.com');
INSERT INTO SEMINAR_CUSTOMER VALUES(4, 'Sally.George@somewhere.com');
INSERT INTO SEMINAR_CUSTOMER VALUES(4, 'Jenny.Tyler@somewhere.com');
INSERT INTO SEMINAR_CUSTOMER VALUES(4, 'Joan.Wayne@elsewhere.com');


/*****     CONTACT DATA     *************************************************/


INSERT INTO CONTACT VALUES(
     'Nancy.Jacobs@somewhere.com', '11-OCT-2011', 1, 'Seminar', 1);
INSERT INTO CONTACT VALUES(
     'Chantel.Jacobs@somewhere.com', '11-OCT-2011', 1, 'Seminar', 1);
INSERT INTO CONTACT VALUES(
     'Ralph.Able@somewhere.com', '11-OCT-2011', 1, 'Seminar', 1);
INSERT INTO CONTACT VALUES(
     'Susan.Baker@elsewhere.com', '11-OCT-2011', 1, 'Seminar', 1);
INSERT INTO CONTACT VALUES(
     'Sam.Eagleton@elsewhere.com', '11-OCT-2011', 1, 'Seminar', 1);

INSERT INTO CONTACT (EmailAddress, ContactDate, ContactNumber, ContactType)
     VALUES(
     'Nancy.Jacobs@somewhere.com', '16-OCT-2011', 2, 'FormLetter01');
INSERT INTO CONTACT (EmailAddress, ContactDate, ContactNumber, ContactType)
     VALUES(
     'Chantel.Jacobs @somewhere.com', '16-OCT-2011', 2, 'FormLetter01');
INSERT INTO CONTACT (EmailAddress, ContactDate, ContactNumber, ContactType)
     VALUES(
     'Ralph.Able@somewhere.com', '16-OCT-2011', 2, 'FormLetter01');
INSERT INTO CONTACT (EmailAddress, ContactDate, ContactNumber, ContactType)
     VALUES(
     'Susan.Baker@elsewhere.com', '16-OCT-2011', 2, 'FormLetter01');
INSERT INTO CONTACT (EmailAddress, ContactDate, ContactNumber, ContactType)
     VALUES(
     'Sam.Eagleton@elsewhere.com', '16-OCT-2011', 2, 'FormLetter01');

INSERT INTO CONTACT VALUES(
     'Kathy.Foxtrot@somewhere.com', '25-OCT-2011', 1, 'Seminar', 2);
INSERT INTO CONTACT VALUES(
     'Sally.George@somewhere.com', '25-OCT-2011', 1, 'Seminar', 2);
INSERT INTO CONTACT VALUES(
     'Shawn.Hullett@elsewhere.com', '25-OCT-2011', 1, 'Seminar', 2);
```

图 3—27　向 HSD 数据库填充数据的 SQL 语句（续）

```
INSERT INTO CONTACT VALUES(
      'Bobbi.Pearson@elsewhere.com', '01-NOV-2011', 1, 'Seminar', 3);
INSERT INTO CONTACT VALUES(
      'Terry.Ranger@somewhere.com', '01-NOV-2011', 1, 'Seminar', 3);
INSERT INTO CONTACT (EmailAddress, ContactDate, ContactNumber, ContactType)
      VALUES(
      'Bobbi.Pearson@elsewhere.com', '06-NOV-2011', 2, 'FormLetter01');
INSERT INTO CONTACT (EmailAddress, ContactDate, ContactNumber, ContactType)
      VALUES(
      'Terry.Ranger@somewhere.com', '06-NOV-2011', 2, 'FormLetter01');
INSERT INTO CONTACT (EmailAddress, ContactDate, ContactNumber, ContactType)
      VALUES(
      'Kathy.Foxtrot@somewhere.com', '20-FEB-2012', 3, 'FormLetter02');
INSERT INTO CONTACT (EmailAddress, ContactDate, ContactNumber, ContactType)
      VALUES(
      'Sally.George@somewhere.com', '20-FEB-2012', 3, 'FormLetter02');
INSERT INTO CONTACT (EmailAddress, ContactDate, ContactNumber, ContactType)
      VALUES(
      'Shawn.Hullett@elsewhere.com', '20-FEB-2012', 3, 'FormLetter02');

INSERT INTO CONTACT VALUES(
      'Kathy.Foxtrot@somewhere.com', '22-MAR-2012', 4, 'Seminar', 4);
INSERT INTO CONTACT VALUES(
      'Sally.George@somewhere.com', '22-MAR-2012', 4, 'Seminar', 4);
INSERT INTO CONTACT VALUES(
      'Jenny.Tyler@somewhere.com', '22-MAR-2012', 1, 'Seminar', 4);
INSERT INTO CONTACT VALUES(
      'Joan.Wayne@elsewhere.com', '22-MAR-2012', 1, 'Seminar', 4);


/*****   PRODUCT DATA    **********************************************/

INSERT INTO PRODUCT VALUES(
      'VK001', 'Kitchen Remodeling Basics - Video', 14.95, 50);
INSERT INTO PRODUCT VALUES(
      'VK002', 'Advanced Kitchen Remodeling - Video', 14.95, 35);
INSERT INTO PRODUCT VALUES(
      'VK003', 'Kitchen Remodeling Dallas Style - Video', 19.95, 25);
INSERT INTO PRODUCT VALUES(
      'VK004', 'Heather Sweeney Seminar Live in Dallas on 25-OCT-09 - Video',
      24.95, 20);
INSERT INTO PRODUCT VALUES(
      'VB001', 'Kitchen Remodeling Basics - Video Companion', 7.99, 50);
INSERT INTO PRODUCT VALUES(
      'VB002', 'Advanced Kitchen Remodeling - Video Companion', 7.99, 35);
INSERT INTO PRODUCT VALUES(
      'VB003', 'Kitchen Remodeling Dallas Style - Video Companion',
      9.99, 25);
INSERT INTO PRODUCT VALUES(
      'BK001', 'Kitchen Remodeling Basics For Everyone - Book', 24.95, 75);
INSERT INTO PRODUCT VALUES(
      'BK002', 'Advanced Kitchen Remodeling For Everyone - Book', 24.95, 75);
```

图 3—27 向 HSD 数据库填充数据的 SQL 语句（续）

```
/*****    INVOICE DATA     ***************************************************/

/*****    Invoice 35000    ***************************************************/
INSERT INTO INVOICE VALUES(
     '15-Oct-11', 'VISA', 22.94, 5.95, 1.31, 30.20,
     'Ralph.Able@somewhere.com');
INSERT INTO LINE_ITEM VALUES(35000, 1, 1, 14.95, 14.95, 'VK001');
INSERT INTO LINE_ITEM VALUES(35000, 2, 1, 7.99, 7.99, 'VB001');

/*****    Invoice 35001    ***************************************************/
INSERT INTO INVOICE VALUES(
     '25-Oct-11', 'MasterCard', 47.89, 5.95, 2.73, 56.57,
     'Susan.Baker@elsewhere.com');
INSERT INTO LINE_ITEM VALUES(35001, 1, 1, 14.95, 14.95, 'VK001');
INSERT INTO LINE_ITEM VALUES(35001, 2, 1, 7.99, 7.99, 'VB001');
INSERT INTO LINE_ITEM VALUES(35001, 3, 1, 24.95, 24.95, 'BK001');

/*****    Invoice 35002    ***************************************************/
INSERT INTO INVOICE VALUES(
     '20-Dec-11', 'VISA', 24.95, 5.95, 1.42, 32.32,
     'Sally.George@somewhere.com');
INSERT INTO LINE_ITEM VALUES(35002, 1, 1, 24.95, 24.95, 'VK004');

/*****    Invoice 35003    ***************************************************/
INSERT INTO INVOICE VALUES(
     '25-Mar-12', 'MasterCard', 64.85, 5.95, 3.70, 74.50,
     'Susan.Baker@elsewhere.com');
INSERT INTO LINE_ITEM VALUES(35003, 1, 1, 14.95, 14.95, 'VK002');
INSERT INTO LINE_ITEM VALUES(35003, 2, 1, 24.95, 24.95, 'BK002');
INSERT INTO LINE_ITEM VALUES(35003, 3, 1, 24.95, 24.95, 'VK004');

/*****    Invoice 35004    ***************************************************/
INSERT INTO INVOICE VALUES(
     '27-Mar-12', 'MasterCard', 94.79, 5.95, 5.40, 106.14,
     'Kathy.Foxtrot@somewhere.com');
INSERT INTO LINE_ITEM VALUES(35004, 1, 1, 14.95, 14.95, 'VK002');
INSERT INTO LINE_ITEM VALUES(35004, 2, 1, 24.95, 24.95, 'BK002');
INSERT INTO LINE_ITEM VALUES(35004, 3, 1, 19.95, 19.95, 'VK003');
INSERT INTO LINE_ITEM VALUES(35004, 4, 1, 9.99, 9.99, 'VB003');
INSERT INTO LINE_ITEM VALUES(35004, 5, 1, 24.95, 24.95, 'VK004');

/*****    Invoice 35005    ***************************************************/
INSERT INTO INVOICE VALUES(
     '27-Mar-12', 'MasterCard', 94.80, 5.95, 5.40, 106.15,
     'Sally.George@somewhere.com');
INSERT INTO LINE_ITEM VALUES(35005, 1, 1, 24.95, 24.95, 'BK001');
INSERT INTO LINE_ITEM VALUES(35005, 2, 1, 24.95, 24.95, 'BK002');
INSERT INTO LINE_ITEM VALUES(35005, 3, 1, 19.95, 19.95, 'VK003');
INSERT INTO LINE_ITEM VALUES(35005, 4, 1, 24.95, 24.95, 'VK004');
```

图 3—27　向 HSD 数据库填充数据的 SQL 语句（续）

```
/*****    Invoice 35006    ************************************************/
INSERT INTO INVOICE VALUES(
      '31-Mar-12', 'VISA', 47.89,   5.95, 2.73, 56.57,
      'Bobbi.Pearson@elsewhere.com');
INSERT INTO LINE_ITEM VALUES(35006, 1, 1, 24.95, 24.95, 'BK001');
INSERT INTO LINE_ITEM VALUES(35006, 2, 1, 14.95, 14.95, 'VK001');
INSERT INTO LINE_ITEM VALUES(35006, 3, 1, 7.99, 7.99, 'VB001');

/*****    Invoice 35007    ************************************************/
INSERT INTO INVOICE VALUES(
      '03-Apr-12', 'MasterCard', 109.78, 5.95, 6.26, 121.99,
      'Jenny.Tyler@somewhere.com');
INSERT INTO LINE_ITEM VALUES(35007, 1, 2, 19.95, 39.90, 'VK003');
INSERT INTO LINE_ITEM VALUES(35007, 2, 2, 9.99, 19.98, 'VB003');
INSERT INTO LINE_ITEM VALUES(35007, 3, 2, 24.95, 49.90, 'VK004');

/*****    Invoice 35008    ************************************************/
INSERT INTO INVOICE VALUES(
      '08-Apr-12', 'MasterCard', 47.89,   5.95, 2.73, 56.57,
      'Sam.Eagleton@elsewhere.com');
INSERT INTO LINE_ITEM VALUES(35008, 1, 1, 24.95, 24.95, 'BK001');
INSERT INTO LINE_ITEM VALUES(35008, 2, 1, 14.95, 14.95, 'VK001');
INSERT INTO LINE_ITEM VALUES(35008, 3, 1, 7.99, 7.99, 'VB001');

/*****    Invoice 35009    ************************************************/
INSERT INTO INVOICE VALUES(
      '08-Apr-12', 'VISA', 47.89,   5.95, 2.73, 56.57,
      'Nancy.Jacobs@somewhere.com');
INSERT INTO LINE_ITEM VALUES(35009, 1, 1, 24.95, 24.95, 'BK001');
INSERT INTO LINE_ITEM VALUES(35009, 2, 1, 14.95, 14.95, 'VK001');
INSERT INTO LINE_ITEM VALUES(35009, 3, 1, 7.99, 7.99, 'VB001');

/*****    Invoice 35010    ************************************************/
INSERT INTO INVOICE VALUES(
      '23-Apr-12', 'VISA', 24.95,   5.95, 1.42, 32.32,
      'Ralph.Able@somewhere.com');
INSERT INTO LINE_ITEM VALUES(35010, 1, 1, 24.95, 24.95, 'BK001');

/*****    Invoice 35011    ************************************************/
INSERT INTO INVOICE VALUES(
      '07-May-12', 'VISA', 22.94,   5.95, 1.31, 30.20,
      'Bobbi.Pearson@elsewhere.com');
INSERT INTO LINE_ITEM VALUES(35011, 1, 1, 14.95, 14.95, 'VK002');
INSERT INTO LINE_ITEM VALUES(35011, 2, 1, 7.99, 7.99, 'VB002');

/*****    Invoice 35012    ************************************************/
INSERT INTO INVOICE VALUES(
      '21-May-12', 'MasterCard', 54.89, 5.95, 3.13, 63.97,
      'Shawn.Hullett@elsewhere.com');
INSERT INTO LINE_ITEM VALUES(35012, 1, 1, 19.95, 19.95, 'VK003');
INSERT INTO LINE_ITEM VALUES(35012, 2, 1, 9.99, 9.99, 'VB003');
INSERT INTO LINE_ITEM VALUES(35012, 3, 1, 24.95, 24.95, 'VK004');
```

图 3—27   向 HSD 数据库填充数据的 SQL 语句（续）

```
/*****     Invoice 35013    *******************************************************/
INSERT INTO INVOICE VALUES(
      '05-Jun-12', 'VISA', 47.89,    5.95, 2.73, 56.57,
      'Ralph.Able@somewhere.com');
INSERT INTO LINE_ITEM VALUES(35013, 1, 1, 14.95, 14.95, 'VK002');
INSERT INTO LINE_ITEM VALUES(35013, 2, 1, 7.99, 7.99, 'VB002');
INSERT INTO LINE_ITEM VALUES(35013, 3, 1, 24.95, 24.95, 'BK002');

/*****     Invoice 35014    *******************************************************/
INSERT INTO INVOICE VALUES(
      '05-Jun-12', 'MasterCard', 45.88, 5.95, 2.62, 54.45,
      'Jenny.Tyler@somewhere.com');
INSERT INTO LINE_ITEM VALUES(35014, 1, 2, 14.95, 29.90, 'VK002');
INSERT INTO LINE_ITEM VALUES(35014, 2, 2, 7.99, 15.98, 'VB002');

/*****     Invoice 35015    *******************************************************/
INSERT INTO INVOICE VALUES(
      '05-Jun-12', 'MasterCard', 94.79, 5.95, 5.40, 106.14,
      'Joan.Wayne@elsewhere.com');
INSERT INTO LINE_ITEM VALUES(35015, 1, 1, 14.95, 14.95, 'VK002');
INSERT INTO LINE_ITEM VALUES(35015, 2, 1, 24.95, 24.95, 'BK002');
INSERT INTO LINE_ITEM VALUES(35015, 3, 1, 19.95, 19.95, 'VK003');
INSERT INTO LINE_ITEM VALUES(35015, 4, 1, 9.99, 9.99, 'VB003');
INSERT INTO LINE_ITEM VALUES(35015, 5, 1, 24.95, 24.95, 'VK004');

/*****     Invoice 35016    *******************************************************/
INSERT INTO INVOICE VALUES(
      '05-Jun-12', 'VISA', 45.88,    5.95, 2.62, 54.45,
      'Ralph.Able@somewhere.com');
INSERT INTO LINE_ITEM VALUES(35016, 1, 1, 14.95, 14.95, 'VK001');
INSERT INTO LINE_ITEM VALUES(35016, 2, 1, 7.99, 7.99, 'VB001');
INSERT INTO LINE_ITEM VALUES(35016, 3, 1, 14.95, 14.95, 'VK002');
INSERT INTO LINE_ITEM VALUES(35016, 4, 1, 7.99, 7.99, 'VB002');

/***********************************************************************************/
```

图 3—27　向 HSD 数据库填充数据的 SQL 语句（续）

写出 SQL 语句并回答关于这个数据库的如下问题：

A. 在你的 DBMS 中创建一个名为 HSD 的数据库。

B. 基于图 3—26 写出 SQL 脚本来创建表和 HSD 数据库之间的关系。保存该脚本，然后运行它来创建 HSD 的表。

C. 根据图 3—27 写出为 HSD 数据库插入数据的 SQL 脚本。保存该脚本，然后运行该脚本来填充 HSD 表的数据。

注：对于问题 D 到问题 O 的答案，你应该创建一个 SQL 脚本来保存你的 SQL 语句。你可以使用一个脚本包含所有必要的语句。其中还可以包括直到问题 P 的答案，但一定把答案放在注释标记中以便它被 DBMS 解释为一条注释而不会被实际运行！

D. 写出 SQL 语句列出所有表的所有列。

E. 写出 SQL 语句列出所有住在 Dallas 的客户的 LastName、FirstName 和 Phone。

F. 写出 SQL 语句列出所有住在 Dallas 并且 LastName 开头字母为 T 的客户的 LastName、FirstName 和 Phone。

G. 写出 SQL 语句列出售出产品中包括"Heather Sweeney Seminar Live in Dallas on 25-OCT-09-Video"的发票（INVOICE 表）的 InvoiceNumber。使用一个子查询来完成。（**提示**：因为问题问的是

INVOICE. InvoiceNumber，所以正确的解决方案要在查询中使用三个表。另外，也有一个可能的解决方案是在查询中只用两个表。）

H. 使用连接回答问题 G。（**提示**：因为问题问的是 INVOICE. InvoiceNumber，所以正确的解决方案要在查询中使用三个表。另外，也有一个可能的解决方案是在查询中只用两个表。）

I. 写一个 SQL 语句来列出部分客户的 FirstName、LastName 和 Phone（每个名字只列出一次）。要求：这些客户参加了研讨会 "Kitchen on a Big D Budget"，结果先按 LastName 降序排列，然后按 FirstName 降序排列。

J. 写出 SQL 语句来列出购买了一个视频产品的客户的 FirstName、LastName、Phone、ProductNumber 和 Description（每个名称和视频产品的组合只列出一次）。结果先按 LastName 降序排列，然后按 FirstName 降序排列，最后按照 ProductNumber 降序排列。（**提示**：视频产品的 ProductNumber 以 VK 开始）。

K. 写出 SQL 语句来显示 INVOICE 表中 SubTotal（这是 HSD 从销售的产品赚到的钱，不包括运费和税）的总和，记为 SumOfSubTotal。

L. 写出 SQL 语句来显示 INVOICE 表中 SubTotal 值（这是 HSD 从销售的产品赚到的钱，不包括运费和税）的平均值，记为 AverageOfSubTotal。

M. 写出 SQL 语句同时显示 INVOICE 表中 SubTotal 值（这是 HSD 从销售的产品赚到的钱，不包括运费和税）的总和和平均值，分别记为 SumOfSubTotal 和 AverageOfSubTotal。

N. 写出 SQL 语句来修改 PRODUCT 中 ProductNumber 为 VK004 的产品的 UnitPrice 为 34.95 美元，而不是当前的 24.95 美元。

O. 写出 SQL 语句撤销在问题 P 中对 UnitPrice 的修改。

P. 不要在你实际的数据库中运行下面问题的答案！写出数量最少的 DELETE 语句来删除数据库中所有的数据，但保持表的结构完好。

丽园项目问题

假设丽园设计了包括下表的数据库：

OWNER（OwnerID，OwnerName，OwnerEmail，OwnerType）
PROPERTY（PropertyID，PropertyName，Street，City，State，Zip，*OwnerID*）
EMPLOYEE（EmployeeID，LastName，FirstName，CellPhone，ExperienceLevel）
SERVICE（*PropertyID*，*EmployeeID*，SeviceDate，HoursWorked）

参照完整性约束包括：

PROPERTY 的 OwnerID 必须存在于 OWNER 的 OwnerID 中
SERVICE 的 PropertyID 必须存在于 PROPERTY 的 PropertyID 中
SERVICE 的 EmployeeID 必须存在于 EMPLOYEE 的 EmployeeID 中

假设 OWNER 表的 OwnerID、PROPERTY 表的 PropertyID 以及 EMPLOYEE 表的 EmployeeID 都是代理键，键值如下：

OwnerID 从 1 开始，增量为 1
PropertyID 从 1 开始，增量为 1

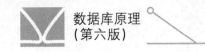

EmployeeID 从 1 开始，增量为 1

部分样本数据如图 2—32 所示，但你需要创建额外的数据来填允表。（或者，你的老师会提供一个数据集）。Type 可以是 Individual 或 Corporation，而 ExperienceLevel 可以是 Junior、Senior、Master 或 Super-Master 之一。这些表、参照完整性约束和数据都作为你在后面的练习中所创建的 SQL 语句的基础。如果可能，在实际的 DBMS 运行这些语句，并在适当情况下获得结果。将数据库命名为 GARDEN _ GLORY。

使用与正在使用的 DBMS 一致的数据类型。如果你使用的不是一个实际的 DBMS，那么始终使用图 3—5 所示的 SQL Server、Oracle 数据库或 MySQL 的数据类型来表示你所使用的数据类型。对你写的每个 SQL 语句都根据你的数据显示结果。

写出 SQL 语句并回答下面关于该数据库的问题：

A. 写出每个表的 CREATE TABLE 语句。

B. 写出每个表的联系中的外键约束。关于级联更新和删除作出自己的假设，并说明这些假设的合理性。（提示：你可以组合回答问题 A 和 B 的 SQL。）

C. 写出 SQL 语句以在每个表中至少插入三行数据。假设任何代理键的值将由 DBMS 提供。可以合理使用图 2—32 中的数据。

D. 写出 SQL 语句来列出所有表的所有列。

E. 写出 SQL 语句来列出所有经验等级为 Master 的员工的 LastName、FirstName 和 CellPhone。

F. 写出 SQL 语句来列出所有经验等级为 Master 且名字开头字母为 J 的员工的名字和 CellPhone。

G. 写出 SQL 语句来列出曾在纽约某个物业工作过的员工的名字。使用子查询。

H. 使用连接回答问题 G。

I. 写一个 SQL 语句列出曾在某个公司拥有的物业工作过的员工的名字。使用子查询。

J. 使用连接回答问题 I。

K. 写出 SQL 语句来显示每个员工的姓名和工时的总数。

L. 写出 SQL 语句来显示 EMPLOYEE 的每个 ExperienceLevel 的工时的总数。结果按照 ExperienceLevel 降序排列。

M. 写出 SQL 语句来显示每种类型的 OWNER 的 HoursWorked 总和，但不包括 ExperienceLevel 为 "Junior" 的员工所提供的服务，也不包括任何少于三名成员的类型。

N. 写出 SQL 语句来将所有 ExperienceLevel 为 "Master" 的 EMPLOYEE 行修改为 "SuperMaster"。

O. 写出 SQL 语句来切换所有值为 "Junior" 和 "Senior" 的行，即当前 ExperienceLevel 值为 "Junior" 的行设置为 "Senior"，并且值为 "Senior" 的行设置为 "Junior"。

P. 假定问题 B 的答案中你的假设是级联删除，那么写数量最少的 DELETE 语句来删除数据库中所有的数据，但保持表结构完好。如果你在使用一个实际的数据库，不要运行这些语句！

詹姆斯河珠宝项目问题

詹姆斯河珠宝项目问题可访问在线附录 D，它可以直接从教科书的网站：www. pearsonhighered. com/kroenke 下载。

安妮女王古玩店项目问题

假设安妮女王古玩店设计了包括下表的数据库：

CUSTOMER（CustomerID，LastName，FirstName，Address，City，State，ZIP，Phone，Email）

EMPLOYEE（EmployeeID，LastName，FirstName，Phone，Email）

VENDOR（VendorID，CompanyName，ContactLastName，ContactFirstName，Address，City，State，ZIP，Phone，Fax，Email）

ITEM（ItemID，ItemDescription，PurchaseDate，ItemCost，ItemPrice，*VendorID*）

SALE（SaleID，*CustomerID*，*EmployeeID*，SaleDate，SubTotal，Tax，Total）

SALE_ITEM（*SaleID*，SaleItemID，*ItemID*，ItemPrice）

参照完整性约束包括：

PURCHASE 的 CustomerID 必须存在于 CUSTOMER 的 CustomerID 中

ITEM 的 VendorID 必须存在于 VENDOR 的 VendorID 中

SALE 的 CustomerID 必须存在于 CUSTOMER 的 CustomerID 中

SALE 的 EmployeeID 必须存在于 EMPLOYEE 的 EmployeeID 中

SALE_ITEM 的 SaleID 必须存在于 SALE 的 SaleID 中

SALE_ITEM 的 ItemID 必须存在于 ITEM 的 ItemID 中

假设 CUSTOMER 的 CustomerID、EMPLOYEE 的 EmployeeID、ITEM 的 ItemID、SALE 的 SaleID 和 SALE_ITEM 的 SaleItemID 都是代理键，键值如下：

CustomerID 从 1 开始，增量为 1

EmployeeID 从 1 开始，增量为 1

VendorID 从 1 开始，增量为 1

ItemID 从 1 开始，增量为 1

SaleID 从 1 开始，增量为 1

供应商可能是一个人或一个公司。如果供应商是个人，CompanyName 字段为空，而 ContactLastName 和 ContactFirstName 字段必须有数据值。如果供应商是一家公司，公司名称记录在 CompanyName 字段中，并且公司主要联系人的名字记录在 ContactLastName 和 ContactFirstName 字段。

部分样本数据如图 2—34 和图 2—35 所示，但你需要创建额外的数据来填充表。（或者，你的老师会提供一个数据集。）这些表、参照完整性约束和数据作为你在后面练习中所创建的 SQL 语句的基础。如果可能，在实际的 DBMS 运行这些语句，并在适当情况下获得结果。将数据库命名为 QACS。

使用与正在使用的 DBMS 一致的数据类型。如果你使用的不是一个实际的 DBMS，那么始终使用图 3—5 所示的 SQL Server、Oracle 数据库或 MySQL 的数据类型来表示你所使用的数据类型。对你写的每个 SQL 语句都根据你的数据显示结果。

写出 SQL 语句并回答下面关于这个数据库的问题：

A. 写出每个表的 CREATE TABLE 语句。

B. 写出每个表的联系中的外键约束。关于级联更新和删除作出自己的假设，并说明这些假设的合理性。

（提示：你可以组合回答问题 A 和 B 的 SQL。）

C. 写出 SQL 语句以在每个表中至少插入三行数据。假设任何代理键的值将由 DBMS 提供。可以合理地使用图 2—34 和图 2—35 中的数据。

D. 写出 SQL 语句来列出所有表的所有列。

E. 写一个 SQL 语句来列出所有价格是 1 000 美元或以上的项目的 ItemID 和 ItemDescription。

F. 写出 SQL 语句来列出所有价格是 1 000 美元或以上并且均购自 CompanyName 以 "New" 开始的供应商的项目的 ItemNumber 和 Description。

G. 写出 SQL 语句来列出完成了 SaleID 为 1 的购货的客户的 LastName、FirstName 和 Phone。使用子查询。

H. 使用连接回答问题 G。

I. 写出一个 SQL 语句来列出完成了 SaleID 为 1、2 和 3 的购货的客户的 LastName、FirstName 和 Phone。使用子查询。

J. 使用连接回答问题 I。

K. 写出 SQL 语句来列出至少完成了一次 SubTotal 超过 500 美元的购物的客户的 LastName、First-Name 和 Phone。使用子查询。

L. 使用连接回答问题 K。

M. 写出 SQL 语句来列出购买过 ItemPrice 为 500 美元或以上的物品的客户的 LastName、FirstName 和 Phone。使用子查询。

N. 回答问题 M，但要使用连接。

O. 写出 SQL 语句来列出购买过 CompanyName 以字母 L 开头的供应商提供的物品的客户的 LastName、FirstName 和 Phone。使用子查询。

P. 回答问题 O，但要使用连接。

Q. 写出 SQL 语句来显示每个客户的 SubTotal 的总和。列出客户的 CustomerID、LastName、First-Name、Phone 和计算结果。SubTotal 总和命名为 SumOfSubTotal，并且对结果按 CustomerID 进行降序排列。

R. 写出 SQL 语句来将 CompanyName 为 "Linens and Things" 的供应商改名为 "Linens and Other Stuff"。

S. 写出 SQL 语句来切换所有 CompanyName 值为 "Linens and Things" 和 "Lamps and Lighting" 的行，即当前 CompanyName 值为 "Linens and Things" 的行设置为 "Lamps and Lighting"，相反地，值为 "Lamps and Lighting" 的行设置为 "Linens and Things"。

T. 假定在问题 B 的答案中你的假设是级联删除，那么写数量最少的 DELETE 语句来删除数据库中的所有数据，但保持表的结构完好。如果你在使用一个实际的数据库，不要运行这些语句！

第二部分
数据库设计

第一部分介绍了关系数据库管理的基本概念和技术。在第1章，你了解了数据库由相关的表组成以及数据库系统的主要组件。第2章介绍了关系模型，以及函数依赖和范式的基本思路。在第3章，你学会了如何使用 SQL 语句来创建和操作数据库。

　　之前介绍的内容为你提供了理解数据库管理系统的背景知识以及需要的基本工具和技术。但是，你还不知道如何应用这些技术来解决业务问题。举例来说，你进入一个小企业，比如，一家书店，并被要求构建一个数据库以支持一个频繁买者的程序。你要怎么做？前面的章节假设数据库的设计已经存在。那么你如何创建数据库的设计？

　　接下来的两章解决这一重要主题。第4章的开头介绍了数据库设计的概述，然后，我们描述了数据建模——一种用来表示数据库需求的技术。在第5章中，你将学习如何将一个数据模型转换成关系数据库的设计。数据库的设计完成后，它将在一个使用第3章中介绍的 SQL 语句进行操纵的 DBMS 中实现。你将在第三部分学习有关管理和使用这个数据库的相关内容。

第4章
数据建模和实体—联系模型

本章目标

- 了解数据库开发的基本阶段
- 了解数据模型的目的和作用
- 了解 E—R 数据模型的主要组成部分
- 了解如何解释传统的 E—R 图
- 了解如何解释信息工程（information engineering，IE）模型中的鱼尾纹（Crow's Foot）E—R 图
- 学习构建 E—R 图
- 了解如何使用 E—R 模型表示 1∶1、1∶N、N∶M 和二元关系
- 了解两种弱实体，并知道如何使用它们
- 了解非识别和识别关系并知道如何使用它们
- 知道如何使用 E—R 模型表示子类型实体
- 知道如何使用 E—R 模型表示递归联系
- 了解如何从源文档创建 E—R 图

数据库开发过程（database development process）包括三个主要阶段：需求分析、组件设计和实现。在**需求分析阶段**（requirements analysis stage，也称为**需求阶段**（requirements stage）），系统的用户接受采访，并获得样本表单、报表、查询和更新活动的描述。这些系统需求用于在需求分析阶段创建一个**数据模型**（data model）。数据模型代表了可以满足系统需求的数据的内容、联系和约束。通常，未来系统的原型或选出的部分示范功能在需求阶段内被构建。这些原型用来得到系统用户的反馈。

在**组件设计阶段**（component design stage，也被称为**系统设计阶段**（system design stage）和**设计阶段**（design stage）），数据模型被转换成**数据库设计**（database design）。这个设计包括表、联系和约束。设计包括表名和表中所有列的列名。设计还包含列的数据类型和属性，以及主键和外键的描述。数据约束包括对数据值的限制（例如零件编号为 7 位数字且开头的数字是 3）、参照完整性约束和业务规则。针对某制造公司的一个业务规则的例子是：所购买的每一个零件至少有两家供应商的报价。

数据库开发的最后一个阶段是**实现阶段**（implementation stage）。在这个阶段，在 DBMS 中构建数据库，并填充数据；查询、表单和报表被创建；应用程序要写好；并且这些都经过了测试。最后，这个阶段中的用户都要参与培训，文档编写完成，然后新系统投入使用。

我们所描述的数据库开发过程是**系统开发生命周期**（systems development life cycle，SDLC）模型的一个子集。在线附录 D "Getting Started in Systems Analysis and Design"（系统分析与设计入门）中详细描述了 SDLC。如果你想了解更多有关在数据库开发过程中如何融入用于业务的信息系统的构建过程的信息，可

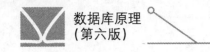

以参阅附录 D。在这一章中我们简要地介绍需求分析阶段，然后专注于需求分析中的数据建模部分。在第 5 章中，我们将看到如何在组件设计阶段将数据模型转换成数据库设计。数据库本身将在 SDLC 的实现阶段建成并通过 DBMS 填充数据，这部分工作将由第 3 章描述的 SQL 完成。

需求分析

图 4—1 列出了用户需求的来源。正如在线附录 D 所指出的以及你在系统开发课程中也将学到的那样，一般的做法是确定新信息系统的用户并对他们进行访谈。通过访谈可以获得现有表单、报表和查询的例子。此外，用户将被问及更改现有表单、报表、查询以及建立新表单、报表、查询的需要。

用例（use cases）描述了用户使用新信息系统的特性和功能的方法。每个用例包括了用户在使用系统时所担当的角色以及活动场景的描述。为系统提供的输入和系统生成的输出也被定义。有时几十个这样的用例是必要的。用例提供了需求的来源，也可以用来验证数据模型、设计和实现。

除了这些需求，还需要记录数据项的特征。对于每个表单、报表和查询中的数据项，团队需要确定其数据类型、属性，以及取值上的限制。

最后，在建立需求的过程中，系统开发人员需要记录约束数据库活动的业务规则。一般说来，这些规则来自于业务政策和实践。例如，下面是可能涉及学术数据库的业务规则：

- 报名任何班级前，学生必须申报专业。
- 平均绩分点大于等于 3.70 的大三或大四学生可以报名研究生班。
- 导师指导的学生不能超过 25 个人。
- 学生可申报一个或两个专业，但不能申报更多。

```
用户访谈
表单
报表
查询
用例
业务规则
```

图 4—1　数据库应用的需求来源

实体—联系数据模型

前一节中所描述的系统要求，虽然作为第一步是必要和重要的，但仍然不足以完成数据库的设计。为了能够用作数据库设计的基础，这些需求必须转换成数据模型。正如在写应用程序时，程序逻辑必须先用流程图或对象图记录下来，而当创建一个数据库时，数据需求必须先用数据模型记录下来。

可以使用不同的技术来创建数据模型。目前最流行的是 Peter Chen[①] 在 1976 年首次提出的**实体—联系模**

[①]　Peter P. Chen, "The Entity-Relationship Model——Towards a Unified View of Data," *ACM Transactions on Database Systems*（January 1976）：9-36.

型（entity-relationship model）。Chen 的基本模型已经被扩展为**扩展的实体联系（E—R）模型**（extended entity-relationship model）。我们现在提到 E—R 模型时，指的都是扩展的 E—R 模型，也是我们在本书中所使用的。

E—R 模型的几个版本都在使用。我们将从传统的 E—R 模型开始介绍。在介绍完 E—R 模型的基本原则后，我们将在本章后面考虑和使用 E—R 模型的另一版本。

E—R 模型中最重要的元素是实体、属性、标识符和关系。我们依次考虑它们。

实体

实体（entity）是用户想要记录的东西。实体的例子包括：CUSTOMER John Doe、PURCHASE 12345、PRODUCT A4200、SALES_ORDER 1000、SALESPERSON John Smith 和 SHIPMENT 123400。给定类型的实体组为一个**实体类**（entity class）。因此，员工 EMPLOYEE 实体类是所有 EMPLOYEE 实体的集合。在本书中，实体类用大写字母表示。

实体类的**实体实例**（entity instance）是一个特定的实体的出现，如 CUSTOMER 12345。了解实体类和实体实例之间的差异是很重要的。实体类是实体的集合，并由该类中实体的结构描述。通常，一个实体类中存在实体的很多实例。例如，CUSTOMER 类有许多实例，即数据库中的每个客户。图 4—2 展示 ITEM 实体类和它的两个实例。

实体类

两个实体实例

图 4—2　ITEM 实体和两个实体实例

在开发一个数据模型时，开发人员分析表单、报表、查询和其他系统需求。实体通常是一个或多个表格或报表的主体，或者是一个或多个表单或报表的主要部分。例如，一个名为 PRODUCT Data Entry Form 的表单很可能暗示实体类称作 PRODUCT。类似地，一个名为 CUSTOMER PURCHASE Summary 的报表暗示业务包含客户实体 CUSTOMER 和采购实体 PURCHASE。

属性

实体具有**属性**（attibutes）来描述实体的特性。属性的例子包括 EmployeeName、DateOfHire 和 Job-SkillCode。在本书中，属性由大写和小写字母的组合表示。E—R 模型假定一个给定的实体类的所有实例具有相同的属性。例如，在图 4—2 中，ITEM 实体具有 ItemNumber、Description、Cost、ListPrice 和 QuantityOnHand 等属性。

属性具有数据类型（字符、数值、日期、货币等）和根据系统需求所确定的性质。特性说明该属性是否是必填的，是否具有一个默认值，其值是否有限制等任何其他约束。

标识符

实体的实例具有**标识符**（identifiers），这是可以命名或标识实体实例的属性。例如，图 4—2 中的 ITEM 实体使用 ItemNumber 作为标识符。同样地，EMPLOYEE 实例可以通过 SocialSecurityNumber 或 EmployeeNumber 或 EmployeeName 标识。但 EMPLOYEE 实例不太可能被 Salary 或 DateOfHire 属性标识，因为这些属性通常不具有命名功能。CUSTOMER 实例可以由 CustomerNumber 或 CustomerName 标识，SALES_ORDER 实例可以由 OrderNumber 标识。

实体实例的标识符由实体的一个或多个属性组成。包含两个或两个以上属性的标识符称为**复合标识符**（composite identifiers）。比如（AreaCode，LocalNumber），（ProjectName，TaskName）和（FirstName，LastName，PhoneExtension）。

标识符可能唯一也可能非唯一。**唯一标识符**（unique identifier）的值只标识一个实体实例。反过来，**非唯一标识符**（nonunique identifier）的值标识一组实例。EmployeeNumber 通常是唯一标识符，但 EmployeeName 则很可能是非唯一标识符（比如，公司可能会雇佣不止一个 John Smith）。

BTW

> 正如从前面的定义中能够判断的，标识符和关系模型中的键值很类似，但又有两个重要的区别。第一，标识符是逻辑概念：它是用户用来作为实体名的一个或多个属性。这种标识符不一定会在数据库设计中被表示成键值。第二，主键或候选键一定是唯一的，但标识符不一定唯一。

如图 4—3 所示，实体在数据模型中被描绘成三个层次的细节。有时实体及其所有属性都会出现。这时，如图 4—3（a）所示，属性的标识符显示在实体的最上方，其下面有一条水平线。对于一个大的数据模型，这么多细节使得数据模型图很笨重。这时，就会如实体图 4—3（b）所示只显示标识符或如图 4—3（c）所示只在矩形中显示实体的名字。

图 4—3　实体属性显示层次

联系

在**联系**（relationships）中实体可以与其他实体彼此关联。E—R 模型包含联系类和联系实例。**联系类**

（relationship classes）是实体类之间的关联，**联系实例**（relationship instances）是实体实例之间的关联。在 E—R 模型最初的描述中，联系可以有属性。现代实践中不使用此特性，即只有实体有属性。

联系类可以涉及许多实体类。联系中实体类的数量称为联系的**度**（degree）。在图 4—4（a）中，联系 SUPPLIER-QUOTATION 的度为 2，因为它涉及两个实体类：SUPPLIER 和 QUOTATION。图 4—4（b）中的 PARENT 联系的度是 3，因为它涉及三个实体类：MOTHER、FATHER 和 CHILD。度为 2 的联系是最常见的，称为**二元联系**（binary relationships）。同样，度为 3 的联系称为**三元联系**（ternary relationships）。

BTW

你也许会疑惑：实体和表之间的区别是什么。它们看起来像使用不同的术语指示相同的东西。实体和表之间的主要区别是你可以不使用外键表示实体之间的联系。在 E—R 模型中，你可以通过一条连接两个实体的线指定一个联系。因为现在正在做逻辑数据建模，而不是物理数据库设计，你不用担心主键和外键以及参照完整性约束等。

这一特点使得实体比表更容易使用，尤其是在项目的早期，当实体和联系并不确定且还可能改变时更是如此。你甚至可以在还不知道实体的标识符时展示实体之间的联系。例如，你可以在还不知道 DEPART-MENT 和 EMPLOYEE 的任何属性时指出一个 DEPARTMENT 与很多 EMPLOYEE 关联。这个特性允许你工作时按照从一般到特殊的方式思考。当创建数据模型时，首先确定实体，然后考虑联系，最后确定属性。

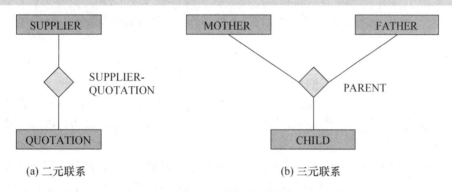

图 4—4　联系的例子

图 4—5 显示了 3 种二元联系：

- 一对一（1:1）联系；
- 一对多（1:N）联系；
- 多对多（N:M）联系。

在 1:1 联系中，一种类型的单个实体实例和另一种类型的单个实体实例关联。在图 4—5（a）中，LOCKER-ASSIGNMENT 联系将 EMPLOYEE 和 LOCKER 的单个实例相关联。根据该图，没有某个员工会被分配多于一个的存物柜。

图 4—5（b）展示了 1:N 的二元联系。在这个所谓的 ITEM-QUOTE 联系中，ITEM 的单个实例涉及 QUOTATION 的多个实例。根据这个草图，一个物品可以有许多报价，但每个报价只针对一个物品。

这里用菱形代表联系。1 表示这个联系只涉及一个 ITEM，N 表示联系涉及多个 QUOTATION 实体。因此，每个联系的实例由一个 ITEM 和多个 QUOTATION 组成。注意，如果 1:N 的联系反过来写成 N:1 的联系，则联系的每个实例将由多个 ITEM 和一个 QUOTATION 组成。

讨论 1:N 联系有时会使用父（parent）和子（child）作为术语。联系中只有一个实体的一侧是**父实体**（parent entity），有很多实体的一侧是**子实体**（child entity）。因此，在 ITEM 和 QUOTATION 的 1:N 联系中，ITEM 是父，QUOTATION 是子。

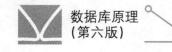

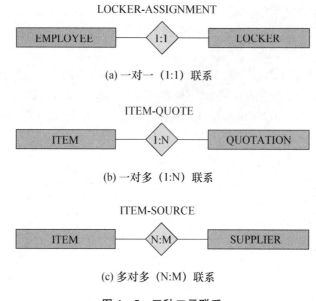

图4—5　三种二元联系

图 4—5（c）给出了一个 N：M 的二元联系。这种联系被命名为 ITEM-SOURCE，它联系物品 ITEM 的实例和供应商 SUPPLIER 的实例。在这种情况下，一种物品由许多供应商提供，每个供应商可以提供许多物品。

最大基数

这三种类型的二元联系都是由它们的**基数**（cardinality）来命名和分类的，这里的基数意味着**计数**（count）。对于图 4—5 中的每种联系，在联系的菱形内的数字表示联系的每一边出现的实体实例的**最大**（maximum）个数。这些数字称为联系的**最大基数**（maximum cardinality），是可以参与一个联系实例的最大实体实例的个数。

例如，图 4—5（b）中 ITEM-QUOTATION 联系具有最大基数 1：N。但是，基数并不限于这里给出的值。使用除了 1 和 N 以外的值作为最大基数也是可能的。例如，BASKETBALL-TEAM 和 PLAYER 之间的联系可以是 1：5，这表明一个篮球队最多有 5 名球员。

最小基数

联系也有一个**最小基数**（minimum cardinality），这是实体实例必须参与到联系实例中的最小值。最小基数可以用几种不同的方式表示。一种方法如图 4—6 所示，在联系线上放置竖线表明联系中必须存在某个实体，在联系线上放置椭圆表明联系中可以存在也可以不存在某个实体。

图 4—6　一个具有最小基数的联系

相应地，图 4—6 表明了一个物品 ITEM 必须至少和一个供应商 SUPPLIER 存在联系，但 SUPPLIER 可能和 ITEM 存在联系 0。完整的联系约束是：一个 ITEM 有最小基数——1，以及最大基数——许多 SUPPLIER 实体的数目。一个 SUPPLIER 有最小基数——0，以及最大基数——多个 ITEM 实体的数目。

如果最小基数是零，实体是否参与联系是**可选的**（optional）。如果最小基数是 1，实体参与联系是**强制的**（mandatory）。

202

BTW

> 解释如图 4—6 所示的最小基数往往是 E—R 模型中最困难的部分之一。很容易混淆哪些实体是可选的，哪些又是必填的（强制的）。一个说清这种情况的简单方法是想象你站在菱形的联系线上，并面向一个实体。如果你看到一个椭圆形，那么这个实体是可选的；如果你看到一条竖线，则该实体是必填的。这样在图 4—6 中，如果你站在菱形上看向 SUPPLIER，就会看到了一条竖线。这意味着 SUPPLIER 在联系中是必填的。

E—R 图

　　图 4—5 和图 4—6 中的草图称为**实体—联系（E—R）图**。这种图笼统上说是标准化的。根据这个标准，实体类用矩形表示，联系用菱形表示，联系的最大基数在表示联系的菱形中显示，最小基数用实体旁边的椭圆或竖线表示。实体的名称在矩形中显示，联系的名称在菱形附近显示。稍后会看到这样的 E—R 图的例子，并且这对于你解释它们是很重要的。

BTW

> 像图 4—5 和图 4—6 中的联系，有时也称为 **HAS-A 联系**（HAS-A relationships）。使用这个术语是因为每个实体实例都和第二个实体实例有联系。每个员工有一个徽章，而每个徽章属于一个员工。如果最大基数大于 1，那么每个实体有一组其他的实体。例如，每个员工都有一套技能，每项技能都有一组拥有此技能的员工。

　　然而，现在很少使用这种原始的记号有两个原因。第一，有一些 E—R 模型的变种也在使用，而且使用了不同的记号。第二，一些数据建模软件使用了不同的技术。例如，CA（Computer Associates）的产品 ERwin 使用了一组记号，而 Microsoft Visio 中使用了另外一组不同的记号集。

■ E—R 模型的变种

　　目前正在使用的 E—R 模型至少有三个不同的版本。其中之一是由 James Martin 在 1990 年开发的，被称为**信息工程**（Information Engineering，IE）的版本。该模型采用"鱼尾纹"（crow's feet）表示联系中具有多个实例的一侧，它有时也被称为 **IE 鱼尾纹模型**（IE Crow's Foot model）。这很容易理解，本书也将使用它。

　　其他重要的变种包括 IDEF1X 版本和 E—R 模型的统一建模语言（UML）版本。[1] 1993 年，美国国家标准与技术研究院宣布：E—R 模型的**集成定义 1-扩展**（Integrated Definition 1，Extended，IDEF1X）[2] 版本将作为国家标准。这个标准采用 E—R 模型的基本思路，但同时也使用不同的图形符号。但遗憾的是，这些符号让人很难理解和使用。不过，这是政府工作中所使用的国家标准，因此它可能对你很重要。面向对象开发方法中的**统一建模语言**（Unified Modeling Language，UML）采用了 E—R 模型，但同时也引入了自己的符号并把面向对象编程加入进来，这进一步增加了复杂性。UML 已经开始受到面向对象编程（OOP）从业者的广泛使用，在系统开发课程中你可能会遇到 UML 记号。

---

　　① 关于这些模型的更多信息可以参考 David M. Kroenke and David J. Auer，*Database Processing：Fundamentals，Design，and Implementation*，12th edition（Upper Saddle River，NJ：Prentice Hall，2012），Appendix B（IDEF1X）and C（UML）。

　　② National Institute of Standards and Technology，*Integrated Definition for Information Modeling*（DEF1X）. Federal Information Processing Standards Publication 184，1993.

数据建模产品中 E—R 模型的变种

除了 E—R 模型不同版本之间所带来的区别之外，不同的软件产品也造成了差异。例如，两款实现 IE 鱼尾纹模型的产品会用不同的方式实现。因此，在创建数据模型图时，你不仅需要知道正在使用的 E—R 模型的版本，还需要知道你使用的数据建模产品的特点。

图 4—7 表示 N：M 可选到强制联系的两种模型。图 4—7（a）是原始的 E—R 模型。图 4—7（b）给出的是使用 IE 鱼尾纹常用符号的 IE 鱼尾纹模型。注意，表示联系的连线用虚线（本章后面会解释这样做的原因）。注意：**鱼尾纹符号**（crow's foot symbol）用来表示联系中的多方。IE 鱼尾纹模型使用图 4—8 所示的记号表示联系的基数。

离实体最近的符号显示最大基数，而另一个符号表示最小基数。竖线表示 1（强制），圆圈表示 0（可选），鱼尾纹表示多。因此，在图 4—7（b）中，一个 DEPARTMENT 有一个或多个 EMPLOYEE（符号表示多和强制），一个 EMPLOYEE 属于零个或一个 DEPARTMENT（符号表示 1 和可选）。

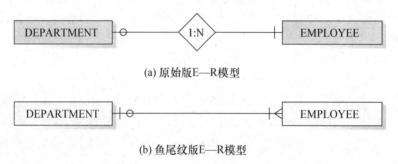

(a) 原始版E—R模型

(b) 鱼尾纹版E—R模型

图 4—7　1：N 联系的两个版本

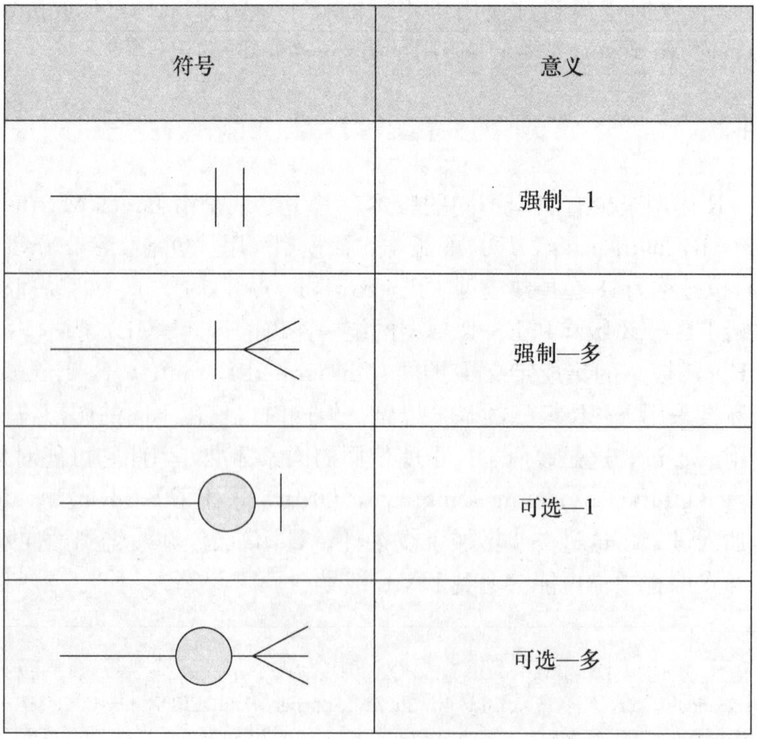

符号	意义
	强制—1
	强制—多
	可选—1
	可选—多

图 4—8　鱼尾纹记号

1∶1 联系可以用类似的方式画出，但连接实体的线与图 4—7（b）1∶N 联系中表示 1 那一端的线类似。

图 4—9 展示了两种不同模型对于 N∶M 可选到强制的联系的画法。根据图 4—9（a）所示的原始版 E—R 模型，EMPLOYEE 必须具有一项 SKILL，并且可能有很多。同时，虽然一项特定的 SKILL 可能会也可能不会有任何 EMPLOYEE 具备，但 SKILL 也可能被多个 EMPLOYEE 具备。图 4—9（b）中画的 IE 鱼尾纹版本使用图 4—8 中的记号展现 N∶M 联系中的基数。IE 鱼尾纹符号再次指示联系的最小基数。

在本书后面的内容中，我们使用 IE 鱼尾纹模型来画 E—R 图。尽管 IE 鱼尾纹记法并没有一套完整的标准符号，但我们采用本章中描述的符号和记号。你可以找到各种可以产生 IE 鱼尾纹模型的建模产品，它们和原来的 E—R 模型很像，很容易理解。然而，这些产品可能会采用椭圆形、竖线、鱼尾纹等其他与原本的 E—R 模型中略有不同的符号。

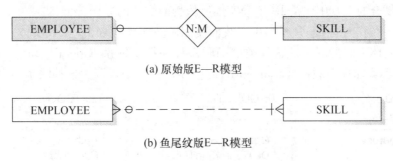

(a) 原始版 E—R 模型

(b) 鱼尾纹版 E—R 模型

图 4—9 N∶M 联系的两个版本

BTW

你可以尝试一些具有自己特点的建模产品。Computer Associates 生产了 CA ERwin 数据建模器，这是一个可以同时完成数据建模和数据库设计任务的商业数据建模产品（有多个版本）。你可以从 Computer Associates 网站（http://erwin.com/products/detail/ca_erwin_data_modeler_community_edition）下载 CA ERwin 数据建模器的社区版，这是一个免费的基本版本。你可以使用 ERwin 产生 IE 鱼尾纹或 IDEF1X 版本的 E—R 图。微软的 Visio Professional 2010 也是一个选择，它更适合创建数据库设计（在第 5 章中讨论）。其试用版可以从 Microsoft 网站（http://us20.trymicrosoftoffice.com/product.aspx?sku=3082928）获得。关于使用 Microsoft Visio 2010 的更多信息，可以从在线附录 E "Getting Started with Microsoft Visio 2010"（Visio 2010 入门）获得使用 Microsoft Visio 2010 的更多内容。最后，Oracle 一直在继续开发 MySQL 的 Workbench，它既是 MySQL 数据库的图形用户界面工具，也是其数据库设计工具。MySQL Workbench 可以从 MySQL 网站（http://dev.mysql.com/downloads/workbench/5.2.html）下载。［注：如果你使用 Windows 操作系统，就应该使用 MySQL 的 Windows 安装程序来安装 MySQL Workbench。此安装程序可以从 http://dev.mysql.com/tech-resources/articles/mysql-installer-for-windows.html 处下载］。虽然像 Microsoft Visio 一样，MySQL Workbench 更适合数据库设计，它依然是一个非常有用的工具，且设计出的数据库可以用于任何 DBMS，而不仅仅是 MySQL。在线附录 C "Getting Started with MySQL 5.5 Community Server Edition"（MySQL 5.5 社区服务器版入门）介绍了使用 MySQL Workbench 的更多内容。以上这些只是可用数据建模产品中的若干种。

弱实体

E—R 模型定义了一种特殊类型的实体，称为弱实体。**弱实体**（weak entity）指的是一类特殊实体，它不存在于数据库中，除非数据库中还存在另一种类型的实体。反之称为**强实体**（strong entity）。

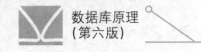

ID 依赖实体

E—R 模型中包含一种特殊的弱实体称为 **ID 依赖实体**（ID-dependent entity）。这种实体的标识符包括另一实体的标识符。考虑图 4—10（a）所示的实体 BUILDING 和 APARTMENT。

正如你所想的，BUILDING 的标识符是单一属性，即 BuildingName。然而，APARTMENT 的标识符不是单一属性 ApartmentNumber，而是复合的标识符（BuildingName，ApartmentNumber）。这是因为在逻辑上和物理上，只有存在某个 BUILDING 而且 APARTMENT 是它的一部分，这个 APARTMENT 才能存在。这种情况的发生表明存在一个 ID 依赖实体。这里，APARTMENT 对 BUILDING 存在 ID 依赖。ID 依赖实体的标识符总是复合的，其中包括 ID 依赖实体所依赖的实体的标识符。

如图 4—10 所示，在我们的 E—R 模型中，我们使用圆角实体代表 ID 依赖实体。我们使用实线代表 ID 依赖实体和它的双亲实体之间的联系。这种类型的联系称为**标识联系**（identifying relationship）。强实体间的虚线（见图 4—7）称为**非标识联系**（nonidentifying relationship），因为这种联系中没有 ID 依赖实体。

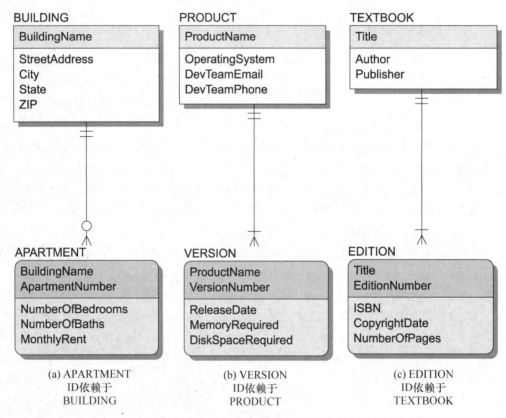

图 4—10　ID 依赖实体的例子

ID 依赖的实体很常见。另一个例子如图 4—10（b）所示，VERSION 实体 ID 依赖于 PRODUCT 实体。这里，PRODUCT 是软件产品，VERSION 是该软件的一个版本。PRODUCT 的标识符是 ProductName，VERSION 的标识符是（ProductName，VersionNumber）。第三个例子在图 4—10（c）中，其中 EDITION 对 TEXTBOOK 存在 ID 依赖。TEXTBOOK 的标识符是 Title，EDITION 的标识符是（Title，EditionNumber）。在上述每种情况下，除非父实体（它所依赖的实体）存在，否则 ID 依赖实体不存在。因此，ID 依赖实体到父实体的最小基数总是 1。

然而，父实体是否需要 ID 依赖实体取决于业务需求。在图 4—10（a）中，数据库可以包含 BUILDING，比如商店或仓库，所以 APARTMENT 是可选的。在图 4—10 (b) 中，这家公司的每个 PRODUCT 都有 VER-
SION（包括 1.0 版本），所以 VERSION 是强制的。类似的，图 4—10 (c) 中的每个 TEXTBOOK 都有 EDI-
TION（包括第 1 版），因此版本是强制的。这些限制来自各业务本身的性质及其应用，而不是任何逻辑上的要求。

最后，请注意，在父实体实例创建之前不能添加 ID 依赖实体实例，而删除父实体实例时，必须删除它
所有的 ID 依赖实体实例。

非 ID 依赖弱实体

所有的 ID 依赖实体是弱实体。但是，也有其他类型的弱实体。要了解这些弱实体，考虑如图 4—11 所
示的如福特或本田等汽车制造商的数据库中 AUTO ＿ MODEL 和 VEHICLE 实体类之间的联系。

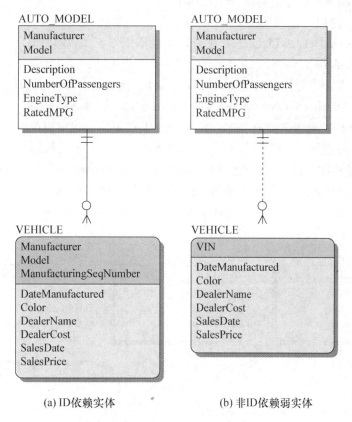

(a) ID依赖实体   (b) 非ID依赖弱实体

图 4—11　弱实体的例子

在图 4—11 (a) 中，各 VEHICLE 在制造时被分配一个顺序编号。因此，对于 AUTO ＿ MODEL 的实例
"Super SUV"，第一个制造出的车辆得到值为 1 的 ManufacturingSeqNumber，接下来的一辆得到一个值为 2 的
ManufacturingSeqNumber，等等。这显然是一个 ID 依赖的联系，因为 ManufacturingSeqNumber 基于制造商和型号。

现在，我们分配 VEHICLE 的标识符，它独立于 Manufacturer 和 Model。如图 4—11 (b) 所示，我们
使用车辆识别号码 VIN（vehicle identification number）。现在车辆有一个唯一的标识符，并不需要通过其与
AUTO ＿ MODEL 之间的联系来识别。

这是一个有趣的情况。VEHICLE 有其自己的标识，因此不是 ID 依赖的，但 VEHICLE 拥有 AUTO ＿
MODEL，如果该 AUTO ＿ MODEL 不存在，则 VEHICLE 本身也不会存在。因此，VEHICLE 是弱实体但
非 ID 依赖实体。

考虑你的车，假设它是福特野马。你的野马是一辆 VEHICLE，作为一个物理对象存在，它具有每个有

牌照的汽车的 VIN。它是非 ID 依赖于 AUTO_MODEL 的，在这种情况下，它的身份是福特野马。但是，如果福特野马作为一个逻辑概念从未被创建成一个 AUTO_MODEL，那么你的车永远不会被造出来，因为还没有过福特野马。因此，没有福特野马的逻辑 AUTO_MODEL，你的物理 VEHICLE 将不存在。相应地，在数据模型中（这正是我们在谈论的），VEHICLE 不能在没有相关的 AUTO_MODEL 时单独存在。这使得 VEHICLE 是弱实体但非 ID 依赖实体。

遗憾的是，弱实体的定义中隐含着模糊性，而且这种模糊性随不同的数据库设计者（以及不同的教科书作者）对弱实体的解释有所不同。严格一点来讲，模糊之处在于：如果弱实体定义为出现在数据库中依赖于另一个实体的任何实体，那么联系中相对于其他实体的任何具有最小基数 1 的实体是一个弱实体。因此，在学校数据库中，如果一个 STUDENT 必须有一个 ADVISER，那么 STUDENT 是一个弱实体，因为如果 ADVISER 不存在，STUDENT 就不能存在于数据库中。

这种解释对一些人而言似乎过于宽泛。STUDENT 并不是物理上依赖于 ADVISER（不像 APART-MENT 相对于 BUILDING 那样），STUDENT 在逻辑上也不依赖于 ADVISER（不管这是怎样出现的）。因此，STUDENT 应被视为强实体。

为了避免这种情况，有人用更狭义的定义来解释弱实体。他们说，一个弱实体必须在逻辑上依赖于另一实体。根据这个定义，APARTMENT 是一个弱实体，但 STUDENT 不是。APARTMENT 不能离开 BUILDING 单独存在。而即使业务规则有要求，STUDENT 在逻辑上也可以没有 ADVISER。

为了说明这一解释，考虑图 4—12 中的例子。假设图 4—12（a）中的数据模型包括 ORDER 和 SALES-PERSON 之间的联系。虽然你可能会说一个 ORDER 必须有一个 SALESPERSON，但 ORDER 的存在并不需要 SALESPERSON（ORDER 可以是现金销售，这时不需要记录营业员），因此，最小基数 1 来自一个业务规则，而不是逻辑上的必需。因此，ORDER 需要一个 SALESPERSON，但不依赖于它而存在。因此，ORDER 是一个强实体。

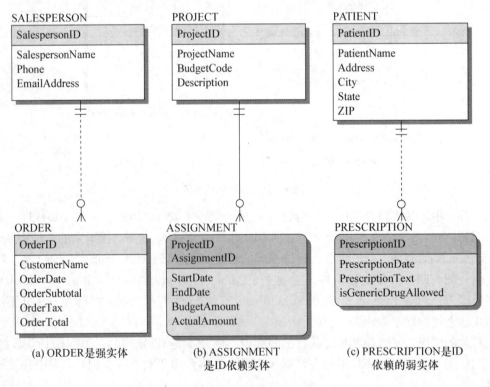

(a) ORDER 是强实体　　　(b) ASSIGNMENT　　　(c) PRESCRIPTION 是 ID
　　　　　　　　　　　　　是 ID 依赖实体　　　　依赖的弱实体

图 4—12　必填实体（required entities）的实例

现在，考虑图 4—12（b）中的 ASSIGNMENT，它 ID 依赖于 PROJECT，并且 ASSIGNMENT 的标识符包含 PROJECT 的标识符。这里，不仅 ASSIGNMENT 最小基数为 1，它还依赖于 PROJECT 而存在，但 ASSIGNMENT 也是 ID 依赖于 PROJECT，因为它的标识符需要双亲实体的键值。因此，ASSIGNMENT 是 ID 依赖的弱实体。

最后，考虑图 4—12（c）中 PATIENT 和 PRESCRIPTION 之间的联系。这里，PRESCRIPTION 在逻辑上不能脱离 PATIENT 而存在。因此，不仅其最小基数为 1，PRESCRIPTION 也依赖于 PATIENT 而存在。因此，PRESCRIPTION 是一个弱实体。

在本书中，我们将弱实体定义为逻辑上依赖于另一个实体的实体。因此，并非关系中所有相对于另外的实体具有最小基数 1 的实体是弱实体。只有那些在逻辑上存在依赖的才是弱实体。这个定义意味着所有 ID 依赖实体是弱实体。此外，每一个弱实体对于它依赖的实体具有值 1 的最小基数，但每一个具有最小基数 1 的实体不一定是弱实体。

如图 4—11 和图 4—12 所示，在我们的 E—R 模型中，我们再次使用圆角图来代表非 ID 依赖实体，我们也用虚线代表非 ID 依赖实体和它的双亲实体之间的非标识联系。

子类实体

扩展的 E—R 模型引入了子类的概念。**子类实体**（subtype entity）是另一种称为**超类实体**（supertype entity）的特例。例如，学生可能被分为本科生和研究生。这时，STUDENT 是超类，而 UNDERGRADUATE 和 GRADUATE 是子类。图 4—13 显示了学生数据库的这些子类。需要注意的是超类的标识符也是子类的标识符。

另外，学生可以分为大一、大二、大三和大四。这时，STUDENT 称为超类，FRESHMAN、SOPHO-MORE、JUNIOR 和 SENIOR 称为它的子类。

如图 4—13 所示，我们的 E—R 模型使用圆与其下的横线表示具有超类/子类的联系。可以认为这种记号是一个可选的（圆）1：1（线）的联系。此外，我们使用实线来表示 ID 依赖的子类实体，因为每个子类 ID 依赖于超类实体。另外，需要注意图 4—8 中连线的线端符号都没有使用。

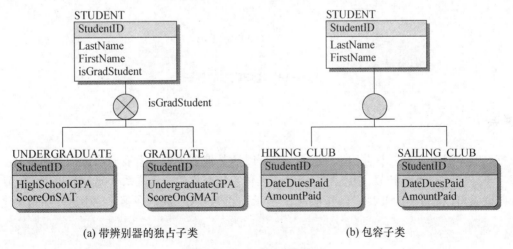

(a) 带辨别器的独占子类   (b) 包容子类

图 4—13　子类实体的例子

在某些情况下，超类的某个属性指示哪种子类适用于一个给定的实例。这种属性称为**辨别器**（discriminator）。在图 4—13 中，属性 isGradStudent（其值只能为"是"和"否"）是辨别器。在 E—R 图中，如图 4—13（a）所示，辨别器显示在子类符号旁边。并非所有的超类都有辨别器。如果超类没有辨别器，应用程序代码必须可以创建相应的子类。

子类可以是独占的或包容的。对于**独占子类**（exclusive subtypes），一个超类的实例至多与一个子类相关。对于**包容子类**（inclusive subtypes），一个超类的实例可以与一个或多个子类相关。在图 4—13（a）中，圆内的×表示 UNDERGRADUATE 和 GRADUATE 子类是独占的。因此，STUDENT 可以是 UNDER-GRADUATE 或 GRADUATE 之一，但不能同时是二者。

图 4—13（b）表示学生可以加入 HIKING _ CLUB 或 SAILING _ CLUB，或者同时加入两个俱乐部，又或者都没有参加。这些子类是包容的（注意，在圆内有没有×）。因为超类可以涉及一个以上的子类，超类不具有辨别器。

数据模型中用子类以避免不适当的 NULL 值。本科生参加 SAT 考试并具有分数，而研究生参加 GMAT 考试且具有分数。因此，SAT 成绩对于所有是研究生的 STUDENT 都是 NULL，而 GMAT 成绩对于所有是本科生的 STUDENT 都是 NULL。创建子类可以避免这样的 NULL 值。

BTW

> 连接超类和子类的联系称为 **IS-A 联系**（IS-A relationship），因为子类和超类是相同的实体。因此，子类和超类的标识符是相同的，它们代表相同实体的不同方面。与 HAS-A 联系相比，实体和另一个实体有联系，而标识符是不同的。

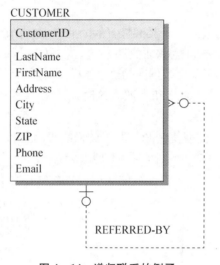

图 4—14 递归联系的例子

递归联系

实体可能与其本身有联系。图 4—14 表示了一个可以和其他多个消费者有联系的消费者实体。这就是所谓的**递归联系**（recursive relationship）［因为它只有一个实体，也被称为**一元联系**（unary relationship）］。与二元联系一样，递归联系可以是 1：1、1：N（如图 4—14 所示）和 N：M。我们在第 5 章中进一步讨论这三种类型。

开发 E—R 图的例子

熟悉数据建模的最好办法是动手操作。在本节中，我们研究一组某小型企业使用的文档，并从中建立一个数据模型。阅读本节之后，你可以尝试为本章结尾的一个或几个项目建立数据模型。

希瑟·斯威尼设计

希瑟·斯威尼是一名室内设计师，专门进行家庭的厨房设计。她在家具展出、厨房、家电卖场以及其他公共场所提供各类讲座。讲座是免费的，这也是她建立客户基础的方式。她通过向人们出售厨房设计指导的书籍和视频来赚钱。此外，她还提供定制设计的咨询服务。

有人参加讲座后，希瑟·斯威尼会想尽办法出售她的产品或服务。因此，她想开发一个数据库来跟踪客户、他们所参加的讲座、她与客户的联系，以及客户所购买的东西。她想用这个数据库继续联系她的客户，并为他们提供产品和服务。

讲座客户列表

图 4—15 是希瑟·斯威尼和她的助手在讲座上填写的讲座客户列表表单。这种表单包括讲座的基本数据以及每个参加者的姓名、电话和电子邮件地址。如果我们从数据模型的角度看这个表单，你会看到两个潜在的实体：SEMINAR 和 CUSTOMER。从图 4—15 中，我们可以知道 SEMINAR 涉及多个 CUSTOMER，由此，我们可以作出如图 4—16（a）所示的初始 E—R 图。

Heather Sweeney Designs
Seminar Customer List

Date:	October 11, 2012	Location:	San Antonio Convention Center
Time:	11 AM	Title:	Kitchen on a Budget

Name	Phone	Email Address
Nancy Jacobs	817-871-8123	NJ@somewhere.com
Chantel Jacobs	817-871-8234	CJ@somewhere.com
Ralph Able	210-281-7687	RA@somewhere.com
Etc.		
27 names in all		

图 4—15　讲座客户列表示例

然而，只根据这个文档我们还不能确定其他的一些事实。例如，我们不能确定基数。目前，我们给出了两个实体之间 1：N 的联系，但我们对此并不确定。我们也不知道用什么作为每个实体的标识符。

数据建模过程中缺少事实是很常见的。我们研究文档，进行用户访谈，然后对我们所拥有的数据建立数据模型。我们同时标注哪里缺少数据，并在我们有进一步了解后补充这些数据。于是，当一些数据缺失时我们并不停止数据建模，我们只是记下哪些是未知的，然后继续，并希望以后能够补充这些缺失的信息。

假设我们与希瑟·斯威尼的交谈，确定客户可以参加很多讲座，但她希望能够记录哪些客户从未参加过讲座。（"坦白地说，只要我能找到一个人，我就要让他成为客户！"）另外，当参加者少于 10 人时她从不举办

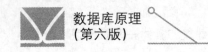

讲座。根据这些信息，你可以如图 4—16（b）所示画出 E—R 图的更多细节。

在继续之前，考虑图 4—16（b）所示的 SEMINAR 和 CUSTOMER 之间联系的最小基数。记号表示，讲座必须有至少 10 个客户参加，这与告诉我们的信息相同。但这意味着，我们不能向数据库中添加一个新的讲座，除非它已经有 10 个客户参加。这是不正确的。当希瑟·斯威尼安排讲座时，可能并有没有客户参加，但她仍想在数据库中记录这个讲座。因此，虽然有一个业务政策要求至少有 10 个客户才能举办一个讲座，但我们不能把这个限制作为数据模型中的约束。

在图 4—16（b）中，实体都没有标识符。对于 SEMINAR，组合键（SeminarDate，SeminarTime，Location）和（SeminarDate，SeminarTime，SeminarTitle）都可能是唯一的，任何一个都有可能成为标识符。然而，标识符将在数据库设计过程中成为表的键，这些将成为大字符键。代理键在这里可能是一个更好的主意，由此我们为这个实体创建一个等效的唯一标识符（SeminarID）。同样，观察数据并考虑电子邮件地址的作用，我们可以合理地假设电子邮件地址 EmailAddress 可以作为 CUSTOMER 的标识。所有这些决定都显示在图 4—16（c）所示的 E—R 图中。

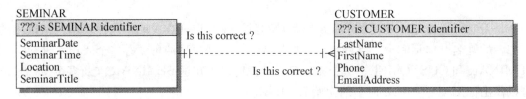

(a) 第1版SEMINAR和CUSTOMER的E—R图

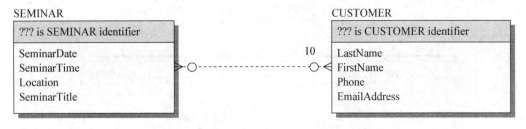

(b) 第2版SEMINAR和CUSTOMER的E—R图

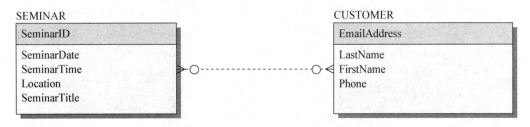

(c) 第3版SEMINAR和CUSTOMER的E—R图

图 4—16　希瑟·斯威尼设计最初的 E—R 图

客户信笺

希瑟·斯威尼记录她联络过的每个客户。她认为客户参加一个讲座也是一种与客户联系的类型，而图 4—17 显示了希瑟·斯威尼设计的信笺（form letter）作为另一种客户联系的类型。

希瑟·斯威尼还通过电子邮件发送消息。因此，我们应该用一个称为 CONTACT 的实体来表示这种信笺。这可以是一封信、一封电子邮件或其他形式的客户联络。希瑟·斯威尼使用几种不同形式的信笺和电子邮件，并使用数字指代它们（信笺 1、信笺 2，等等，以及电子邮件 1、电子邮件 2，等等）。现在，我们将用 ContactNumber 和 ContactType 代表 CONTACT 的属性，其中 ContactType 可以是 Seminar、Email01、Email02、FormLetter01、FormLetter02 或其他一些类型。

阅读信笺，我们可以看到它涉及讲座和客户。因此，我们可以把它添加到 E—R 图中并且具有与这两个实体的联系，如图 4—18 所示。

如图 4—18（a）所示，一个讲座可能导致很多联络，每个客户会收到很多联络，因此这些联系中的最大基数是 N。然而，客户和讲座都不必须产生联络，因此这些联系中的最小基数是零。

从 CONTACT 回头再来考虑 SEMINAR 和 CUSTOMER，我们知道联系是对于单个 CUSTOMER 并涉及 SEMINAR 的，因此在这些联系中该方向的最大基数是 1。此外，某些信笺和讲座相关，有些则不相关，所以到 SEMINAR 那一边的最小基数是 0。但是，一个联络必须有一个客户，因此客户在这个联系中的最小基数是 1。这些基数如图 4—18（a）表示。

Heather Sweeney Designs
122450 Rockaway Road
Dallas，Texas 75227
972-233-6165

Ms. Nancy Jacobs
1400 West Palm Drive
Fort Worth，Texas 76110

Dear Ms. Jacobs：

Thank you for attending my seminar "Kitchen on a Budget" at the San Antonio Convention Center. I hope that you found the seminar topic interesting and helpful for your design projects.

As a seminar attendee，you are entitled to a 15 percent discount on all of my video and book products. I am enclosing a product catalog and I would also like to invite you to visit our Web site at www. Sweeney. com.

Also，as I mentioned at the seminar，I do provide customized design services to help you create that just-perfect kitchen. In fact，I have a number of clients in the Fort Worth area. Just give me a call at my personal phone number of 555-122-4873 if you'd like to schedule an appointment.

Thanks again and I look forward to hearing from you!

Best regards，

Heather Sweeney

图 4—17　希瑟·斯威尼设计的客户信笺

现在考虑 CONTACT 的标识符，这在图 4—18（a）中显示为未知。标识符可能是什么？联系自己的属性是不够的，因为很多联系有相同的 ContactNumber、ContactType 或 Date。思考一分钟，你会开始意识到：CUSTOMER 的一些属性将成为 CONTACT 的标识符的一部分。这是出错的信号。在数据模型中，相同的属性在逻辑上不应该是两个不同的实体的一部分。

难道 CONTACT 是一个弱实体吗？CONTACT 可以在逻辑上独立存在而没有某个 SEMINAR 吗？是的，因为不是所有的 CONTACT 都涉及 SEMINAR。CONTACT 可以在逻辑上独立存在而没有某个 CUS-TOMER 吗？这个问题的答案是否定的。没有客户我们和谁联络？啊哈！这就是了：CONTACT 是一个弱实

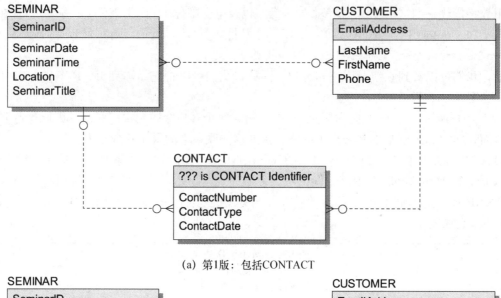

(a) 第1版：包括CONTACT

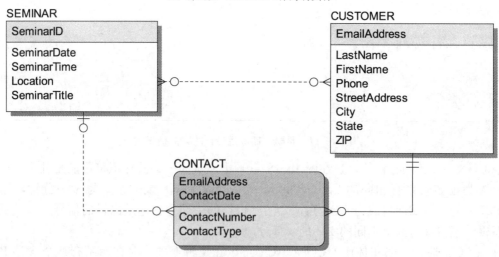

(b) 第2版：CONTACT作为弱实体

SEMINAR

SeminarID
SeminarDate
SeminarTime
Location
SeminarTitle

CUSTOMER

EmailAddress
LastName
FirstName
Phone
StreetAddress
City
State
ZIP

CONTACT

| EmailAddress |
ContactDate
ContactNumber
ContactType

(c) 第3版：修改的CUSTOMER

图 4—18　包含 CONTACT 的希瑟·斯威尼设计的数据模型

体，它依赖于 CUSTOMER。事实上，它是一个 ID 依赖实体，因为 CONTACT 的标识符包括 CUSTOMER 的标识符。

图 4—18（b）给出了 CONTACT 作为 ID 依赖于 CUSTOMER 的实体的数据模型。经过对希瑟·斯威尼的进一步采访，我们知道她在同一天和同一客户的联络最多一次，所以（EmailAddress，Date）可以作为 CONTACT 的标识符。（EmailAddress 是 CUSTOMER 的标识符。）

这个 E—R 图还有一个问题。这就是联络信签具有客户的地址，但 CUSTOMER 实体却没有地址属性。因此，地址需要被添加进来，如图 4—18（c）所示。这是一种典型的调整；随着我们获取越来越多的表单和报告，新的属性和其他变动都将施加到数据模型上。

销售发票

图 4—19 是希瑟·斯威尼用来卖书和视频的销售发票。销售发票本身是一个实体，并且因为销售发票上有客户数据，它和 CUSTOMER 有联系。（注意，我们不会重复客户数据，因为我们可以通过联系获取到相

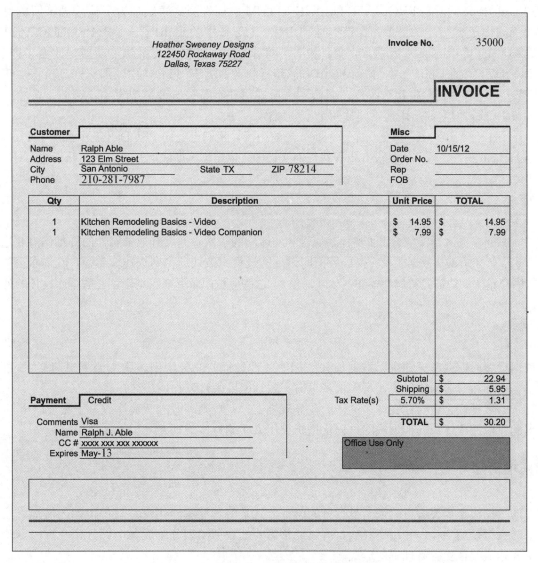

图 4—19　希瑟·斯威尼设计的销售发票

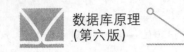

应的数据项；如果缺少数据项，我们会向 CUSTOMER 中添加所需的数据项。）因为希瑟·斯威尼以最低安全权限运行她的电脑，她不想在她的电脑数据库中记录信用卡号。相反，她只在数据库中记录 PaymentType 值，并将信用卡收据通过可以与发票号码联系起来的记号记录在加锁的物理文件中。

图 4—20 是完成后的希瑟·斯威尼设计的数据模型。图 4—20（a）给出最初加入 INVOICE 后的数据模型。此图中缺少订单的各个条目。因为每个订单可能会有很多条目，所以条目数据不能存储在 INVOICE 中。相反，必须定义一个 ID 依赖的实体 LINE_ITEM。需要 ID 依赖实体的一个典型场景是文档中含有一组重复的数据。如果重复组逻辑上不独立，则它们必须被定义成 ID 依赖的弱实体。图 4—20（b）给出了调整后的设计。

由于 LINE_ITEM 属于 INVOICE 的标识联系，它需要一个可用来识别 INVOICE 内特定 LINE_ITEM 的属性。将用作 LINE_ITEM 的标识符是复合属性（InvoiceNumber，LineNumber），其中 InvoiceNumber 是 INVOICE 的标识符，而 LineNumber 则可以标识条目所出现的 INVOICE 内的一行。

我们需要对这个数据模型做进一步的修正。希瑟·斯威尼销售标准产品，也就是说，她的书籍和视频都有标准的名称和价格。她不希望填写订单的人使用不标准的名称或价格。因此，我们需要添加 PRODUCT 实体，并把它关联到 LINE_ITEM，如图 4—20（c）所示。

注意到 UnitPrice 同时是 PRODUCT 和 LINE_ITEM 的属性。这样做是为了让希瑟·斯威尼可以更新 UnitPrice 而不影响已经登记的订单。在销售时，LINE_ITEM 中的 UnitPrice 等于 PRODUCT 的 UnitPrice。LINE_ITEM 中的 UnitPrice 永远不会改变。然而，随着时间的推移以及希瑟·斯威尼改变了产品的价格，她会更新 PRODUCT 的 UnitPrice。如果 UnitPrice 不复制到 LINE_ITEM 中，那么产品价格变化时，已经存储在 LINE_ITEM 中的价格也会改变，而希瑟·斯威尼并不希望这种情况发生。因此，虽然两个属性的名字都叫 UnitPrice，但它们是用途不同的两个不同属性。

注意，在图 4—20（c）中，根据与希瑟·斯威尼的访谈，我们已经向 PRODUCT 中添加了 ProductNumber 和 QuantityOnHand 属性。这些属性没有出现在任何文档中，但希瑟·斯威尼知道它们，并且它们对她很重要。

属性描述

图 4—20（c）中的数据模型给出了实体、属性和实体间的联系，但没有记录属性的详细信息。通常这些细节在按照第 5 章所介绍的从数据模型转换成数据库设计的过程中被处理为列描述。然而，在需求分析中，你可以得到一些用户希望的或需要的属性描述（如默认值）。这些应被记录下来以用于创建数据库设计的列描述。

业务规则

创建数据模型时需要考虑约束了数据值和数据库处理过程的业务规则。我们遇到过与 CONTACT 有关的业务规则，比如希瑟·斯威尼说，每天最多只有一封信笺或邮件发往同一客户。

在更复杂的数据模型中会存在许多这样的业务规则。这些规则一般过于具体或过于复杂以至于 DBMS 无法实施。因此，应用程序或其他形式的过程化逻辑被用来实施这些规则。

验证数据模型

创建完的数据模型需要进行验证。最常见的验证方式是将其展示给用户并获得他们的反馈。然而，一个大型、复杂的数据模型会让许多用户烦恼，所以经常需要把数据模型分解成各个部分来一点一点验证，或者将数据模型表达成其他更容易理解的形式。

正如在本章前面提到的，有时构造原型是为了让用户来审查。原型比数据模型更容易让用户了解和评估。

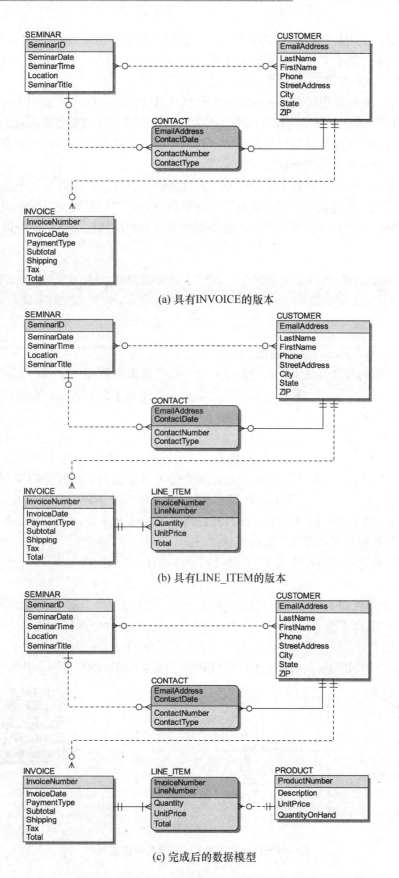

(a) 具有INVOICE的版本

(b) 具有LINE_ITEM的版本

(c) 完成后的数据模型

图 4—20 希瑟·斯威尼设计的最终数据模型

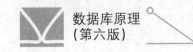

我们可以通过开发原型，让用户在不需要学习 E—R 建模的情况下了解数据模型设计最终决定的效果。例如，展示一个只能容纳一个客户的表单可以表示客户在联系中的最大基数是 1。如果用户对表单反馈的问题是："但是我在哪里放我的第二个客户？"你就会知道，最大基数大于 1。

使用 Microsoft Access 向导创建表格和报表的实验模型相对容易。我们甚至可以在不采用 Microsoft Access 作为操作型 DBMS 的情况下开发这样的模型，因为它们仍然在演示数据建模决定上十分有用。

最后，数据模型需要针对所有的用例进行评估。对每种用例，我们需要验证所有必须用来支撑用例的数据和联系在数据模型中都存在并得到准确的表示。

数据模型验证是极为重要的。在这个阶段改正错误比数据库设计并实现好后再改正要简单得多而且代价低。例如，更改数据模型中的基数只是对文档的一个简单调整，但之后才改变基数则可能需要创建新表、新联系、新查询、新表单、新报表等。所以花费在验证数据模型上的每分钟都会完全得到很大的收益。

Access 工作台

第 4 节　使用 Microsoft Access 创建原型

在本章讨论数据建模的概念和技术时，我们谈到建立一个**原型数据库**（prototype database）让用户进行审查时作为模型验证的技术。原型比数据模型能够让用户更方便地了解和评估。此外，它们也可以用来显示数据模型的设计决策的后果。

因为使用 Microsoft Access 向导创建表单和报表的实验模型比较容易，我们甚至可以在不采用 Microsoft Access 作为操作型 DBMS 的情况下开发这样的模型。这种模拟可以用作原型工具来演示数据建模决策的后果。在本节中，你将使用 Microsoft Access 作为创建原型的工具。我们将继续使用 WMCRM 数据库。这里，我们已经创建了 CONTACT 表、CUSTOMER 表和 SALESPERSON 表并向其中导入了数据。在前面几节的"Access 工作台"中你学过了如何创建表单、报表和查询。如果你看了附录 E "The Access Workbench" 和第 3 章，你已经学过了如何创建和使用与视图等价的查询。

我们首先考虑从数据建模的角度来看 WMCRM 数据库像什么。图 AW—4—1 使用 IE 鱼尾纹 E—R 模型表示数据库 WMCRM。

这个模型根据的业务规则是每个 CUSTOMER 每次与且只与一个 SALESPERSON 有联系。因此，在 SALESPERSON 和 CUSTOMER 间有一个 1：N 的联系，这表明每个 SALESPERSON 可以与许多 CUSTOMER 有联系，但每个 CUSTOMER 每次只有一个 SALESPERSON 照料。此外，因为毫无疑问在每个 CONTACT 中的 SALESPERSON 只与一个 CUSTOMER 有关，CONTACT 是一个 1：N 的联系。

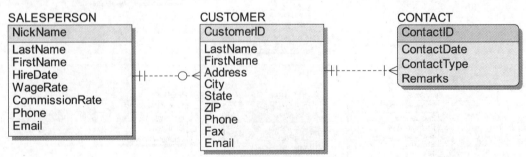

图 AW—4—1　WMCRM 数据库的数据模型

但如果业务规则规定允许任何 SALESPERSON 服务于多个 CUSTOMER，这些都会改变。这将允许任何 SALESPERSON 只要在需要用到某个 CUSTOMER 时能够根据需要联络 CUSTOMER，而不是依赖于某个可用的 SALESPERSON。现在，每个 CONTACT 需要链接到联络的 CUSTOMER 和建立 CONTACT 的 CUSTOMER。这导致了 AW—4—2 所示的数据模型。

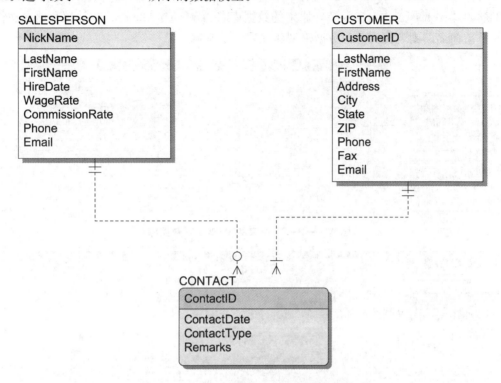

图 AW—4—2　调整后的 WMCRM 数据模型

这里除了保持 SALESPERSON 和 CONTACT 间 1：N 的联系不变，对于 SALESPERSON 和 CONTACT 之间，我们有一个 1：N 的联系，CUSTOMER 和 CONTACT 之间 1：N 的联系保持不变。与一个 CUSTOMER 有关的 CONTACT 的实例现在可以联系到各种 SALESPERSON。

假设你被聘请为顾问帮助创建 WMCRM 数据库。你有两种可供选择的数据模型，并需要把它们展现给 Wallingford 汽车公司的管理者，使得他们能够决定使用哪种模型。但他们不懂 E—R 数据建模。

你怎么才能说清两种数据模型之间的差异？一种方式是在 Microsoft Access 中产生一些模拟原型的表单和报表。比起抽象的 E—R 模型，用户可以很容易地了解这些表单和报表。

为原始数据模型创建原型表单

我们首先从为当前版本的 WMCRM 数据库创建一个样例表单开始。这里，当前版本的 WMCRM 数据库被用作原型来图示第一个数据模型。（这包括用来填充数据库的样本数据。）此数据库的结构图显示在图 AW—4—3 中的 "Relationships" 窗口。

你已经知道了如何为一个以上的表创建表单，在这里唯一的不同是使用了三个表而不是两个。基本表是 SALESPERSON，CUSTOMER 是添加到表单中的第二个表，接下来添加的是 CONTACT 表。当你使用表单向导时，不同设计方案的选择会导致不同外观的最终表单。在图 AW—4—4 中显示了 WMCRM 中售货员联络表单的一种可能设计。

这个表单有三个不同的部分：上面一节显示 SALESPERSON 数据，中间显示了可选择的 CUSTOMER 数据，底部则显示当前 CUSTOMER 的 CONTACT 数据。向 Wallingford 汽车公司的管理层和用户解释这个表单应该是相当容易的。

为修改后的数据模型创建原型表单

在我们能为第二个数据模型创建等价的 WMCRM 售货员联系表单之前，我们必须在 Microsoft Access 中创建结果数据库。幸运的是，我们并不需要从头创建一个新的数据库，我们可以简单地复制现有的 Microsoft Access 数据库。Microsoft Access 的一个不错的特点是将每个数据库存储在一个 ∗.accdb 文件中。例如，回忆第 1 章的 "Access 工作台" 一节，原来的数据库名为 WMCRM.accdb，并被存储在文档库中。我们可以把这个文件重命名的副本作为其他数据模型建立原型的基础。

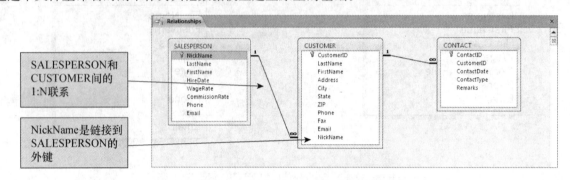

图 AW—4—3　原来的 WMCRM 数据库

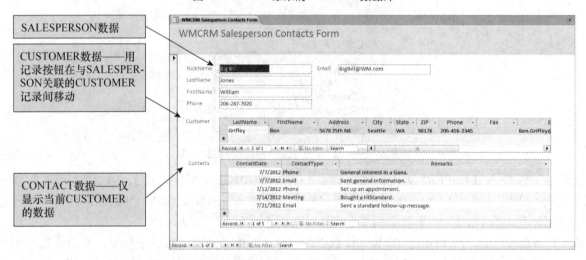

图 AW—4—4　WMCRM 售货员联络表单

复制 WMCRM.accdb 数据库：

1. 点击 "Start" | "Documents"，打开 "My Documents" 库。

2. 在 WMCRM.accdb 文件对象上单击右键显示快捷菜单，然后点击 "Copy"。

3. 右键单击文档库窗口中空白区域的任意位置，并在快捷菜单中点击 "Paste"。一个名为 WMCRM-Copy.accdb 的文件对象将出现在文档库窗口。

4. 右键单击文件对象 WMCRM-Copy.accdb 以显示快捷菜单并单击 "Rename"。

5. 编辑文件名为 WMCRM-AW04-v02.accdb，然后按 "Enter" 键。

现在，我们需要修改这个数据库文件。我们的目标是如图 AW—4—5 所示的数据库中的联系集合。

修改很直接，我们在前面的章节已经完成了大部分步骤。现在，我们需要：

- 删除 SALESPERSON 和 CUSTOMER 之间的联系（这是新的）。
- 删除 CUSTOMER 的 NickName 属性（这是新的）。
- 在 CONTACT 中添加 NickName 属性，值为 NULL。

- 填充 CUSTOMER 表中的 NickName 属性。
- 修改 CONTACT 表中的 NickName 属性为 NOT NULL。
- 创建 SALESPERSON 和 CONTACT 之间的联系。

唯一的新步骤是删除联系以及从表中删除字段。

删除 SALESPERSON 与 CUSTOMER 的联系：

1. 启动 Microsoft Access 2010。

2. 如果未选择"File"选项卡，单击"File"选项卡显示后台视图，然后单击"Open"按钮。出现打开对话框。浏览至 WMCRM-AW04-v02. accdb 文件，单击文件名使之高亮，然后单击"Open"按钮。

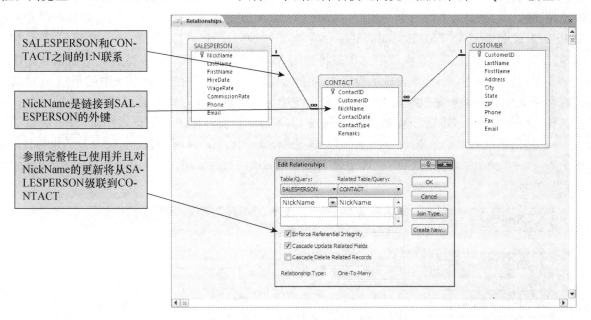

图 AW—4—5　修改后的 WMCRM 数据库

3. "Security Warning"（安全警告）栏和数据库一起出现。点击安全警告栏上的"Enable Content"按钮。

4. 单击"Database Tools"选项卡。

5. 单击"Relationships"命令组中的"Relationships"按钮。"Relationships"选项卡式文档窗口出现。注意，伴随着"Relationships"窗口有一个名为"Relationships Tools"的上下文选项卡，该选项卡向显示的命令选项卡集合中添加了一个新的命令选项卡——"Design"。

6. 右键单击 SALESPERSON 和 CUSTOMER 之间的联系线显示快捷菜单，然后单击"Delete"。

7. 出现一个确认对话框"Are you sure you want to permanently delete the selected relationship from your database?"，点击"Yes"按钮。

8. 单击"Relationships"窗口中的"Close"按钮关闭该窗口。

9. 如果出现一个对话框"Do you want to save the changes to the layout of 'Relationships'?"，点击"Yes"按钮。

随着现在删除了 SALESPERSON 与 CUSTOMER 的联系，我们可以继续从 CUSTOMER 表中删除 NickName 属性。

在 Microsoft Access 表中删除列（字段）：

1. 在"Design"视图中打开 CUSTOMER 表。

2. 选择 NickName 列（字段）。

3. 右键单击所选行的任何位置，显示快捷菜单。点击"Delete Rows"。

■ 注："Delete Rows"按钮也包括在"Table Tools"上下文命令选项卡中的"Design"命令选项卡的"Tools"组中。如果你不想使用快捷菜单，可以使用该按钮。

4. 出现一个对话框"Do you want to permanently delete the selected field（s）and all the data in the field（s）?"单击"Yes"按钮。

5. 单击快速访问工具栏上的"Save"按钮保存对表设计的更改。

6. 关闭 CUSTOMER 表。

其他用来修改数据库的步骤与我们在第 3 章 "Access 工作台"一节中向数据库加入 SALESPERSON 表的步骤是相同的。根据这一节的指令，我们可以向 CONTACT 表添加 NickName 列、向其中填充数据并创建 SALESPERSON 和 CONTACT 之间的联系。在第 3 章的"Access 工作台"一节，我们使用 Microsoft Access SQL 来完成这些任务。在本节中，我们将使用 Microsoft Access QBE 来完成类似的步骤。注意，图 AW—4—5 中将插入的 NickName 列显示为表中的第三列（字段），将它添加为表中的最后一列也是很容易的。在关系表中，列的顺序没有关系：我们只是使用更利于数据库开发人员阅读的顺序！

图 AW—4—6 显示了 NickName 列刚刚被加入 CONTACT 表的情形。注意，NickName 的数据类型是 Text（35），但目前该列不是必填的（required）。这是 Microsoft Access 与 SQL 的 NULL 约束等价的地方。

图 AW—4—7 给出了添加到 CONTACT 表 NickName 列的数据。现在每个 CONTACT 记录包含负责联络的销售员的名字。

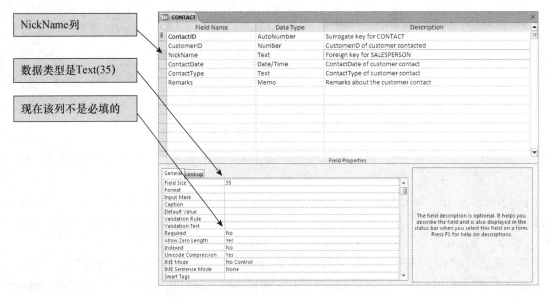

图 AW—4—6　CONTACT 中的 NickName 列

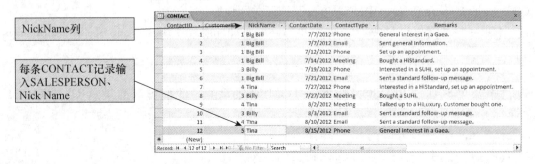

图 AW—4—7　CONTACT 中的 NickName 列

将 NickName 列添加到 CONTACT 表后，我们需要把该列的必填字段属性设置为"Yes"，如图 AW—4—8 所示。这与 SQL 的 NOT NULL 约束等效，因为 NickName 是链接到 SALESPERSON 的 NickName 列的外键，因此 CONTACT 表的 NickName 列必须为 NOT NULL。

对 CONTACT 表进行修改以后，我们需要建立 SALESPERSON 和 CONTACT 表之间的新联系。这种联系在图 AW—4—5 中展示，"Edit Relationships"对话框中显示这个联系实施了参照完整性，"Cascade Update Related Field"也被选中。关闭"Relationships"窗口。

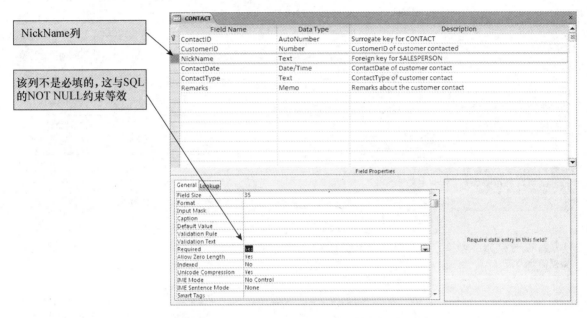

图 AW—4—8　CONTACT 中必填的 NickName 列

完成了这些修改，现在我们创建 WMCRM 售货员联络表单的另一个版本。这个版本如图 AW—4—9 所示。

这个表单有两个不同的部分：顶部显示 SALESPERSON 数据，底部显示每个 CUSTOMER 数据并结合了对其联络的 CONTACT 数据。这个表单与基于第一个数据模型的表单是截然不同的，但它对于 Wallingford 汽车公司的管理层和用户应该是很容易理解的。基于这两个表单，管理层和用户就可以决定他们想要怎样展现数据，这个决定将确定使用哪个数据模型。

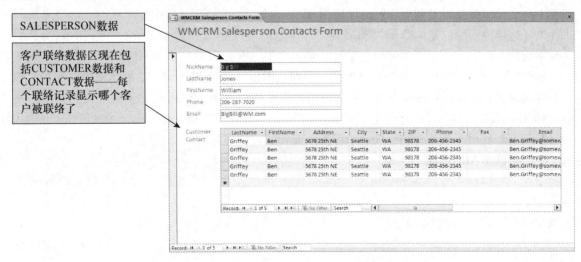

图 AW—4—9　修改后的数据库的 WMCRM 售货员联络表单

Microsoft Access 的带状表单和报表编辑器

图 AW—4—9 中表单的客户联系部分已经大规模重新排列了标签和数据文本框。Microsoft Access 使用**带状表单编辑器**（banded form editors）和**带状报表编辑器**（banded report editors），其中表单或报表的每个元素都在自己的带状表单中（例如，Header（表头）、Detail（明细）或 Footer（页脚）），这使得重排很容易做到。图 AW—4—9 中所示的表单显示在图 AW—4—10 的设计视图中。

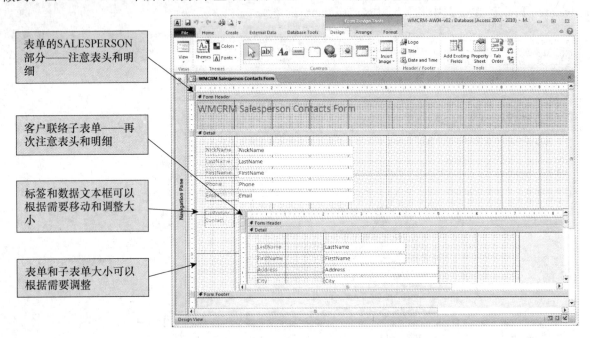

图 AW—4—10　Microsoft Access 2010 的带状表单编辑器

需要注意的是，表单和 CONTACT 子表单都有自己的表头、明细和页脚部分。你可以根据需要调整这些子表单的大小，你也可以调整整个表单的大小并改变各个子表单在表单中的位置。你可以通过 Windows 标准的拖拽操作移动或改变显示数据的标签和文本框的位置或大小。你可以编辑标签文字，也可以添加额外的标签或其他文本。尽管图 AW—4—10 显示的是表单，但报表也可以用完全相同的方式编辑。

使用 Microsoft Access 切换面板

大多数用户会觉得像我们上面那样熟练地使用 Microsoft Access 2010 是十分困难的。用户想用简单的方式来访问表单（这样他们可以输入数据）和报表（这样他们可以查看和打印出来）。他们不想涉及表、视图和联系这么复杂的东西。这一点当为应用做原型时尤其重要，因为用户希望看到应用能做什么，而不是如何做！在 Microsoft Access 2010 中，我们可以构建一个切换面板（switchboard）的表单来提供这个功能。切换面板是一个特殊的 Microsoft Access 表单，它允许用户简单地通过基于按钮的菜单系统浏览应用。图 AW—4—11 是 WMCRM 数据库的一个例子。在线附录 H "The Access Workbench—Section H—Microsoft Access 2010 Switchboards" 提供了 Microsoft Access 切换面板和如何创建它们的详细信息。

关闭数据库并退出 Microsoft Access

这样就完成了我们在本章 "Access 工作台" 中需要做的工作。像往常一样，我们关闭数据库和 Microsoft Access。

关闭 WMCRM-AW04-v02 数据库：

1. 要关闭 WMCRM-AW04-v02 数据库和退出 Microsoft Access，单击 Microsoft Access 窗口右上角的 "Close" 按钮。

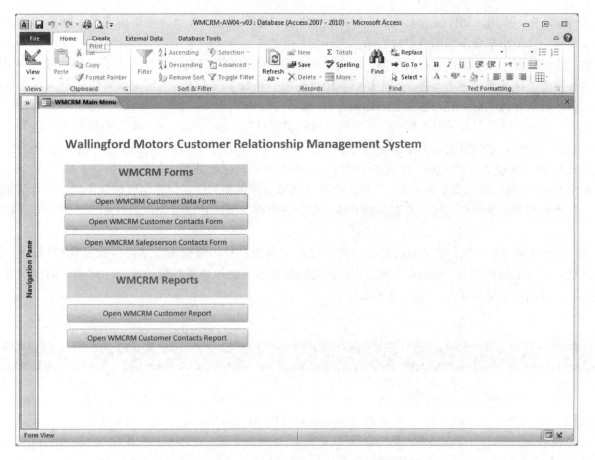

图 AW—4—11　Microsoft Access 2010 切换面板

小结

　　开发数据库系统的过程包括三个阶段：需求分析、组件设计和实施。在需求分析阶段，要和用户交谈、记录系统的需求和构建数据模型。通常情况下，需要为未来系统的一些选定的部分做原型系统。在组件设计阶段，要把数据模型转换成关系数据库的设计。在实施阶段，要构建数据库并导入数据，以及创建查询、表单、报表和应用程序。

　　除了创建数据模型外，还必须确定数据项的数据类型、属性和取值的限制。也需要记录用于限制数据库活动的业务规则。

　　实体—联系（E—R）模型是用来开发数据模型的最常见的工具。在 E—R 模型中，对用户重要而又可识别的东西被定义成实体。同一类型的所有实体形成一个实体类。特定实体被称为实例。属性描述实体的特性，一个或多个属性标识实体。标识符可以是唯一的或非唯一的。

　　联系是实体之间的关联。E—R 模型显式定义联系。每个联系都有一个名字，有联系类以及联系实例。根据 E—R 模型原本的规范，联系可以有属性；但在当代的数据模型中这并不常见。

　　联系的度是参与联系的实体的数量。大多数联系是二元的。二元联系有三种类型，即 1∶1，1∶N 和 N∶M。当实体和自身有联系时形成递归联系。

225

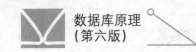

在传统的 E—R 图，如传统的 E—R 模型中，实体在矩形中表示，联系在菱形中表示。联系的最大基数显示在菱形中。最小基数由椭圆或竖线表示。

弱实体是依赖于其他实体存在的实体，弱实体之外的实体就称为强实体。在本书中，我们进一步明确弱实体要在逻辑上依赖于另一个实体。一个在联系中具有最小基数 1 的实体不一定是弱实体。ID 依赖实体必须包括它所依赖的实体的标识符来作为它的标识符的一部分。

扩展的 E—R 模型引入子类的概念。子类是它的超类实体的一种特殊情况。在某些情况下，超类具有被称为辨别器的属性，它可以表示对于给定实例哪种子类是合适的。子类可以是独占的（超类涉及至多一个子类）或包容的（超类可以涉及一个或多个子类）。子类的标识符就是超类的标识符。

本书使用 IE 鱼尾纹模型来表示 E—R 图。你应该熟悉这种风格的图，但你也应该意识到，进行数据库设计时，这种风格和传统风格之间没有根本的差异。在创建数据模型时，记录约束数据库活动的业务规则是重要的。

完成 E—R 模型后，它们必须进行评估。你可以直接向用户显示数据模型或部分数据模型以进行评估。这要求用户学习如何解释 E—R 图。有时，你也许会构造展示数据模型的效果的原型，而不是向用户展示数据模型。这样的原型是为了用户更容易理解。

关键术语

属性	扩展的实体—联系（E—R）模型	双亲实体
二元联系	递归联系	基数
HAS-A 联系	联系	子实体
ID 依赖实体	联系类	组件设计阶段
标识符	联系实例	复合标识符
可识别联系	鱼尾纹符号	IE 鱼尾纹模型
需求分析阶段	数据模型	实施阶段
强实体	数据库设计	包容子类
子类实体	数据库开发过程	信息工程（IE）模型
超类实体	度	设计阶段
扩展的集成度定义 1（IDEF1X）	系统开发生命周期（SDLC）	三元联系
辨别器	IS-A 联系	一元联系
实体	强制的	统一建模语言（UML）
实体类	最大基数	实体—联系（E—R）图
实体实例	最小基数	实体—联系模型
非识别联系	唯一标识符	独占子类
非唯一标识符	用例	可选的
弱实体		

复习题

4.1 说出数据库系统开发过程的三个阶段。总结每个阶段的任务。

4.2 什么是数据模型？它的作用是什么？

4.3 什么是原型？它的作用是什么？

4.4 什么是用例？它的作用是什么？

4.5 举一个数据约束的例子。

4.6 举一个需要在数据库开发项目中被记录的业务规则的例子。

4.7 定义实体，举一个不同于本书中的例子。

4.8 解释实体类和实体实例之间的差异。

4.9 定义属性，并对问题 4.7 所描述的实体举例。

4.10 定义标识符并说明问题 4.9 的答案中所定义的哪些属性能够标识实体。

4.11 定义复合标识符，举一个不同于本书中的例子。

4.12 定义联系，举一个不同于本书中的例子。

4.13 解释联系类和联系实例之间的区别。

4.14 定义联系的度。举一个不同于本书中的例子，要求联系的度大于 2。

4.15 列举不同于本书中的例子描述二元联系的三种类型。为这些例子绘制传统的 E—R 图和 IE 鱼尾纹模型的 E—R 图。

4.16 定义最大基数和最小基数。

4.17 为 DEPARTMENT 和 EMPLOYEE 实体以及二者之间的 1 : N 联系使用 IE 鱼尾纹模型画出 E—R 图。假设一个 DEPARTMENT 并不需要有一个 EMPLOYEE，但每个 EMPLOYEE 都被分派到一个 DE-PARTMENT。画出的图应当包括每个实体合适的标识符和属性。

4.18 定义 ID 依赖实体，举一个不同于本书中的例子。为你的例子画出 IE 鱼尾纹的 E—R 图。

4.19 定义弱实体，举一个不同于本书中的例子。为你的例子画出 IE 鱼尾纹的 E—R 图。

4.20 解释弱实体定义中的歧义。说明本书是如何解释这个术语的。

4.21 定义超类、子类和辨别器。

4.22 什么是独占的子类联系？举一个不同于本书中的例子。为你的例子画出 IE 鱼尾纹的 E—R 图。

4.23 什么是包容的子类联系？举一个不同于本书中的例子。为你的例子画出 IE 鱼尾纹的 E—R 图。

4.24 为递归联系举一个不同于本章中的例子。为你的例子画出 IE 鱼尾纹的 E—R 图。

4.25 为你在问题 4.17 中的例子举一个业务规则的例子。

4.26 说明为什么验证数据模型是重要的。

4.27 总结用于评估数据模型的一种技术，并解释该技术如何用于评估图 4—20（c）中的数据模型。

练习

4.28 假设希瑟·斯威尼想在数据库中记录她的咨询服务。扩展图 4—20（c）中的数据模型，使之包括

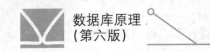

CONSULTING＿PROJECT 和 DAILY＿PROJECT＿HOURS 实体。CONSULTING＿PROJECT 包括希瑟·斯威尼的客户咨询的特定项目的数据，DAILY＿PROJECT＿HOURS 包含在特定的某天为特定项目所完成的工作所花费的时间和对完成的工作的描述。在适当的时候使用强/弱实体。指定最小基数和最大基数。使用 IE 鱼尾纹模型画 E—R 图。

4.29　扩展你在问题 4.28 中的工作，使它能够包括希瑟·斯威尼在项目中使用的耗材。假设她需要追踪每个耗材的描述、价格和用量。耗材在项目上使用多天。使用 IE 鱼尾纹模型画出 E—R 图。

4.30　在适当情况下使用递归联系，为火车的货车车厢开发数据模型。使用 IE 鱼尾纹模型画出 E—R 图。

4.31　创建家谱图的数据模型。模型只包括亲生双亲，不包括继双亲。使用 IE 鱼尾纹模型画出 E—R 图。

4.32　创建家谱图的数据模型。对亲生双亲和继双亲同时建模。使用 IE 鱼尾纹模型画出 E—R 图。

Access 工作台关键术语

带状表单编辑器　　　　　　　原型数据库
带状报表编辑器　　　　　　　切换面板

Access 工作台练习

本章的"Access 工作台"介绍了如何创建两个原型数据库和样本表单。本节详细介绍了一些新的步骤，而不是你在前面做过的大部分步骤。在下面的一组练习中，你会：

● 创建原型表单。
● 创建原型报表。

AW.4.1　你已经为韦奇伍德太平洋公司建立了一个庞大的数据库（WPC. accdb）。现在，你将利用它来建立一些原型表单和报表，使得 WPC 的用户可以评估你建议的数据库。在这种情况下，没有必要重构数据库。

A. 创建一个表单，允许用户查看和编辑员工数据。这个表单要显示员工、员工的工作部门和员工被分配的项目的信息。

B. 创建一个报表，显示你在 A 问题中创建的表单的信息。报表应该按照 LastName 的字母顺序升序显示所有用户。

C. 创建一个表单以允许用户查看和编辑项目数据。表单应当显示项目和负责项目的部门的信息，以及列出所有被分配到这个项目的员工。

D. 创建一个报表，显示你在 C 问题中创建的表单的信息。报表应该包括所有项目并根据 ProjectID 升序排列。

海莱大学导师计划案例问题

海莱大学是一所四年制的学校，它位于华盛顿普吉特海湾地区。[①] 海莱大学与西北太平洋地区（见 ht-

---

①　海莱大学是一所虚构的大学，它不应与坐落在华盛顿狄蒙的海莱社区学院混淆。两者如有雷同，纯属巧合。

tp：//en. wikipedia. org/wiki/Pacific_Northwest）的许多学院和大学一样，被西北高校委员会（NWCCU，见 www. nwccu. org）认可。与所有获得 NWCCU 认可的高校一样，海莱大学大约每 5 年必须重新认证。此外，NWCCU 需要每年更新状态报告。海莱大学有五个学院：商学院、社会科学及人文学院、表演艺术学院、科学与技术学院以及环境学院。Jan Smathers 是大学校长，Dennis Endersby 是教务长（教务长是学术副校长；学院的系主任向教务长负责）。

海莱大学信息系统的设计在附录 D "系统分析与设计入门" 中被用作数据模型的创建（在本章中讨论）和数据库的设计（在第 5 章中讨论）的例子。在这个用例的问题中，我们会为海莱大学考虑一个不同的信息系统，即将被海莱大学的导师计划使用的信息系统。海莱大学导师计划募集商务专家作为海莱大学的学生的导师。导师是无偿的志愿者，与学生的校内导师一起工作以确保学生在导师计划中学习到需要的和相关的管理技能。在这个案例中，你将为导师计划信息系统构建数据模型。

A. 为海莱大学导师计划信息系统（Highline University Mentor Program Information System，MPIS）绘制 E—R 数据模型。使用 IE 鱼尾纹 E—R 模型画 E—R 图。验证你对最小和最大基数做的决定。

你的模型应该跟踪学生、校内导师及校外导师。此外，海莱大学需要跟踪校友，因为程序管理员视所有校友为潜在的校外导师。

1. 为学生、校友、校内导师和校外导师创建独立的实体。

● 在海莱大学，所有的学生都必须住校，并被分配海莱大学 ID 号码和 FirstName. Lastname @ students. bu. edu 格式的电子邮件账户。学生实体应跟踪学生的姓、名和学生的大学 ID 号码、邮箱地址、宿舍名、宿舍房间号和宿舍的电话号码。

● 在海莱大学，所有的校内导师有校园办公室，并被分配海莱大学 ID 号码，格式为 First-Name. LastName@hu. edu 的电子邮件账户。教师实体应该跟踪教师的姓、名、教师的大学 ID 号码、职工邮件地址、办公室建筑名、办公室房间号和办公室电话号码。

● 海莱大学的校友住在校外，他们以前曾被分配过海莱大学的 ID 号码。校友们的私人电子邮件账户的格式是 FirstName. LastName@somewhere. com。校友实体应该跟踪校友的姓、名、曾经的学生号码、电子邮件地址、家庭所在住址、家庭所在城市、家庭所在州、家庭的邮政编码和电话号码。

● 海莱大学校外导师在公司工作，并使用他们的公司地址、电话和电子邮件地址作为联系方式。他们没有海莱大学校内导师的 ID 号码。电子邮件地址的格式是 FirstName. LastName@companyname. edu。校外导师实体应该跟踪校外导师的姓、名、电子邮件地址、公司名称、公司地址、公司所在城市、公司所在州、公司邮政编码和公司的电话号码。

2. 基于以下事实创建实体之间的联系：

● 每个学生都被分配有且只有一个校内导师，每个学生必须有一个校内导师。一个校内导师也许会指导若干学生，但校内导师不一定需要指导学生。只有分配这件事需要被记录在数据模型中，相关数据（如分配的日期）则不需要。

● 每个学生都可以被分配有且只有一个校外导师，但学生可以没有校外导师。一个校外导师可能指导若干学生，一个人可能在实际分配学生之前被列为一个校外导师。只有分配这件事需要被记录在数据模型中，相关数据（如分配的日期）则不需要。

● 每个校外导师都可以被分配与有且只有一个校内导师工作，每个校外导师也必须配合一名校内导师工作。一个校内导师可能会与若干校外导师合作，但校内导师并非必须与校外导师合作。只有分配这件事需要被记录在数据模型中，相关数据（如分配的日期）则不需要。

● 每个校外导师可能是一个校友，但校外导师不一定非由校友充当。校友也不一定要成为校外导师。

B. 根据一个新事实：学生、校内导师、校友和校外导师都是 PERSON，修订 A 中创建的 E—R 模型。使用 IE 鱼尾纹画 E—R 图。验证你对最小和最大基数做的决定。需要注意的是：

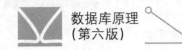
- 一个人可以是在校学生、校友，也可以同时是在校学生和校友。因为海莱大学确实有校友回校继续深造。
- 一个人可以是校内导师和校外导师，但不能同时是校内导师和校外导师。
- 一个人可以是校内导师和校友。
- 一个人可以是校外导师和校友。
- 在校学生不能是校外导师。
- 校外导师可能是校友，但不一定是校友。校友也不一定成为校外导师。

C. 扩展和修改你在 B 中创建的 E—R 数据模型以使得 MPIS 系统允许更多的数据被记录。使用 IE 鱼尾纹画 E—R 图。验证你对最小和最大基数做的决定。MPIS 需要记录：

- 学生被海莱大学录取的日期、毕业的日期和攻读的学位。
- 学生被分配校内导师的日期和分配结束的日期。
- 校内导师和校外导师合作开始和结束的日期。
- 校外导师被分配给学生和分配结束的日期。

D. 为你所创建的三个数据模型之间的差异写一个简短的说明。数据模型 B 与数据模型 A 有何不同？数据模型 C 与数据模型 B 有何不同？当你创建数据模型 B 和 C 时使用了哪些 E—R 数据模型额外的特性？

华盛顿州巡逻案例问题

考虑如图 4—21 所示的华盛顿州巡警交通罚单。圆角从视觉上提供了所代表实体的界限。

图 4—21　华盛顿州巡警交通罚单

A. 根据交通罚单表单画出 E—R 数据模型。使用五个实体，并利用表单中的数据项表示实体的标识符和属性。使用 IE 鱼尾纹画 E—R 图。

B. 指明的实体间的联系。给联系命名，并指定联系的类型和基数。验证你对最小和最大基数做的决定，指出哪种基数可以从表单的数据推出，哪种需要和系统的使用者协商。

丽园项目问题

丽园要扩展其用于财产服务的数据库应用程序。公司仍然要维护业主、物业、员工和服务的数据，但它想要进一步包括其他数据。具体来说，丽园要跟踪设备在服务过程中的使用和设备维修。此外，员工在使用某些设备前需要培训，管理层希望能够知道谁获得了哪种设备的培训。

物业方面，丽园已经确定，它服务的大多数物业过于庞大和复杂以至于不能用一条记录描述。该公司希望该数据库允许许多子属性描述一个属性。因此，一个特定的属性可能有子属性的描述，如前花园、后花园、第二级别庭院等。为了给客户更好地记账，服务和子属性相关，而不是与整个属性相关。

A. 根据第 3 章"丽园项目问题"中丽园数据库模式绘制 E—R 数据模型。使用 IE 鱼尾纹画 E—R 图。验证你对最小和最大基数做的决定。

B. 扩展和修改 E—R 数据模型来满足丽园的新要求。使用 IE 鱼尾纹画 E—R 图。为每个实体创建合适的标识符和属性。验证你对最小和最大基数做的决定。

C. 描述你如何验证问题 B 中得到的模型。

詹姆斯河珠宝项目问题

詹姆斯河珠宝项目问题可在在线附录 D 中查到，它可以直接从本书的网址 www. pearsonhighered. com/kroenke 下载。

安妮女王古玩店项目问题

安妮女王古玩店想扩展目前用于记录销售的数据库应用程序。该公司仍然要维护客户、员工、供应商、销售以及物品的数据，但它希望：（a）修改处理库存的方式以及（b）简化客户和员工数据的存储。

目前，每一个物品被认为是唯一的，这意味着该物品必须作为一个整体出售，库存中多个数量的同一物品在 ITEM 表中被当成不同的物品处理。安妮女王古玩店的管理层对数据库想要进行的修改包括库存系统，即允许多个数量的物品被储存在同一 ItemID 下。系统应支持现有量、订单量和订单到期日。如果同一物品由多个厂商备妥，这个物品应该可以从这些厂商订购。SALE _ ITEM 表应包括 Quantity 和 ExtendedPrice 列以允许同一物品以不同单位销售。

安妮女王古玩店管理已经注意到，CUSTOMER 和 EMPLOYEE 的一些字段存储类似的数据。在现有系统中，当员工在商店买东西时，他或她的数据必须重新输入到 CUSTOMER 表中。经理希望在重新设计

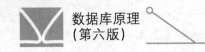
CUSTOMER 和 EMPLOYEE 时采用子类型。

　　A. 为第 3 章的"安妮女王古玩店项目问题"的数据库模式绘制 E—R 数据模型。使用 IE 鱼尾纹画 E—R图。验证你对最小和最大基数做的决定。

　　B. 只根据安妮女王古玩店对库存系统的要求扩展和修改 E—R 数据模型。使用 IE 鱼尾纹画 E—R 图。为每个实体创建合适的标识符和属性。验证你对最小和最大基数做的决定。

　　C. 只考虑安妮女王古玩店对 CUSTOMER 和 EMPLOYEE 数据的更高效存储的需求来扩展和修改E—R 数据模型。使用 IE 鱼尾纹画 E—R 图。为每个实体创建合适的标识符和属性。验证你对最小和最大基数做的决定。

　　D. 结合问题 B 和问题 C 得到 E—R 数据模型，以满足所有的安妮女王古玩店的新需求，这需要额外的修改。使用 IE 鱼尾纹画 E—R 图。

　　E. 说明你如何验证你在问题 D 中得到的数据模型。

第 5 章

数据库设计

本章目标

- 学会如何将 E—R 数据模型转换为关系设计
- 练习运用规范化过程
- 理解非规范化的需求
- 学会如何用关系模型表示弱实体
- 了解如何表示 1∶1、1∶N 和 N∶M 二元关系
- 了解如何表示 1∶1、1∶N 和 N∶M 递归联系
- 学会对二元联系和递归联系创建连接的 SQL 语句
- 理解规范化理论的本质和背景

本章介绍将第 4 章所讨论过的一个 E—R **数据模型**（data model）转换为一个关系数据库设计的过程。我们从解释数据模型实体在一个关系型设计中如何被表述为关系（或表）来开始。然后，我们运用在第 2 章学习过的规范化过程并对规范化进行更详细的描述。接下来我们会展示如何使用外键来表示这些联系，包括如何使用这些技术来表示递归联系。最后，我们会运用所有这些技术为第 4 章开发的 HSD 数据模型设计成一个数据库。

将数据模型转化成数据库设计

数据模型转换成**数据库设计**（database design）的步骤如图 5—1 所示。首先，我们为数据模型中的每个实体创建一个表。然后，我们要确保每个表被正确地规范化。最后，我们创建表之间的联系。[①]

[①] 当你考虑需要强制达到最小基数（表示关系数据库中一个关系的元组数目——译者注）时，转化过程实际上有些复杂。虽然参照完整性约束（带有 ON UPDATE 和 ON DELETE）处理某些部分，但是应用程序逻辑需要处理其他部分的工作，而这部分内容超出了本书的范围。See David M. Kroenke and David J. Auer, *Database Processing：Fundamentals，Design，and Implementation*, 12th edition (Upper Saddle River, NJ：Prentice Hall, 2012), Chapter 6.

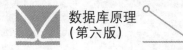
BTW

正如你在第 2 章中了解到的，关系模型中用于表示一个实体的技术上正确的术语是**"关系"**（relation）。然而，使用同义词**"表"**（table）也很常见。在本章中，我们使用"表"。只要记住，在讨论数据库时，这两个术语指的是同样的东西。

用关系模型表示实体

用关系模型表示实体是直截了当的。首先，为每个实体定义一个表，并且给表起一个与实体相同的名字。用关系的主键作为实体的标识符。然后为实体的每个属性创建关系中的一个列。最后，应用第 2 章中介绍的规范化过程来除去任何规范化问题。为了理解这个过程，我们将介绍三个例子。

表示 ITEM 实体

考虑如图 5—2（a）所示的 ITEM 实体，它包含的属性有：ItemNumber，Description，Cost，ListPrice 和 QuantityOnHand。要用表来表示这个实体，我们定义一个名为 ITEM 的表，并且在关系中设置它的属性作为列。ItemNumber 是这个实体的标识，它成为这个表的主键。结果如图 5—2（b）所示，图中钥匙符号表示主键。这个 ITEM 表也可以写为：

ITEM（ItemNumber，Description，Cost，ListPrice，QuantityOnHand）

注意，表中主键是下划线标注部分。

1. 为每个实体创建一个表：
— 确定主键（考虑代理键）
— 确定列属性：
● 数据类型
● 空值状态
● 默认值（如果有）
● 确定数据约束（如果有）
— 验证规范化
2. 通过设置外键来创建联系：
— 强实体联系（1∶1，1∶N，N∶M）
— ID 依赖和非 ID 依赖弱实体联系
— 子类
— 递归的（1∶1，1∶N，N∶M）

图 5—1　数据模型转换成数据库设计的步骤

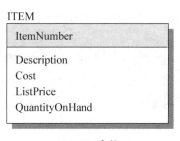
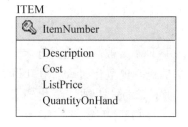

(a) ITEM实体   (b) ITEM表

图 5—2 ITEM 的实体和表

代理键

理想的主键要短、要为数值型并且不变化。ItemNumber 符合这些标准。然而，如果主键不符合这些标准，应当使用由数据库管理系统生成的**代理键**（surrogate key）。代理键的值是数值型、在表中唯一，并且从不改变。当创建一行时，这些键被分配，并且当该行被删除时，这些键被移除——这些数字不会被重复使用。代理键是理想的主键，除了两种需要考虑的情况之外。

第一，这些产生的数字没有内在的意义。比如，在 ITEM 表中如果使用代理键的值作为 ItemNumber 的值，就不能以一种有意义的方式来解释它们。第二，虽然代理键的值不会在一个表中重复，但它们在两个数据库之间可能不是唯一的。考虑两个数据库：每个数据库中都有一个 ITEM 表，表中都用代理键 ID 的 ItemNumber 列。这样的情况就会出现问题。虽然如此，但代理键仍然非常有用，并且通常用作表中的 ID 号。

列属性

注意，ITEM 实体的每个属性都已经成为 ITEM 表的一列。你需要为每一列指定特定的**列属性**（column properties），这些属性在第 4 章结尾的讨论中提到过。这些属性包括数据类型、空值状态、默认值以及值的任何限制。

数据类型 每个数据库管理系统都支持特定的**数据类型**（data types）。（SQL Server 2012、MySQL 5.5 和 Oracle 数据库 11g 第 2 版的数据类型在第 3 章讨论过，Microsoft Access 2010 的数据类型在第 1 章讨论过。）对于每一列，你都要确切地指明什么样的数据储存在这一列。如第 3 章中讨论的，数据类型通常在数据库中创建表时就要设置。

空值状态 接下来，你需要决定哪些列在新一行创建时必须输入数据。如果某列必须有输入的数据，那么该列将被指定为 NOT NULL。如果该值可以留空，则该列将被指定为 NULL。该列的**空值状态**（Null status）（NULL 或 NOT NULL）通常是在数据库中创建表时被设置，如第 3 章中的讨论。

这里你必须小心：如果在创建一行时，你不知道这个被设定为 NOT NULL 的列的数据，你就无法创建这一行。因此，一些看起来需要设定为 NOT NULL 的列实际上必须被指定为 NULL。这些必要的数据会被输入，但并不是在创建该行的时候。

对于 ITEM 表，只把 ListPrice 设定为 NULL。当 ITEM 表的数据输入到数据库中的时候，ListPrice 这些数字可能还没被管理部门确定。所有其他列的值在创建行的时候都应当已知，所以它们都被设定为 NOT NULL。

默认值 默认值（default value）是当创建新的一行时数据库管理系统自动提供的一个值。该值可能是一个静态值（保持不变），或由应用程序逻辑计算出来。在本书中我们只考虑静态值。静态值通常是这个表在数据库中被创建时设置，如第 3 章中的讨论。在 ITEM 表中，应当为 QuantityOnHand 指定默认值 0。这表明该物品是断货的，直到这个值被更新为止。

数据约束 某些列的数据可以被限制在各列所允许存在的某个范围内。这样的限制称为**数据约束**（data constraints）。我们已经看到的一个例子就是参照完整性约束，其中规定外键这一列上允许出现的值要在相关表的主键那一列中已经存在。数据约束通常在数据库中创建表时设置，如第 3 章中的讨论。在 ITEM 表中，

235

一个需要设定的数据约束就是（ListPrice＞Cost），这样能防止无意间售价比成本还低的情况。

验证规范化

最后，你需要确认 ITEM 表被恰当地规范化，因为有时候把实体转换为表会产生规范化问题。因此，下一步就是应用从第 2 章学到的规范化过程。在 ITEM 中，唯一的候选键是主键——ItemNumber，并且不存在其他的函数依赖。因此，ITEM 表被规范化到 BCNF（Boyce-Codd Normal Form）。最终生成的 ITEM 表包括指示代理键和 NULL/NOT NULL 约束，都显示在图 5—3 中。一般我们不会在本章的表中显示很多细节，但是根据需要，这些细节通常可以在商业数据库的设计方案中显示出来。

表示 CUSTOMER 实体

为了理解一个实体会引起规范化问题，我们来看看 CUSTOMER 实体，如图 5—4（a）所示。如果直接按照描述转换实体，那么你得到的结果将如图 5—4（b）所示：

CUSTOMER（CustomerNumber，CustomerName，StreetAddress，City，State，ZIP，ContactName，Phone）

CustomerNumber 是这个关系的键，并且你可以假设已经完成了在列定义上所有的必要工作。

根据规范化过程，你需要检查除了包含主键的那些函数依赖在内的各函数依赖。至少存在如下的[①]：

ZIP→（City，State）

在 CUSTOMER 中唯一的候选键是 CustomerNumber。ZIP 不是这个关系的候选键。因此，这个关系并

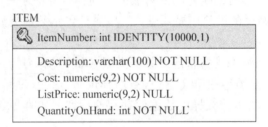

图 5—3　最终的 ITEM 表

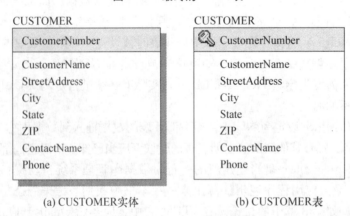

(a) CUSTOMER实体　　　　　　(b) CUSTOMER表

图 5—4　CUSTOMER 实体和表

---

① 虽然 ZIP 决定 City 和 State 这个例子广泛使用且容易理解，但是 5 位的 ZIP 编码（不是那种常用的 9 位 ZIP 编码）事实上不能决定 City 和 State。有可能一个 ZIP 编码会与多个 City 和 State 对应。比如，Sparta, IL 和 Eden, IL 的 ZIP 编码都是 62286。

不规范。此外，另一个可能的函数依赖包含 Phone。那么 Phone 是 CUSTOMER 的电话号码，还是联系人的电话号码？如果 Phone 是 CUSTOMER 的电话号码，那么：

CustomerNumber→Phone

并且不存在其他的规范化问题了。然而，如果 Phone 是联系人的电话号码，那么：

ContactName→Phone

并且由于 ContactName 不是候选键，依然存在规范化问题。

你可以通过询问用户来确认这个电话号码到底是谁的。假设你通过询问知道这确实是联系人的电话号码。那么有：

ContactName→Phone

给定这些事实，你就可以继续规范化 CUSTOMER 表。根据规范化过程，把函数依赖的属性拖出这个表，同时在原关系中留下一份函数依赖的决定因子的副本作为外键。这样，就产生了图 5—5 中的三个关系：

CUSTOMER (CustomerNumber, CustomerName, StreetAddress, ZIP, *ContactName*)
ZIP(ZIP, City, State)
CONTACT (Contact Name, Phone)

包含的参照完整性约束有：

CUSTOMER 的 ZIP 必须存在于 ZIP 的 ZIP 中

CUSTOMER 的 ContactName 必须存在于 CONTACT 的 ContactName 中

这三个关系现在已经被规范化了，并且你可以继续设计的进程了。然而，我们首先从另一个角度来看一看规范化。

ZIP 是引用ZIP表中的ZIP的外键

ContactName是引用CONTACT表中的
ContactName 的外键

图 5—5　规范化的 CUSTOMER 表和相关联的表

非规范化

有可能出现过度规范化。大多数从业者会认为单独构造一个 ZIP 表就过度规范化了。人们习惯把

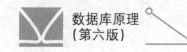

City、State 和 ZIP 写成一组，把 City 和 State 与 ZIP 分开将会使这个设计难以使用。除此之外，这还意味着要获得客户的地址，DBMS 不得不读取两个表。因此，即使这么做会导致规范化问题，把 ZIP、City 和 State 放在 CUSTOMER 关系里也会产生更好的整体设计。这就是一个**非规范化**（denormalization）的例子。

决定进行非规范化的后果是什么？我们要考虑三个基本的操作：插入、更新和删除。如果把 ZIP、City 和 State 留在 CUSTOMER 内，那么你将不能插入新的 ZIP 邮政编码，直到客户有了那样的邮政编码。然而，你永远都不想那么干。只有当一个客户有了 ZIP 邮政编码的时候，你才关心这个邮政编码的数据。因此，当 ZIP 数据留在 CUSTOMER 中时插入数据也不会产生问题。

那么修改呢？如果一个城市修改 ZIP 邮政编码，那么你可能需要修改 CUSTOMER 表的很多行数据。然而一个城市会多么频繁地修改 ZIP 邮政编码？这个问题的答案就是"基本上不修改"，所以在这样的非规范化关系中更新不是问题。最后，删除呢？如果一个客户有 ZIP 数据（80210，Denver，Colorado），那么如果你删除该客户，你将失去"Denver 的邮政编码是 80210"这个事实。但这其实并不重要，因为当另一个带有该 ZIP 的客户数据被插入时，这个客户也将提供该信息。

因此，把 ZIP、City 和 State 留在 CUSTOMER 关系内使其非规范化能够使得设计更易于使用并且不会导致修改问题。非规范化的设计更好，如图 5—6 所示：

CUSTOMER (<u>CustomerNumber</u>, CustomerName, StreetAddress, City, State, ZIP, ContactName)
CONTACT (<u>ContactName</u>, Phone)

包含的参照完整性约束有：

CUSTOMER 的 ContactName 必须存在于 CONTACT 的 ContactName 中

非规范化需求产生的原因也包括安全和性能等。如果修改问题的代价比较低（就像 ZIP 那样），或者如果有其他导致非规范化关系的因素要优先考虑，那么非规范化就是个好主意。

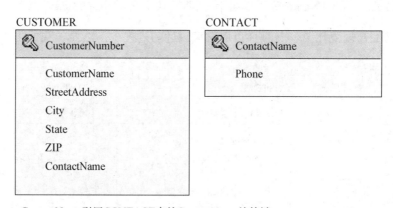

ContactName引用CONTACT表的ContactName的外键

图 5—6 非规范化的 CUSTOMER 表和相关联的 CONTACT 表

SALES _ COMMISSION 实体的关系设计

总结一下迄今的讨论，用关系模型表示一个实体时，第一步是构建一个表，这个表将实体所有的属性作为它的列。该实体的标识符作为表的主键，并且定义列的约束。然后，规范化这个表。可能会存在一定的原因要将表的某部分非规范化处理。

按照这种方式，我们总是考虑规范化设计。如果我们做一个非规范化的决定，我们要做到这是有科学依据的，而不是一无所知。

为了强化这些想法，我们看一下第三个例子——图 5—7 （a）中的 SALES ＿ COMMISION 实体。首先，创建一个把所有属性作为列的关系，如图 5—7 （b）所示。

SALES_COMMISION（SalespersonNumber，SalespersonLastName，SalespersonFirstName，Phone，CheckNumber，CheckDate，CommissionPeriod，TotalCommissionSales，CommissionAmount，Budget-Category）

如图所示，表中主键是 CheckNumber——该实体的标识。关系的属性中有三个额外的函数依赖：

SalespersonNumber→

　（SalespersonLastName，SalespersonFirstName，Phone，BudgetCategory）

CheckNumber→CheckDate

（SalespersonNumber，CommissionPeriod）→

　（TotalCommissionSales，CommissionAmount，CheckNumber，CheckDate）

根据规范化过程，从原表中提取出函数依赖的属性，并且把决定因子作为新表中的主键。同时也把决定因子的一个副本留在原表中作为外键。在这种情况下，唯一复杂的是原表的名字用于新创建的表事实上更加合理。原来具有主键 CheckNumber 的表实际上应该称为 COMMISSION ＿ CHECK。在图 5—8 所示的规范化后的结果中表已经被改名：

SALESPERSON（<u>SalespersonNumber</u>，SalespersonLastName，SalespersonFirstName，Phone，BudgetCategory）

SALES_COMMISSION （*SalespersonNumber*，CommissionPeriod，TotalCommissionSales，CommissionAmount，*CheckNumer*）

COMMISSION_CHECK （<u>CheckNumber</u>，CheckDate）

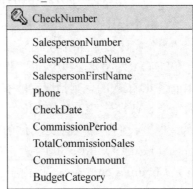

(a) SALES_COMMISSION实体　　　　(b) SALES_COMMISSION表

图 5—7　SALES ＿ COMMISSION 实体和表

包含的参照完整性约束有：

　　SALES_COMMISSION 的 SalespersonNumber 必须存在于 SALESPERSON 的 SalespersonNumber 中

　　SALES_COMMISSION 的 CheckNumber 必须存在于 COMMISSION_CHECK 的 CheckNumber 中

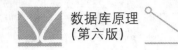

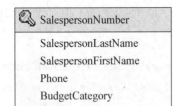 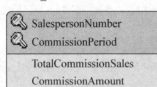 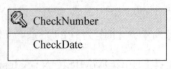

SalespersonNumber是引用SALESPERSON表中SalespersonNumber的外键
SALES_COMMISSION ID依赖于SALESPERSON
CheckNumber是引用COMMISSION_CHECK表中CheckNumber的外键

图5—8　规范化的 SALES _ COMMISSION 表和相关联的表

现在来看一下非规范化。有没有什么理由不建立这些新关系呢？如果把它们遗留在 COMMISSION _ CHECK 关系（就是改名后的 SALES _ COMMISSION 关系）中会是更好的设计吗？在这里，没什么理由选择非规范化，所以可以保留规范化。

表示弱实体

到目前为止所描述的转化过程适用于所有类型的实体，但是弱实体有时需要特殊的处理。回想一下，弱实体逻辑上依赖于另一个实体。在图 5—8 中，SALES _ COMMISION 是一个 ID 依赖的弱实体，它的存在依赖于 SALESPERSON 的存在。在这个模型中，没有一个 SALES _ COMMISSION 不存在 SALESPERSON。还要注意，在图 5—8 中我们认为 COMMISSION _ CHECK 是一个强实体，因为一旦签了支票，它就有了一个单独的、物理的存在，就像一个 SALESPERSON 一样（另一种概念化的说法需要一个额外的 CHECKING _ ACCOUNT 实体作为强实体，同时 CHECK 作为一个 ID 依赖的弱实体，在这种情况下，CHECK 的组合主键将用作 SALES _ COMMISSION 的外键）。

如果一个弱实体不是 ID 依赖的，那么它可以使用前面描述的方法表示成一个表。在关系设计中，依赖性需要记录下来以便没有哪个程序会创建没有合适的父实体（弱实体所依赖的实体）的弱实体。最后，一个业务规则需要实现以便当父实体被删除时弱实体也被删除。这些规则是关系设计的一部分，并且，在这里这些规则是以 ON DELETE CASCADE 约束的形式作用于弱的非 ID 依赖的表。

如果一个弱实体也是 ID 依赖的，则情况会略有不同。SALES _ COMMISSION 依赖 SALASPERSON 就是这样的情况。因为每个 SALES _ COMMISSION 被完成该销售的 SALASPERSON 识别出来。当创建一个 ID 依赖实体所对应的表时，我们必须保证父实体的标识与这个 ID 依赖的弱实体的标识都出现在这个表中。例如，如果你建立的 SALES _ COMMISSION 表不包括 SALESPERSON 的键值会发生什么？这个表的键会是什么？它应该恰好是 CommissionPeriod，但由于 SALES _ COMMISSION 是 ID 依赖的，所以它不是一个完整的键。事实上，没有包括必需的对 SALESPERSON 的引用，CommissionPeriod 自己不能成为主键，因为表中可能会有重复的行。（如果某个特定的 CommissionPeriod 出现两次，则在相同的 BudgetCategory 中都具有相同的 TotalCommissionSales。这种情况的发生是因为表记录了多个 SALESPERSON 的数据。）因此，对于一个 ID 依赖的弱实体，必须要把父实体的主键加进来，并且这个加进来的属性要成为该表的键的一部分。在图 5—8 中可以看到，SALES _ COMMISSION 具有正确的组合主键（SalespersonNumber，CommissionPeriod）。

看图 5—9（a）的另一个例子。LINE _ ITEM 是一个 ID 依赖的弱实体。说它是弱实体，因为它的逻辑存在是依赖于 INVOICE 的。并且，它是 ID 依赖的，因为它的标识里包括 INVOICE 的标识。同样，想想如果我们建立不包括 INVOICE 的键的 LINE_ITEM 关系，会发生什么？该关系的键将会是什么？也就只能是 LineNumer 了，但是因为 LINE_ITEM 是 ID 依赖的，所以它不是一个完整的键。没有包含必要的对 ITEM 的参照，LINE_ITEM 就会像上个例子 SALESPERSON_SALES 一样可能有重复行。（如果两张发票在同一行有相同数量的同一项目，就会发生这一现象。）如图 5—9（b）所示，LINE_ITEM 有正确的组合主键（InvoiceNumber，LineNumber）。

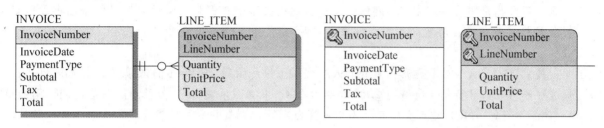

(a) 弱实体例子   (b) 带正确主键的LINE_ITEM表

图 5—9　弱实体的关系表示

范式

　　表与电子表格之间有许多相似之处，包括我们可以认为它们都有行、列和单元格。Edgar Frank（E. F.）Codd——关系模式的创始人——在早期关于关系模型的论文中定义了三个范式。规定了任意符合关系的定义的表（参见图 2—1）都是**第一范式**（first normal form，1NF）。

　　对于 1NF，我们问问自己：这个表符合图 2—1 的定义吗？如果答案为"是"，那么这个表就是 1NF。

　　Codd 指出，这样的表可能会有异常（指的就是在本书其他地方所说的规范化问题），并且他定义了**第二范式**（second normal form，2NF）来消除一部分异常。当且仅当一个关系是 1NF 并且所有的非键属性都被整个主键所确定时，这样一个关系才是 2NF。这意味着，如果主键是一个组合主键，那么没有非键属性可以被组成键的一个或多个属性确定。因此，如果你有一个带组合键（A，B）的关系（A，B，N，O，P），那么没有哪一个非键属性（N、O 或者 P）可以仅被 A 或者 B 单独确定。

　　对于 2NF，问一下自己：(1) 这个表符符合 1NF 吗？(2) 所有非键属性仅由整个主键确定，而不是主键的一部分吗？如果答案都为"是"，则该表符合 2NF。

　　然而，2NF 的条件并不能消除所有异常。所以 Codd 定义了**第三范式**（third normal form，3NF）。当且仅当 (1) 关系符合 2NF 且 (2) 不存在非键属性被其他非键属性所确定时，这样的关系才符合 3NF。技术上讲，前述条件所描述的情况称为**传递依赖**（transitive dependency）。因此，在关系（A，B，N，O，P）中，没有任何一个非键属性（N、O 或者 P）能被 N、O 或 P，或者它们的任何组合所确定。

　　对于 3NF，问一下自己：(1) 表是不是符合 2NF；(2) 有没有非键属性被另外一个或多个非键属性确定？如果答案为"是"和"否"，则该表符合 3NF。

　　不久之后 Codd 发表了关于范式的论文，文中指出：即便是符合 3NF 的关系也可能产生异常。因此，他和 R. Boyce 定义了 **Boyce-Codd 范式**（Boyce-Codd Normal Form，BCNF），该范式消除了 3NF 中发现的异常。正如第 2 章中所述，当且仅当每一个决定因素都是一个候选键时，这个关系符合 BCNF。总结成众所周知的话：

我发誓要构建我的表以便所有非键的列依赖于键，依赖于整个键，除了键以外什么都没有。来帮帮我吧，Codd。

对于 BCNF，问一下自己：（1）它是不是符合 3NF；（2）所有的决定因素是不是候选键？如果答案都为"是"，则该表属于 BCNF。

所有这些定义都是用这样的方式创建的，更高级别的关系范式都是在低级的范式的基础上加以定义。这样，符合 BCNF 的关系自动地符合 3NF，符合 3NF 的关系自动地符合 2NF，符合 2NF 的关系自动地符合 1NF。

至此，关系范式定义暂告一段落，直到有人发现了另一种依赖，称为**多值依赖**（multivalued dependency）。（这种依赖在第 2 章结尾的练习 2.40 和练习 2.41 中有图示说明。）为了消除多值依赖，**第四范式**（fourth normal form，4NF）被定义出来。要想表符合 4NF，则最初的原始表要分割成多个表以便让多值属性的多个值移进新表中。原来的表与分离出多值的表之间通过 1：N 关系建立联系。

对于 4NF，问一下自己：（1）被多值依赖所确定的任何多值是否已经被移到单独的表中了？如果答案为"是"，那么这个表就符合 4NF。

过了一段时间，又出现了另一种异常，即表的属性可以被分离，但不能按照正确的定义连接回来。**第五范式**（fifth normal form，5NF）被定义用来消除这类异常。5NF 的讨论已经超出了本书的范围。

你可以看到知识是如何进化的：这些范式都不够完美——每一种范式消除了特定的异常，并且没有一个声称它完全不会产生异常。在这一阶段，R. Fagin 于 1981 年采用了不同的方式并提出我们为什么不去寻找一种可以使得一个关系没有任何异常的条件，而不是仅仅去消除异常。他就这么做了，并且在做的过程中定义了**域/键范式**（domain/key normal form，DK/NF），这里不是拼写错误，名称里"domain"与"key"之间有斜线，而缩写中斜线是放在"DK"与"NF"之间的。Fagin 证明了符合 DK/NF 的关系没有异常，并且他进一步证明没有异常的关系也符合 DK/NF。

由于某些原因，DK/NF 从未被通常的数据库工作者们所看中，但是它应该得到重视。可以看到，没人会炫耀他们设计的关系符合 3NF，反而是如果符合 DK/NF 的关系，我们都会炫耀它。但是由于某些原因（可能是因为数据库理论界的时尚性，如同服装界的时尚一样），它并未流行起来。

你很可能想知道 DK/NF 到底是怎样的条件。基本说来，DK/NF 要求所有数据值上的约束是域和键的定义的逻辑蕴含。从本书以及按百分之九十九的数据库从业者的经验基础来细讲的话，它可以这样重述：一个函数依赖的每一个确定因素必须是候选键。这恰恰是我们要起步的地方并且我们已经定义的 BCNF。

你可以将这个陈述扩大一点以包含多值依赖，并且声明每一个函数依赖或多值依赖的确定因素必须是候选键。这里的麻烦是只要我们用这种方式约束一个多值依赖，它就转换成了一个函数依赖。我们原本的声明是合适的。这就像一种说法，超重的人减肥到一个合适的体重就健康了。

对于 DK/NF，问一下自己：这个表符合 BCNF 吗？按照本书的意图，这两个术语是近义词，所以如果答案为"是"，我们将考虑这个表也符合 DK/NF。

之后，正如 Paul Harvey 所说的那样，"现在你就该知道下面的故事了"。确保每一个函数依赖的决定因素都是候选键（BCNF），这样你就可以说你的这个关系已经完全规范化了。不过，当学到更多有关规范化的知识之前，你不会想说它们符合 DK/NF，因为某些人会问你那是什么意思。然而，对于多数实际用途来说，你的关系也是符合 DK/NF 的。

注：想要获取更多关于范式的信息，参见 David M. Kroenke and David J. Auer，*Database Processing：Fundamentals，Design，and Implementation*，12th edition（Upper Saddle River，NJ：Prentice Hall，2012）：112～131。

表示联系

现在，你已经学会如何为 E—R 模型中的实体创建一个关系设计。然而，要把数据模型转换为关系设计，我们必须把关系也表示出来。

用来表示 E—R 关系的技术依赖于联系的最大基数。正如你在第 4 章看到的那样，可能存在三种方式的联系：一对一（1：1），一对多（1：N）和多对多（M：N）。第四种可能的多对一（N：1）可以用 1：N 相同的方式表示。所以我们不需要把它作为一个单独情况来考虑。一般说来，我们通过在表上设立外键来建立联系。下面这部分我们来看看联系的各个类型。

◻ 强实体之间的联系

最容易处理的联系是强实体之间的联系。我们从这里开始，之后讨论其他的联系类型。

表示 1：1 强实体联系

二元联系的最简单的形式就是 1：1 联系，即一种类型的实体与另一种类型的最多一个实体产生联系。在图 5—10（a）中，与图 5—4（a）中 EMPLOYEE 和 LOCKER 之间的相同的 1：1 联系用 IE 鱼尾纹符号表示出来。根据这个图表，一个雇员可分配至多一个储物柜，并且一个储物柜被分配给至多一个雇员。

用关系模式表示一个 1：1 联系很直接。首先，每一个实体用描述的表来表示，且其中一个表的键放在另一个表中作为外键。如图 5—10（b）所示，LOCKER 的键存放在 EMPLOYEE 中作为外键，这样建立的参照完整性约束就是：

EMPLOYEE 的 LockerNumber 必存在于 LOCKER 的 LockerNumber 中

在图 5—10（c）中，EMPLOYEE 的键存放在 LOCKER 中作为外键，这样建立的参照完整性约束就是：

LOCKER 的 EmployeeNumber 必存在于 EMPLOYEE 的 EmployeeNumber 中

大体上来说，对于 1：1 联系，每个表的键都可以放在另一个表中作为外键。为了验证确实如此，可以对比图 5—10 中的两种情况。假设对于图 5—10（b）的设计，你有一个雇员并且想要把那个储物柜分配给他。为了得到这个雇员的信息，你使用 EmployNumber 从 EMPLOYEE 中获得这个雇员所在的行。从该行中获得分配给他的那个储物柜的 LockerNumber。然后，你用那个编号在 LOCKER 中寻找储物柜的信息。

现在，考虑另一种方向。假设你有一个储物柜并且想知道它分配给了哪个雇员。使用图 5—10（b）的设计，你访问 EMPLOYEE 表并从中查找具有指定 LockerNumber 的那一行数据。被分配了该储物柜的雇员的信息就在那一行。

图 5—10（c）中给出了另一种设计，即把 EmployeeNumber 放到 LOCKER 中作为外键。这种设计要想获得信息，也是要进行类似的动作。使用这个设计可以从 EMPLOYEE 转到 LOCKER，直接到 LOCKER 表中寻找以给定的雇员编号作为 EmployNumber 值的 LOCKER 行。如果从 LOCKER 到 EMPLOYEE，则在 LOCKER 中查找具有指定的 LockerNumber 的那一行。从这一行中抽取出 EmployeeNumber 并利用它获取 EMPLOYEE 中相应的雇员信息。

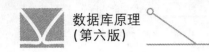

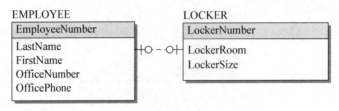

(a) 1:1强实体联系例子

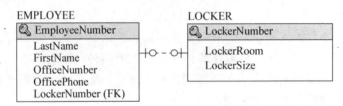

(b) LOCKER的主键置于EMPLOYEE

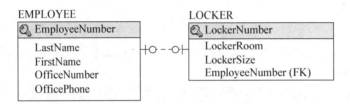

(c) EMPLOYEE的主键置于LOCKER

图 5—10 1∶1 强实体联系

在这种情况下，我们使用术语"查找"（look up）来表示"给定某列的值来找到一行"。看待这种情况的另一种方式就是依据连接。对于图 5—10（b）中的关系，你可以用下面的连接来产生表单：

```
/**** EXAMPLE CODE-DO NOT RUN ****/
/**** SQL-QUERY-CH05-01 ****/
SELECT      *
FROM        EMPLOYEE, LOCKER
WHERE       EMPLOYEE.LockerNumber = LOCKER.LockerNumber;
```

因为这个联系是 1∶1 的，这个连接的结果会有单行数据，是雇员与储物柜数据的给定组合。这一行含有两个表的所有列。

对于图 5—10（c）的关系，你可以按下面的语句把两个表通过 EmployeeNumber 进行连接：

```
/**** EXAMPLE CODE-DO NOT RUN ****/
/**** SQL-QUERY-CH05-02 ****/
SELETCT     *
FROM        EMPLOYEE,LOCKER
WHERE       EMPLOYEE.EmployeeNumber = LOCKER.EmployeeNumber;
```

而且这次对雇员和储物柜的每个组合都会找到一行数据。在这两个连接中，未分配储物柜的雇员和未分配的储物柜都不会出现。

虽然图 5—10（b）和图 5—10（c）这两个设计在概念上等价，但它们在性能上可能会有区别。例如，如果在某个方向的查询比另一方向的查询更常见，我们会更倾向于前者。另外，依赖于支撑结构，如果两个表的 EmployeeNumber 上都有索引（一种元数据的结构可更快地搜索特定数据），但是 LockerNumber 在两表中都没有索引，从而，第一种设计就是相对更好的。此外，还要考虑连接操作，如果一个表比另外的表大很多，那么这样的连接查询要比另外一个快很多。

另一个 1∶1 强实体联系的例子是图 5—6 中的 CUSTOMER 表和 CONTACT 表。对每一个 CUSTOM-ER 行，都有且只有一个 CONTACT 行，而且在规范化的基础上，我们已经用 CONTACT 的主键作为 CUS-TOMER 的外键。结果联系如图 5—11 所示。

为了在数据库中真正实现 1∶1 联系，我们必须约束所设计的外键为 UNIQUE。这可以在创建包含外键的表的 SQL CREATE TABLEE 语句中做到，也可以在利用 SQL ALTER TABLE 语句创建表后通过改变表的结构做到。考虑 EMPLOYEE 与 LOCKER 的联系。例如，我们决定把外键 EmployeeNumber 放入 LOCKER 表来创建这个关系，我们需要约束 LOCKER 中的 EmployeeNumber 为 UNIQUE。我们利用这样的 SQL 语句：

```
/**** EXAMPLE CODE-DO NOT RUN ****/
/**** SQL-CONsTRAINT-CH05-01 ****/
CONSTRAINT  UniqueEmployeeNumber UNIQUE(EmployeeNumber)
```

作为初始的 CREATE TABLE LOCKER 命令或者后来的 ALTER TALBE LOCKER 命令（我们假设任何已经在 LOCKER 中的数据都不会违背 UNIQUE 约束）中 SQL 代码行来建立约束，

```
/**** EXAMPLE CODE-DO NOT RUN ****/
/**** SQL-ALTER-TABLE-CH05-01 ****/
ALTER TABLE LOCKER
     ADD CONSTRAINT UniqueEmployeeNumber
          UNIQUE (EmployeeNumber);
```

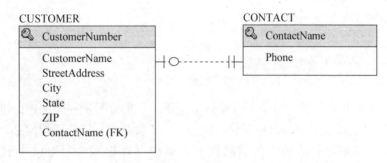

图 5—11 CUSTOMER 与 CONTACT 之间的 1∶1 强实体联系

表示 1∶N 强实体关系

第二种二元联系就是 1∶N，该联系中一个类型的实体可以与其他类型的多个实体关联。图 5—12（a）用 IE 鱼尾纹记法展示了图 4—5（b）中用过的 ITEM 与 QUOTATION 关系间的联系。根据该图，我们从数据库中获得了每个物品的零到多个报价。

"父"（parent）和"子"（child）这两个术语有时也用于表示 1∶N 的联系。父关系在联系中的"一"端，子关系在关系中的"多"端。如图 5—12（a）所示，ITEM 是父实体，QUOTATION 是子实体。

表示 1∶N 关系是简单且直接的。首先，用一个表表示一个实体，之后把表示父实体的表的键放进表示子实体的表中作为外键。从而，要表示图 5—12（a）中的联系，就把 ITEM 的主键 ItemNumber 放在 QUO-TATION 表中（如图 5—12（b）所示），并建立参照完整性约束：

QUOTATION 的 ItemNumber 必须存在于 ITEM 的 ItemNumber 中

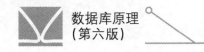

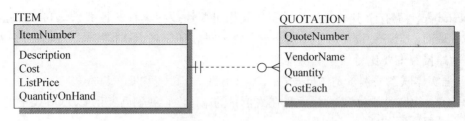

(a) 1:N 强实体联系的例子

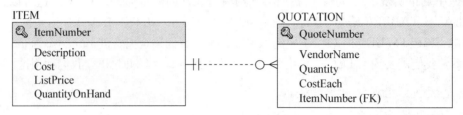

(b) 把ITEM 主键放入QUOTATION

图 5—12　1∶N 强实体联系

注意，由于 ItemNumber 以外键储存在 QUOTATION 中，你可以从两个方向处理这个关系。给定一个 QuoteNumber，你可以在 QUOTATION 中查找到相应的行并从该行中得到物品。要获得其他的 ITEM 数据，你可以使用从 QUOTATION 得到的 ItemNumber 来查找 ITEM 中相应的行。要确定与特定物品相关联的所有报价，你需要查询 QUOTATION 表中以该特定值作为 ItemNumber 值的所有行。报价的数据就从这些行中获得。

根据连接，你可以以如下代码从一个表中得到物品和报价数据：

```
/ **** EXAMPLE CODE-DO NOT RUN ****/
/ *** SQL-QUERY-CH05-03 ****/
SELECT      *
FROM        ITEM, QUOTATION
WHERE       ITEM. ItemNumber = QUOTATION. ItemNumber;
```

对比 1∶1 联系和 1∶N 联系的设计策略。这两种情况下，我们都是把一个关系的键放到另一个关系中作为外键。不同的是，在 1∶1 联系中键可以相互放，而在 1∶N 联系中，父关系的键必须放在子关系中。

为了更好地理解，看看如果把子关系的键放到父关系中（即把 QuoteNumber 放进 ITEM）会发生什么。因为一个关系中的属性只能有一个值，每个 ITEM 的记录只能容纳一个 QuoteNumber。结果就是这样一个结构不能用来表示 1∶N 联系的"多"方。因此，要表示 1∶N 联系必须总是把父关系的键放进子关系中。

为了在数据库中真正实现数据库中的 1∶N 联系，我们只需要把外键列加到保存外键的表中。因为该列通常不会被约束一个值能出现多少次，1∶N 联系用默认设置就建立起来了。实际上，这就是我们必须约束列来实现 1∶1 联系的原因，这与本章前面讨论过的一致。我们将会在本章的"Access 工作台"部分详细说明这一点。

表示 N∶M 强实体联系

第三种也是最后一种二元关系是 N∶M，这是一种类型的一个实体匹配第二种类型的多个实体，同时第二种类型的一个实体匹配第一种类型的多个实体。

图 5—13（a）展示了一个学生和课程之间的 N∶M 关系的 E—R 图表。一个 STUDENT 实体可以匹配多个 CLASS 实体，且一个 CLASS 实体可以匹配多个 STUDENT 实体。注意，关系中两部分参与者都是可

选的：一个学生不是必须要注册某一门课程，且一门课程也不是必须要有选课的学生。图 5—13（b）给出了例子数据。

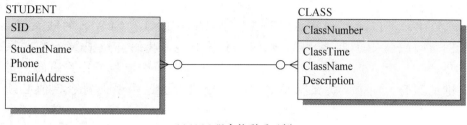

(a) N:M 强实体联系示例

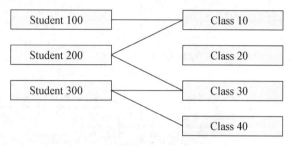

(b) STUDENT 与 CLASS 联系的样例数据

图 5—13　N：M 强实体联系

N：M 联系不能像 1：1 和 1：N 那样直接表示。为了了解为什么这样，我们尝试使用与 1：1、1：N 联系相同的实现策略——把一个关系的键作为外键放到另一个关系中。首先为每个实体定义关系，把它们称作 STUDENT 和 CLASS。然后，尝试把 STUDENT 的主键 SID 放入 CLASS 中。因为在关系的单元格中不允许多值存在，所以只有存放一个 StudentNumber 的空间，这样你就没有空间来记录第二个 StudentNumber 以及后续的学生数据。

如果你尝试把 CLASS 的 ClassNumber 主键放入 STUDENT，类似的问题也会发生。把一个学生注册的第一门课程的标识符存起来很容易，但是你没有更多空间来存放额外的课程标识符。

图 5—14 展示了另一种策略（但是它不正确）。在这种情况下，对于每一个注册了一门课程的学生就在 CLASS 关系里保存一行，这样你就有 Class 10 的两个记录和 Class 30 的两个记录。用该方案的问题就是它重复了课程数据并且产生了修改异常。例如，要修改 Class 10 的日程，就需要改变很多行。同样，考虑插入和删除的异常：在有学生注册课程之前，你能安排好一个新课程的时间表吗？此外，如果 Student 300 退掉 Class 40 会发生什么？这个策略是不可行的。

解决这个问题的办法就是创建第三个表——**交叉表**（intersection table）来表示这个联系。交叉表是一个连接两个父表的子表，用两个 1：N 联系来代替数据模型中的单个 N：M 联系。这样，我们定义一个表 STUDENT _ CLASS，如图 5—15（a）所示：

STUDENT (SID, StudentName, Phone, EmailAddress)

CLASS (ClassNumber, ClassTime, ClassName, Description)

STUDENT _ CLASS (SID, ClassNumber)

参照完整性约束为：

STUDENT _ CLASS 的 SID 必须存在于 STUDENT 的 SID 中

STUDENT _ CLASS 的 ClassNumber 必须存在于 CLASS 的 ClassNumber 中

在图5—15（b）中展示一些关系的实例。这样的关系被称作交叉表是因为每行记录着一门特定的学生和一门特定的课程的交叉。注意，在图5—15（b）中，交叉表对 STUDENT 和 CLASS 的每条连线都有一行数据，如图5—13（b）所示。

在图5—15（a）中，可以注意到从 STUDENT 到 STUDENT＿CLASS 的联系是 1：N，并且从 CLASS 到 STUDENT＿CLASS 的联系也是 1：N。本质上说，我们已经把 M：N 联系分解成了两个 1：N联系。STUDENT＿CLASS 的键是（SID，ClassNumber），它把两个父关系的主键合并起来。交叉表的键总是父键的组合。两个父关系都是必要的，因为对交叉关系的每个键值必须有一个父关系存在。

SID	其他STUDENT数据
100	...
200	...
300	...

STUDENT

ClassNumber	ClassTime	其他CLASS数据	SID
10	10:00 MWF	...	100
10	10:00 MWF	...	200
30	3:00 TH	...	200
30	3:00 TH	...	300
40	8:00 MWF	...	300

CLASS

图 5—14　N：M 联系的不正确的表示

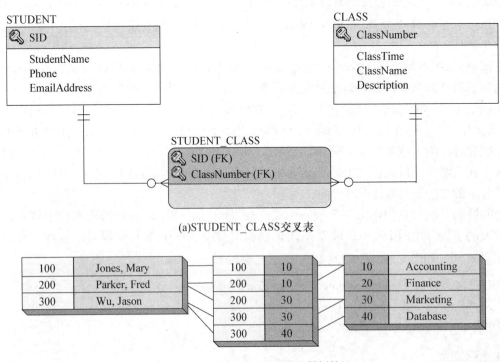

(a)STUDENT_CLASS交叉表

(b) STUDENT与CLASS 联系的样例数据

图 5—15　表示 N：M 强实体联系

最后，要注意 STUDENT _ CLASS 是一个 ID 依赖的弱实体，它 ID 依赖于 STUDENT 和 CLASS。为了创建 N：M 强实体联系的数据库设计，我们不得不引入一个 ID 依赖的弱实体。（在下一节，我们会讲解更多关于弱实体的联系的内容。）

总结一下这里的讨论，为了在数据库中真正实现一个 N：M 联系，我们必须创建一个新的交叉表，在该表中加入外键来连接 N：M 联系的两个表。这些外键将是两个表相应的主键，并且它们在交叉表中形成一个组合主键。两个表各自与交叉表的联系将是 1：N 联系，从而用两个 1：N 联系实现了 N：M 联系。而且，因为原表中的每个主键出现在交叉表的主键中，这个交叉表 ID 依赖于两个原表。

你可以使用如下的 SQL 语句来获得学生和课程的数据：

```
/**** EXAMPLE CODE-DO NOT RUN ****/
/**** SQL-QUERY-CH05-04 ****/
SELETCT      *
FROM         STUDENT, CLASS, STUDENT_CLASS
WHERE        STUDENT.SID = STUDENT_CLASS.SID
   AND       STUDENT_CLASS.ClassNumber = CLASS.ClassNumber;
```

该 SQL 语句的结果是一个表，它包含学生和这个学生所选课的所有列。在这个表中学生数据重复的数目和这个学生所选课程的数目一样多，同样，在这个关系中重复的课程数目也会与选这个课的学生数目一样多。

使用弱实体的联系

因为弱实体的存在，它们最终必然会变成联系中的表。我们刚刚已经见过了出现弱实体的地方：一个 ID 依赖实体变成表来表示 N：M 联系。注意，在这个情况下形成的交叉表仅含有形成组合主键的列。在 STUDENT _ CLASS 表中，它的键是（SID，ClassNumber）。

BTW

现在你知道在数据库设计中一个数据模型中的 N：M 联系要转换为两个 1：N 联系，我们来回顾一下第 4 章讨论过的数据模型和数据库设计软件的主题。一些软件，比如 CA 的 ERwin Data Modeler，可以用正确绘制的 N：M 联系来创建真正的数据模型。这些软件也有能力用交叉表把数据模型正确地转换为数据库设计。然而，这一点也正是其他一些好软件所缺少的。Microsoft Visio（使用它的数据库设计组件时，不是它基本的绘制模式）和 Oracle's MySQL Workbench（即使它可以选择显示 N：M 联系）都不能正确地绘制数据模型的 N：M 联系。但它们能用交叉表和两个 1：N 联系立刻创建出数据库设计。尽管如此，Microsoft Visio 和 MySQL Workbench 可以帮助进行建模、设计和建立数据库。例如，图 5—16 给出了在 MySQL Workbench 中为第 3 章韦奇伍德太平洋公司数据库所做的数据库设计，并在图 5—17 中显示了数据库设计结果。可以看到，MySQL Workbench 使用了与第 4 章、第 5 章中相同的线尾和线型（实线或虚线）的符号。参见在线附录 C 获取使用 MySQL Workbench 的更多相关信息，参见在线附录 G 获取使用 Microsoft Visio 2010 的更多相关信息。

另一个 ID 依赖弱实体出现在我们创建交叉表并且增加不在组合主键中的实体属性（表列）时。举个例子，图 5—18 显示了图 5—15（a）的表和联系结构，但是还带有一个新属性（列）——Grade，它被加在了 STUDENT _ CLASS 中。

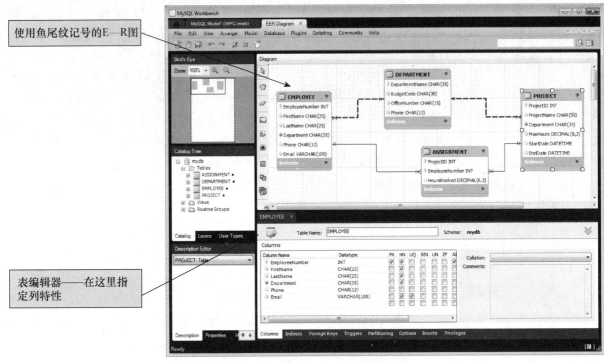

图 5—16　MySQL Workbench 中的数据库设计工具

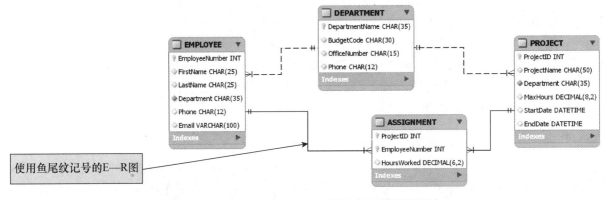

图 5—17　MySQL Workbench 中的 WPC 数据库设计

STUDENT _ CLASS 作为一个实体现在被称为**关联实体**（association entity），并且这个实体已经转换成了新的 STUDEN T _ CLASS 表。注意，虽然它仍然连接着 STUDENT 和 CLASS（它仍然 ID 依赖于这两个表），但是现在它有了自己独有的数据。这种模式成为**关联联系**（association relationship）。

最后，我们再看一下图 5—8 中的表，该图中把 SALES _ COMMISSION 规范化成三个关联的表。图 5—19 展示了它们具有正确联系的各个表。

注意，SALESPERSON 和 ID 依赖表 SALES _ COMMISSION 之间确定的 1∶N 识别联系，它正确地使用了 SALESPERSON 的主键作为 SALES _ COMMISSION 组合主键的一部分。还要注意 SALES _ COMMISSION 和 COMMISSION _ CHECK 之间的 1∶1 联系。因为 COMMISSION _ CHECK 是强实体，且它有自己独有的主键，这是一个非识别联系。这组表和联系展示了一个**混合实体模式**（mixed entity pattern）。[①]

---

① 要获得更多的关于混合实体模式的信息，参见 David Kroenke and David J. Auer，*Database Processing：Fundamentals，Design，and Implementation*，12th edition（Upper Saddle River，NJ：Prentice Hall，2012）：179~182，217~219。

250

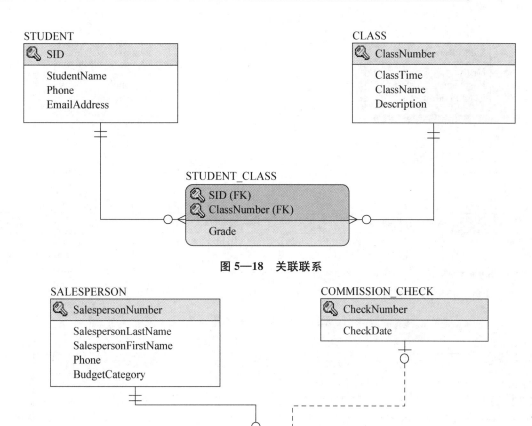

图 5—18　关联联系

图 5—19　混合实体联系的例子

▢ 带有子类的联系

因为子类实体的标识是相关联的超类实体的标识，创建 SALES _ COMMISSION 表和 COMMISSION _ CHECK 表之间的联系比较简单。子类的标识变成子类的主键以及连接子类和超类的外键。图 5—20（a）显示了图 4—13（a）的 E—R 模型，图 5—20（b）显示了等价的数据库设计。

▢ 表示递归联系

递归联系指的是同类实体之间的联系。递归联系与其他联系不存在根本不同，它可以用相同的技术来表示。与非递归联系类似，有三种可能的递归联系：1∶1、1∶N 和 N∶M。图 5—21 分别是这三种类型的例子。

我们从图 5—21（a）中的 1∶1 递归联系 SPONSORED _ BY 开始。正如普通的 1∶1 联系，一个人可以资助另一个人，同样每个人都可以被至多一个人资助。图 5—22（a）是该关系的样例数据。

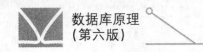

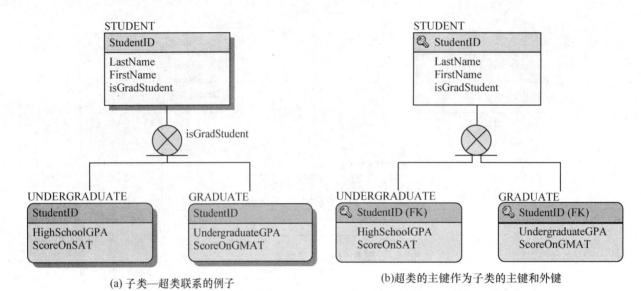

(a) 子类—超类联系的例子　　　　　　　(b)超类的主键作为子类的主键和外键

图 5—20　表示子类型

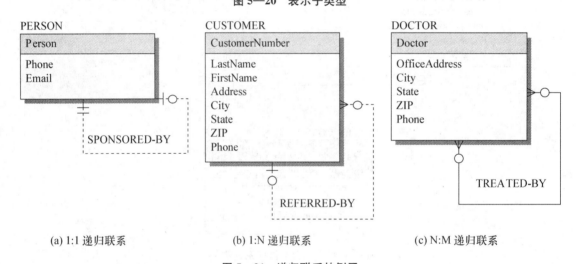

(a) 1:1 递归联系　　　　(b) 1:N 递归联系　　　　(c) N:M 递归联系

图 5—21　递归联系的例子

　　为了表示 1∶1 递归联系，我们使用与常规 1∶1 联系几乎相同的方法。也就是我们可以把被资助者的键放入资助者的那一行，或者相反地把资助者的键放入被资助者的那一行。图 5—22（b）是第一种情形，图 5—22（c）是第二种情形。两种都有效。

Person

- Jones
- Smith
- Parks
- Myrtle
- Pines

PERSON1 关系

Person	PersonSponsored
Jones	Smith
Smith	Parks
Parks	null
Myrtle	Pines
Pines	null

参照完整性约束：
PERSON1 中的PersonSponsored
必须存在于PERSON1的Person中

PERSON2 关系

Person	PersonSponsoredBy
Jones	null
Smith	Jones
Parks	Smith
Myrtle	null
Pines	Myrtle

参照完整性约束：
PERSON2 中的PersonSponsoredBy
必须存在于PERSON2的Person中

(a)1:1递归联系的样例数据　　(b) 表示1:1递归联系的第一种情形　　(c) 表示1:1递归联系的第二种情形

图 5—22　1∶1 递归联系的例子

除了父子行在同一个表的情况外，这个办法与 1∶1 非递归联系是相同的。你可以如下考虑该过程：假设这个联系存在于两个不同的表之间。决定键要放在哪里，之后把这两个表组合成一个。

我们也可以用 SQL 连接来处理递归联系。然而，要那么做的话，我们需要引进额外的 SQL 语法。在 FROM 子句中，可能要为一个表名指派一个同义词。比如，在 "FROM CUSTOMER A" 表达式中，给表 CUSTOMER 指派了一个别名 A。使用这种语法，你可以为图 5—22（b）的设计在递归联系上创建连接。语句如下：

```
/ **** EXAMPLE CODE-DO NOT RUN **** /
/ **** SQL-QUERY-CH05-05 **** /
SELECT      *
FROM        PERSON1 A, PERSON1 B
WHERE       A.Person = B.PersonSponsored;
```

结果是一个表，表中每个人有一行，包括这个人和其所资助的人的所有列数据。

类似地，要创建如图 5—22（c）中的递归联系的连接，你可以利用如下语句：

```
/ **** EXAMPLE CODE-DO NOT RUN **** /
/ **** SQL-QUERY-CH05-06 **** /
SELECT      *
FROM        PERSON2 A, PERSON2 B
WHERE       A.Person = B.PersonSponsoredBy;
```

结果是一个表，表中每个人有一行，包括这个人和其所资助人的所有列数据。

现在看一下图 5—21（b）中的 1∶N 递归联系 REFERRED-BY。这是一个 1∶N 联系，样例数据如图 5—23（a）所示。

Customer Number	推荐这些客户
100	200,400
300	500
400	600,700

CUSTOMER 关系

CustomerNumber	CustomerData	ReferredBy
100	...	null
200	...	100
300	...	null
400	...	100
500	...	300
600	...	400
700	...	400

参照完整性约束：
CUSTOMER中的ReferredBy必须存在于CUSTOMER的
CustomerNumber中

(a) 1:N递归联系的样例数据   (b) 在一个表中表示1:N递归联系

图 5—23   1∶N 递归联系的例子

当这些数据被放入同一个表时，一行表示推荐人，其他行表示那些被推荐的人。推荐人这一行扮演父类型，被推荐人的行扮演子类型。正如所有 1∶N 联系一样，把父类型的键放入子类型中。在图 5—21（b）中，把推荐人的 CustomerNumber 放入所有被推荐人的行中。

你可以这样为 1∶N 递归联系做连接：

```
/ **** EXAMPLE CODE-DO NOT RUN **** /
```

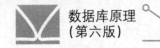

```
/**** SQL-QUERY-CH05-07 ****/
SELECT        *
FROM          CUSTOMER A, CUSTOMER B
WHERE         A.CustomerNumber = B.ReferredBy;
```

该结果是每个与推荐人数据连接到一起的顾客的行数据。

最后，我们看看 N：M 递归联系。图 5—21（c）中的 TREATED-BY 联系展示了这样一个情景——医生彼此治疗。样例数据见图 5—24（a）。

正如其他 N：M 联系一样，你必须创建交叉表来显示一对相关联的行。第 1 列提供的是治疗的医生的名字，第 2 列是接受治疗的医生的名字。这个结构如图 5—24（b）所示。你可以用如下语句连接 N：M 联系：

```
/**** EXAMPLE CODE-DO NOT RUN ****/
/**** SQL-QUERY-CH05-08 ****/
SELECT        *
FROM          DOCTOR A, TREATMENT-INTERSECTION, DOCTOR B
WHERE         A.Name = TREATMENT-INTERSECTION.Physician
    AND       TREATMENT-INTERSECTION.Patient = B.Name;
```

这个结果是一个表，表里有（提供治疗的）医生和（作为病人的）医生连接形成的行数据。医生的数据会因每个治疗的病人重复一次，且会在每次医生接受治疗时重复一次。

递归联系是用与其他关系相同的方式表达的；然而，表中的行可以扮演两种不同的角色。一些是父类型的行数据，其他的是子类型的行数据。如果一个键假定为父类型的键且该行没有父类型，那么它的值是空值。如果一个键假定为子类型的键且该行没有子类型，那么它的值是空值。

提供者 | 接受者

Jones
Parks
Smith
Abernathy
Franklin

Smith
Abernathy
Jones
Franklin

DOCTOR 关系

Name	其他属性
Jones	...
Parks	...
Smith	...
Abernathy	...
O'Leary	...
Franklin	...

TREATMENT-INTERSECTION 关系

Physician	Patient
Jones	Smith
Parks	Smith
Smith	Abernathy
Abernathy	Jones
Parks	Franklin
Franklin	Abernathy
Jones	Abernathy

参照完整性约束：
TREATMENT-INTERSECTION的Physician必须存在于
DOCTOR的Name中
TREATMENT-INTERSECTION的Patient必须存在于
DOCTOR的Name中

(a) N:M递归联系的样例数据   (b) 用表表示N:M递归联系

图 5—24　N：M 递归联系的例子

254

希瑟·斯威尼设计中的数据库设计

图 5—25 显示的是希瑟·斯威尼设计的最终 E—R 图表，这是我们在第 4 章讨论过的数据库例子。把 E—R 图表转换为关系设计，我们要遵循前面部分描述过的过程。首先，以它自己的关系表示每个实体，并对每个关系指定一个主键：

SEMINAR(<u>SeminarID</u>, SeminarDate, SeminarTime, Location, SeminarTitle)
CUSTOMER(<u>EmailAddress</u>, LastName, FirstName, Phone, StreetAddress, City, State, ZIP)
CONTACT(*EmailAddress*, ContactDate, ContactNumber, ContactType)
PRODUCT(<u>ProductNumber</u>, Description, UnitPrice, QuantityOnHand)
INVOICE(<u>InvoiceNumber</u>, InvoiceDate, PaymentType, SubTotal, Shipping, Tax, Total)
LINE_ITEM(*InvoiceNumber*, <u>LineNumber</u>, Quantity, UnitPrice, Total)

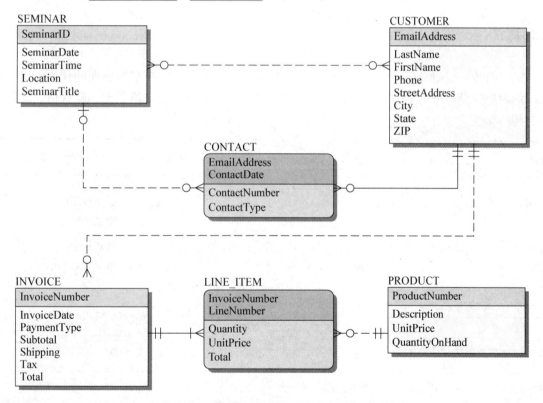

图 5—25　希瑟·斯威尼设计的最终数据模型

弱实体

这个模型里有两个弱实体，并且它们都是 ID 依赖的。CONTACT 是一个弱实体，它的标识部分依赖于 CUSTOMER 的标识。因此，我们要把 CUSTOMER 的键 EmailAddress 放入 CONTACT。类似地，

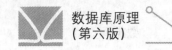

LINE_ITEM 也是弱实体，它的标识依赖于 INVOICE 的标识。所以，我们把 INVOICE 的键放入 LINE_ITEM。注意，在前面的文本中 CONTACT. EmailAddress 和 LINE_ITEM. InvoiceNumber 有下划线且为斜体，因为它们既是主键的一部分，又是一个外键。

验证规范化

下一步，对这些表进行规范化。它们中有没有不包含主键的函数依赖？从目前我们所知道的，唯一这样的函数依赖是：

ZIP→(City，State)

通常我们要把它移动到一个单独的表，然而，由于前面已经阐述过的原因，我们选择让 ZIP 仍然在它自己的表中。

可能的函数依赖涉及位置、日期、时间或标题。举个例子，如果希瑟只在特定的时间、特定的地点举办研讨会，或者如果她仅仅在一些地点提供一些研讨会的标题，那么函数依赖就会存在，Location 是它的决定因素。对于设计团队来说，弄清楚这些是十分重要的，但是，现在我们假设没有这样的依赖存在。

确定列属性

图 5—25 中的数据模型显示了实体、属性和实体间的联系，但是它没有记录属性的详细内容。我们做的这些作为创建数据库设计列的工作的一部分。图 5—26 记录了数据类型、空值状态、默认值、数据约束和各个表列中的其他属性。

列名	数据类型（长度）	键	必填	默认值	备注
SeminarID	Integer	主键	是	DBMS 提供	代理键 初始值＝1 增量＝1
SeminarDate	Date	否	是	无	格式：yyyy-mm-dd
SeminarTime	Time	否	是	无	格式：00：00：00.000
Location	VarChar (100)	否	是	无	
SeminarTitle	VarChar (100)	否	是	无	
(a) SEMINAR					

列名	数据类型（长度）	键	必填	默认值	备注
EmailAddress	VarChar (100)	主键	是	无	
LastName	Char (25)	否	是	无	
FirstName	Char (25)	否	是	无	
Phone	Char (12)	否	是	无	Format：＃＃＃-＃＃＃-＃＃＃＃
StreetAddress	Char (35)	否	否	无	

图 5—26　希瑟·斯威尼设计中列的详细属性

列名	数据类型（长度）	键	必填	默认值	备注
City	Char（35）	否	否	Dallas	
State	Char（2）	否	否	TX	格式：AA
ZIP	Char（10）	否	否	75201	格式：＃＃＃＃＃-＃＃＃＃

(b) CUSTOMER

列名	数据类型（长度）	键	必填	默认值	备注
EmailAddress	VarChar（100）	主键，外键	是	无	外键参照：CUSTOMER
ContactDate	Date	主键	是	无	格式：yyyy-mm-dd
ContactNumber	Integer	否	是	无	
ContactType	Char（15）	否	是	无	

(c) CONTACT

列名	数据类型（长度）	键	必填	默认值	备注
InvoiceNumber	Integer	主键	是	DBMS 提供	代理健：初始值＝35000 增量＝1
InvoiceDate	Date	否	是	无	格式：yyyy-mm-dd
PaymentType	Char（25）	否	是	Cash	
Subtotal	Numeric（9，2）	否	否	无	
Shipping	Numeric（9，2）	否	否	无	
Tax	Numeric（9，2）	否	否	无	
Total	Numeric（9，2）	否	否	无	

(d) INVOICE

列名	数据类型（长度）	键	必填	默认值	备注
InvoiceNumber	Integer	主键，外键	是	无	外键参照：INVOICE
LineNumber	Integer	主键	是	无	这里并不完全是代理键——对于每个 Invoice Number： 增量＝1 应用逻辑需要提供正确值
Quantity	Integer	否	否	无	
UnitPrice	Numeric（9，2）	否	否	无	
Total	Numeric（9，2）	否	否	无	

(e) LINE _ ITEM

图 5—26 希瑟·斯威尼设计中列的详细属性（续）

列名	数据类型（长度）	键	必填	默认值	备注
ProductNumber	Integer	主键	是	DBMS 提供	代理键：Initial value＝100 Increment＝1
Description	VarChar（100）	否	是	无	
UnitPrice	Numeric（9，2）	否	是	无	
QuantityOnHand	Integer	否	是	0	

(f) PRODUCT

图 5—26　希瑟·斯威尼设计中列的详细属性（续）

联系

现在，我们看看这个图表中的联系，在 SEMINAR 和 CONTACT 之间、CUSTOMER 和 INVOICE 之间、PRODUCT 和 LINE_ITEM 之间存在 1：N 联系。对于它们中的每一个，我们都把父关系的键放入子关系作为外键。因此，我们把 SEMINAR 的键放入 CONTACT 中，把 CUSTOMER 的键放入 INVOICE 中，把 PRODUCT 的键放入 LINE_ITEM 中。现在的关系如下：

SEMINAR(SeminarID, SeminarDate, SeminarTime, Location, SeminarTitle)
CUSTOMER(EmailAddress, LastName, FirstName, Phone, StreetAddress, City, State, ZIP)
CONTACT(*EmailAddress*, ContactDate, ContactNumber, ContactType, *SeminarID*)
PRODUCT(ProductNumber, Description, UnitPrice, QuantityOnHand)
INVOICE(InvoiceNumber, InvoiceDate, PaymentType, SubTotal, Tax, Total, *EmailAddress*)
LINE_ITEM(*InvoiceNumber*, LineNumber, Quantity, UnitPrice, Total, *ProductNumber*)

最后，在 SEMINAR 和 CUSTOMER 中存在一个 N：M 联系。为表示它，我们要创建一个交叉表，命名为 SEMINAR_CUSTOMER。像所有的交叉表一样，它的列是 N：M 联系的两个表的键。最后的表集如下：

SEMINAR(SeminarID, SeminarDate, SeminarTime, Location, SeminarTitle)
CUSTOMER(EmailAddress, LastName, FirstName, Phone, StreetAddress, City, State, ZIP)
SEMINAR_CUSTOMER(*SeminarID*, *EmailAddress*)
CONTACT(EmailAddress, ContactDate, ContactNumber, ContactType, SeminarID)
PRODUCT(ProductNumber, Description, UnitPrice, QuantityOnHand)
INVOICE(InvoiceNumber, InvoiceDate, PaymentType, SubTotal, Tax, Total, EmailAddress)
LINE_ITEM(InvoiceNumber, LineNumber, Quantity, UnitPrice, Total, ProductNumber)

这个参照完整性约束集将在下一节讨论。

现在，要表示子关系到父关系的最小基数，我们需要确定是否需要外键。在图 5—25 中，我们看到，INVOICE 需要外键包含 CUSOMTER，LINE_ITEM 需要外键包含 PRODUCT。因此，我们需要使得 IN-VOICE.EmailAddress 和 LINE_ITEM.ProductNumber 是必填的（required）。CONTACT.SeminarID 不是必填的，因为一个联络记录没必要与研讨会关联。数据结构图表的最终设计如图 5—27 所示。

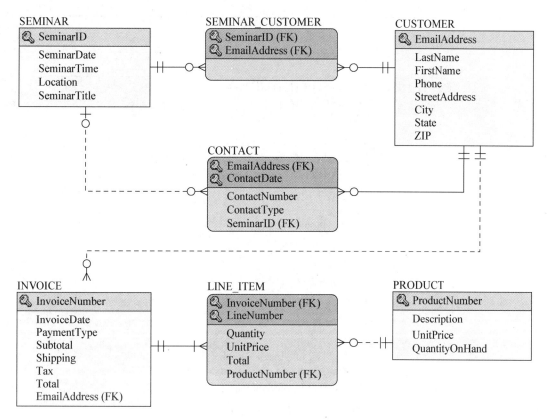

图 5—27　希瑟·斯威尼设计的数据库设计

实施参照完整性

图 5—28 总结了希瑟·斯威尼设计的联系实施情况。SeminarID 是一个代理键，所以它所在的任何联系都不需要级联式更新行为。类似地，INVOICE 中的 InvoiceNumber 是一个不变量，所以它的联系不需要级联式更新。然而，EmailAddress 和 ProductNumber 的更新都需要通过联系来级联。

对于级联删除，交叉表中的行需要一个 SEMINAR 和 CUSTOMER 的父行。因此，当一个用户尝试取消一个研讨会或者删除一个顾客记录时，该删除动作必须是级联的或者被禁止。我们必须与希瑟和她的员工来讨论这个问题，并且确定用户是否能够取消已经有顾客注册的研讨会或删除已经注册了一个研讨会的顾客。我们决定不论是研讨会还是顾客都不能从数据库中删除（希瑟从不取消研讨会，即使没有顾客注册，并且一旦希瑟有了一个顾客记录，她绝不会放走他）。所以，如图 5—28 所示，这些关系中都没有级联式删除。

图 5—28 还显示了这个例子的范围中的其他决定。由于需要保存关于参加研讨会的人员和相关联络方式的历史信息，我们不能删除顾客记录。如果删除，就会篡改研讨会参与者数据和联络方式的数据，如邮件、普通信件，我们要把这些记录下来。外键约束禁止删除 CUSTOMER 中的主键记录。

如图 5—28 所示，INVOICE 的删除动作会导致删除相关联的 LINE _ ITEM。最终，尝试删除关联着一个或多个 LINE _ ITEM 的 PRODUCT 将会失败；这里的级联式删除会导致 LINE _ ITEM 从 ORDER 中消失，这种情况是不允许的。

联系		参照完整性约束	级联行为	
父	子		更新	删除
SEMINAR	SEMINAR _ CUSTOMER	SEMINAR _ CUSTOMER 的 SeminarID 必须存在于 SEMINAR 的 SeminarID 中	否	否
CUSTOMER	SEMINAR _ CUSTOMER	SEMINAR _ CUSTOMER 的 EmailAddress 必须存在于 CUSTOMER 的 EmailAddress 中	是	否
SEMINAR	CONTACT	CONTACT 的 SeminarID 必须存在于 SEMINAR 的 SeminarID 中	否	否
CUSTOMER	CONTACT	CONTACTE 的 EmailAddress 必须存在于 CUSTOMER 的 EmailAddress 中	是	否
CUSTOMER	INVOICE	INVOICE 的 EmailAddress 必须存在于 CUSTOMER 的 EmailAddress 中	是	否
INVOICE	LINE _ ITEM	LINE _ ITEM 的 InvoiceNumber 必须存在于 INVOICE 的 InvoiceNumber 中	否	是
PRODUCT	LINE _ ITEM	LINE _ ITEM 的 ProductNumber 必须存在于 PRODUCT 的 ProductNumber 中	是	否

图 5—28 希瑟·斯威尼设计上参照完整性约束的实施

　　希瑟·斯威尼设计的数据库设计现在利用 DBMS 已经完成了创建表、列、联系、参照完整性约束。在继续下一步之前，我们需要记录任何额外由应用程序或其他 DBMS 技术执行的业务规则。完成之后，这个数据库本身就可以在 DBMS 中用第 3 章讨论过的 SQL 语句来创建了。在 SQL Server 2012 中创建数据库、填写数据的整个 SQL 语句见第 3 章的"希瑟·斯威尼设计案例问题"。要在 Oracle 数据库 11g 第 2 版或 MySQL 5.5 中使用这些 SQL 语句需要有略微改动。

Access 工作台

第 5 节　Microsoft Access 中的联系

　　目前，我们已经在 Wallingford 汽车公司 CRM 数据库中创建了 CONTACT、CUSTOMER 和 SALES-PERSON 表并填入数据。在前面的 Access 工作台部分，你已经学会了如何创建表格、报表、查询。如果你已经练习了第 3 章中的"Access 工作台"一节，你就知道如何创建和使用视图等效的查询。

　　到目前为止，所有你已经使用的表都是含有 1：N 联系的。但是如何在 Microsoft Access 中管理 1：1 和 N：M 联系呢？在这一节，你将：

- 了解 Microsoft Access 中的 1：1 联系。
- 了解 Microsoft Access 中的 N：M 联系。

Microsoft Access 中的 N：M 联系

我们从讨论 N：M 联系开始。这实际上不是什么问题，因为纯粹的 N：M 联系仅会出现在数据模型中。须记住，当数据模型转换为数据库设计时，N：M 联系被分解为两个 1：N 联系。每个 1：N 联系是两个表之间的关系，这两个表中一个是原来的 N：M 联系中的原始实体，另一个是新的交叉表。如果你还不太理解，回顾一下本章中的"表示 N：M 强实体"一节和图 5—13、图 5—15 中对 N：M 联系转换为两个 1：N 联系的图示说明。

因为数据库建立在 DBMS 中，例如 Microsoft Access，从数据库设计角度说，Microsoft Access 只处理转换后的结果 1：N 联系。至于 Microsoft Access，它是没有 N：M 联系的!

Microsoft Access 中的 1：1 联系

不像 N：M 联系，1：1 联系在 Microsoft Access 中是直接存在的。在这一点上，WMCRM 数据库中并不包含 1：1 联系，这里我们添加一个。我们会让每个 SALESPERSON 只能从 Wallingford 汽车公司仓库中得到有且仅有一辆车来作为演示用车。添加了这个联系的数据库设计如图 AW—5—1 所示。

注意，SALESPERSON 和 VEHICLE 在这个联系中都是可选的。第一，一辆 VHEICLE 不是必须分配给一个 SALESPERSON，可以这么理解，在仓库里有很多车，但只有几个销售员。第二，一个 SALESPER-SON 不是必须有辆演示用车，他可以选择不要（是的，就是这样!）。还要注意到，我们已经选择把外键放入 SALESPERSON。在该情况下，我们的一个优势是将外键放入某个表或者另外一个表，因为如果我们把它放入 VEHICLE 的外键列（它将作为 NickName），那么除了被使用的演示用车外，那些没被使用的车的外键列将会是空值。最后，注意，我们使用的这个表仅仅是用来图示 1：1 联系的，真正的 VEHICLE 表会有更多列。

VEHICLE 表的特性如图 AW—5—2 所示，表的数据如图 AW—5—3 所示。

我们打开 WMCRM. aacdb 数据库，并增加 VEHICLE 表。

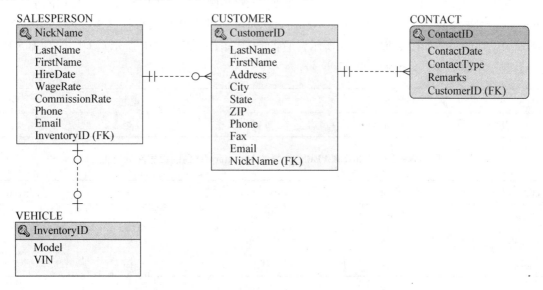

图 AW—5—1　带 VEHICLE 表的 WMCRM 数据库设计

列名	类型	键	必填	备注
InventoryID	AutoNumber	主键	是	代理健
Model	Text(25)	否	是	
VIN	Text(35)	否	是	

图 AW—5—2　VEHICLE 表的数据库列特性

InventoryID	Model	VIN
[AutoNumber]	HiStandard	G13HS123400001
[AutoNumber]	HiStandard	G13HS123400002
[AutoNumber]	HiStandard	G13HS123400003
[AutoNumber]	HiLuxury	G13HL234500001
[AutoNumber]	HiLuxury	G13HL234500002
[AutoNumber]	HiLuxury	G13HL234500003
[AutoNumber]	SUHi	G13HU345600001
[AutoNumber]	SUHi	G13HU345600002
[AutoNumber]	SUHi	G13HU345600003
[AutoNumber]	HiElectra	G13HE456700001

图 AW—5—3　Wallingford 汽车公司的 VEHICLE 数据

打开 WMCRM. aacdb 数据库：

1. 启动 Microsoft Access。

2. 如果必要，点击菜单栏上的"File"，之后在最近打开过的数据库的快速打开列表中点击 WMCRM. aacdb 文件名来打开数据库。

我们已知道如何创建表并且填入数据，所以，我们会继续把 VEHICLE 表和它的数据添加进 WMCRM. aacdb 数据库。下一步，我们需要修改，把 InventoryID 列添加进去并填入数据。SALESPERSON 表中这个新的 InventoryID 列的特性如图 AW—5—4 所示，它的数据如图 AW—5—5 所示。（Tina 和 Big Bill 开的车是 HiLuxury 型号，而 Billy 选择的是 SUHi 型号。）

列名	类型	键	必填	备注
InventoryID	Long Integer	外键	否	

图 AW—5—4　SALESPERSON 表的 InventoryID 列的数据库列特性

NickName	LastName	FirstName	···	InventoryID
Tina	Smith	Tina	···	4
Big Bill	Jones	William	···	5
Billy	Jones	Bill	···	7

图 AW—5—5　SALESPERSON 表的 InventoryID 列的数据

你知道应如何做——你用过第 3 章的"Access 工作台"一节所介绍的方法来修改 CUSTOMER 表——所以，你可以继续并将 InventoryID 列和它的数据加进 SALESPERSON 表。与修改 CUSTOMER 相比，这是个较容易的表修改，因为在 SALESPERSON 表中的 InventoryID 列是 NOT NULL 的，也就不用在输入数据之后还把它设定为 NULL。

现在，我们已经建立了两个表之间的联系。

创建 SALESPERSON 和 VEHICLE 之间的联系：

1. 如果你已经打开了一些表，先关闭它们，之后点击菜单栏上的"Database Tools"。

2. 点击 "Shutter Bar Open/Close" 按钮，把导航窗格最小化。

3. 点击 "Relationships" 分组中的 "Relationships" 按钮。联系选项卡就出现在窗口中了。

■ **注：警告！** 下一步是 Microsoft Access 的特性，不是我们想要的最终效果。记住我们想要的是 1∶1 联系。注意你是否分清楚接下来所发生的。

4. 点击 "Design" 选项卡下 "Relationships" 分组里的 "Show Table" 按钮。

5. 在 "Show Table" 的对话框里，点击 VEHICLE 来选择它，之后点击 "Add" 按钮，把 VEHICLE 加到 "Relationships" 窗口中。

6. 在 "Show Table" 对话框里，点击 "Close" 按钮，关闭这个对话框。

7. 在 "Relationships" 窗口中，使用基本的 Windows 拖拽功能对表对象重新排列并调整大小。调整 SALESPERSON、CUSTOMER、CONTACT 和 VEHICLE 表对象，结果如图 AW—5—6 所示。

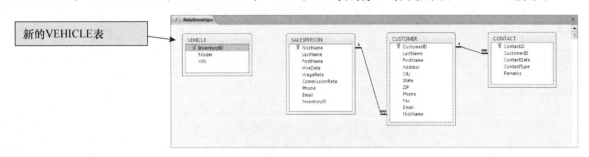

图 AW—5—6　带当前联系图的联系窗口

■ **注：** 记住，我们在 "Relationships" 窗口中通过拖动主键列并放到相匹配的外键列的顶部来创建两表之间的联系。

8. 在 VEHICLE 表对象中点击 InventoryID 这一列的列名，按住鼠标按键，把它拖动到 SALESPERSON 表中名为 InventoryID 的列，之后释放鼠标按键。"Edit Relationships" 对话框就出现了。

9. 点击 "Enforce Referential Integrity" 复选框。

10. 点击 "Create" 按钮来创建 VEHICLE 和 SALESPERSON 之间的联系。

11. 右键点击 VEHICLE 和 SALESPERSON 之间的联系线，在弹出的快捷菜单中选择 "Edit Relationships"，"Edit Relationships" 对话框就出现了。

12. 表之间的联系就出现在了 "Relationships" 窗口中，如图 AW—5—7 所示。

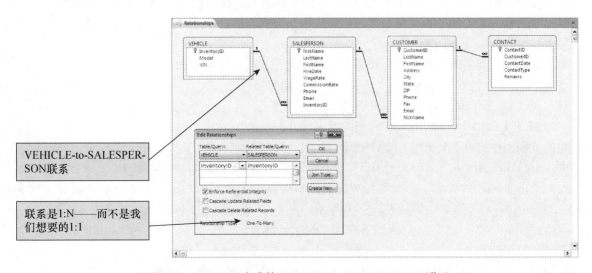

图 AW—5—7　已完成的 VEHICLE-to-SALESPERSON 联系

263

但是现在我们有一个严重的问题：这个联系被创建成了 1：N 联系，而不是我们想要的 1：1 联系。看起来好像在 "Edit Relationships" 对话框中有办法来修改这个联系。遗憾的是，这里没有。尝试每种你认为可能的选项，但是它们都不起作用。这就是我们前面所说的 Microsoft Access 的特别之处。

那么，有什么办法在 Microsoft Access 中创建 1：1 联系呢？正如本章中所讨论过的，办法就是为外键列创建 UNIQUE 约束。在 Microsoft Access 中，我们要把外键列（这里 SALESPERSON 中是 InventoryID）的 "Indexed field property"（索引字段属性）改为 "Yes（No Duplicates）"，如图 AW—5—8 所示。只要外键相同的值可能出现多于一次，Microsoft Access 就会创建 1：N 联系而不是我们想要的 1：1 联系。

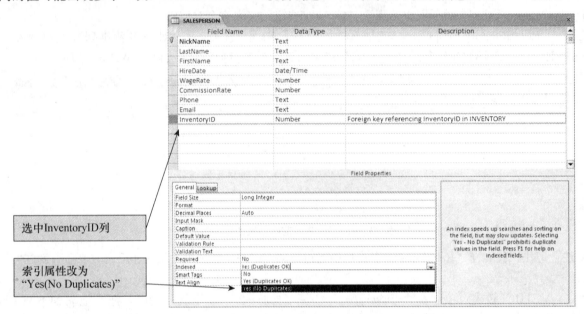

图 AW—5—8　在 SALESPERSON 表中设置索引属性值

为了创建 1：1 联系，我们需要删除存在的联系，修改 SALESPERSON 中的 InventoryID 属性，并且创建两表之间的新联系。首先，我们删除已经存在的 1：N 联系。

删除 SALESPERSON 和 VEHICLE 之间不正确的联系：

1. 点击 "Edit Relationships" 对话框中的 "OK" 按钮。

2. 右键点击 VEHICLE 和 SALESPERSON 之间的联系线，弹出快捷菜单，选择 "Delete"。

3. 弹出对话框，询问你是否确实要从数据库中永久删除选中的联系。点击 "Yes" 按钮。

4. 关闭 "Relationships" 窗口。

5. 弹出对话框，询问你是否要保存联系布局的改动。点击 "Yes" 按钮。

6. 点击 "Shutter Bar Open/Close" 按钮，展开导航窗格。

下一步，我们将要修改 SALESPERSON 表。

设定 SALESPERSON 中 InventoryID 列的索引属性：

1. 在设计视图中打开 SALESPERSON 表。

2. 选择 InventoryID 字段。InventoryID 字段属性会显示在下面的常规选项卡中。

3. 点击 "Indexed" 文本框。一个下拉列表的箭头出现在文本框的末尾。点击下拉箭头显示列表，选择 "Yes（No Duplicates）"。结果如图 AW—5—8 所示。

4. 点击 "Save" 按钮来保存对 SALESPERSON 表的修改。

5. 关闭 SALESPERSON 表。

最后，我们创建出想要的 SALESPERSON 和 VEHICLE 表之间的 1：1 联系。

创建 SALESPERSON 和 VEHICLE 之间正确的 1∶1 联系：

1. 点击 "Database Tools" 选项卡。

2. 点击 "Shutter Bar Open/Close" 按钮，最小化导航窗格。

3. 点击 "Relationships" 分组中的 "Relationships" 按钮，出现 "Relationships" 窗口。

4. 按住 VEHICLE 表对象的 InventoryID 列，把它拖动到 SALESPERSON 表中的 InventoryID 列上，之后释放鼠标按键。出现 "Edit Relationships" 对话框。

5. 点击 "Enforce Referential Integrity" 复选框。

6. 点击 "Create" 按钮来创建 SALESPERSON 和 VEHICLE 之间的联系。

7. 要确认该 1∶1 联系是否正确，右键点击 SALESPERSON 和 VEHICLE 之间的联系线，之后点击快捷菜单中的 "Edit Relationships"。出现 "Edit Relationships" 对话框。

8. 现在我们看到正确的 1∶1 联系出现在的 "Relationships" 窗口中，如图 AW—5—9 所示。

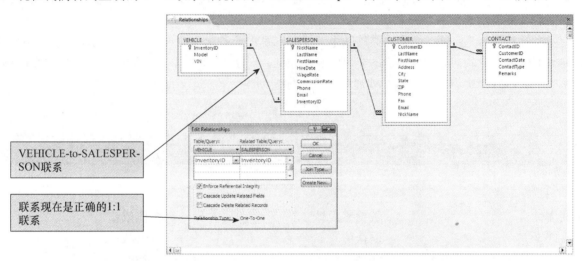

图 AW—5—9　正确的 1∶1 VEHICLE-to-SALESPERSON 联系

9. 点击 "Edit Relationships" 对话框中的 "Cancel" 按钮。

10. 关闭联系窗口。

11. 如果出现对话框，询问你是否要保存联系窗口的改动，点击 "Yes" 按钮。

12. 点击 "Shutter Bar Open/Close" 按钮，展开导航窗格。

我们已经成功地创建了我们想要的 1∶1 联系。我们刚刚学会了用 Microsoft Access 的方式来实现它。

关闭数据库，退出 Microsoft Access

这样，我们就完成了本章 "Access 工作台" 部分所要完成的工作。像往常一样，我们通过关闭数据库和 Microsoft Access 来完成。

关闭 WMCRM 数据库，退出 Microsoft Access：

1. 要关闭 WMCRM 数据库和退出 Microsoft Access，点击 Microsoft Access 窗口右上角的 "Close" 按钮。

小　结

要把 E—R 数据模型转换为关系数据库设计，你需要为每个实体创建一个表。实体的属性变成表的列，

且实体的标识变成表的主键。对于每一列，你必须定义数据类型、空值状态、默认值和数据约束。然后，如果有必要，你要对每个表和创建的额外的表应用规范化过程。在某些情况下，你需要非规范化一个表。当非规范化时，注意表可能会有插入、更新和删除的问题。

如果不规范化远好于规范化可能产生的问题，那么进行非规范化是有意义的。

弱实体也用一个表来表示。ID 依赖的实体必须包含它们依赖的表的键，也就是这些实体自身的标识。非 ID 依赖的实体必须有业务规则所记录的存在依赖。

超类和子类分别用表来表示。超类实体的标识变成超类实体的主键，子类实体的标识变成子类实体的主键。每个子类的主键也是被超类表使用的相同的主键，并且每个子类的主键还作为外键把子类连接到超类。

E—R 模型有三种二元联系：1∶1、1∶N、N∶M。要表示 1∶1 联系，你要把一个表的键放到另一个表中。要实现 1∶1 联系，那个特定的外键必须被约束为 UNIQUE。要表示 1∶N 联系，你要把父表的键放到子表中。最后，要表示一个 N∶M 联系，你需创建交叉表来包含这两个表的键。

递归联系是参与者来自同一个实体类的联系。递归联系的三种类型也是 1∶1、1∶N 和 N∶M。这些联系的几种类型的表示方式与它们的等价的非递归联系相同。对于 1∶1 和 1∶N 联系，你要把一个外键添加到这个关系中来表示这个实体。对于 N∶M 递归联系，你要创建交叉表来表示 M∶N 联系。

关键术语

关联实体	数据库设计	多值依赖
关联联系	默认值	空值状态
Boyce-Codd 范式（BCNF）	非规范化	父类型
子类型	域键范式（DK/NF）	关系
列属性	第五范式（5NF）	第二范式（2NF）
数据约束	第一范式（1NF）	代理键
数据模型	第四范式（4NF）	表
数据类型	交叉表	第三范式（3NF）
混合实体模式	传递依赖	

复习题

5.1 解释如何把实体转换为表。

5.2 解释如何把实体属性转换为表的列。当转换的时候，要顾及什么列属性？

5.3 对于问题 5.1 中创建的表，为什么进行规范化过程是必要的？

5.4 什么是非规范化？

5.5 什么时候非规范化是合理的？

5.6 解释没有规范化的表在进行插入、更新和删除时会产生的问题。

5.7 解释弱实体的表示与强实体的表示有何不同。

5.8 解释如何把超类实体和子类实体转换为表。

5.9 列出二元联系的三种类型且分别给出一个例子。不要使用书中已经给出的例子。

5.10 定义外键并给出一个例子。

5.11 对于问题 5.9 的答案，阐述两种不同的方法来表示 1：1 联系。使用 IE 鱼尾纹 E—R 图表。

5.12 对于问题 5.11 的答案，描述一种通过用一个实体的键来获得另一实体数据的方法。再描述一个方法，反过来用第二个实体的键来获得第一个实体的数据。用你在问题 5.11 中的两种方式描述这些方法。

5.13 编写 SQL 语句来创建一个连接，显示问题 5.11 中两个表的所有数据。

5.14 定义适用于数据库设计中的表时的父类型和子类型这两个术语，并分别给出一个例子。

5.15 使用 IE 鱼尾纹 E—R 图表展示如何表示问题 5.9 答案中的 1：N 联系。

5.16 对于问题 5.15 的答案，给定父类型的键，描述一种获得所有子类型数据的方法。再描述一个方法，反过来用子类型的键来获得父类型的数据。

5.17 对于问题 5.15 的答案，编写 SQL 语句来创建包含两个表所有数据的表。

5.18 对于 1：N 联系，解释为什么必须把父表的键放在子表中而不是反过来。

5.19 请为一些二元 1：N 联系举出本书外的例子，（a）可选到可选的联系，（b）可选到强制的联系，（c）强制到可选的联系，（d）强制到强制的联系。用 IE 鱼尾纹 E—R 图表说明你的答案。

5.20 展示如何表示问题 5.9 答案中的 N：M 联系。使用 IE 鱼尾纹 E—R 图表。

5.21 解释交叉表。

5.22 解释父表和子表是如何关联到问题 5.20 答案中的表上的。

5.23 对于问题 5.20、问题 5.21、问题 5.22 中的答案，在给出第二个实体表的主键的情况下，描述一个从原始数据模型中获得第一个实体的子类型的方法。相反地，在给出第一个实体表的主键的情况下，描述一个获得第二个实体的子类型的方法。

5.24 对于问题 5.20 的答案，编写 SQL 语句来创建一个有所有表数据的关系。

5.25 为什么用表示 1：N 联系的同样策略来表示 N：M 联系是不可能的？

5.26 什么是关联实体？什么是关联关系？给出一个本书中没有的关联关系的例子。用 IE 鱼尾纹 E—R 图表来说明你的答案。

5.27 给出一个本书中没有的带 ID 依赖的弱实体的 1：N 联系的例子。用 IE 鱼尾纹 E—R 图表来说明你的答案。

5.28 给出一个本书中没有的超类—子类联系的例子。用 IE 鱼尾纹 E—R 图表来说明你的答案。

5.29 定义三种递归的二元联系并为每种给出一个本书中没有的例子。

5.30 说明如何表示问题 5.29 答案中的 1：1 递归联系。它与 1：1 非递归联系有何不同？

5.31 为问题 5.30 答案中的父表和子表编写 SQL 语句来创建一个包含它们所有列的表。

5.32 说明如何表示问题 5.29 答案中的 1：N 递归联系。它与 1：N 非递归联系的表示有何不同？

5.33 为问题 5.32 答案中的父表和子表编写 SQL 语句来创建一个包含它们所有列的表。

5.34 说明如何表示问题 5.29 答案中的 N：M 递归联系。它与 N：M 非递归联系的表示有何不同？

5.35 为问题 5.34 答案中的父表和子表编写 SQL 语句来创建一个包含它们所有列的表。使用左外连接编写 SQL 语句来创建同样的表。解释这两种 SQL 语句的不同。

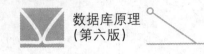

练 习

5.36 考虑下面这个关于雇员项目分配的表：

ASSIGNMENT(EmployeeNumber, ProjectNumber, ProjectName, HoursWorked)

假设 ProjectNumber 确定 ProjectName，解释为什么这个关系没有被规范化。示范一个插入异常、一个修改异常、一个删除异常。对这个关系应用规范化过程。说明参照完整性约束。

5.37 看下面这个关于雇员分配的关系：

ASSIGNMENT(EmployeeNumber, ProjectNumber, ProjectName, HoursWorked)

假设 ProjectNumber 确定 ProjectName，解释为什么这个关系没有被规范化。示范一个插入异常、一个修改异常、一个删除异常。对这个关系应用规范化过程。说明参照完整性约束。

5.38 解释问题 5.36 和问题 5.37 中的两个 ASSIGNMENT 表有何不同。在什么情况下问题 5.36 的表会更正确？而在什么情况下问题 5.37 的表会更正确？

5.39 为问题 4.29 中开发的数据模型创建关系数据库设计。

5.40 为问题 4.30 中开发的数据模型创建关系数据库设计。

5.41 为问题 4.31 中开发的数据模型创建关系数据库设计。

5.42 为问题 4.32 中开发的数据模型创建关系数据库设计。

Access 工作台关键术语

索引字段属性

Access 工作台练习

AW.5.1 使用 IE 鱼尾纹 E—R 图表，为第 3 章"Access 工作台"一节完成的韦奇伍德太平洋公司（WPC）数据库画一个数据库设计。

AW.5.2 本章的"Access 工作台"部分描述的是如何在 Microsoft Access 中创建 1∶1 联系。特别的是，我们加入了一条业务规则，即每一个 Wallingford 汽车公司的销售员可以有且仅有一辆车作为演示用车。假定这条规则变了，现在是每个销售员可以有一辆或多辆车来作为演示用车。

A. 使用 IE 鱼尾纹 E—R 图表重画图 AW—5—1 的数据库设计来显示 VEHICLE 和 SALESPERSON 的新联系。哪些表是联系中的父表？哪些是子表？在哪些表中放置了外键？

B. 从你所创建的 Wallingford 汽车公司数据库（WMCRM.accdb）开始，这个数据库在完成本章"Access 工作台"中的各个步骤后仍然存在。如果没有完成，请先完成那些处理。复制 WMCRM.accdb 数据库，重命名为 WMCRM-AW05-v02.accdb。修改它来实现 VEHICLE 和 SALESPERSON 的新联系。（注：复制 Microsoft Access 数据库已经在第 4 章的"Access 工作台"部分讨论过了。）

AW.5.3 本章的"Access 工作台"部分描述的是如何在 Microsoft Access 中创建 1：1 联系。特别的是，我们加入了一条业务规则，即每一个在 Wallingford 汽车公司的销售员可以有且仅有一辆车作为演示用车。假设这条规则变了，（1）每个销售员可以得到一辆或多于一辆车作为演示用车，（2）每辆演示用车可以被两个或多个销售员共享。

A. 使用 IE 鱼尾纹 E—R 图表，重画图 AW—5—1 中的数据库设计，展示 VEHICLE 和 SALESPER-SON 之间的新联系。哪些表是联系中的父表？哪些是子表？在哪些表里放置了外键？

B. 打开在本章"Access 工作台"已经处理完毕的 Wallingford 汽车公司数据库（WMCRM.accdb），如果没有完成，请先完成那些处理。复制 WMCRM.accdb 数据库，重命名为 WMCRM-AW05-v03.accdb。修改它来实现 VEHICLE 和 SALESPERSON 的新联系。（注：复制 Microsoft Access 数据库已经在第 4 章的"Access 工作台"部分讨论过了。）

圣胡安帆船包租案例问题

圣胡安帆船包租（SJSBC）是一个租赁帆船的代理商。SJSBC 并不拥有船只。相反，SJSBC 代表船主在他们自己没有使用船只的时候将船租赁出去为船主赚取一定收入，而 SJSBC 则向船主收取一定的服务费。SJSBC 主要代理可用于多天或每周包租的船。可用帆船中最小长度是 28 英尺，最大长度 51 英尺。

每个帆船被租用时设备齐全。大部分设备是包租时提供的。大部分设备由业主提供，但也有些是由 SJS-BC 提供。业主提供的设备有些安装在船上，如收音机、指南针、深度指标和其他仪器仪表、炉具和冰箱等。而业主提供的其他设备则没有安装在船上，如帆、线、锚、橡皮艇、救生衣以及在船舱内的设备（餐具、银器、炊具、床上用品，等等）。SJSBC 会提供一些耗材，如图表、航海图书、潮汐和海流表、肥皂、洗碗布、卫生纸和类似物品。设备耗材被 SJSBC 视为用于跟踪和记账的设备。

跟踪这些设备是 SJSBC 的一项重要职责。许多设备价格昂贵，而没有安装到船上的那些物品则可能很容易损坏、丢失或被盗。SJSBC 监督客户在包租期间负责船的所有设备。

SJSBC 可能保持客户和租赁的准确记录，并且要求客户在每个租期内都必须保留一份日志。一些行程和天气条件是相对比较危险的，这些日志数据能够提供关于客户体验的信息。这个信息对市场非常有用并且能够用来评估客户处理特定船和行程的能力。

帆船需要维护和保养。船（boat）有两个定义：（1）"再花一千（美元）"（break out another thousand），（2）"水上花钱的无底洞"（a hole in the water into which one pours money）。按照与船主的合约，SJSBC 需要保留所有维护活动和成本的准确记录。

拟建的为 SJSBC 提供信息系统的数据库的数据模型如图 5—29 所示。注意，因为 OWNER 实体允许船主可以是公司也可以是个人，SJSBC 可以作为设备所有者被包括（注意图表中的基数允许 SJSBC 拥有设备，但是不能拥有船只）。还要注意这个模型把 EQUIPMENT 与 CHARTER 关联在一起而不是与 BOAT 关联，即使设备是附着于船上的。这是操作 EQUIPMENT 可能的唯一方式，但对于 SJSBC 的管理者来说是令人满意的。

A. 把这个数据模型转换为数据库设计。确定表、主键和外键。把图 5—26 作为指导，指定列属性。

B. 如果存在，描述如何表示弱实体。

C. 如果存在，描述如何表示超类和子类实体。

D. 为你的数据库设计创建一个可视化表示，用鱼尾纹 E—R 图表来表示，与图 5—27 类似。

E. 记录参照完整性约束的执行，以图 5—28 作为指导。

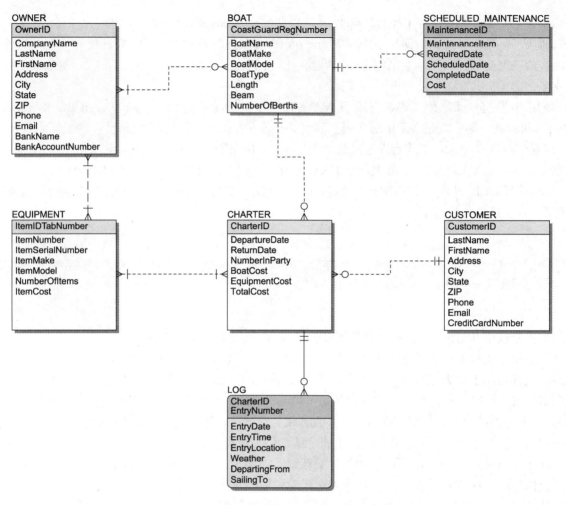

图 5—29　圣胡安帆船包租（SJSBC）的数据模型

华盛顿州巡逻案例问题

回答第 4 章中华盛顿州巡逻案例问题，如果还没做就去做一下。为第 4 章中你设计的数据模型设计数据库。设计应当包含表的详述和列属性（以图 5—26 为指导），以及主键、候选键和外键。为你的数据库设计创建一个可视化表示，用 IE 鱼尾纹 E—R 图表示，与图 5—27 类似。记录你的参照完整性约束的执行，与图 5—28 中的格式类似。

丽园项目问题

把第 4 章结尾你为丽园构建的数据模型（也可以是老师提供的等价数据模型）转换为丽园的关系数据库设计。如下记录你的数据库设计：

A. 确定表、主键、外键。以图 5—26 为指导，确定列属性。

B. 如果存在，描述如何表示弱实体。

C. 如果存在，描述如何表示超类和子类实体。

D. 为你的数据库设计创建一个可视化表示，用 IE 鱼尾纹 E—R 图表示，与图 5—27 类似。

E. 记录参照完整性约束的执行，以图 5—28 作为指导。

F. 记录任何你认为重要的业务规则。

G. 描述如何验证你的设计是对这个数据模型的一种好的表示。

詹姆斯河珠宝项目问题

詹姆斯河珠宝项目问题可在在线附录 D 中查到，它可以直接从本书的网址 www. pearsonhighered. com/ kroenke 下载。

安妮女王古玩店项目问题

把第 4 章结尾你为安妮女王古玩店构建的数据模型（也可以是老师提供的等价数据模型）转换为安妮女王古玩店的关系数据库设计。记录你的数据库设计如下：

A. 确定表、主键、外键。以图 5—26 为指导，确定列属性。

B. 如果存在，描述如何表示弱实体。

C. 如果存在，描述如何表示超类和子类实体。

D. 为你的数据库设计创建一个可视化表示，用 IE 鱼尾纹 E—R 图表示，与图 5—27 类似。

E. 记录参照完整性约束的执行，以图 5—28 作为指导。

F. 记录任何你认为重要的业务规则。

G. 描述如何验证你的设计是对这个数据模型的一种好的表示。

第三部分

数据库管理

到目前为止，已经向你介绍了关系数据库管理和数据库设计的基本概念和技术。在第 1 章中，你了解了数据库和数据库系统的主要组成部分。第 2 章介绍了关系模型、函数依赖和规范化。在第 3 章中，你了解了如何使用 SQL 语句来创建和处理数据库。第 4 章向你介绍了数据库设计过程并详细介绍了数据建模。在第 5 章中，你了解了如何将一个数据模型转化为关系数据库的设计。既然你已经知道如何设计、创建和查询数据库，是时候来学习如何管理数据库并利用它们来解决业务问题了。

在第 6 章中，你将学习有关数据库管理和多个用户同时处理数据库时会发生的问题。在第 7 章中，你将学习如何创建网站数据库应用，即使用数据库来支持网络站点。最后，在第 8 章中，你将学习数据库如何支持数据仓库和现代商务智能（BI）系统，以及大数据、NoSQL 运动和结构化存储。完成这些章节后，你将了解所有数据库技术的基本知识。

第 6 章
数据库管理

本章目标

- 理解数据库管理的必要性和重要性
- 了解处理数据库的不同方式
- 理解并发控制、安全性、备份和恢复的必要
- 了解当多个用户并发处理数据库时可能出现的典型问题
- 理解锁的使用和死锁问题
- 了解乐观锁和悲观锁之间的差异
- 知道 ACID 事务的含义
- 了解 1992 年 ANSI 标准的 4 个隔离级别
- 理解安全的必要和提高数据库安全性的具体任务
- 知道通过回滚/前滚来恢复与通过重新执行来恢复之间的差异
- 理解利用回滚/前滚进行恢复的任务的性质
- 知道 DBA 基本的管理功能

本章描述重要的业务功能的主要任务——数据库管理。此功能涉及实施和管理数据库，以便为使用它们的组织最大限度地发挥其价值。通常，数据库管理涉及平衡保护数据库以及最大限度地提高其可用性和用户利益之间的冲突。在行业中同时使用数据管理和数据库管理这两个术语。在某些情况下，这两个术语被认为是同义的，在另一些情况下，它们有不同的含义。最常见的，**数据管理**（data administration）指应用于整个组织的功能；它是一个面向管理的功能，涉及企业数据的隐私和安全问题。**数据库管理**（database administration）是指对特定数据库更偏向技术层面的功能，包括那些处理数据库的应用程序。本章讨论数据库管理。

数据库的规模和应用范围有很大的不同，从单用户的个人数据库到大型组织间的数据库，如航空公司的预订系统。所有数据库都有数据库管理的需要，尽管要完成的任务的复杂性不同。例如，对于个人数据库，个人遵循简单的程序来备份他们的数据，以及他们用最少的记录存储文档。在这种情况下，使用数据库的人也在执行 DBA 的功能，即使他或她可能没有意识到。

对于多用户数据库应用程序，数据库管理变得更重要，也更复杂。因此，它一般有正式认可。对于某些应用，一到两个人兼具这个功能。对于大型 Internet 或 Intranet 数据库，数据库管理职责由于过于耗时和复杂以至于单个全职人士都难以处理。支持数十或数百个用户的数据库需要相当长的时间以及技术知识和熟练的技巧，它通常由数据库管理部门负责。这个部门的经理通常被称为**数据库管理员**（database administra-

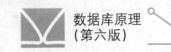

tor）。在这种情况下，DBA 是指数据库管理部门或经理。

一个 DBA 的总体责任是促进数据库的开发和利用。通常，这意味着平衡保护数据库以及最大限度地提高其可用性和用户利益之间的冲突。DBA 对数据库及其应用的开发、运行和维护负责。

在本章中，我们考察三个重要的数据库管理功能：并发控制、安全、备份和恢复。然后，我们讨论了配置变更管理的必要。但在此之前，我们将创建前面章节中讨论的希瑟·斯威尼设计的数据库；你会以它作为本章以及第 7 章和第 8 章中讨论的数据库实例。

实施希瑟·斯威尼设计数据库

作为公司的新信息管理系统的一部分，我们已经为希瑟·斯威尼设计（HSD）创建了一个数据库。在第 4 章中，我们在项目的需求分析阶段创建了 HSD 数据库的数据模型，在第 5 章中，我们在组件设计阶段创建了 HSD 的数据库设计。我们现在正处于实施阶段，是时候实际创建 HSD 数据库并向其中填充数据了。

作为希瑟·斯威尼设计案例问题的一部分，我们将使用 Microsoft SQL Server 2012 作为 HSD 的数据库管理系统，并使用 SQL 语句创建如图 3—26 所示的希瑟·斯威尼设计（HSD）数据库。这些 SQL 语句使用 Microsoft SQL Server 2012 的语法，需要进行适当的修改才能在 Oracle 数据库 11g 第 2 版或 MySQL 5.5 中实施 HSD 数据库。SQL 语句由图 5—27 中 HSD 数据库设计生成，列说明如图 5—26 所示，图 5—28 中详述了参照完整性约束规范。

作为希瑟·斯威尼设计案例问题的一部分，图 3—27 显示了填充 HSD 数据库的 SQL 语句。同样，这些 SQL 语句使用 SQL Server 语法，用于 Oracle 数据库 11g 第 2 版或 MySQL 5.5 时需要进行适当的修改。Microsoft SQL Server Management Studio 中完成的 HSD 数据库如图 6—1 所示。如果你没有完成第 3 章和附录 E 中的希瑟·斯威尼设计案例问题，我们建议你现在完成它们，这样你就可以在本章（以及在第 7 章和第 8 章）使用你的 HSD 数据库来完成每章中的例子。

控制、 安全和可靠性需求

数据库有各种各样的大小和范围，从单用户数据库到庞大的、跨机构的数据库，如库存管理系统。如图 6—2 所示，数据库在处理方式上也各不相同。

我们将在第 7 章中详细讨论数据库处理应用程序时定义和讨论如图 6—2 所示的不同环境。现在你只需知道同时操作图 6—2 所示的应用程序元素是可行的。查询、表单和报表可以在网页〔使用 Active Server Pages（ASP）和 Java 服务器页面（JSP）〕访问数据库，而且很可能调用存储过程时生成。由 Visual. Basic，C♯，Java 和其他编程语言编写的传统应用程序可以利用数据库处理事务。所有这些活动都可以触发对存储在 DBMS 中的程序代码的调用，它们被称为**触发器**（triggers）和**存储过程**（stored procedures），并将在第 7 章中讨论。虽然这一切正在发生，包括参照完整性在内的约束必须被实施。最后，可能有数百甚至数千人使用该系统，他们可能要全天候地处理数据库。

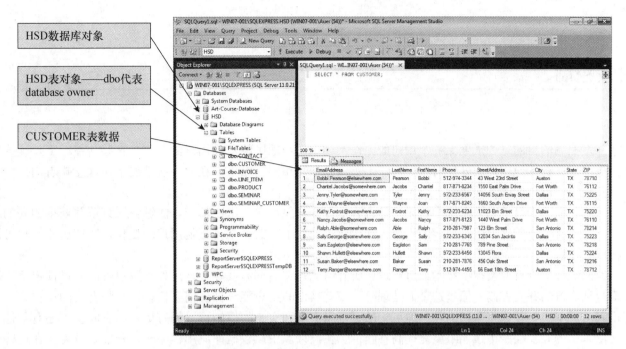

HSD数据库对象

HSD表对象——dbo代表
database owner

CUSTOMER表数据

图 6—1　Microsoft SQL Server 2012 中的 HSD 数据库

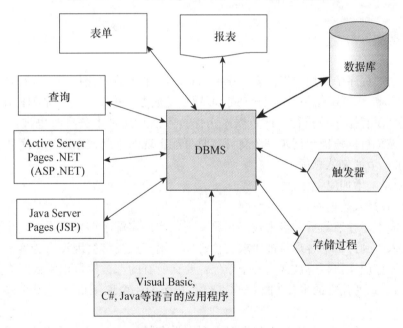

图 6—2　数据库处理环境

　　三种数据库管理功能在为潜在的混乱施加秩序方面是必要的。首先，并发用户的行为必须加以控制，以确保结果与期望是一致的。第二，安全性检查必须到位且被实施，以确保只有授权用户才可以在适当的时候采取被授权的行动。最后，备份和恢复技术与程序必须被运行以便在运行失败的情况下保护数据库，并在必要时，快速、准确地恢复它。我们会依次考虑这些内容，在第 7 章中，我们会看到其中的一些功能会在我们使用 Web 应用程序访问数据库时使用。

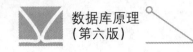

并发控制

并发控制的目的是为了确保一个用户的工作不会不适当地影响其他用户的工作。在某些情况下，这些措施确保用户在有其他用户的处理时获得与该人单独处理时相同的结果。在另一些情况下，这意味着用户的工作被其他用户以预期的方式影响。

例如，在一个订单输入系统中，无论是否有上百个其他用户，用户都应该能够输入订单并获得相同的结果。但是，打印当前库存状态报表的用户也许想获得处理中的数据来自其他用户的变化，即使这些变化可能会在以后被取消。

遗憾的是，没有并发控制技术或机制适合所有情况；它们都涉及取舍。例如，用户可以通过锁定整个数据库得到严格的并发控制，但当这个人处理时，没有其他的用户能够做任何事情。这是强有力的保护，但它有很高的成本。正如你将看到的，其他可行的更难以实现和实施的措施可以拥有更多的吞吐量。还有其他措施在低水平的并发控制中最大限度地提高吞吐量。在设计多用户数据库应用程序时，开发人员需要在这些取舍之间进行选择。

对原子事务的需要

在大多数数据库应用程序中，用户以**事务**（transactions）的形式提交任务，这种任务也称为**逻辑任务单元**（logical units of work，LUW）。一个事务（或 LUW）是数据库中执行的一系列操作，它要求要么所有的操作都成功执行，要么没有操作被执行，即数据库仍保持不变。这种事务有时也被称为**原子**（atomic）的，因为它作为一个单位被执行。考虑当记录一个新订单时可能出现的下列数据库操作序列：

1. 更改客户记录，增加欠款总额。
2. 变更营业员记录，增加应得佣金。
3. 将新订单的记录插入数据库。

假设因为文件空间不足导致最后一步失败。想象一下，如果实施了前两个操作，但没有实施第三个操作是否会带来混乱。从未收到订单的客户将被要求支付订单，销售人员将会因没有为客户发出的订单收到一份佣金。显然，这三个操作应在执行时被视为一个单位：要么所有的都被执行，要么都不执行。

图 6—3 比较了以一系列独立的步骤［图 6—3（a）］和作为一个原子事务［图 6—3（b）］执行这些活动的结果。

注意，这些步骤自动执行，当其中一个失败时数据库没有任何改变。还要注意的是，应用程序必须发出相当于 Start Transaction、Commit Transaction 和 Rollback Transaction 的命令标记事务逻辑的边界。这些命令的特定形式随 DBMS 产品的不同而变化。

并发事务处理

当两个事务同时在数据库中被处理时，它们称为**并发事务**（concurrent transactions）。虽然对用户而言并发事务似乎在被同时处理，但这不是真实的，因为处理数据库的机器的中央处理单元（CPU）同一时间只能执行一个指令。

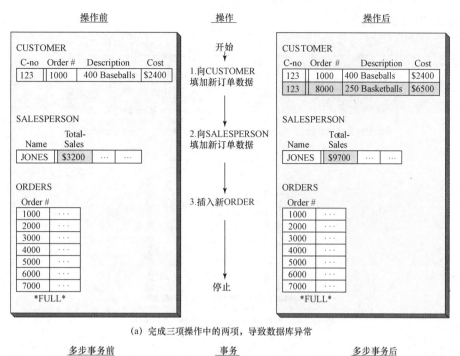

(a) 完成三项操作中的两项，导致数据库异常

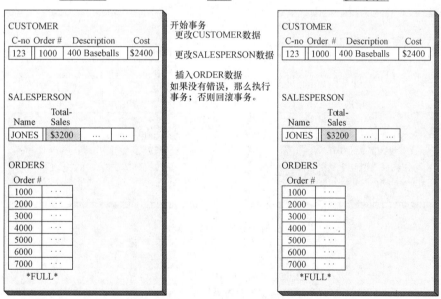

(b) 没有变化，因为整个事务都不成功

图 6—3　应用串行操作和一个多步事务的结果比较

　　事务通常是交错的，这意味着操作系统在任务间切换 CPU 服务，使得每个事务的一部分在一个给定的时间间隔内进行。这种任务之间的切换如此之快，以至于浏览器前并排坐着的对同一数据库处理的两个人可能会认为他们的两个事务同时完成。然而，在现实中，这两个事务是交错的。

　　图 6—4 显示了两个并发事务。用户 A 的事务读取物品 100，改变它并在数据库中改写它。用户 B 的事务对物品 200 采取同样的行动。CPU 一直处理用户 A 的事务，直到 CPU 必须等待一个读或写操作完成，或等待一些其他动作完成。操作系统随后将控制转移到用户 B 上。CPU 一直处理用户 B 的事务，直到一个类似的中断在事务处理时发生，这时操作系统将控制传递回用户 A。同样，对用户来说，处理似乎是同时发生

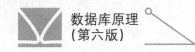

的，但实际上却是交错的或并发的。

用户 A
1. 读取物品100。
2. 更改物品100。
3. 写入物品100。

用户 B
1. 读取物品200。
2. 更改物品200。
3. 写入物品200。

数据库服务器的处理顺序
1. 读取物品100（A）。
2. 读取物品200（B）。
3. 更改物品100（A）。
4. 写入物品100（A）。
5. 更改物品200（B）。
6. 写入物品200（B）。

图 6—4　两个用户任务并发处理的例子

丢失更新问题

图 6—4 所示的并行处理是没有问题的，因为用户在处理不同的数据。现在假设两个用户都要处理物品100。例如，用户 A 想订购 5 个单位的物品 100，而用户 B 想订购 3 个单位的物品 100。图 6—5 展示了这个问题。

用户 A
1. 读取物品100
　（假设物品数是10）。
2. 使物品数减少5。
3. 写入物品100。

用户 B
1. 读取物品100
　（假设物品数是10）。
2. 使物品数减少3。
3. 写入物品100。

数据库服务器的处理顺序
1. 读取物品100 (A)。
2. 读取物品100 (B)。
3. 将物品数设置为5 (A)。
4. 写入物品100 (A)。
5. 将物品数设置为7 (B)。
6. 写入物品100 (B)。

注：第3步和第4步的更改和写入丢失。

图 6—5　丢失更新问题的例子

用户 A 读取物品 100 的记录，这条记录被转移到用户工作区。根据这条记录，库存中有 10 个物品。然后，用户 B 读取物品 100 的记录，它进入另一个用户工作区。同样，根据这条记录，库存中有 10 个物品。现在，用户 A 需要 5 个，减少用户工作区的物品数为 5 并改写物品 100 的记录。然后，用户 B 需要 3 个，在用户工作区递减物品计数至 7 并改写物品 100 的记录。现在该数据库显示的库存物品数不正确，物品 100 的库存数为 7 个单位。回过头来看刚才的过程，开始时库存为 10，那么用户 A 从中取走 5 个，用户 B 取走 3 个，数据库处理结束时显示库存为 7。很明显，这是一个问题。

用户获得数据时，他们得到的数据是正确的。然而，当用户 B 读取记录时，用户 A 已经有了即将更新的副本。这种情况称为**丢失更新问题**（lost update problem），或**并发更新问题**（concurrent update problem）。另外一个类似的问题称为**不一致的读问题**（inconsistent read problem）。在这种情况下，用户 A 读取的数据被用户 B 的一部分事务处理了。其结果是，用户 A 读取了不正确的数据。

并发问题：脏读、不可重复读和幻读

因并发处理可能出现的问题都有标准的名称：脏读、不可重复读和幻读。**脏读**（dirty read）当一个事务读取尚未提交到数据库的更改时发生。这是可能发生的，例如，如果一个事务读取被第二个事务改变的一行记录，而第二个事务随后取消其改变。**不可重复读**（nonrepeatable read）当一个事务重新读取一个先前已读取然后被另一个事务修改或删除的数据时发生。**幻读**（phantom read）当一个事务重新读取数据并发现在上次读取后被其他事务插入的新行时发生。

资源锁定

并发处理引起的不一致的一种解决方法是防止多个应用程序获得相同的将要改变的行或表的副本。这一补救措施称为**资源锁定**（resource locking），通过锁定待更新的数据不允许共享，防止了并发处理问题。图 6—6 显示了利用锁定命令时的处理顺序。

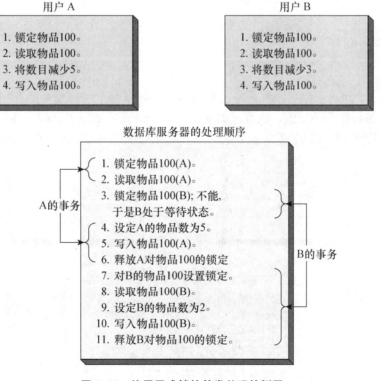

图 6—6 使用显式锁的并发处理的例子

由于锁，用户 B 的事务必须等待，直到用户 A 完成对物品 100 的处理。使用此策略，用户 B 只有在用户

A 已经完成了对物品 100 的修改后才可以读取物品 100 的记录。在这种情况下，最终存储在数据库中的物品的计数是 2，这才是它正确的取值。（开始是 10，那么 A 减少 5，B 减少 3，剩下 2。）

锁可以由 DBMS 或通过从应用程序或查询用户发出的命令自动放置。由 DBMS 放置的锁称为**隐式锁**（implicit locks）；由命令放置的锁称为**显式锁**（explicit locks）。

在前面的例子中，锁被应用到行数据；但是，并不是所有的锁都在这个级别应用。某些 DBMS 产品在页面级别、表级别，或数据库级别锁定。锁的大小称为**锁的粒度**（lock granularity）。大粒度的锁易于 DBMS 管理，但常常会引起冲突。小粒度的锁难以管理（数据库管理系统需要跟踪并检查更多的细节），但是冲突并不常见。

锁的类型也各不相同。**独占锁**（exclusive lock）锁定一个项目拒绝任何类型的访问。其他的事务不能读取或更改锁定的数据。共享锁锁定的项目拒绝改变，但允许读取，其他事务可读取锁定的项目，只要它们不试图改变它。

可串行化的事务

当两个或多个事务被并发处理时，数据库中的结果在逻辑上应该与这些事务以任意串行方式处理的结果是一致的。以这种方式处理并发事务的方法是**可串行化的**（serializable）。

可串行化可以通过一些不同的方法实现。一种方式是使用**两阶段锁**（two-phase locking）处理事务。该方法允许事务根据需要获取锁，但是当释放第一个锁以后，就不能获得其他锁。事务有一个获得锁的扩张阶段和一个释放锁的收缩阶段。

一些 DBMS 产品使用两阶段锁的一种特殊情况。在这种情况下，整个事务一直在获得锁，但直到发出 COMMIT 或 ROLLBACK 命令才有锁被释放。这种方法比两阶段锁的要求更严格，但是它更容易实现。

考虑涉及处理 CUSTOMER、SALESPERSON 和 ORDER 中数据的订单输入事务。为了确保数据库不因并发出现异常，订单录入事务按照需要锁定 CUSTOMER、SALESPERSON 和 ORDER，在数据库中进行更改，然后释放所有的锁。

死锁

虽然锁定解决了一个问题，但它导致了另一个问题。考虑当两个用户想从库存中订两个物品时可能会发生什么。假设用户 A 想订购一些纸张，而且，如果她能拿到纸张，她还想订购一些铅笔。此外，假设用户 B 想订购一些铅笔，如果他可以得到铅笔，他还想订购一些纸张。图 6—7 展示了一个可能的处理顺序的例子。

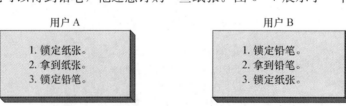

用户 A
1. 锁定纸张。
2. 拿到纸张。
3. 锁定铅笔。

用户 B
1. 锁定铅笔。
2. 拿到铅笔。
3. 锁定纸张。

数据库服务器的处理顺序
1. 用户 A 锁定纸张。
2. 用户 B 锁定铅笔。
3. 处理 A 的请求；写入纸张记录。
4. 处理 B 的请求；写入铅笔记录。
5. 使 A 处于对铅笔的等待状态。
6. 使 B 处于对纸张的等待状态。
** Locked **

图 6—7　死锁的例子

在此图中，用户 A 和用户 B 被称为**死锁**（dead lock）［有时也被称为**致命拥抱**（deadly embrace）］的条件锁定。每个事务都正在等待其他事务锁定的资源。解决这个问题的两种常用方法是防止死锁的发生或者在发生死锁后打破它。

有几种方法可以防止死锁。一种方法是，只允许用户发出一个锁定请求；在本质上，这种方法要求用户必须一次锁定他们想要的所有资源。例如，如果图 6—7 中的用户 A 一开始就锁定了纸张和铅笔，死锁就不会出现。防止死锁的第二种方法是要求所有的应用程序以相同的顺序来锁定资源。

几乎所有的 DBMS 都有检测死锁的算法。当死锁发生时，一般的解决方案是回滚一个事务并从数据库中删除其变化。

乐观锁和悲观锁

锁可以由两种基本方式调用。**乐观锁**（optimistic locking）假设不会发生冲突。数据被读出，事务被处理，更新被执行，然后检查是否发生冲突。如果没有冲突，事务完成。如果有冲突，事务处理被重复，直到没有冲突发生。**悲观锁**（pessimistic locking）假设会发生冲突。锁定被实施，事务被处理，然后锁定被释放。

图 6—8 和图 6—9 是使 PRODUCT 表中铅笔行的数量减少 5 个的事务被锁定的两种风格的例子。图 6—8 显示了乐观锁。首先，数据被读出并将铅笔量的当前值保存在变量 OldQuantity 中。事务随后被处理，如果一切都正常，PRODUCT 表获得锁。该锁可能会仅用于铅笔行，或者是一个更大粒度的锁。无论如何，接下来的一个 WHERE 条件是铅笔行的 Quantity 当前值等于 OldQuantity 的更新 SQL 语句被执行。如果没有其他事务改变铅笔行的数量，那么这个更新将成功执行。如果另一个事务改变了铅笔行的数量，更新失败，该事务需要再次执行。

图 6—9 是使用悲观锁的相同事务的逻辑。在这种情况下，工作开始之前首先获得 PRODUCT 表上的锁（在一定粒度程度上）。然后，值被读取、事务被处理、更新发生、PRODUCT 被解锁。

```
SELECT       PRODUCT.Name, PRODUCT.Quantity
FROM         PRODUCT
WHERE        PRODUCT.Name = 'Pencil'

OldQuantity = PRODUCT.Quantity

Set NewQuantity = PRODUCT.Quantity – 5

{process transaction – take exception action if NewQuantity < 0, etc.

Assuming all is OK: }

LOCK PRODUCT {at some level of granularity}

UPDATE       PRODUCT
SET          PRODUCT.Quantity = NewQuantity
WHERE        PRODUCT.Name = 'Pencil'
       AND   PRODUCT.Quantity = OldQuantity

UNLOCK       PRODUCT

{check to see if update was successful;
if not, repeat transaction}
```

图 6—8　乐观锁的例子

283

```
LOCK          PRODUCT {at some level of granularity}

SELECT        PRODUCT.Name, PRODUCT.Quantity
FROM          PRODUCT
WHERE         PRODUCT.Name = 'Pencil'

Set NewQuantity = PRODUCT.Quantity – 5

{process transaction – take exception action if NewQuantity < 0, etc.

Assuming all is OK: }

UPDATE        PRODUCT
SET           PRODUCT.Quantity = NewQuantity
WHERE         PRODUCT.Name = 'Pencil'

UNLOCK        PRODUCT

{no need to check if update was successful}
```

图 6—9 悲观锁的例子

乐观锁的优点是锁在事务处理后获得。因此，持有锁的时间比悲观锁更短。如果事务是复杂的，或者如果客户端缓慢（由于传输延迟或用户做其他工作，比如接咖啡，或不经退出应用程序而关机），锁持有的时间相当短。如果锁的粒度大（例如，整个 PRODUCT 表），这样的好处是特别重要的。

乐观锁的缺点是，如果在铅笔行上有大量活动，一个事务可能要重复执行多次。因此，在一个给定的行上涉及大量活动的事务（例如购买流行的股票）不适合使用乐观锁。

声明锁的特性

并发控制是一个复杂的课题；一些有关锁的类型和策略的决定需要不断尝试。由于这样或那样的原因，数据库应用程序通常不显式地施加锁。相反，程序标记事务的边界，然后声明他们希望 DBMS 使用的锁的行为类型。如果锁的行为需要改变，应用程序不需要在事务的不同位置改写施加锁。相反，只需要改变锁声明。

图 6—10 显示使用包括 BEGIN TRANSACTION、COMMIT TRANSACTION 和 ROLLBACK TRANSACTION 等 **SQL 事务控制语句**（SQL transaction control statements）为铅笔事务打上事务边界。这些边界为 DBMS 提供了必要的实施不同的锁定策略的信息。如果开发者后来声明（通过系统参数或类似手段）乐观锁的愿望，DBMS 将隐式地将这种类型的锁设置在正确的位置。如果开发商再次改变战术并要求悲观锁，则 DBMS 将隐式地在不同的地方设置锁。

一致的事务

有时 ACID 这一缩写被应用于事务。**ACID 事务**（ACID transaction）是一个**原子的**（atomic）、**一致的**（consistent）、**隔离的**（isolated）和**持久的**（durable）事务。"原子的"和"持久的"很容易定义。在本章前面提过，一个"原子的"事务是其中所有数据库操作发生或都不发生的事务。"持久的"事务是事务中所有提交的变化是永久性的事务。DBMS 即使在发生故障的情况下也不会撤消这些变化。如果事务是持久的，DBMS 将在必要时提供用以恢复所有提交的行为的工具。

```
BEGIN TRANSACTION:

SELECT          PRODUCT.Name, PRODUCT.Quantity
FROM            PRODUCT
WHERE           PRODUCT.Name = 'Pencil'

Old Quantity = PRODUCT.Quantity

Set NewQuantity = PRODUCT.Quantity – 5

{process part of transaction – take exception action if NewQuantity < 0, etc.}

UPDATE          PRODUCT
SET             PRODUCT.Quantity = NewQuantity
WHERE           PRODUCT.Name = 'Pencil'

{continue processing transaction} . . .



IF transaction has completed normally        THEN

        COMMIT TRANSACTION

ELSE

 ROLLBACK TRANSACTION

END IF

Continue processing other actions not part of this transaction . . .
```

图 6—10   标记事务边界的例子

术语 "一致的" 和 "隔离的" 并不像术语 "原子的" 和 "持久的" 那样明确。考虑下面的 SQL UP-DATE 命令：

```
/ **** EXAMPLE CODE – DO NOT RUN **** /
/ **** SQL UPDATE – CH06 – 01 **** /
UPDATE        CUSTOMER
  SET         AreaCode = '425'
  WHERE       ZipCode = '98050';
```

假设 CUSTOMER 表有 50 万行，其中 500 个邮编值等于 98050。DBMS 找到所有 500 行需要一些时间。在这段时间内，是否允许其他事务更新 CUSTOMER 表的城市码或邮编字段？如果 SQL 语句是一致的，这样的更新将被禁止。更新将被施加到 SQL 语句开始时便存在的行上。这种一致性被称为**语句级别的一致性**（statement-level consistency）。

现在考虑一个包含两个 SQL UPDATE 语句的事务：

```
/ **** EXAMPLE CODE – DO NOT RUN **** /
/ **** SQL – TRANSACTION – CH06 – 01 **** /
BEGIN TRANSACTION
/ **** SQL – UPDATE – CH06 – 01 **** /
```

```
UPDATE        CUSTOMER
   SET        AreaCode = '425'
   WHERE      ZipCode = '98050';
...
{other transaction work}
...
/ * * * * SQL-UPDATE-CH06-02 * * * * /
UPDATE        CUSTOMER
   SET        Discount = 0. 05
   WHERE      AreaCode = '425';
...
{other transaction work}
...
COMMIT TRANSACTION
```

在这里，一致是什么意思？语句级一致性是指每个语句独立地处理一致的行，但在两个 SQL 语句之间的间隔可能会允许来自其他用户对那些行的改变。**事务级一致性**（transaction-level consistency）是指在整个事务过程中被 SQL 语句改变的行都受保护不被改变。

然而，一些事务级一致性的实现使得事务看不到它自己的改变。在这个例子中，第二个 SQL 语句可能看不到被第一个 SQL 语句改变的行。

因此，当你听到"一致"这个术语，请进一步确定它意味着哪种类型的一致性。要知道事务级一致性的潜在陷阱。对于我们将要考虑的术语"隔离"，情况更加复杂。

事务隔离级别

1992 年的 ANSI SQL 标准定义了四种隔离级别，分别指定被允许发生的并发控制问题。这些隔离级别如图 6—11 所示。

		隔离级别			
		读未提交	读已提交	可重复读	串行化
问题类型	脏读	可能	不可能	不可能	不可能
	不可重复读	可能	可能	不可能	不可能
	幻读	可能	可能	可能	不可能

图 6—11 隔离级别摘要

有四种隔离级别的目的是让应用程序员声明所需类型的隔离级别，然后 DBMS 管理锁来实现这一级别的隔离。如图 6—11 所示，**读未提交隔离**（read uncommitted isolation）允许脏读、不可重复读和幻读发生。用**读已提交隔离**（read committed isolation），不允许脏读。**可重复读隔离**（repeatable reads isolation）级别不允许脏读和不可重复读。**串行化隔离**（serializable isolation）级别不允许这三种情况中的任何一种。

一般情况下，虽然吞吐量在很大程度上取决于工作负载和应用程序逻辑，但更严格的隔离级别会导致更少的吞吐量。此外，并非所有的 DBMS 产品支持所有这些级别。产品也以各不相同的方式支持这些级别和这些产品为应用程序的程序员所施加的负担。

游标类型

游标是指向 SQL SELECT 语句的结果集中的行集合的指针，它通常使用 SELECT 定义。例如，下面的语句定义一个名为 TransCursor 的游标，它在由 SELECT 语句指示的行集合上进行操作：

```
/ **** EXAMPLE CODE – DO NOT RUN **** /
/ **** SQL-DECLARE-CURSOR-CH06-01 **** /
DECLARE CURSOR TransCursor AS
SELECT          *
     FROM        [TRANSACTION]
     WHERE       PurchasePrice >'10000';
```

应用程序打开一个游标后，它可以将游标放置在结果集中的任何地方。最常见的是，游标被放置在第一行或最后一行，但是存在其他的可能性。

事务可以依次或同时打开几个游标。另外，两个或多个游标可能是在同一个表上直接通过表或通过该表上的 SQL 视图打开。因为游标需要大量内存，同时打开许多游标（例如，为 1 000 个并发事务）会消耗相当大的内存。减少游标负担的一个方法是定义弱化的游标并在功能齐全的游标不必须使用时使用它们。

图 6—12 列出了 SQL Server 2012 支持的三种游标类型。在 SQL Server 2012 中，游标可能是**只进游标**（forward-only cursor）或**可滚动游标**（scrollable cursor）。对于只进游标，应用程序只能向前移动推进记录，并且本次事务及其他事务中游标所做的更改只对游标还没扫过的元组是可见的。对于可滚动游标，应用程序可以向前和向后滚动查看记录。

三种类型的游标，每一个都可以作为只进或滚动游标被实现。**静态游标**（static cursor）对关系照快照并处理此快照。使用此光标所做的更改是可见的，其他来源的更改是不可见的。

动态游标（dynamic cursor）是一个功能齐全的游标。所有插入、更新、删除和排序的变化对动态游标是可见的。除非事务的隔离级别是脏读，否则只有提交的变化是可见的。

键集游标（keyset cursor）结合了静态游标和动态游标的某些功能。当游标被打开时，每一行的主键被保存起来。当应用程序将游标定位在一行时，DBMS 使用键值读取当前行的值。（此事务的或其他事务的）其他游标插入的新行是不可见的。如果应用程序发出的更新所在的行已经被其他游标删除，DBMS 用旧的键值创建一个新行并更新新行的值（假设有所有需要的字段）。对于动态游标，除非事务的隔离级别是脏读，否则只有提交的更新和删除对游标可见。

DBMS 以及 SQL Server 2012 的游标类型是类似的，但只进游标有时被作为第四种游标类型实现。这时，静态游标、键集游标和动态游标将是严格的可滚动游标。

支持每种类型的游标所需的开销和处理是不同的。一般来说，数据处理成本随着图 6—12 所示的游标顺序上升。因此，为了提高 DBMS 的性能，应用程序开发人员应创建那些恰好满足工作需要的游标。同时，了解特定的 DBMS 对游标的实现以及游标是位于服务器还是客户端也是非常重要的。在某些情况下，使用客户端的动态游标比使用服务器上的静态游标更好。由于性能取决于使用的 DBMS 产品对游标的实现以及应用程序的需要，在选择游标方面没有一般规则。

游标类型	说明	注解
静态	应用程序看到的数据和游标被打开时一样。	该游标所做的改变是可见的。但是其他来源的改变是不可见的。允许后滚和前滚。
键集	当游标打开时，记录集中的每一行的一个主键值被保存下来。当应用程序访问一行时，键用于获取该行的当前值。	任何来源的更新都是可见的。游标外部的插入不可见（这里的键集中没有它们的键）。这个游标执行的插入出现在记录集的底部。任何来源的删除都是可见的。行顺序的变化不可见。如果隔离级别是脏读，那么提交的更新和删除是可见的；否则，只有提交的更新和删除是可见的。
动态	任何类型和任何来源的变化都是可见的。	所有插入、更新、删除以及记录集序的变化都是可见的。如果隔离级别是脏读，那么未提交的变化是可见的。否则，只有提交的变化可见。

图 6—12　游标类型摘要

BTW

　　提醒一句：如果你不指定事务的隔离级别，或者不指定打开的游标的类型，DBMS 将使用默认的级别和类型。这些默认值可能对你的应用程序来说是完美的，但它们也可能带来可怕的后果。因此，尽管你可以忽略这些问题，但你不能避免其后果。你必须了解你使用的 DBMS 产品的性能。

数据库安全

　　数据库安全的目的是为了确保只有经过授权的用户才可以在授权的时间执行经过授权的活动。通常这个目标可以分解成两部分：**认证**（authentication），这首先确保用户具有使用该系统的基本权利；**授权**（authorization），这为已经认证身份的用户分配具体的权力或**许可**（permissions）在系统中做具体的活动。例如，在图 6—13 中，对用户的认证通过用户登录系统时的密码（或其他方式的正确识别，如指纹等生物特征扫描）实现，而对用户的授权通过给予 DBMS 特定的权限实现。

　　注意，认证本身（当用户登录到系统中）是不足以使用数据库的——除非用户具有已经被授予的权限，否则他或她不能访问数据库或使用它做任何事。

　　数据库安全性的目标难以实现，为了取得进展，所有的数据库开发团队必须确定：（1）哪些用户能够使用数据库（认证）；（2）每个用户的处理权力和责任。这些安全需求可以随后使用 DBMS 的安全特性以及被写入应用程序的特性实现。

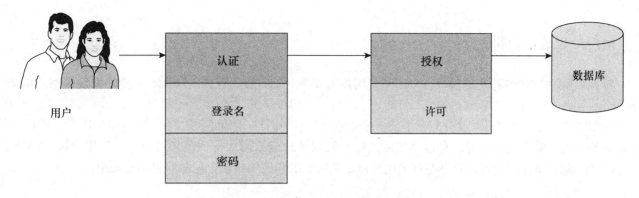

图 6—13　数据库安全认证和授权

用户账户

作为一个例子，我们来考虑希瑟·斯威尼设计的数据库安全问题。这里必须有一些方法来控制哪些员工可以访问数据库。那就是：你可以为每个员工创建一个用户账户（user account）。图 6—14 显示了在 SQL Server 中创建的 DBMS 安全级别的 HSD-User 的用户登录账户。

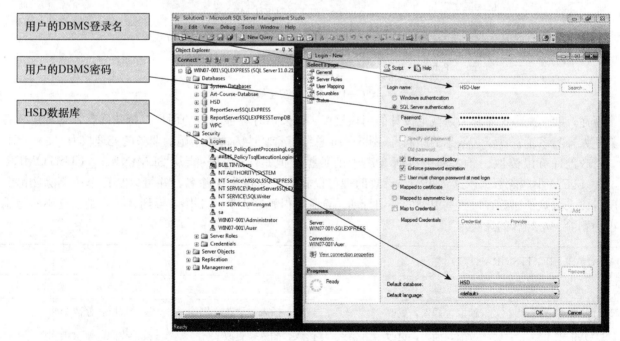

图 6—14　创建数据库服务器登录

此步骤在 DBMS 而不是在一个特定的数据库中创建初始的用户账户。被分配的密码是 HSD-User＋password，我们在第 7 章的 HSD 网页中还需要使用它。注意，在 Windows 环境下控制认证有两种选择：我们可以使用 Windows 操作系统控制身份认证，或者我们可以创建 SQL Server 内部的具有登录名和密码的账户。对于其他不像 SQL Server 那样限制操作系统的 DBMS 产品，只有第二个内部用户账户的选项可以使用。

用户账户和密码需要认真管理。这里，DBMS 账户与密码安全的确切术语、特性和功能依赖于使用的 DBMS 产品。

用户处理的权力和责任

所有主要的 DBMS 产品提供可以限制某些用户对某些对象的某些行为。DBMS 安全的一般模型如图 6—15 所示。

根据图 6—15，用户可以被分配一个或多个角色（组），并且一个角色可以有一个或多个用户。用户、角色和对象（在一般意义上使用）有很多权限。每个权限被分配给用户、角色与对象。一旦用户被 DBMS 认证，DBMS 就会将用户的行为限制在这个用户被定义的权限和该用户被分配的角色的权限中。

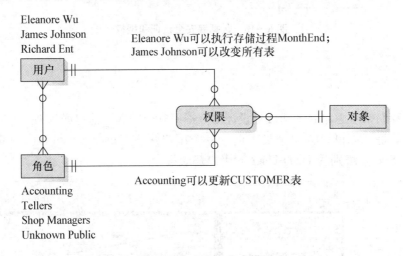

图 6—15　DBMS 安全模型

现在，我们来考虑希瑟·斯威尼设计的用户授权。该公司有三种类型的用户：行政助理，管理层（希瑟和其他人）和系统管理员（希瑟的顾问）。图 6—16 总结了希瑟认为适用于她的业务的处理权力。

行政助理可以读取、插入和更改所有表中的数据。但是，他们只能从 SEMINAR_CUSTOMER 和 LINE_ITEM 中删除数据。这意味着，行政助理可以将客户从讲座中除名，并可以从订单中删除物品。管理层可以采取除了删除客户数据以外的一切行动。希瑟觉得她这么努力工作才得到客户，她永远不希望承担不小心删除一个顾客的风险。

DATABASE RIGHTS GRANTED

表	行政助理	管理层	系统管理员
SEMINAR	读取，插入，更改	读取，插入，更改，删除	授予权限，修改结构
CUSTOMER	读取，插入，更改	读取，插入，更改	授予权限，修改结构
SEMINAR_CUSTOMER	读取，插入，更改，删除	读取，插入，更改，删除	授予权限，修改结构
CONTACT	读取，插入，更改	读取，插入，更改，删除	授予权限，修改结构
INVOICE	读取，插入，更改	读取，插入，更改，删除	授予权限，修改结构
LINE_ITEM	读取，插入，更改，删除	读取，插入，更改，删除	授予权限，修改结构
PRODUCT	读取，插入，更改	读取，插入，更改，删除	授予权限，修改结构

图 6—16　希瑟·斯威尼设计中的处理权力

最后，系统管理员可以修改数据库结构以及授予其他用户权限，但不可以对数据采取任何行动。系统管理员不是用户，所以不应该被允许访问用户数据。这种限制可能显得薄弱。毕竟，如果系统管理员可以分配权限，他或她可以通过更改权限以采取任何行动来规避安全系统，使数据更改，然后把权限改回来。的确这样，但它会在 DBMS 中留下审计跟踪日志。这与安全系统改变的必要阻拦组织管理员从事未经授权的活动。这当然比不经努力便允许管理员拥有访问用户数据的权限要好。

数据库安全性管理（网络管理）中一个非常重要的原则如图 6—16 所示，即除非绝对必要，将权限分配给用户组（也称为用户角色），而不是个体用户。在某些情况下，需要在数据库中给特定的用户分配权限，但我们希望尽量避免这种情况。需要注意的是，因为使用了组或角色，拥有将用户分配到组或角色的方法是必要的。当希瑟·斯威尼登录计算机时，必须能判断她属于哪个或哪几个组。

现在，我们需要在 HSD 数据库中进行角色和权限的分配。HSD-User 是希瑟的一个行政助理，因此，需要能够读取、插入和更改所有表中的数据。首先，我们需要允许 HSD-User 在 DBMS 中使用 HSD 数据库。图 6—17 显示了在 SQL Server 中创建数据库级别的用户名为 HSD-Database-User 用户的过程。注意：该用户被创建在 HSD 数据库中，但它是基于已经建立的 DBMS 登录名。另外，在 SQL Server 中，只有 DBMS 安全级别没有密码。

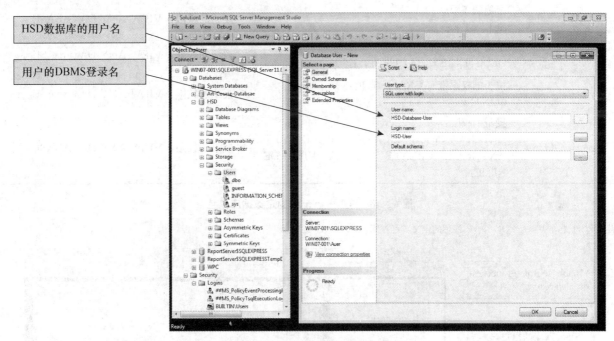

图 6—17　创建数据库用户名

图 6—18 显示了 SQL Server 中的固定数据库角色及其相关权限。因为 HSD-Database-User 需要能够读取、插入并改变 HSD 数据库中所有的表，我们应该为 HSD-Database-User 分配角色 db_datareader 和 db_datawriter。图 6—19 显示了 HSD-Database-User 被添加了 db_datareader 角色。（我们在下一节中会进一步讲解。）

在讨论中，我们使用短语"**处理权力和责任**"（processing rights and responsibilities）。正如这句短语暗示的，责任伴随着处理权力。例如，如果系统管理员删除客户数据，该人有责任确保这些删除不会对公司的经营、会计等产生不利影响。

处理责任不能由 DBMS 或数据库应用程序实施。相反，责任被编写在程序手册中，在系统培训中被解释给用户。这些是系统开发相关书中的主题，我们除了重申责任伴随着权力外不再进一步考虑它们。这种责任必须被记录和实施。

SQL Server 的固定数据库角色		
固定数据库角色	Database-Specific 许可	DBMS Server 许可
db_accessadmin	授予的权限： ALTER ANY USER, CREATE SCHEMA 授予的权限带有 GRANT 选项：CONNECT	授予的权限：VIEW ANY DATABASE
db_backupoperator	授予的权限： BACKUP DATABASE, BACKUP LOG, CHECK-POINT	授予的权限：VIEW ANY DATABASE
db_datareader	授予的权限： SELECT	授予的权限：VIEW ANY DATABASE
db_datawriter	授予的权限： DELETE, INSERT, UPDATE	授予的权限：VIEW ANY DATABASE
db_ddladmin	授予的权限：参见 SQL Server 文档	授予的权限：VIEW ANY DATABASE
db_denydatareader	拒绝的权限： SELECT	授予的权限：VIEW ANY DATABASE
db_denydatawriter	拒绝的权限： DELETE, INSERT, UPDATE	授予的权限：VIEW ANY DATABASE
db_owner	授予的权限带有 GRANT 选项： CONTROL	授予的权限：VIEW ANY DATABASE
db_securityadmin	授予的权限： ALTER ANY APPLICATION ROLE, ALTER ANY ROLE, CREATE SCHEMA, VIEW DEFINITION	授予的权限：VIEW ANY DATABASE

图 6—18　SQL Server 的固定数据库角色

注：对于上表中每个 SQL Server 许可的定义，可查阅 SQL Server 文档。

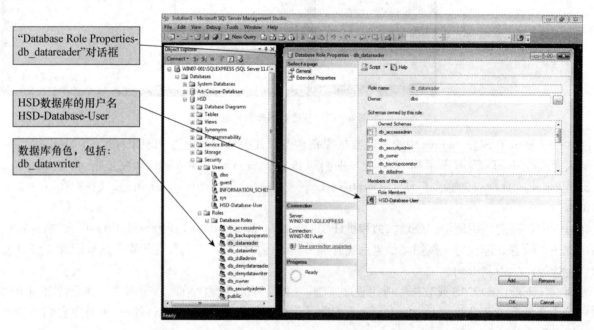

图 6—19　将 HSD-Database-User 分配到 db_datareader 角色

DBA 具有管理随着时间变化的处理权力和责任的任务。数据库的使用和应用程序以及 DBMS 结构的变化产生了新的或不同的权力和责任。DBA 是这种变化的讨论及其实施的中心。

在处理权力确定以后，它们可以在许多层面上实现：操作系统、网络目录服务、Web 服务器、DBMS 和应用程序。接下来的两节考虑 DBMS 和应用程序方面。其他各方面超出了本书的范围。

DBMS 级安全

DBMS 的安全指导如图 6—20 所示。首先，DBMS 应在防火墙内运行。在大多数情况下，与 DBMS 或数据库应用程序的通信不应从机构网络的外部发起。例如，公司的网站应该被托管在一个单独的、专用的 Web 服务器。Web 服务器通过防火墙进行通信，防火墙背后 DBMS 服务器受到保护。

第二，服务包与操作系统和 DBMS 的补丁必须尽快应用。2003 年的春天，Slammer 蠕虫利用 SQL Server 中的一个安全漏洞令大量机构的数据库应用程序无法工作。微软在 Slammer 蠕虫病毒的攻击之前已经发布了一个消除漏洞的补丁，因此，那些已应用补丁的机构没有被蠕虫影响。

- 在防火墙后面运行DBMS
- 应用最新的操作系统以及DBMS服务包和补丁
- 使DBMS功能仅限于需要的功能
- 保护运行DBMS的计算机
- 管理账户和密码
- 对跨网络传输的敏感数据加密
- 对存储在数据库中的敏感数据加密

图 6—20　数据库安全指南

第三种保护是限制 DBMS 的功能为应用程序需要的功能。例如，Oracle 数据库 11g 第 2 版可以支持许多不同的通信协议。为了提高安全性，应删除或禁用不被使用的 Oracle 支持的协议。同样，每一个 DBMS 都带有上百个系统附带的存储过程（存储过程在第 7 章讨论）。不被使用的存储过程应该从业务数据库中删除。

另一个重要的安全措施是保护运行 DBMS 的计算机。用户不应被允许在运行 DBMS 的计算机上工作，并且该计算机应安放在上了锁的单独的设施内。应记录参观安放 DBMS 的房间的日期和时间。此外，因为人们可以通过远程控制软件（如微软在 Windows 环境下的远程桌面连接）登录到 DBMS 服务器，必须控制谁可以（和谁可以授予）远程访问。

用户可以输入用户名和密码，在某些应用中，用户输入的名称和密码代表用户。例如，正如我们在图 6—14 中看到的，Windows 操作系统的用户名和密码可以直接传递到 SQL Server。在其他情况下，应用程序提供用户名和密码。

SQL Server 2012、Oracle 数据库 11g 第 2 版和 MySQL 5.5 所使用的安全系统模型是图 6—13 所示的安全模型的变种。它们所使用的术语可能会有所不同，但其安全系统的本质是一样的。

应用程序级安全性

虽然 SQL Server 2012、Oracle 数据库 11g 第 2 版和 MySQL 5.5 等 DBMS 产品提供了大量的数据库安全功能，但它们的本质是通用的。如果应用程序需要特定的安全措施，如禁止用户查看一个表的某一行或一个具有除用户名字以外的雇员名称的表的连接，DBMS 的功能就不够了。在这些情况下，必须通过数据库应用程序中的功能扩充安全系统。

293

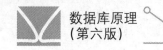

例如，互联网应用中应用程序的安全性往往由 Web 服务器提供。当应用程序的安全性在此服务器上执行时，不需要在网络上传输敏感的安全数据。为了更好地理解这一点，假设应用程序已编写完成，当用户点击一个浏览器页面上的特定按钮时，下面的查询被发送到 Web 服务器和 DBMS：

```
/ **** EXAMPLE CODE-DO NOT RUN **** /
/ **** SQL-QUERY-CH06-01 **** /
SELECT          *
FROM            EMPLOYEE;
```

该语句返回所有员工行。如果应用程序的安全性只允许员工访问自己的数据，那么 Web 服务器可以为查询添加以下 WHERE 子句：

```
/ **** EXAMPLE CODE-DO NOT RUN **** /
/ **** SQL-QUERY-CH06-02 **** /
SELECT     *
FROM     EMPLOYEE
WHERE     EMPLOYEE.Name ='< % SESSION("EmployeeName") % >';
```

像这样的表达式会让 Web 服务器填补 WHERE 子句中的雇员的名字。对于登录时使用 Benjamin Franklin 名字的用户，下面的语句是这个表达式的结果：

```
/ **** EXAMPLE CODE-DO NOT RUN **** /
/ **** SQL-QUERY-CH06-03 **** /
SELECT          *
FROM            EMPLOYEE
WHERE           EMPLOYEE.Name = 'Benjamin Franklin';
```

因为这个名字被 Web 服务器上的程序插入，浏览器的用户不知道它的发生，也不能干扰它。这种安全处理可以如这样在 Web 服务器上进行，它也可以被应用程序自身完成或作为存储在 DBMS 中的代码写入以便在适当的时间执行。

你也可以在由 Web 服务器或存储的 DBMS 代码访问的安全数据库中存储额外的数据。安全数据库可能包含，例如，用户的身份搭配 WHERE 子句的附加值。例如，假设人事部门的用户可以不仅仅访问他们自己的数据。适合 WHERE 子句的谓词可以存储在安全数据库中，由应用程序读取，并且在必要时被追加到 SQL SELECT 语句中。

存在使用应用程序扩展 DBMS 安全性的许多其他可能。在一般情况下，你应该首先使用 DBMS 的安全功能。只有当它们不能满足需求时，你才应该向它们加入应用程序代码。安全实施越接近数据，它被渗透的几率越低。此外，使用 DBMS 的安全功能更快且更便宜，并且有可能比你自己开发的程度产生更高质量的结果。

数据库备份和恢复

计算机系统会因为多方面的原因发生故障，其中有：（1）硬件损坏，（2）电源故障，（3）程序有错误，（4）流程包含错误，（5）人为错误。所有这些故障都会在数据库应用程序中发生。由于数据库由多人共享，也由于它往往是组织运作的一个关键因素，因此尽快地恢复它是很重要的。

294

有几个问题必须解决。首先，从商业的角度来看，业务功能必须能继续进行。例如，客户订单、金融交易和装箱单必须人工完成。然后，当数据库的应用程序重新运行以后，新的数据可以输入。其次，电脑操作人员必须尽可能快地将系统恢复到尽可能接近其崩溃的可用状态。第三，用户必须知道当系统再次可用时应该怎么做。有些工作可能需要重新输入，并且用户必须知道他们需要回退多远。

当故障发生时，不可能简单地解决问题并恢复处理。即使没有数据在发生故障时丢失（假定所有类型的存储器是非易失性的，这是一个不切实际的假设），计算机的计时和处理的调度太复杂以至于不能准确地重新建立。操作系统重启到它被打断的地方需要大量的数据开销和处理。回滚所有的电子钟，把它们置成失败时的配置是根本不可能的。然而，其他两种方法是可能的：**通过重新处理恢复**（recovery via reprocessing）和**通过回滚/前滚恢复**（recovery via rollback/rollforward）。

通过重新处理恢复

因为处理无法恢复一个准确的时间点，接下来的最佳选择是回到一个已知点，从那里重新处理工作。这种类型恢复的最简单的形式包括定期为数据库创建的副本［称为**数据库保存**（database save）］，并记录所有保存之后的事务处理。然后，当故障发生时，操作人员可以将数据库恢复到保存的样子，然后重新处理所有事务。

遗憾的是，这个简单的策略通常是不可行的。首先，重新处理事务和第一遍处理它们需要相同的时间。如果计算机负载很重，系统可能永远无法赶上。其次，当事务被并发处理时事件是异步的。人类活动的细微变化，如用户在响应应用程序提示之前阅读电子邮件，可能会改变并发事务的执行顺序。因此，虽然客户 A 在最初的处理中得到了飞机的最后一个座位，在重新处理中客户 B 可能会得到最后一个座位。由于这些原因，重新处理通常在多用户系统恢复中不是一个可行的形式。

通过回滚和前滚恢复

数据库恢复的第二种方法涉及定期制作一份数据库的副本（数据库保存），维护事务从保存后对数据库所做更改的日志。然后，当发生故障时，可以使用两种方法。第一种方法叫做**前滚**（rollforward），数据库恢复到保存的样子，所有保存时有效的事务都被重做。注意，我们不是重新处理事务，因为前滚恢复不涉及应用程序。相反，记录在日志中经过处理的变化被重新应用。

第二种方法称作**回滚**（rollback），我们通过撤消错误处理的事务或部分处理的事务对数据库的更改以纠正它们造成的错误。然后，在出现故障时有效的事务重新开始处理。

如上所述，这两种方法都需要维护事务结果的**日志**（log）。此日志包含按时间顺序排列的数据变化的记录。注意，事务必须在它们应用到数据库之前写入日志。这样一来，在最坏的情况下，即使系统在事务写入之日和应用到数据库之间崩溃，我们也会找到一个未应用的事务记录。如果交易在写日志之前被应用，它也许会改变了数据库而没有记录下来。如果发生这种情况，一个粗心的用户可能会重新输入一个已经完成的事务。

如图 6—21 所示，在发生故障时，我们使用日志撤消和重做事务。要撤消图 6—21 (a) 中所示的事务，日志必须包含数据库记录被更改前的一份副本。这些记录称为**前像**（before-images）。事务依靠将其改变的数据库应用前像撤消。

图 6—21 (b) 显示了重做事务日志，日志必须包含每个数据库记录（或页面）被更改后的副本。这些记录称为**后像**（after-images）。事务通过应用它对数据库做的更改的后像重做。图 6—22 显示了一个事务日志中可能的数据项。

在这个事务日志的例子中，每个事务都有唯一的名称（例如，图 6—22 中的事务 ID）用于识别。此外，一个事务的所有像由指针相连。一个指针指向由本次事务前面做的更改（反向指针），另一个指向此事务接下来的更改（前向指针）。指针域的 0 意味着列表的末尾。DBMS 恢复子系统使用这些指针定位特定事务的所有记录。图 6—22 显示了日志记录相连的例子。

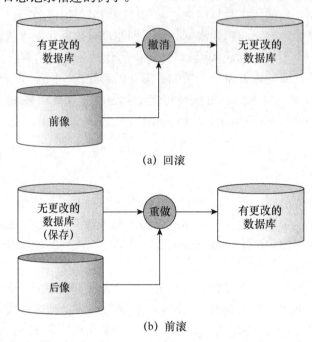

(a) 回滚

(b) 前滚

图 6—21　撤消和重做事务

日志中的其他数据项是：

- 动作的时间。
- 操作类型（START 标志事务的开始，COMMIT 终止事务并释放持有的所有锁）。
- 所作用的对象，如记录类型和标识符。
- 前像和后像。

相对的记录编号	事务ID	反向指针	前向指针	时间	操作类型	对象	前像	后像
1	OT1	0	2	11:42	START			
2	OT1	1	4	11:43	MODIFY	CUST 100	(old value)	(new value)
3	OT2	0	8	11:46	START			
4	OT1	2	5	11:47	MODIFY	SP AA	(old value)	(new value)
5	OT1	4	7	11:47	INSERT	ORDER 11		(value)
6	CT1	0	9	11:48	START			
7	OT1	5	0	11:49	COMMIT			
8	OT2	3	0	11:50	COMMIT			
9	CT1	6	10	11:51	MODIFY	SP BB	(old value)	(new value)
10	CT1	9	0	11:51	COMMIT			

图 6—22　事务日志的例子

恢复过程

有了前像日志与后像日志，撤消和重做操作是直接的。图 6—23 显示了如何完成系统崩溃后的恢复。

为了撤消图 6—23（a）中的事务，如图 6—23（b）所示，恢复处理器只是用前像替换每个更改的记录。当所有的前像被恢复以后，该事务被撤消。要重做一个事务，恢复处理器从这个事务开始时的数据库版本开始，然后应用所有后像。此操作假设一个早期版本的数据库可以从数据库保存中获得。

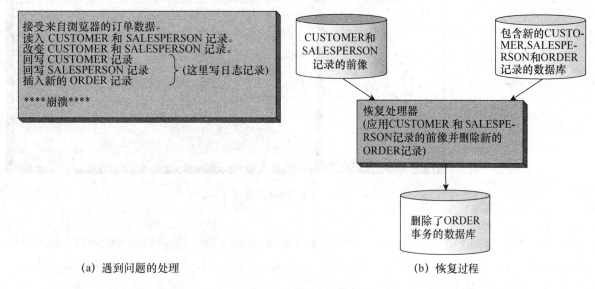

接受来自浏览器的订单数据。
读入 CUSTOMER 和 SALESPERSON 记录。
改变 CUSTOMER 和 SALESPERSON 记录。
回写 CUSTOMER 记录
回写 SALESPERSON 记录 } （这里写日志记录）
插入新的 ORDER 记录

****崩溃****

CUSTOMER和SALESPERSON记录的前像

包含新的CUSTOMER,SALESPERSON和ORDER记录的数据库

恢复处理器
(应用CUSTOMER 和 SALESPERSON记录的前像并删除新的ORDER记录)

删除了ORDER事务的数据库

(a) 遇到问题的处理　　　　　　　　　　(b) 恢复过程

图 6—23　恢复的例子

将数据库还原到其最近的保存和重新应用所有的事务可能需要相当多的处理。为了降低延迟，DBMS 产品有时使用检查点。**检查点**（checkpoint）是数据库和事务日志进行同步的一个点。执行检查点时，DBMS 拒绝新的请求，处理完未完成的请求，将缓冲区写入磁盘。然后 DBMS 等待操作系统通知其所有未完成的数据库和日志的写请求已成功完成。在这一点上，日志和数据库是同步的。然后，检查点记录被写入到日志中。此后，数据库可以从检查点进行恢复，并且只有在检查点以后的事务的后像才需要被应用。

检查点是廉价的操作，每小时可以做三个或四个（或更多）。通过这种方式，恢复所需的时间不超过 15 分钟或 20 分钟。大多数 DBMS 产品自动执行检查点，不必人为干预。

如果你作为数据库管理员使用 SQL Server 2012、Oracle 数据库 11g 第 2 版或 MySQL 5.5 等产品，你需要了解有关备份和恢复的更多内容。这里，你只需要了解基本思路并认识到确保足够的备份和开发恢复计划产生数据库保存和日志是 DBA 的责任。你也应该明白，许多 DBMS GUI 工具允许 DBA 在没有备份计划的情况下很容易地根据需要备份数据库。图 6—24 显示了使用 Microsoft SQL Server Management Studio 为 HSD 数据库制作整个数据库备份的简单恢复模型。

DBA 的附加职责

并发控制、安全性和可靠性是数据库管理的三个主要问题。然而，其他行政和管理的 DBA 功能也很重要。

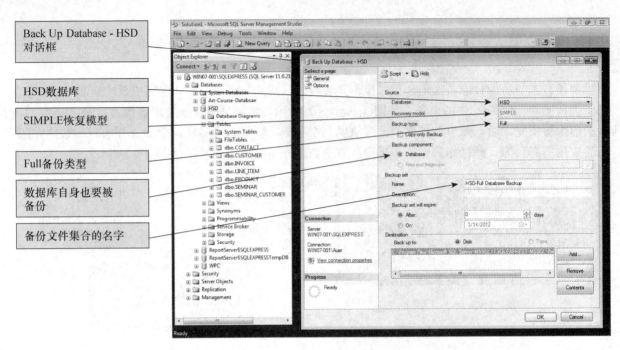

图 6—24　备份 HSD 数据库

其中一个职责是，DBA 需要确保存在一个系统来收集和记录用户报告的错误和其他问题。需要设计一种方法优先考虑这些错误和问题，并确保它们得到相应的纠正。在这方面，DBA 与开发团队一起工作，不仅要解决这些问题，同时也考虑 DBMS 新版本的特性和功能。

随着数据库被使用以及新的需求被提出和实现，更改数据库结构的请求会发生。对操作数据库的更改需要极大的谨慎和周到的规划。因为数据库是共享的资源，一个或一组用户期待的对数据库结构的改变对其他用户的需求可能是有害的。

因此，需要 DBA 创建和管理控制数据库配置的过程。这个过程包括记录变更请求，引导用户和开发者对这些请求进行评论，并为批准的实施更改创建项目和任务。所有这些活动都需要以社区的视角进行。

最后，DBA 负责确保数据库结构、并发控制、安全性、备份和恢复、应用程序使用以及其他有关数据库的管理和使用的细节有适当的文档。有些厂商会提供记录这些文档的工具。至少，DBMS 有自己用来处理数据库的元数据。有些产品通过存储和报告应用程序和操作过程的元数据的功能来增加这些元数据。

DBA 对管理数据库负有重大责任。这些职责随着数据库的类型和大小、用户的数量以及应用程序的复杂性的不同而改变。然而，对所有的数据库来说，这些职责都是重要的。你应该知道 DBA 服务的需求并在即使是小的个人数据库中也要考虑本章中的材料。

Access 工作台

第 6 节　Microsoft Access 中的数据库管理

至此，我们已经创建并填充了 CONTACT、CUSTOMER、SALESPERSON 和 VEHICLE 等表。我们已经在前几章的"Access 工作台"部分了解了如何创建表格、报表和查询，以及在附录 E 中了解了如何创建和使用视图等价的查询。我们也研究了如何在 Microsoft Access 中创建和管理 1：1、1：N、N：M 的关系。

本章介绍数据库管理主题，在本节的"Access 工作台"中，我们将看一下 Microsoft Access 的数据库安全。在本节中，你会：

- 了解 Microsoft Access 2010 的数据库安全。

Microsoft Access 的数据库安全

直到 Microsoft Access 2007，Microsoft Access 都拥有一个允许 DBA 像本章中讨论的那样为个人用户或用户组授予特定的数据库权限的用户级安全系统。然而，一个非常不同的安全模型从 Microsoft Access 2007 开始实施了。此模型基于整个数据库本身是否值得信赖，它就像微软说的，Microsoft Access 是真正的个人（或小型工作组）数据库。如果你需要用户级安全性，就应该使用 SQL Server 2012（特别地，SQL Server 2012 速成版提供免费下载）。与此同时，Microsoft Access 2010（以及较早版本的 Microsoft Access 2007）仍然会与早期的用户级安全系统的 Microsoft Access 2003（或更早）的 Microsoft Access 数据库的 ∗.mdb 文件格式兼容。在本节的"Access 工作台"中，我们将专注于当前 Microsoft Access 2010 的安全系统。

然而，首先，我们需要 WMCRM.accdb 数据库文件的一个副本。这是必要的，因为我们已经启用了该数据库的所有功能。在前面章节的"Access 工作台"中，我们了解了如何为 Microsoft Access 2010 数据库制作副本，我们只需为文档库中"我的文档"文件夹下的 WMCRM.accdb 数据库文件制作一个副本并重新命名这个新的文件为 WMCRM-AW06-01.accdb。

Microsoft Access 2010 中的数据库安全

你可以在三个基本方面确保 Microsoft Access 2010 文件的安全：

- 通过为 Microsoft Access 数据库的存储创建受信任的位置；
- 通过密码加密和解密 Microsoft Access 数据库；
- 通过部署打包带数字签名的数据库。

我们依次来研究。

受信任的位置

到现在为止，每当我们在"Access 工作台"中第一次打开一个 Microsoft Access 数据库时，**安全警告消息栏**（"Security Warning" Message Bar）会显示出来，如图 AW—6—1 所示，我们刚刚第一次打开了 WM-CRM-AW06-01.accdb 数据库。

到目前为止，我们一直点击"Enable Content"（启用内容）按钮允许被禁止的内容。注意，对于每个数据库我们只需要在数据库创建好后第一次打开时做一次。我们这样做了，所以可以使用被屏蔽的 Microsoft Access 功能，包括：

- Microsoft Access 数据库添加、更新或删除数据的查询（SQL 或 QBE）；
- 创建或更改表等数据库对象的数据定义语言（DDL）（SQL 或 QBE）；
- 从 Microsoft Access 应用程序发送到支持开放式数据库连接（ODBC）标准的如 Microsoft SQL Server 2012 数据库服务器的 SQL 命令；
- ActiveX 控件。

很明显，如果我们要建立 Microsoft Access 2010 数据库，我们就需要这些功能。如果我们使用 Microsoft Access 2010 数据库作为数据库应用前端（含应用程序表格、查询和报表），而数据存储在 SQL Server 2012 数据库中，第三个特点是非常重要的。（使用 Microsoft Access 和 ODBC 标准将在第 7 章中讨论。）最后，**ActiveX 控件**（Active X controls）是根据微软的 **ActiveX 规范**（ActiveX specification）编写的软件，它们经常被用来作为 Web 浏览器的插件。这里的问题是，ActiveX 兼容的编程语言可以像 Microsoft Access 本身那样操纵 Microsoft Access 2010 数据库。

虽然我们可以简单地单击"Enable Content"按钮来激活这些功能，但注意，Microsoft Access 2010 还提供了可供选择的其他方式处理这个安全问题。如果我们点击"Some active content has been disabled. Click for more details"的链接，如图 6—1 所示，我们会被切换到"Backstage"（后台）视图中的"Info"页面，并专门转到该

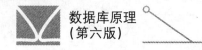

页面的"Security Warning"部分，如图 AW—6—2 所示。

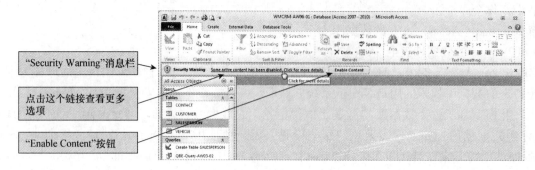

"Security Warning"消息栏

点击这个链接查看更多
选项

"Enable Content"按钮

图 AW—6—1　Security Warning 消息栏

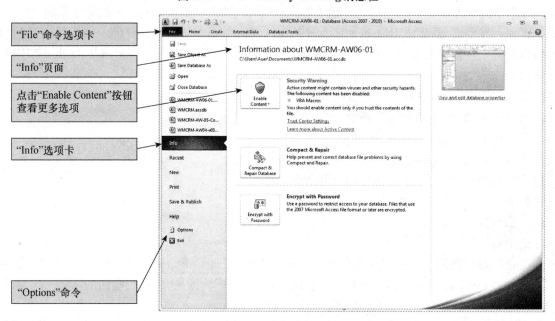

"File"命令选项卡

"Info"页面

点击"Enable Content"按钮
查看更多选项

"Info"选项卡

"Options"命令

图 AW—6—2　"File" ｜ "Info" 页面的安全警告部分

如图 AW—6—3 所示，单击"Enable Content"按钮将显示两个选项——Enable All Content（启用所有内容）和 Advanced Options（高级选项）。单击"Enable All Content"按钮和单击"Enable Content"按钮产生相同的结果，数据库将向我们提供全部的特性。如图 AW—6—4 所示，点击"Advanced Options"按钮显示 Microsoft Office 安全选项对话框。

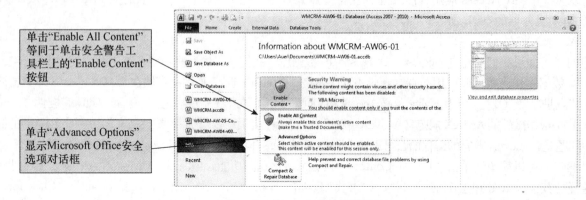

单击"Enable All Content"
等同于单击安全警告工
具栏上的"Enable Content"
按钮

单击"Advanced Options"
显示Microsoft Office安全
选项对话框

图 AW—6—3　启用内容选项

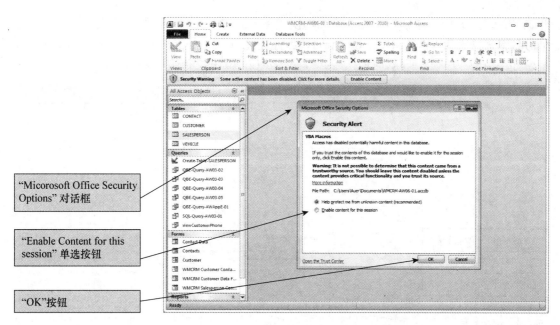

"Micorosoft Office Security Options" 对话框

"Enable Content for this session" 单选按钮

"OK"按钮

图 AW—6—4　Microsoft Office 安全选项对话框

Microsoft Office 安全选项对话框中提供了最后的两个选项。第一个选项允许 Microsoft Access 继续禁用可能存在的安全风险。因此，"Help protect me from unknown content（recommended）"［帮助保护我免受未知内容（推荐）］单选按钮作为默认值被选中。这个选项和当安全警告工具栏第一次出现时把它关掉的效果是一样的。第二个选项是选用 "Enable content for this session"（为本次会话启用内容）单选按钮实现仅此一次（"会话"）使用的数据库的内容。这是我们被给予的新选择，我们将使用此选项打开数据库。需要注意的是，这意味着在下一次打开该数据库文件时安全警告消息栏会显示！

然而，我们（几乎）总是需要这些 Microsoft Access 的功能。有没有办法永久启用它们，这样我们不需要每次打开一个新的 Microsoft Access 数据库时都要处理安全警告栏？是的，有。

Microsoft 用来描述我们的处境的词是 "信任"：我们相信我们的数据库的内容吗？如果是这样，我们可以创建一个**受信任位置**（trusted location）来存储我们的数据库。我们从信任位置打开的数据库没有安全警告，但有所有功能。

创建一个受信任位置：

1. 启动 Microsoft Access。

2. 如有必要，单击 "File" 命令选项卡显示 "Backstage" 视图。

3. 点击如图 AW—6—2 所示的 "Backstage" 视图，单击 "Options" 命令。Microsoft Access "Access Options" 对话框出现。

4. 如图 AW—6—5 所示，单击 "Trust Center" 按钮，显示信任中心页面。

5. 如图 AW—6—6 所示，单击 "Trust Center Settings" 按钮，显示信任中心对话框。注意，所有 Office 应用程序的消息栏设置现在显示出来了，当前选中的是启用安全选项消息栏的设置。

6. 如图 AW—6—7 所示，点击 "Trusted Locations" 按钮显示信任位置页面。需要注意的是当前唯一受信任位置是存储 Microsoft Access 向导数据库的文件夹。还要注意的是如果我们愿意，我们可以禁用所有的受信任位置。

7. 如图 AW—6—8 所示，单击 "Add new location" 按钮显示 "Microsoft Office Trusted Location" 对话框。

8. 点击 "Browse" 按钮。如图 AW—6—9 所示，"Browse" 对话框出现。

9. 在 "Libraries" 部分中，展开 "Documents" 库中显示的我的文档文件夹，然后单击 "My Document" 文件夹来选中它。

10. 单击"New Folder"按钮，创建一个编辑模式下名为"New Folder"的新文件夹。

11. 重命名新文件夹为 My Trusted-Location。当你完成键入文件夹名称 My-Trusted-Location，然后按 "Enter"键。如图 AW—6—10 所示，现在，My-Trusted-Location 文件夹显示出来了。

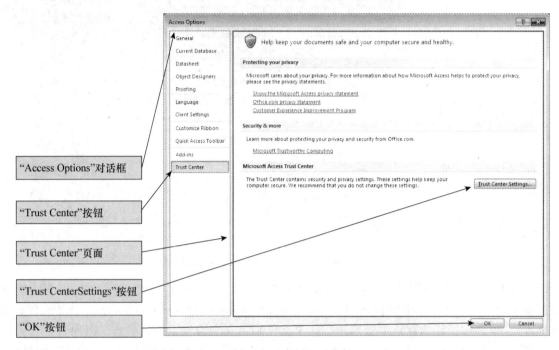

图 AW—6—5   "Access Options"的"Trust Center"页

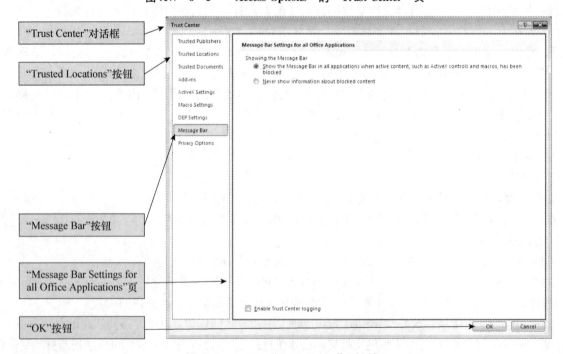

图 AW—6—6   "Trust Center"对话框

12. 点击浏览对话框上的"OK"按钮。"Microsoft Office Trusted Location"对话框出现，新的信任位置在路径文本框中。

13. 在"Microsoft Office Trusted Location"对话框中单击"OK"按钮。"Trust Center"对话框出现，

新的路径被添加到"User Locations"部分的信任位置列表。

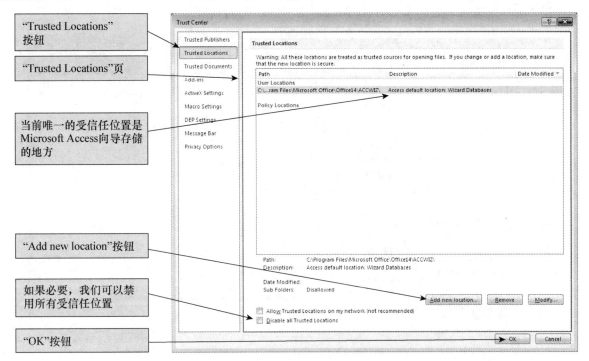

图 AW—6—7　"Trusted Locations"页

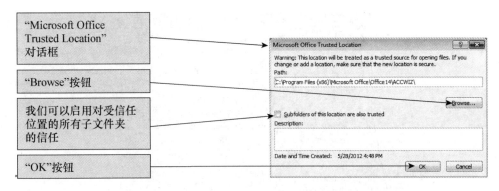

图 AW—6—8　"Microsoft Office Trusted Location"对话框

14. 点击"Trust Center"对话框中的"OK"按钮返回"Access Options"对话框的"Trust Center"页面。

15. 点击"Trust Center"页面的"OK"按钮关闭它。

16. 关闭 Microsoft Access。

在本节"Access 工作台"的前面,我们创建了一个名为 WMCRM-AW06-01. accdb 的 WMCRM. accdb 数据库文件的副本。我们在讨论安全警告消息栏和相关选项时使用这个文件。这时,当我们打开当前位置在文档库中的 WMCRM-AW06-01. accdb 文件时,仍会看到安全警告消息栏。

现在我们为文档库中的 WMCRM-AW06-01. accdb 创建名为 WMCRM-AW06-02. accdb 的副本。创建 WMCRM-AW06-02. accdb 文件后,我们将它移动到 My-Trusted-Documents 文件夹。现在,我们可以从 Microsoft Access 2010 的信任位置尝试打开 WMCRM-AW06-02. accdb 文件。

从信任位置打开 Microsoft Access 数据库:

1. 启动 Microsoft Access。

2. 如有必要，单击"File"命令选项卡显示后台视图。

3. 单击"Open"按钮。显示 Microsoft Access 的"Open"对话框。

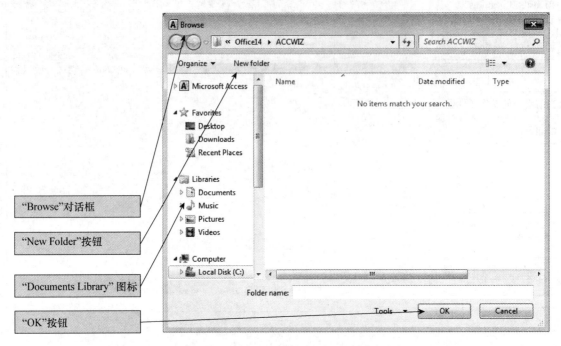

图 AW—6—9　"Browse"对话框

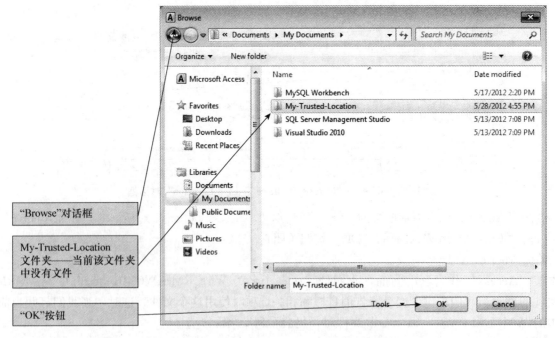

图 AW—6—10　My-Trusted-Location 文件夹

4. 如图 AW—6—11 所示，浏览 My-Trusted-Location 文件夹中的 WMCRM-AW06-02.accdb 文件。

5. 单击文件名，以突出显示它，然后单击"Open"按钮。

6. Microsoft Access 2010 的应用程序窗口出现，WMCRM-AW06-02 数据库已经打开了。注意：打开数据库时，安全警告栏不会出现。

7. 关闭 Microsoft Access 2010 和 WMCRM-AW06-02 数据库。

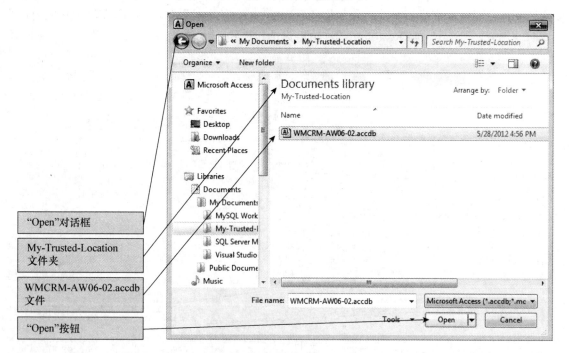

"Open"对话框

My-Trusted-Location
文件夹

WMCRM-AW06-02.accdb
文件

"Open"按钮

图 AW—6—11　"Open"对话框中的 WMCRM-AW06-02 文件

使用密码对数据库加密

接下来，我们来看看数据库加密。在这种情况下，Microsoft Access 将加密数据库，将它转换成一个安全的、不可读的文件格式。为了能够使用加密的数据库，Microsoft Access 用户必须输入密码，以证明他或她有权使用数据库。输入密码后，Microsoft Access 将解密数据库，并允许用户在它上面工作。

每个密码应该是一个**强密码**（strong password）——密码应包括小写字母、大写字母、数字和特殊字符（符号），至少 15 个字符。请务必记住或把密码记录在一个安全的地方，丢失或遗忘密码是无法恢复的！

在这个例子中，我们要使用 WMCRM. accdb 数据库文件的副本，以便我们的加密操作只应用于这个副本。具体地，将我的信任文档文件夹中的 WMCRM-AW06-02. accdb 复制成 WMCRM-AW06-03. accdb。

为了加密 Microsoft Access 数据库文件，该文件必须以**独占模式**（exclusive mode）打开。这为我们提供了专用的数据库，并防止任何其他有权力使用数据库的用户打开和使用它。我们从打开独占使用的 WMCRM-AW06-03. accdb 开始。

以独占模式打开 Microsoft Access 数据库：

1. 启动 Microsoft Access。

2. 如有必要，单击"File"命令选项卡显示后台视图。

3. 单击"Open"按钮。Microsoft Access "Open"对话框出现。

4. 浏览 My-Trusted-Location 文件夹中的 WMCRM-AW06-03. accdb 文件。点击文件对象，点击一次选择，但不是两次，这将在 Microsoft Access 中打开该文件。

5. 如图 AW—6—12 所示，单击下拉列表箭头的"Open"按钮。"Open"按钮的下拉列表出现。

6. 单击"Open"按钮下拉列表中的"Open Exclusive"（独占打开）按钮在 Microsoft Access 2010 数据库中打开 WMCRM-AW06-03。

- 注：打开数据库时，不会出现安全警告栏，因为你是从信任位置打开文件的。

- 注：当打开一个 Microsoft Access 数据库时，图 AW—6—12 显示的"Open"按钮模式选项总是可用的。通常情况下，你使用开放模式，因为你想要数据库中完整的读取和写入权限。"Open Read-Only"（打开只读）模式防止用户对数据库进行更改。正如你所看到的，"Exclusive"（独占）模式阻止其他用户当你正在使用数据库时使用它。"Exclusive Read-Only"（独占只读）模式，顾名思义，结合了独占和只读模式。

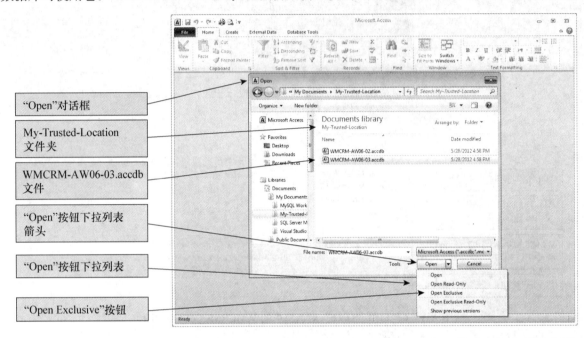

图 AW—6—12   "Open Exclusive"按钮

既然该数据库以独占方式打开，我们就可以对数据库进行加密，并设置数据库密码。

加密 Microsoft Access 数据库：

1. 点击"File"命令选项卡显示后台视图。
2. "Info"页面应显示出来。如果没有显示，如图 AW—6—13 所示，单击"Info"按钮显示信息页面。

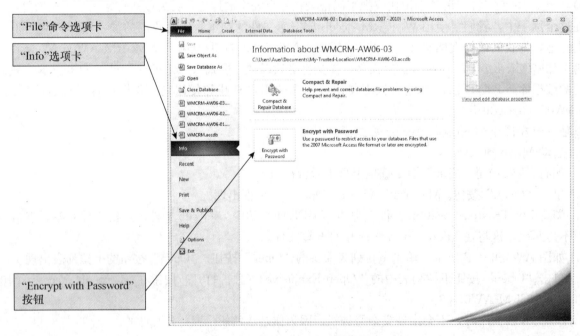

图 AW—6—13   "File" | "Info" 页面

3. 在信息页面中的"Encrypt with Password"部分,单击"Encrypt with Password"按钮。"Set Database Password"对话框将如图 AW—6—14 所示。

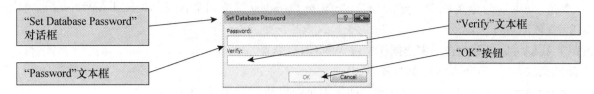

图 AW—6—14   "Set Database Password"对话框

4. 在"Set Database Password"对话框的"Password"文本框中,键入密码 AW06＋password。

5. 在"Set Database Password"对话框中的"Verify"文本框中,再次输入密码 AW06＋password。

6. 点击"Set Database Password"对话框中的"OK"按钮设置数据库密码并对数据库文件加密。

7. Microsoft Access 将显示如图 AW—6—15 所示的有关行级锁加密效果的警告对话框。单击"OK"按钮清除警告。

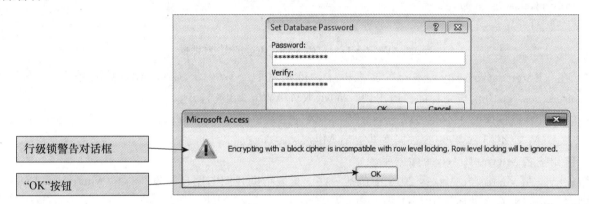

图 AW—6—15   行级锁警告对话框

8. 你可以通过点击"File"命令选项卡和"Info"按钮检查已经完成的加密操作。加密数据库后,如图 AW—6—16 所示,"Encrypt with Password"按钮改成了"Decrypt Database"按钮。

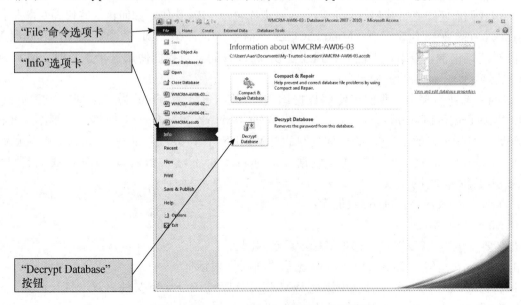

图 AW—6—16   "Decrypt Database"按钮

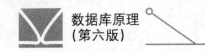

■ 注："Decrypt Database"按钮，顾名思义，如果我们想把数据库文件恢复到原来的未加密的形式，就使用该按钮。

9. 单击"File"命令选项卡，然后单击"Close Datadase"按钮关闭 WMCRM-AW06-03 而 Micorsoft Access 2010 依旧打开。

此时，我们可以打开现在加密的据库文件 WMCRM-AW06-03.accdb。

打开加密的 Microsoft Access 数据库：

1. Microsoft Access 应该仍是打开的。如果不是，启动 Microsoft Access。

2. 如有必要，单击"File"命令选项卡显示后台视图。

3. 在快速访问最近的数据库列表中单击 WMCRM-AW06-03.accdb。如图 AW—6—17 所示，"Password Required"对话框出现。

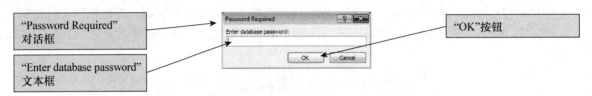

图 AW—6—17　"Password Required"对话框

4. 在"Enter database password"文本框中，键入密码 AW06＋password，然后单击"OK"按钮。Microsoft Access 2010 的应用程序窗口出现，WMCRM-AW06-03 被打开。

■ 注：打开数据库时，不会出现安全警告栏，因为你是从信任位置打开的。

5. 关闭 WMCRM-AW06-03 数据库并退出 Microsoft Access 2010。

打包和签名 Microsoft Access 数据库

微软已经在 Microsoft Access 2010 中包括一些工具来帮助我们向用户分发担保的 Microsoft Access 数据库的副本。我们来看看如何使用它们。

编译 Microsoft Visual Basic 应用程序（VBA）代码

Microsoft Visual Basic 应用程序（VBA）包含在 Microsoft Access 中。VBA 是 Microsoft Visual Basic 编程语言的一个版本，旨在帮助用户向 Microsoft Access 添加特定的编程动作。如何使用 VBA 超出了本节"Access 工作台"的范围，但我们需要知道如果 Microsoft Access 数据库包含 VBA 代码，如何让这些代码变得安全。

Microsoft Access 2010 包含一个"Make ACCDE"命令（生成 ACCDE 命令）来编译和隐藏 VBA 代码，使得 VBA 虽然运行正常，但用户不再能看到或修改 VBA 代码。当我们使用这个工具时，Microsoft Access 会创建一个扩展名为＊.accde的数据库文件。

在接下来的一系列步骤中，我们将使用数据库文件 WMCRM.accdb 的另一个副本来实施我们的操作。具体地，为"My-Trusted-Documents"文件夹中的 WMCRM-AW06-02.accdb 拷贝一个副本，并将其命名为 WMCRM-AW06-04.accdb 的。（注：确保你复制的是 WMCRM-AW06-02.accdb。如果你错误地复制了 WMCRM-AW06-03.accdb，在接下来每次打开数据库时你将不得不输入密码。）首先，我们打开 WMCRM-AW06-04.accdb 数据库文件。

创建 Microsoft Access ＊.accde 数据库：

1. 打开 Microsoft Access。

2. 如有必要，单击"File"命令选项卡显示后台视图。

3. 单击"Open"按钮。Microsoft Access 显示"Open"对话框。

4. 在 My-Trusted-Location 文件夹中浏览 WMCRM-AW06-04.accdb 文件。双击打开它。

■ 注：安全警告栏不会出现，因为你是从受信任位置打开它的。

---

5. 点击 "File" 命令选项卡显示后台视图。

6. 点击 "Save & Publish" 选项卡以显示如图 AW—6—18 所示的 "Save & Publish" 页面。

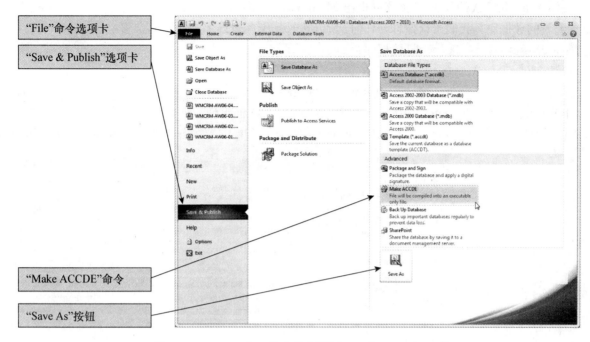

图 AW—6—18　　"File" │ 分享页面——"Make ACCDE"

7. 点击 "Save Database As" 部分中高级组下的 "Make ACCDE" 按钮，然后单击 "Save As" 按钮。"Create Microsoft Access Signed Package" 对话框将如图 AW—6—19 所示。

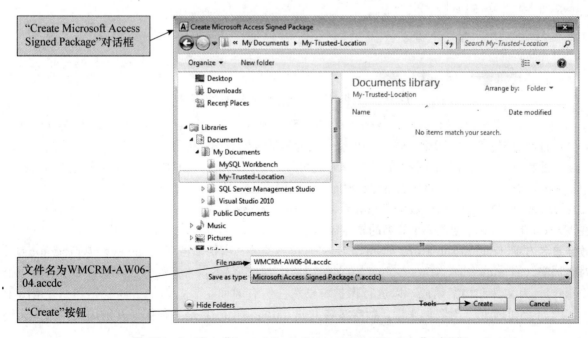

图 AW—6—19　　"Create Microsoft Access Signed Package" 对话框

8. 在 "Save As" 对话框中，点击 "Save" 按钮。WMCRM-AW06-04.accde 文件被创建。

■ 注：显示的数据库名称不会改变。这一动作已经完成的唯一标志是 WMCRM-AW06-04.accde 对象现

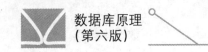
在将显示在"Open"对话框（以及其他文件系统的工具，如 Windows 资源管理器）的 Microsoft Access 文件列表中。

9. 关闭 WMCRM-AW06-04 数据库并退出 Microsoft Access。

要看到新的数据库，我们可以像打开任何其他 Microsoft Access 数据库一样打开它。

打开 Microsoft Access ＊.accde 数据库：

1. 启动 Microsoft Access。

2. 如有必要，单击"File"命令选项卡显示后台视图。

3. 单击"Open"按钮。Microsoft Access 的"Open"对话框出现。

4. 在 My-Trusted-Location 文件夹中浏览 WMCRM-AW06-04.accde 文件，如图 AW—6—20 所示。

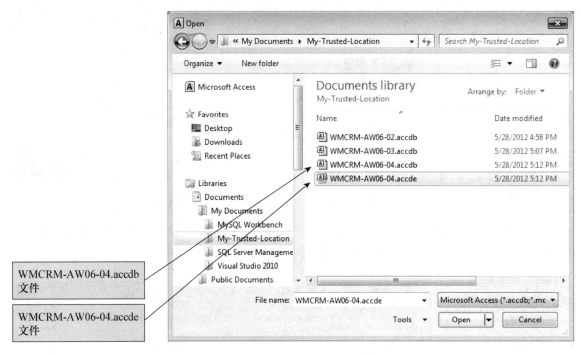

图 AW—6—20　WMCRM-AW06-04. accde 文件

5. 单击"Open"按钮。Microsoft Access 2010 应用程序窗口出现，在其中打开 WMCRM-AW-06-04.accde。

■ 注：打开数据库时的安全警告栏不会出现，因为你是从受信任位置打开它的。

■ 注：虽然以前存在的 VBA 模块都已编译并且可编辑的源代码已被移除，但这段代码的功能仍然在数据库中。另外注意，VBA 本身的功能还在数据库中，它没有被禁用。

6. 关闭 WMCRM-AW06-04 数据库并退出 Microsoft Access。

在 Microsoft Access 中创建一个签名的软件包

数字签名方案（digital signature scheme）是一种类型的**公共密钥加密**（public-key cryptography）〔也称为**非对称加密**（asymmetric cryptography）〕，它使用两个加密密钥〔一个**私钥**（private key）和一个**公钥**（public key）〕为文件和档案编码，以进行保护。虽然它们有趣而重要，但加密和公钥加密①超出了本节"Access 工作台"的范围。对我们来说，**数字签名**（digital signature）是一种保证其他用户数据库完整性的

---

① 如需更多信息，请参见以下维基百科的文章："Public-Key Cryptography"（http://en. wikipedia. org/wiki/Asymmetric_key_algorithm），"Digital Signature"（http://en. wikipedia . org/wiki/Digital_signature），以及"Public Key Certificate"（http://en. wikipedia. org/wiki/Public_key_certificate）。

手段，这样对于我们来说，使用它是安全的。

要使用数字签名，我们必须有一个数字签名。所以我们要做的第一件事是创建一个数字签名。这不是在 Microsoft Access 中完成的，而是用 Microsoft Office 2010 提供的 VBA 项目的实用程序数字证书。

创建数字签名：

1. 点击 Windows 的 "Start" 按钮，然后如图 AW—6—21 所示选择 "All Programs" | "Microsoft Office" | "Microsoft Office 2010 Tools" | "Digital Certificate for VBA Projects" 来打开 "Create Digital Certificate" 对话框。

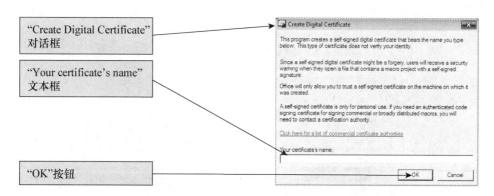

图 AW—6—21 "Create Digital Certificate" 对话框

2. 在 "Your certificate's name" 文本框中，键入文本 "Digital-Certificate-AW06-001"，然后单击 "OK" 按钮。证书被创建，并且 "SelfCert Success" 对话框出现，如图 AW—6—22 所示。

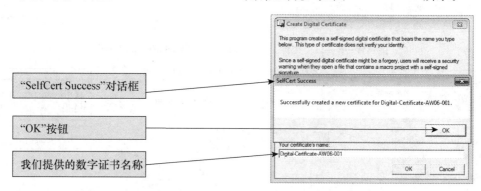

图 AW—6—22 "SelfCert Success" 对话框

3. 在 "SelfCert Success" 对话框中点击 "OK" 按钮。

现在，我们有了一个数字证书，我们可以利用它对数据库进行打包和签名。

创建 Microsoft Access 签名包：

1. 启动 Microsoft Access。

2. 打开 WMCRM-AW06-04. accde 数据库文件。

■ 注：安全警告栏不会出现，因为你是从受信任位置打开它的。

3. 点击 "File" 命令选项卡显示后台视图。

4. 点击 "Save & Publish" 选项卡以显示 "Save & Publish" 页面，如图 AW—6—23 所示。

5. 点击 "Package and Sign" 按钮，选择打包并签名选项，然后单击 "Save As" 按钮。"Windows Security Confirm Certificate" 对话框如图 AW—6—24 所示。

6. 只显示了一个证书，而且，虽然全名是不可见的，但它是我们创建并将要使用的证书。然而，为了验证这一点，单击"Click here to view certificate properties"链接。"Certificate Details"对话框出现，如图 AW—6—25 所示，并且我们的证书的名字在该对话框中清晰可见。

7. 在"Certificate Details"对话框中点击"OK"按钮关闭对话框。

8. 在"Microsoft Security Confirm Certificate"对话框中单击"OK"按钮关闭对话框。创建 Microsoft Office 访问签名打包对话框出现，如图 AW—6—26 所示。

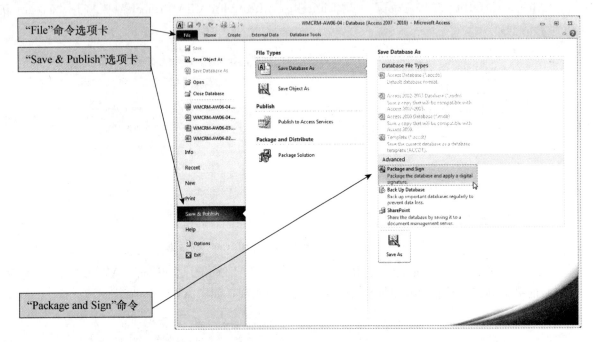

图 AW—6—23　文件｜共享页面——"Package and Sign"

图 AW—6—24　"Windows Security Confirm Certificate"对话框

9. 点击"Create"按钮来创建签名包。

10. 关闭 WMCRM-AW06-04 数据库并退出 Microsoft Access 2010。

我们现在有一个签名的打包，它使用 ∗.accdc 文件扩展名，并且已经准备分发给其他用户。为了模拟这种情况，在"Documents"库中的"My Documents"文件夹中创建一个新的文件夹，名为 My-Distributed-Databases，然后把 WMCRM-AW06-04.accdc 文件拷贝进去。现在，我们可以从这个位置打开签名包。

打开 Microsoft Access ∗.accdc 数据库：

1. 启动 Microsoft Access。

2. 如有必要，单击"File"命令选项卡显示后台视图。

3. 单击"Open"按钮。出现"Open"对话框。

4. 如图 AW—6—27 所示，在 My-Distributed-Databases 文件夹中浏览到 WMCRM-AW06-04.accdc 文

件。注意，你必须把文件类型从 ＊.accde 改成"All Files（＊.＊）"。

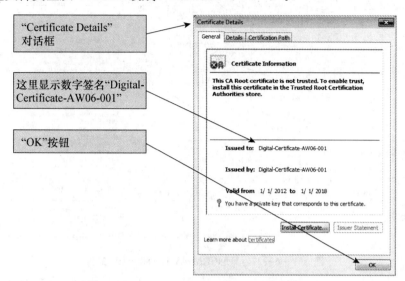

"Certificate Details"
对话框

这里显示数字签名"Digital-
Certificate-AW06-001"

"OK"按钮

图 AW—6—25　"Certificate Details"对话框

5. 点击并选中 WMCRM-AW06-04.accdc 文件，然后单击"Open"按钮。"Microsoft Access Security Notice"对话框出现，如图 AW—6—28 所示。

6. 点击"Trust all from publisher"按钮。"Extract Database To"对话框出现。此对话框本质上和一个"Save to"对话框是相同的，因此浏览到 My-Distributed-Databases 文件夹，然后单击"OK"按钮。

7. 另一个"Microsoft Access Security Notice"对话框出现如图 AW—6—28 所示的警告："A potential security concern has been identified."（一个潜在的安全问题已被确定）。我们可以并将忽略这个警告。单击"Open"按钮。

8. WMCRM-AW06-04.accde 数据库在 Microsoft Access 中已被打开。

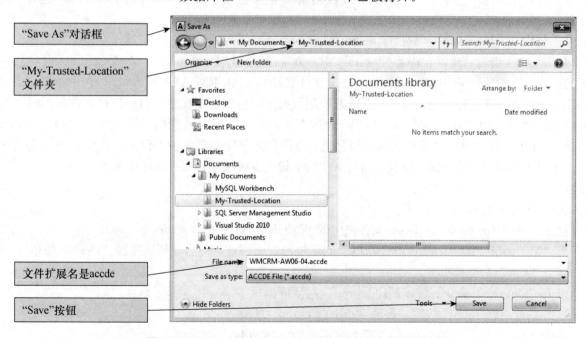

"Save As"对话框

"My-Trusted-Location"
文件夹

文件扩展名是accde

"Save"按钮

图 AW—6—26　创建 Microsoft Office 访问签名打包对话框

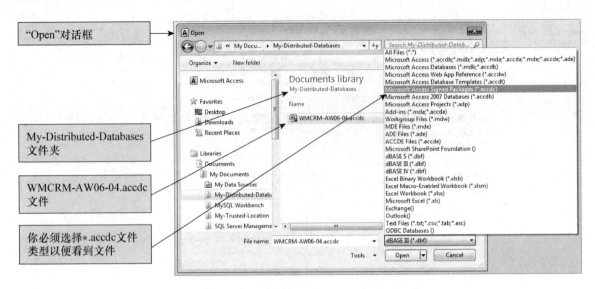

"Open"对话框

My-Distributed-Databases
文件夹

WMCRM-AW06-04.accdc
文件

你必须选择*.accdc文件
类型以便看到文件

图 AW—6—27　WMCRM-AW06-04. accdc 文件

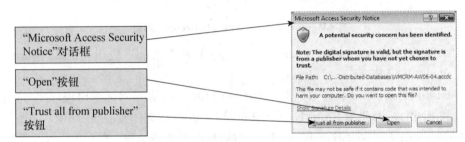

"Microsoft Access Security Notice"对话框

"Open"按钮

"Trust all from publisher"按钮

图 AW—6—28　"Microsoft Access Security Notice" 对话框

■ 注：安全警告栏不会打开，因为你已经选择了信任记录在数字证书中的数据库来源而不是从受信任位置打开它。

9. 关闭 WMCRM-AW06-04 数据库并退出 Microsoft Access 2010。

使用 Windows 资源管理器，查看 Libraries \ Documents \ My Documents \ My-Distributed-Databases 文件夹中的内容。注意，WMCRM-AW06-04. accde 文件已经从 WMCRM-AW06-04. accdc 包中抽取出来，现在可以使用。这是数据库文件，用户打开它意味着使用数据库。另外还要注意，当用户打开数据库时，他们将像刚刚讨论的那样看到 "Microsoft Access Security Notice" 对话框。但我们在第 6 步中选择了 "Trust all from publisher"，那么，为什么会出现这种情况呢？原因和数字证书存放在工作站的位置有关。这是一个技术问题，超出了本书的讨论范围，但我们通过下面的步骤至少可以看到到底是什么问题。

查看证书对话框中的认证路径：

1. 启动 Microsoft Access 2010。

2. 打开 My-Distributed-Databases 文件夹中的 WMCRM-AW06-04. accde 文件。

3. 当 "Microsoft Access Security Notice" 对话框出现时阅读其内容，然后单击 "Open" 按钮。

4. 单击 "File" 命令选项卡。

5. 单击 "Options" 命令。"Access Options" 对话框出现。

6. 单击 "Trust Center" 按钮，显示 "Trust Center" 页面。

7. 单击 "Trust Center Settings" 按钮，显示 "Trust Center" 对话框。

8. 点击 "Trusted Publishers" 按钮，显示 "Trusted Publishers" 页面。

9．点击受信任的发布商名称"Digital-Certificate-AW06-001"以选中它，然后单击"View"按钮。"Certificate"对话框出现。

10．点击"Certificate"对话框中的"Certification Path"选项卡。"Certification Path"页出现，如图AW—6—29所示。

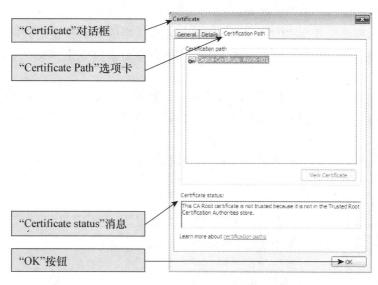

图 AW—6—29　"Certification Path"页面

11．注意"Certification status"区域，写着"This CA Root certificate is not trusted because it is not in the Trusted Root Certification Authorities store."（此CA根证书不被信任，因为它不是在受信任的根证书颁发机构中。）这是每次打开数据库不显示"Microsoft Access Security Notice"对话框的情况下打开数据库之前需要解决的问题。

12．单击"OK"按钮，关闭"Certificate"对话框。

13．点击"OK"按钮，关闭"Trust Center"对话框。

14．点击"OK"按钮，关闭"Access Options"对话框。

15．关闭 WMCRM-AW06-04 数据库并退出 Microsoft Access。

现在完成了关于我们 Microsoft Access 2010 中如何处理 Microsoft Access 2010 ＊.accdb 文件的安全性的讨论。需要注意的是 Microsoft Access 2010 中也可以打开和使用旧的 Microsoft Access 2003 ＊.mdb 数据库文件，有一个内置的和 Microsoft Access 2010 数据库的安全性非常不同的用户级数据库的安全系统。如果你需要使用这些老的 ＊.mdb 文件，请参阅 Microsoft Access 文档。

小　结

数据库管理是一个业务功能，涉及管理数据库，以最大限度地发挥其在机构中的价值。保护数据库与最大化它的可用性和对用户的利益的相互冲突的目标必须维持平衡。

所有的数据库都需要数据库管理。小型、个人数据库是非正式的数据库管理；管理大型、多用户的数据库会涉及一个很多人的办公机构。DBA 代表数据库管理或数据库管理员。三个基本的数据库管理功能是必要的：并发控制、安全以及备份和恢复。

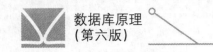

并发控制的目标是确保一个用户的工作不会不适当地影响其他用户的工作。没有一个单一的并发控制技术是所有情况的理想选择。保护等级和数据吞吐量之间需要作出取舍。

事务，或者逻辑工作单元，是一系列作为一个原子单元施加在数据库上的动作；它们要么所有都发生，要么所有都没做。并发事务的活动在数据库服务器上交错执行。在某些情况下，如果不控制并发事务，更新可能会丢失。另一个并发问题涉及不一致的读取。

当一个事务读取尚未提交到数据库的更改记录时脏读发生。当一个事务重新读取数据时发现另一个事务修改或删除之前读取过的事务，此时不可重复读发生。当事务重新读取数据并发现不同的事务插入了新行时幻读发生。

为了避免并发问题，数据库元素被锁定。隐式锁由 DBMS 放置；显式锁由应用程序放置。锁定的资源的单位称为锁的粒度。独占锁禁止其他用户读取锁定的资源；共享锁允许其他用户读取锁定的资源，但不能更新它。

如果两个事务并发运行产生的结果和事务独立运行的结果是一致的，则被称为串行化事务。锁在获取阶段获得，在收缩阶段释放的两阶段锁是可串行化的一种方法。两阶段锁定的一个特殊情况是在整个事务中获取锁，但直到事务完成不释放任何锁。

当两个事务都在等待对方持有的资源时，死锁或致命拥抱发生。死锁可以通过要求事务同时获取所有的锁来防止。当死锁发生，唯一的方法是中止它并回退部分完成的工作。

乐观锁假设事务冲突不会发生，然后处理如果它发生后的后果。悲观锁假定会发生冲突，因此提前使用锁防止它发生。在一般情况下，乐观锁是互联网和许多 Intranet 应用程序的首选。

大多数应用程序不显式使用锁。相反，它们使用 SQL 事务控制语句标记事务的边界，如 BEGIN、COMMIT 和 ROLLBACK 语句，并宣布它们希望的并发行为。然后 DBMS 把锁施加于应用程序来实现期望的行为。ACID 事务是一个满足原子性、一致性、隔离性和持久性的事务。持久性是指数据库变化是永久性的。一致性指语句级或事务级一致性。在事务级一致性中，事务可能不会看到自己带来的变化。

1992 年的 SQL 标准定义了四种事务隔离级别：读未提交、读提交、可重复读和可串行化。它们的特点总结在图 6—11 中。

游标是指向一组记录的指针。四种游标类型比较常见：只进游标、静态游标、键集游标和动态游标。开发者应该选择适合应用程序工作量的隔离级别和游标类型。

数据库安全的目的是为了确保只有经过授权的用户才可以在授权的时间执行授权的活动。要制定有效的数据库安全，处理权力和责任必须确定。

DBMS 产品提供安全设施。大部分涉及用户、组、被保护的对象和这些对象上的权限或特权的申报。几乎所有的 DBMS 产品都使用某种形式的用户名和密码以确保安全。DBMS 的安全性可以由应用程序的安全性增强。

在系统发生故障的情况下，数据库必须尽快恢复到可用状态。出现故障时正在处理的事务必须重新应用或重新启动。虽然在某些情况下，可以通过重新处理恢复，利用日志及前像和后像回滚或前滚恢复几乎总是首选。检查点可以减少在发生故障后需要做的工作量。

除了并发控制、安全、备份和恢复，DBA 需要确保存在系统来收集和记录错误和问题。DBA 与开发团队一起工作来有顺序地解决这类问题，同时也评估新版本的特性和功能。此外，DBA 需要创建和管理数据库配置，使得数据库结构在社区范围的视角下变化。最后，DBA 对确保合适的文档说明数据库结构、并发控制、安全、备份和恢复的维护，以及其他与数据库管理和使用有关的细节负责。

分布式数据库是在多台计算机上存储和处理的数据库。复制数据库是数据库的部分或全部的多个副本存储在不同的计算机上。分区数据库是数据库的不同部分存储在不同的计算机上。一个分布式数据库可以是复制的和分布式的。

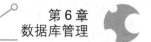

分布式数据库造成了处理上的挑战。如果一台计算机上的数据库被更新，那么面临的挑战是确保分布式数据库副本在逻辑上是一致的。然而，如果多台计算机上发生了更新，挑战就变得显著了。如果数据库是分区的且不是复制的，那么当事务跨越多台计算机上的数据时出现挑战。如果数据库是复制的并且更新发生在复制的部分，那么需要一个特殊的称为分布式两阶段锁的锁定算法。这个算法的实施是困难且昂贵的。

对象包括方法、属性或数据值。一个给定的类的所有对象具有相同的方法，但它们有不同的属性值。对象持久化的过程是存储对象的属性值的过程。关系型数据库难以用于对象持久化。20 世纪 90 年代开发的一些专门的产品被称为面向对象的数据库管理系统，但一直没有得到商业认可。甲骨文等公司已经扩展了其关系型数据库管理系统产品的能力来为对象持久化提供支持。这种数据库被称为对象—关系数据库。

关键术语

ACID 事务	数据管理	显式锁
后像	数据库管理	只进游标
原子的	数据库管理员	隐式锁
认证	DBA	读不一致问题
授权	死锁	键集游标
前像	致命拥抱	锁的粒度
检查点	脏读	日志
并发事务	持久的	逻辑工作单元（LUW）
并发更新问题	动态游标	丢失更新问题
一致的	独占锁	不可重复读
乐观锁	重复读隔离	SQL 事务控制语句
权限	资源锁定	悲观锁
回滚	语句级一致性	幻读
前滚	静态游标	已提交隔离
可滚动游标	事务	未提交隔离
可串行化的	事务级一致性	通过重新处理恢复
可串行化的隔离级别	两阶段锁	通过回滚/前滚恢复
共享锁	用户账户	

复习题

6.1 数据库管理的目的是什么？

6.2 解释数据库管理任务如何随数据库的规模和复杂性而变化。

6.3 缩写 DBA 的两种解释是什么？

6.4 并发控制的目的是什么？

6.5 数据库系统安全的目标是什么？

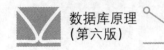

6.6　解释"一个用户的工作不会不恰当地影响其他用户的工作"中"不恰当"这个词的意思。

6.7　解释并发控制中存在的权衡。

6.8　描述原子事务是什么，并解释为什么原子性是重要的。

6.9　解释并发事务与同时事务之间的差异。同时事务需要多少个CPU？

6.10　举一个本书之外的例子说明丢失更新问题。

6.11　定义脏读、不可重复读和幻读。

6.12　解释显式锁和隐式锁之间的差异。

6.13　什么是锁的粒度？

6.14　解释独占锁和共享锁的区别。

6.15　解释两阶段锁。

6.16　在事务结束时释放所有的锁和两阶段锁有什么关系？

6.17　什么是死锁？怎样才能避免？当它发生后怎样解决？

6.18　解释乐观锁和悲观锁之间的差异。

6.19　解释标记事务边界、声明锁定特性和让DBMS放置锁的好处。

6.20　解释SQL事务控制语句BEGIN TRANSACTION、COMMIT TRANSACTION和ROLLBACK TRANSACTION如何使用。

6.21　解释ACID事务的意义。

6.22　描述语句级一致性。

6.23　描述事务级一致性。它可以存在什么缺点？

6.24　事务隔离级别的目的是什么？

6.25　说明读未提交隔离级别。举一个使用它的例子。

6.26　说明读已提交隔离级别。举一个使用它的例子。

6.27　解释什么是可重复读隔离级别。举一个使用它的例子。

6.28　解释什么是可串行化的隔离级别。举一个使用它的例子。

6.29　解释游标。

6.30　解释为什么事务中可能有许多游标。此外，为什么事务中在一个给定的表上可以有多个游标？

6.31　使用不同类型的游标的优点是什么？

6.32　解释只进游标。举一个使用它的例子。

6.33　解释静态游标。举一个使用它的例子。

6.34　解释键集游标。举一个使用它的例子。

6.35　解释动态游标。举一个使用它的例子。

6.36　如果你不向DBMS声明事务隔离级别和游标类型，会发生什么事情？不声明隔离级别和游标类型是好是坏？

6.37　解释定义处理权力和责任的必要性。这样的责任如何实施？

6.38　解释通用的数据库的安全系统中用户、组、权限和对象的关系。

6.39　描述DBMS提供的安全的优点和缺点。

6.40　描述应用程序提供的安全的优点和缺点。

6.41　解释数据库如何通过重复处理进行恢复。为什么对一般情况这种方法不可行？

6.42　定义回滚和前滚。

6.43　为什么先写日志再更改数据库的值很重要？

6.44　描述回滚的过程。在什么情况下应该使用回滚？

6.45　详细说明前滚的过程。在什么条件下应该使用前滚？

6.46　一个数据库进行频繁的检查点的优势是什么？

6.47　总结 DBA 管理数据库用户的问题的职责。

6.48　总结 DBA 配置控制的职责。

6.49　总结 DBA 文档的职责。

练 习

6.50　使用 Microsoft SQL Server 2012 的在线文档回答下列问题。

A. Microsoft SQL Server 2012 是否支持乐观锁和悲观锁？

B. 哪些级别的事务隔离是可行的？

C. 如果有的话，Microsoft SQL Server 2012 使用什么类型的游标？

D. Microsoft SQL Server 2012 的安全模型与图 6—15 中所示的有什么不同？

E. 总结 Microsoft SQL Server 2012 的备份类型。

F. 总结 Microsoft SQL Server 2012 的恢复模型。

6.51　使用 Oracle 数据库 11g 第 2 版的在线文档回答下列问题。

A. Oracle 数据库 11g 第 2 版如何使用读锁和写锁？

B. 如果有的话，Oracle 数据库 11g 第 2 版可以支持哪些级别的事务隔离？

C. Oracle 数据库 11g 第 2 版的安全模型与图 6—15 所示的有什么不同？

D. 总结 Oracle 数据库 11g 第 2 版的备份能力。

E. 总结 Oracle 数据库 11g 第 2 版的恢复能力。

6.52　使用 MySQL 5.5 的在线文档回答下列问题。

A. MySQL 5.5 如何使用读锁和写锁？

B. 如果有的话，MySQL 5.5 支持哪些级别的事务隔离？

C. 如果有的话，MySQL 5.5 使用什么类型的游标？

D. MySQL 5.5 的安全模型与图 6—15 中的安全模型有何不同？

E. 总结 MySQL 5.5 中的备份功能。

F. 总结 MySQL 5.5 中的恢复能力。

Access 工作台关键术语

＊.accdc 文件扩展	私钥
＊.accde 文件扩展	公钥
ActiveX 控件	公钥加密
ActiveX 规范	安全警告消息栏
管理用户	强密码
非对称加密	system. mdw

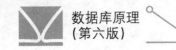

数据库原理
（第六版）

数字签名   受信任位置
数字签名方案的   Visual Basic 应用程序（VBA）
独占模式   工作组信息文件
生成 ACCDE 命令

Access 工作台练习

AW.6.1　使用先前部分的"Access 工作台"中搭建的韦奇伍德太平洋公司（WPC）数据库回答下列问题。

A.　分析 WPC 数据库中的数据（特别是 DEPARTMENT 和 EMPLOYEE 表的数据），创建一个以图 6—16 为例的数据库安全计划。

B.　如果你还没有创建 My-Trusted-Location 文件夹，按照本章"Access 工作台"的步骤进行创建。

C.　在 My-Trusted-Location 文件夹中制作一个 WPC. accdb 文件的副本，并命名它为 WPC-AW06-01. accdb。打开 WPC-AW06-01. accdb 数据库以确认它打开时不显示安全警告栏，然后关闭数据库。

D.　在 My-Trusted-Location 文件夹中制作 WPC. accdb 文件的副本并命名它为 WPC-AW06-02. accdb。使用密码 AW06EX＋password 加密 WPC-AW06-02. accdb 数据库。关闭 WPC-AW06-02. accdb 的数据库，然后重新打开它，以确认它使用密码可以正常打开。关闭 WPC-AW06-02. accdb 数据库。

E.　若你尚未创建 Digital-Certificate-AW06-001 数字证书，依照本章"Access 工作台"中的步骤创建。

F.　在 My-Trusted-Location 文件夹中为 WPC. accdb 文件创建副本并命名它为 WPC-AW06-03. accdb。创建数据库 WPC-AW06-03. accdb 的 AACDE 版本。使用 WPC-AW06-03. accde 数据库和 Digital-Certificate-AW06-001 数字证书创建签名包。

G.　如果你尚未创建 My-Distributed-Databases 文件夹，按照本章"Access 工作台"中的步骤创建。

H.　为 My-Distributed-Databases 文件夹中的 WPC-AW06-03. accde 文件创建副本。解压 WPC-AW06-03. accde 到文件夹，然后打开它，以确认数据库正常打开。关闭数据库。

玛西娅干洗店案例问题

玛西娅·威尔逊女士拥有并经营玛西娅干洗店，这是一个富裕的郊区附近的高档干洗店。玛西娅通过提供卓越的客户服务让她的企业从竞争中脱颖而出。她希望记录她的客户和订单。最后，她希望通过电子邮件通知客户的衣服都洗好了。

假设玛西娅聘请你作为数据库顾问制定一个具有以下四个表的可操作的数据库：

CUSTOMER (CustomerID, FirstName, LastName, Phone, Email)

INVOICE (InvoiceNumber, *CustomerID*, DateIn, DateOut, Subtotal, Tax, TotalAmount)

INVOICE _ ITEM (*InvoiceNumber*, ItemNumber, *ServiceID*, Quantity, UnitPrice, ExtendedPrice)

SERVICE (ServiceID, ServiceDescription, UnitPrice)

A.　假设玛西娅干洗店有以下人员：两位业主，带班经理，兼职的女裁缝师和两个店员。准备两到三页的备忘录解决以下几点：

320

1. 数据库管理的需求。

2. 假设玛西娅干洗店还不够大以至于不需要或不能负担一个全职的数据库管理员，你建议谁应作为数据库管理员。

3. 以本章中的主要话题为指导，编写工作描述来描述玛西娅干洗店数据库管理活动的本质。作为一个积极的顾问，请记住，你可以推荐自己执行一些 DBA 功能。

B. 对于 A 部分中描述的员工，在四个表的数据中定义用户、组和权限。使用图 6—15 所示的安全方案作为例子，创建如图 6—16 所示的表。不要忘了你自己也在其中。

C. 假设你正在为玛西娅干洗店将执行的新服务编写一部分应用程序来创建 SERVICE 的新纪录。假设你知道当你的程序正在运行时，记录新的或修改现有的客户订单和订单条目的另一部分应用程序也可以运行。此外，假设应用程序的记录新客户数据的第三个部分也可以同时运行。

1. 举这个应用中脏读、不可重复读和幻读的一个例子。

2. 何种并发控制措施对你所创建的一部分应用程序是适当的？

3. 何种并发控制措施对应用程序的其他两部分是适当的？

丽园项目问题

下面是第 3 章中用过的丽园数据库设计：

OWNER (OwnerID, OwnerName, OwnerEmail, OwnerType)

PROPERTY (PropertyID, PropertyName, Street, City, State, Zip, *OwnerID*)

EMPLOYEE (EmployeeID, LastName, FirstName, CellPhone, ExperienceLevel)

SERVICE (*PropertyID*, *EmployeeID*, SeviceDate, HoursWorked)

参照完整性约束如下：

PROPERTY 的 OwnerID 必须存在于 OWNER 的 OwnerID 中

SERVICE 的 PropertyID 必须存在于 PROPERTY 的 PropertyID 中

SERVICE 的 EmployeeID 必须存在于 EMPLOYEE 的 EmployeeID 中

丽园已通过添加一个 TotalHoursWorked 列修改了 EMPLOYEE 表：

EMPLOYEE (EmployeeID, LastName, FirstName, CellPhone, ExperienceLevel, TotalHoursWorked)

丽园的工作人员使用数据库应用程序记录服务和数据库中相关数据的变化。对于一个新的服务，服务记录应用程序从 PROPERTY 表读取一行得到 PropertyID。然后在 SERVICE 中创建一个新行并通过把新的记录中的 HoursWorked 值加到 TotalHoursWorked 中来更新 EMPLOYEE 中的 TotalHoursWorked 值。此操作称为服务更新事务。

在某些情况下，在服务被记录之前员工记录不存在。在这样的情况下，一个新的雇员行被创建，然后服务被记录。这就是所谓的新员工服务更新事务。

A. 解释为什么更新服务事务需要是原子的。

B. 描述一个更新服务事务中对 TotalHoursWorked 的更新可能会丢失的场景。

C. 假设许多服务更新事务和新员工服务更新事务同时处理。描述一个不可重复读和一个幻读的场景。

D. 解释锁定如何应用于你对 B 部分的答案以防止丢失更新。

E. 在两个服务更新事务间是否可能发生死锁？为什么？在服务更新事务和新员工服务更新事务间是否

321

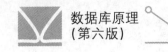

可能发生死锁？为什么？

F. 你觉得乐观锁或悲观锁哪个更适合服务更新事务？

G. 假设丽园确定了三组用户：管理人员，行政人员和系统管理员。进一步假设行政人员的唯一工作是进行服务更新事务。管理人员可以进行新员工服务更新事务和服务更新事务。系统管理员可以不受限制地访问表。描述你认为适合这种情况的处理权力。使用图6—16作为例子。此安全系统可能有什么问题？

H. 丽园已经开发了以下程序进行备份和恢复。该公司每晚从服务器到另一台计算机对数据库进行备份。它的数据库每月备份到CD一次，并将其存储在管理者的家。它对所有提供的服务用纸记录了整整一年。如果丽园失去了数据库，它计划从备份重新处理所有服务请求来重建数据库。你认为这种备份和恢复程序是否足以恢复丽园？可能会出现什么问题？有其他方案吗？描述你认为公司应该对这个系统作出的任何变化。

詹姆斯河珠宝项目问题

詹姆斯河珠宝项目问题可在在线附录D中找到，也可以直接从教科书的网站：www. pearsonhighered. com /kroenke下载。

安妮女王古玩店项目问题

第3章中使用的安妮女王古玩店数据库设计是：

ITEM (ItemNumber, Description, Cost, ListPrice, QuantityOnHand)

CUSTOMER (CustomerID, LastName, FirstName, Address, City, State, ZIP, Phone, Email)

EMPLOYEE (EmployeeID, LastName, FirstName, Phone, Email)

VENDOR (VendorID, CompanyName, ContactLastName, ContactFirstName, Address, City, State, ZIP, Phone, Fax, Email)

ITEM (ItemID, ItemDescription, PurchaseDate, ItemCost, ItemPrice, VendorID)

SALE (SaleID, CustomerID, EmployeeID, SaleDate, SubTotal, Tax, Total)

SALE _ ITEM (SaleID, SaleItemID, ItemID, ItemPrice)

参照完整性约束如下：

ITEM 中的 VendorID 必须存在于 VENDOR 的 VendorID 中

SALE 中的 CustomerID 必须存在于 CUSTOM 的 CustomerID 中

SALE 中的 EmployeeID 必须存在于 EMPLOYEE 的 EmployeeID 中

SALE _ ITEM 中的 SaleID 必须存在于 SALE 的 SaleID 中

SALE _ ITEM 中的 ItemID 必须存在于 ITEM 中的 ItemID 中

安妮女王古玩店已经将 ITEM 和 SALE _ ITEM 表修改为如下形式：

ITEM (ItemID, ItemDescription, UnitCost, UnitPrice, QuantityOnHand, VendorID)

SALE _ ITEM (SaleID, SaleItemID, Item ID, Quantity, ItemPrice, Extended Price)

这些变化允许销售系统处理买卖数量不唯一的物品。当新物品从供应商运送到安妮女王古玩店时，工作人员拆开物品，把它们放在库房中并运行物品数量接收事务，添加接收的数量到 QuantityOnHand 中。与此同时，另一项称为物品价格调整的事务在需要时运行以调整 UnitCost 和 UnitPrice。销售可能发生在任何时间，而且当销售发生时销售事务运行。每次输入一个 SALE _ ITEM 行，输入的数量从物品的 QuantityOnHand 中减去并设置 ItemPrice 为 UnitPrice。

A. 解释为什么这些事务为原子的是重要的。

B. 描述一个 QuantityOnHand 的更新可能会丢失的场景。

C. 描述不可重复读和幻读的场景。

D. 解释锁定如何用于防止 B 部分的答案中的丢失更新。

E. 两个交易事务间是否可能发生死锁？为什么？交易事务和物品数量接收事务之间是否可能发生死锁？为什么？

F. 对于三种类型的事务中的每一种，描述你认为乐观锁或悲观锁中的哪种会更好。解释你的答案。

G. 假如安妮女王古玩店标识四组用户：销售人员，管理人员，行政人员和系统管理员。进一步假设管理人员及行政人员可以执行物品数量接收事务，但只有管理人员可以执行物品价格调整事务。描述你认为适合这种情况的处理权力。使用图 6—16 作为例子。

H. 安妮女王古玩店开发了以下程序进行备份和恢复。该公司每星期六晚上将整个数据库从服务器备份到 CD。CD 在星期四放入当地一家银行的保险箱。所有的销售记录在打印纸上保存 5 年。如果数据库数据全部丢失，计划通过上次完全备份和重新处理所有的销售记录来恢复数据库。你认为这种备份和恢复程序足够恢复安妮女王古玩店吗？可能会出现什么问题？存在哪些其他选择？描述你认为公司应该对这个系统进行的任何变化。

第7章
数据库处理类应用

本章目标

- 理解并能够建立 Web 数据库处理
- 学习可扩展标记语言（XML）的基本概念

本章介绍的主题建立在你在本书前 6 章学习的内容的基础上。现在你已经设计并建立了一个数据库，你准备把它投入使用。在本章中，我们将介绍一些利用数据库处理的应用程序，它们主要侧重于基于 Web 的数据库处理。我们也会介绍**可扩展标记语言**（extensible markup language，XML），它正在迅速扩大基于 Web 的应用程序可处理的范围。在本章中，我们将继续使用希瑟·斯威尼设计（HSD）数据库，该数据库我们已经在第 4 章建立，在第 5 章设计，并在第 6 章实施。该数据库的名称是 HSD，图 7—1 是它的 SQL Server 数据库图解。

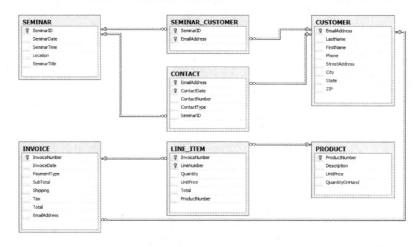

图 7—1　HSD 数据库图解

数据库处理环境

数据库的规模和范围有很大的不同，从单用户数据库到大型的组织间的数据库，如航空公司的预订系统。如图 7—2 所示，它重复了图 6—2，数据库处理的方式也不尽相同。

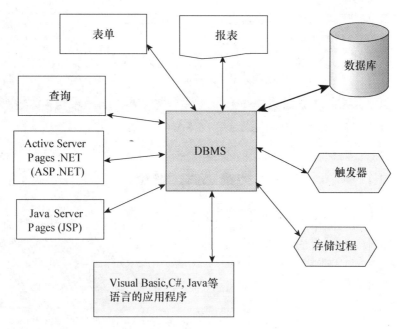

图7—2　数据库处理环境

　　一些数据库只有少量的表单和报表。其他数据库通过如 Active Server Pages. NET（ASP. NET）和 Java Server Pages（JSP）等使用互联网技术的应用程序来处理。还有一些数据库通过 Visual Basic. NET，Java，C#或其他语言编码的应用程序来处理。其他数据库通过存储过程和触发器处理。在本章中，我们将考虑每种数据库处理过程。

◻ 查询、表单和报表

　　本书侧重于使用数据库管理系统（DBMS）来建立和处理数据库。例如，它已经包含了实施规则的需要，如级联更新或删除。建立应用程序是为了使用由 DBMS 管理的数据库。查询、表单和报表是应用程序的基础。查询、表单和报表生成器可以嵌入一个数据库产品，如 Microsoft Access，也可以作为单独的产品运行。在连接其他 DBMS（如 SQL Server）中的数据库时，可以使用 Microsoft Access 中的查询、表单和报表功能。在这种方式中，Microsoft Access "数据库" 实际上是作为一个使用附加的但不同的数据库的应用程序运行的。图 7—3 显示了一个 Microsoft Access 2010 数据库，它被设计为与 Microsoft SQL Server 2012 的 HSD 数据库（如图 6—1 所示，图解于图 7—1）相当的应用程序。[①] 在图 7—3 所示的应用程序中，Microsoft Access 2010 使用**开放数据库互连**（Open Database Connectivity，ODBC）驱动与 SQL Server 连接，我们将在本章后面讨论 ODBC 连接。

　　注意，在图 7—3 中，存储在 SQL Server 中的 HSD 表在导航窗格的 "Tables" 部分显示，客户数据输入

---

　　① 在把 Microsoft Access 2010 项目连接到 SQL Server 2012 数据库之前，你必须确保 SQL Server 浏览器正在运行。在 Windows XP 中，选择 "Start" ｜ "Programs" ｜ "Microsoft SQL Server 2012" ｜ "Configuration Tools" ｜ "SQL Server Configuration Manager" 来运行 SQL Server 配置管理器。在 Microsoft Windows Server 2008 R2 和 Windows 7 中，选择 "Start" ｜ "All Programs" ｜ "Microsoft SQL Server 2012" ｜ "Configuration Tools" ｜ "SQL Server Configuration Manager"。在 SQL Server 服务菜单下找到 SQL Server 浏览器，并确保它正在运行（State＝Running）而且开机时自动启动（Start Mode＝Automatic）。如果不是这样，用鼠标右键单击 SQL Server 浏览器图标显示快捷菜单，然后单击 "Properties"，以显示 SQL Server 浏览器属性对话框。在登录属性页中，单击 "Start" 按钮，然后单击 "Apply" 按钮。单击 "Service" 选项卡显示服务属性页。单击 "Start Mode" 行选择它，然后在启动模式的下拉列表中选择 "Automatic"。单击 "Apply" 按钮，然后单击 "OK" 按钮，关闭 SQL Server 浏览器属性对话框。此外，用户必须具有相应数据库的使用权限，如第 6 章中讨论的那样。

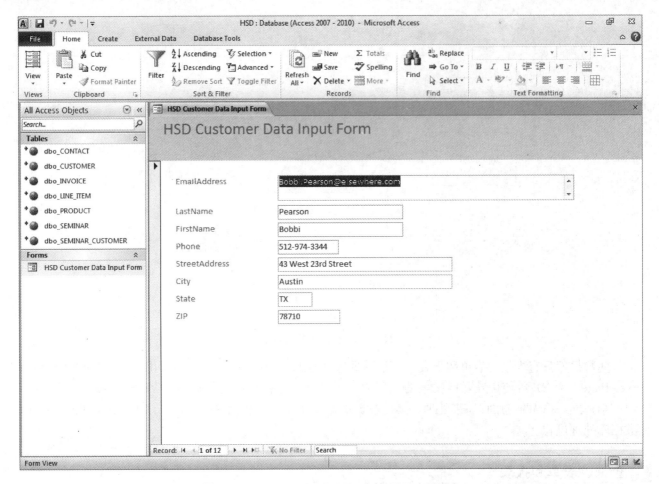

图7—3　Microsoft Access 2010 中的 HSD 应用程序

表名为 HSD Customer Data Input Form，它在导航窗格的"Tables"部分被创建并存储。这种形式可以让用户使用 CUSTOMER 表中的数据。当然，这种应用程序也应该包括查询和报表。

现在，我们考虑 DBMS 的一些任务，例如 Microsoft Access，需要在后台执行数据库处理命令。例如，假设你对一个表创建一个删除查询，该表与另一个有级联删除的表有 1∶N 关系。进一步假设第二个表与第三个表有一个 1∶N 关系，其中第三个表有实施参照完整性，但没有级联删除。运行删除查询时，Microsoft Access 将需要从第一个和第二个表删除符合这些关系属性的行。

如果第二个用户在你的删除查询操作进行时正在创建关于这三个表的报表，情况就更复杂了。Microsoft Access 该做什么呢？它应该显示你的查询运行时留下的数据的报表吗？还是 Microsoft Access 应该保护报表不受删除操作的影响，在报表完成之前不进行任何删除操作呢？它应该完全拒绝你的查询，或做其他事吗？

举一个简单的例子，假设你需要创建一个表单，表单中有来自主体部分一个表中的数据和来自一个子表单中的另一张表中的数据。现在，假设用户在子表单中的五行做了修改，改变了第一张表中的一些数据，然后按 Esc 键。哪些修改会真的改变数据库的内容？没有吗？只修改了子表单中的数据吗？或者还有一些其他的选择吗？

即使在简单的查询、表单和报表的情况下，后台功能的管理也是复杂的。你可以在数据库中更改属性来管理 Microsoft Access 在这些情况下的一些行为，但你需要知道这些变化的影响。企业级数据库管理系统产品，如 SQL Server，Oracle Database 和 MySQL，提供了更多的特性和功能，让开发商为这些情况改变 DBMS 行为。（以上有许多内容已经在第 6 章中讨论过。）

客户机/服务器和传统的应用程序处理

组织型数据库处理始于 20 世纪 70 年代初。从那时起，成千上万甚至数百万的数据库用由 Visual Basic、C、C++、C♯ 和 Java 等编程语言编写的应用程序来处理。所有这些语言都把 SQL 语句或等价语句嵌入这些标准语言编写的程序中。

例如，要处理一个希瑟·斯威尼设计的网上订单，应用程序需要执行以下功能：

1. 与用户交流，以获取客户标识符。
2. 阅读 CUSTOMER 数据。
3. 为用户提供订单录入表单。
4. 从客户获得 PRODUCT 和数量数据。
5. 验证 PRODUCT 的库存水平。
6. 删除 PRODUCT 库存。
7. 必要时安排回单。
8. 安排库存选择和运送。
9. 更新 CUSTOMER、INVOICE、LINE_ITEM 数据（如果某次销售被视为一种客户联系，那么更新 CONTACT）。

编写的应用程序应该能够应对例外情况，如数据不存在、数据有错误、沟通失败，以及许多其他潜在的问题。

此外，将编写一个订单处理应用程序以便它可以同时被很多用户并发使用——50～100 个用户可能会同时试运行这样的应用程序。

存储过程和触发器

企业级 DBMS 产品，如 SQL Server、Oracle Database、MySQL 和 DB2，它们包含使开发人员能够创建称为**触发器**（triggers）和**存储过程**（stored procedures）的逻辑模块和数据库操作的特性。触发器和存储过程的编写语言由 DBMS 提供。[①] 例如，SQL Server 有 Transact-SQL（T-SQL）语言，Oracle 公司已经开发出 PL/SQL 语言。程序员可以将 SQL 语句嵌入这些编程语言中。

触发器是一种在特定事件发生时由 DBMS 执行的存储在数据库中的程序。这些事件是典型的 SQL 命令，使用 INSERT、UPDATE 或 DELETE 语句。然后，这些事件由 BEFORE，AFTER，或 INSTEAD OF 触发器逻辑处理。因此，你会发现这样的触发组合：BEFORE DELETE，INSTEAD OF UPDATE，AFTER INSERT。（注意，这些都只是一些例子，触发逻辑和 SQL 语句有 9 种可能的组合。）

不同的 DBMS 产品支持不同的触发器。例如，Oracle 数据库 11g 第 2 版支持 BEFORE，AFTER 和 INSTEAD OF 触发器。MySQL 5.5 只支持 BEFORE 和 AFTER 触发器。在上述 9 种触发组合中，SQL Server 2012 支持 AFTER 和 INSTEAD OF 触发器，但对于这些支持与其他 SQL Server 特定的触发类型的结合，我们不会在这本书中讨论。

存储过程与计算机程序的子程序或功能相似，但它存储在执行数据库活动的数据库中。HSD 数据库的一个例子是把 LINE_ITEMs 添加到 INVOICE 时为某个特定的 InvoiceNumber 更新 INVOICE 的列的一个

---

① 欲知更多关于触发器、存储过程，以及它们的用途的信息，请参见 David M. Kroenke and David J. Auer, *Database Processing*：*Fundamentals*，*Design*，*and Implementation*，12th edition（Upper Sadale River，NJ：Prentice Hall，2012）：Chapters 10，10A，and 10B.

存储过程。应用程序、Web 应用程序和互动查询用户可以调用存储过程，向它传递参数和接收结果。

Web 数据库处理

如今互联网技术数据库应用所在的环境是丰富而复杂的。如图 7—4 所示，一个典型的 Web 服务器需要发布包含许多不同的数据类型的数据的应用。在本书中，我们只考虑关系数据库，但还有很多其他的数据类型。

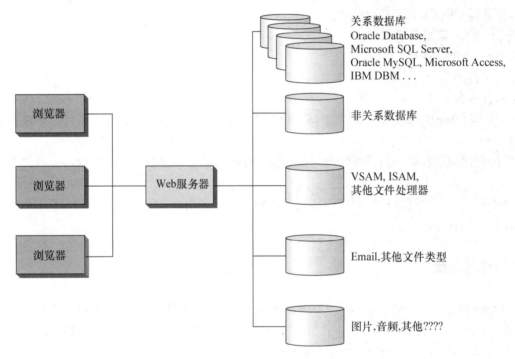

图 7—4　Web 数据库处理环境

已经制定了一些标准接口访问数据库服务器。每个 DBMS 产品都有一个**应用程序编程接口**（Application Programming Interface，API）。API 是根据程序代码执行 DBMS 功能的对象、方法和属性的集合。遗憾的是，每个 DBMS 都有自己的 API，每个 DBMS 产品的 API 都不同。为了使程序员不必学习使用许多不同的接口，计算机行业已经开发了用于数据库访问的标准。

之前提到的开放数据库互连（ODBC）标准作为连接 SQL Server 数据库和 Microsoft Access 2010 应用程序的方法在 20 世纪 90 年代初被开发，它提供一种独立于 DBMS 的处理关系数据库中的数据的方法。20 世纪 90 年代中期，微软发布了 OLE DB，这是一个面向对象的接口，它封装了数据服务器功能。OLE DB 不只用来访问关系数据库，同时也用来访问许多其他类型的数据。OLE DB 容易被程序员访问，使用 C、C♯和 Java 等编程语言就可以。但是，使用 Visual Basic（VB）和脚本语言的用户就不那么容易访问 OLE DB 了。因此，微软开发了**活动数据对象**（Active Data Objects，ADO），这是一个为使用 OLE DB 而开发的对象集，可以通过任何语言使用，包括 Visual Basic（VB），VBScript 和 JScript。ADO 之后又推出了 ADO.NET，它是 ADO 的升级版，是微软的.NET 初始版的一部分。

ASP.NET 应用于网页中来创建基于 Web 的数据库应用程序。图 7—2 所示的为数据库处理环境的一部分，ASP. NET 使用超文本标记语言（HTML）和微软的 . NET 语言来创建网页，这些网页可以读取和写入数据库的数据，并在公共和私人网络传输，使用 Internet 协议。ASP. NET 在微软的 Web 服务器产品——**互联网信息服务**（Internet Information Services，IIS）上运行。ASP. NET 是 Microsoft. NET Framework 的一部分，而且依赖于 ADO. NET。ADO. NET 的使用如图 7—5 所示。[①]

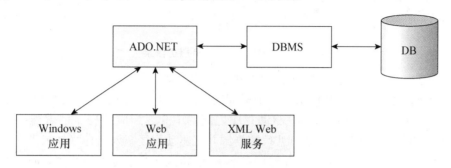

图 7—5　ADO. NET 的角色

此外，在图 7—2 中还显示了 JSP 技术。JSP 是 HTML 和 Java 的结合，通过把页面编译成 Java servlets 完成和 ASP 相同的功能。JSP 经常使用于开放源码的 Apache Web 服务器。另一个 Web 开发人员最喜欢的组合是有 MySQL 数据库的 Apache Web 服务器和 Pearl 或 PHP 语言的组合。这种组合称为 **AMP**（Apache-MySQL-PHP/Pearl）。当在 Linux 操作系统上运行时，它被称为 **LAMP**；当在 Windows 操作系统上运行时，它被称为 **WAMP**。[②]

在一个基于 Web 的数据库处理环境中，如果 Web 服务器和数据库管理系统可以在同一台计算机上运行，那么称该系统具有**两层架构**（two-tier architecture）。（一层是浏览器，一层是 Web 服务器/DBMS 计算机。）另外，Web 服务器和数据库管理系统可以运行在不同的计算机上，在这种情况下，则称该系统具有**三层架构**（three-tier architecture）。高性能的应用程序可能使用很多 Web 服务器计算机，并且在某些系统中，几台计算机都可以运行 DBMS。在后一种情况下，如果多个数据库管理系统的计算机在处理相同的数据库，则该系统被称为**分布式数据库**（distributed database）。（分布式数据库在第 8 章中讨论。）

ODBC

ODBC 标准使程序员能够使用 ODBC 标准语句为不同的 DBMS 产品编写指令。这些指令被传递到 ODBC 驱动程序，并被转换到所使用的特定 DBMS 的 API 中。该驱动器接收从 DBMS 返回的结果，并把这些结果转换成一种形式，其是 ODBC 标准的一部分。

ODBC 架构

图 7—6 所示为三层 Web 服务器环境下的基本 **ODBC 架构**（ODBC architecture），但是在 OLE DB 和 ADO 之前。应用程序、**ODBC 驱动程序管理器**（ODBC driver manager），以及 **ODBC DBMS 驱动器**（ODBC DBMS driver）（在这种情况下是一个多层次的驱动程序）都驻留在 Web 服务器上。DBMS 的驱动程序发送请求到驻留在数据库服务器上的数据源。根据 ODBC 标准，**数据源**（data source）是数据库，以及其相关的数据库管理系统、操作系统和网络平台。

①　欲知更多关于微软 . NET 框架和 ADO. NET 的信息，请参见 David M. Kroenke and David J. Auer，*Database Processing*：*Fundamentals，Design，and Implementation*，12th edition（Upper Saddle River，NJ：Prentice Hall，2012）：Chapter11。

②　关于 JSP，JDBC，以及相关的技术和工具的信息，请参见 David M. Kroenke and David J. Auer，*Database Processing*：*Fundamentals，Design，and Implementation*，12th edition（Upper Saddle River，NJ：Prentice Hall，2012）：Chapter 11。

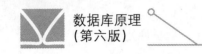
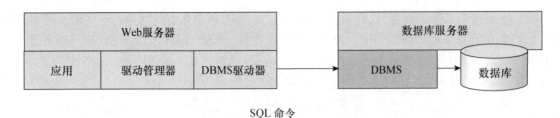

SQL 命令

图 7—6　ODBC 三层 Web 服务器架构

应用程序发出请求，以创建一个与数据源的连接，发出 SQL 语句并接收结果，处理错误，以及启动、提交、回滚事务。ODBC 为每个请求都提供了一个标准的方法并定义了一个错误代码和信息的标准集。

驱动程序管理器作为应用程序和 DBMS 驱动程序之间的中介。当应用程序请求连接时，驱动程序确定 DBMS 的类型，使它能够处理一个给定的 ODBC 数据源并把驱动程序载入内存（如果尚未载入）。

驱动程序（driver）处理 ODBC 请求，并把特定 SQL 语句提交给指定类型的数据源。不同数据源的类型有不同的驱动程序。驱动程序需要确保标准 ODBC 命令正确执行。驱动程序还要把数据源错误代码和消息转换成 ODBC 标准代码和消息。

ODBC 能够识别两种类型的驱动：单层和多层驱动。**单层驱动程序**（single-tier driver）能处理 ODBC 调用和 SQL 语句。**多层驱动程序**（multiple-tier driver）能够处理 ODBC 调用，但把 SQL 请求直接传递给数据库服务器。虽然它可能会重新形成 SQL 请求，以符合特定的数据源的特殊语言，但它不处理 SQL 请求。

建立 ODBC 数据源名称

数据源是用于识别处理它的数据库和 DBMS 的 ODBC 数据结构。这三种类型的数据源是文件、系统和用户。**文件数据源**（file data source）是可以被数据库用户共享的文件。唯一的要求是这些用户要有相同的 DBMS 驱动程序和访问数据库的权限。**系统数据源**（system data source）是一台计算机上的本地数据源。该系统上（有适当的权限）的操作系统和任何用户都可以使用系统数据源。**用户数据源**（user data source）只提供给创建它的用户。每个创建的数据源都要被赋予一个**数据源名称**（data source name，DSN），用于引用该数据源。

在一般情况下，互联网应用的最佳选择是在 Web 服务器上创建一个系统数据源。这样浏览器用户便可以访问 Web 服务器，反过来，Web 服务器使用系统数据源与 DBMS 和数据库建立连接。

我们需要一个 HSD 数据库的系统数据源，这样我们就可以在 Web 数据库处理应用中使用它。我们在 SQL Server 2012 中创建了 HSD 数据库，系统数据源将需要提供一个到 SQL Server 2012 DBMS 的连接。要在 Windows 操作系统中创建一个系统数据源，你可以使用 **ODBC 数据源管理器**（ODBC Data Source Administrator）。

在 Windows 7 中，你可以这样打开 ODBC 数据源管理器[①]：

1. 点击 "Start" 按钮，打开 Windows 控制面板，然后单击 "Control Panel"。

2. 在 "Control Panel" 窗口中，单击 "System and Security"。

3. 在 "System and Security" 窗口，单击 "Administrative Tools"。

4. 在 "Administrative Tools" 窗口中，双击 "Data Sources（ODBC）" 的快捷方式图标。

以下是如何创建一个名为 HSD 的系统数据源，与 Microsoft SQL Server 2012 DBMS 上的 HSD 数据库一起使用：

1. 在 ODBC 数据源管理器中，单击 "System DSN" 选项卡，然后单击 "Add" 按钮。

2. 在 "Create New Data Source" 对话框中，我们需要连接到 SQL Server 2012，所以我们选择 "SQL

[①] 警告：ODBC 数据源管理器，在 Microsoft Vista 和 Windows 7 的 64 位版本中实际上有多个版本的 ODBC 数据源管理器。你必须使用正确的版本，这取决于你使用的 DBMS 是 32 位还是 64 位版本。更糟的是，所有的版本都使用相同的文件名 odbcad32.exe！本页中的指示可以打开 64 位版本，需要 64 位程序。如果你正使用 ODBC 连接到 32 位版本的 Microsoft Access 2010、Microsoft SQL Server 2012、Oracle Database 11g 第 2 版或 MySQL 5.5，那么你必须使用 32 位版本的 ODBC 数据源管理器，它位于 C:\ Windows \ SysWOW64\ odbcad32.exe 中。如果一切都安装正确，但网页无法正确显示，那么这是可能的原因。

Server Native Client 11"，Windows 7 中的界面如图 7—7 所示。

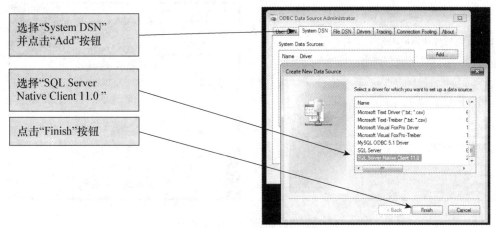

选择"System DSN"
并点击"Add"按钮

选择"SQL Server
Native Client 11.0 "

点击"Finish"按钮

图 7—7　创建新数据源对话框

3. 点击 "Finish" 按钮。"Create a New Data Source to SQL Server" 对话框出现，如图 7—8（a）所示。

4. 在 "Create a New Data Source to SQL Serve" 对话框中，如图 7—8（a）所示输入 HSD 数据库的信息（注意，从下拉列表中选择数据库服务器），然后单击 "Next" 按钮。

■ 注：如果 SQL Server 没有出现在 "Server" 下拉列表中，手动输入 "计算机名 \ SQLServer 名"。

5. 下一步，如图 7—8（b）所示，点击选择 SQL Server 认证的单选按钮，然后输入我们在第 6 章中创建的登录 ID "HSD- User" 和密码 "HSD-User＋password"。输入这些数据后，单击 "Next" 按钮。

■ 注：如果登录 ID 和密码不正确，这时会显示一条错误消息。确保你已正确地创建 SQL Server 登录账户，如第 6 章讨论的那样，而且这里输入了正确的数据。

6. 如图 7—8（c）所示，单击复选框以更改默认的数据库，设置默认的数据库为 HSD，然后单击 "Next" 按钮。

7. 如图 7—8（d）所示，我们并不需要设置下一个页面上的任何选项，所以点击 "Finish" 按钮。会显示 "ODBC Microsoft SQL Server Setup" 对话框，如图 7—8（e）所示。

8. 在 "Microsoft SQL Server Setup" 对话框中，单击 "Test Data Source" 按钮来测试连接。

9. 如果所有的设置都是正确的，会出现 "SQL Server ODBC Data Source Test" 对话框，如图 7—8（f）所示，表明测试均顺利完成。单击 "OK" 按钮。

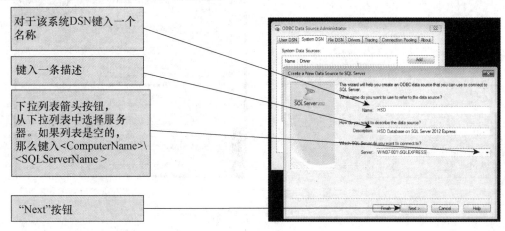

对于该系统DSN键入一个
名称

键入一条描述

下拉列表箭头按钮，
从下拉列表中选择服务
器。如果列表是空的，
那么键入<ComputerName>\
<SQLServerName >

"Next"按钮

(a) 命名ODBC数据源

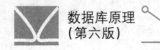

数据库原理
（第六版）

点击该选择按钮以进行
SQL Server认证

键入用户登录ID

键入用户密码

"Next"按钮

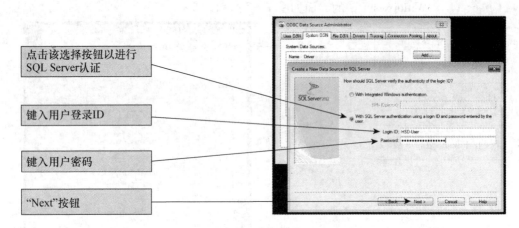

(b) 选择用户登录ID的授权验证方法

单击该选择框来手动选择
缺省数据库

如果有必要，可以通过点
击下拉列表箭头按钮来从
中选择正确的数据库

"Next"按钮

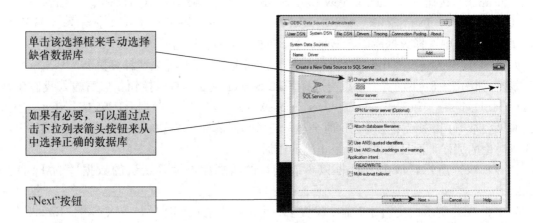

(c) 选择缺省数据库

"Finish"按钮

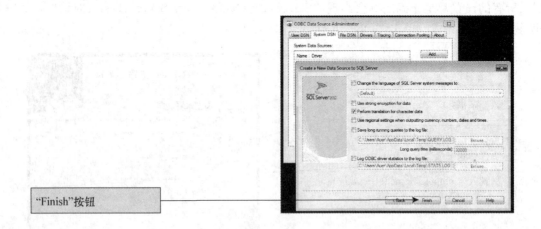

(d) 附加的设置选项

332

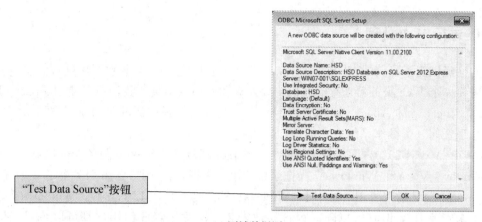

"Test Data Source"按钮

(e) 测试数据源

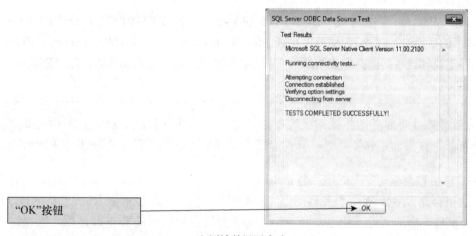

"OK"按钮

(f) 测试数据源成功

图 7—8　创建新数据源到 SQL Server 对话框

10. 在 "ODBC Microsoft SQL Server Setup" 对话框中点击 "OK" 按钮。

11. 图 7—9 为完成的 HSD 系统数据源。单击 "OK" 按钮来关闭 ODBC 数据源管理器。

HSD系统数据源

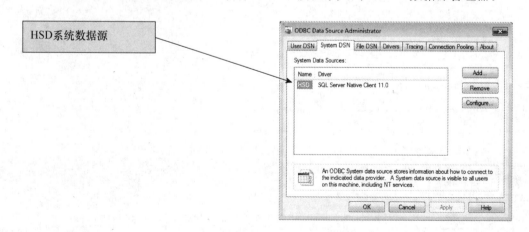

图 7—9　完成的 HSD 系统数据源

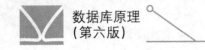

用微软 IIS 进行 Web 处理

现在，我们已经创建了我们的 ODBC 数据源，我们一起来看一看 Web 数据库处理。要进行 Web 数据库处理，我们还需要一个 Web 服务器来存储我们将要建立和使用的网页。我们可以使用 Apache HTTP 服务器（可以从 www. apache. org 的 Apache 软件基金会获取）。这是使用最广泛的 Web 服务器，并有一个版本可以运行在现有的几乎任何一个操作系统上。但是，因为我们在"Access 工作台"部分中一直使用 Windows 操作系统和 Microsoft Access 2010，因此我们将建立一个使用微软的 IIS Web 服务器的网站。对使用 Windows XP 专业版、Windows Vista 和 Windows 7 操作系统的用户来说，使用该 Web 服务器的一个优点是操作系统附带了 IIS：Windows XP 附带了 IIS 5.1 版，Windows Vista 附带了 IIS 7.0 版，Windows 7 附带了 IIS 7.5 版。默认情况下未安装 IIS，但它可以随时很容易地安装。这意味着任何用户都可以练习在他自己的 Windows 工作站上创建和使用 Web 页面。

附录 I 中有在 Windows 7 上完成安装 IIS 7.5 的指令，包括安装和设置 PHP 和 Eclipse PHP 开发工具（PDT）（将在本章的后面进行讨论），你可以在线访问"Getting Started with Web Servers，PHP，and the Eclipse PDT"。我们强烈建议你现在阅读并完成附录 I，并确保你的计算机已正确安装，然后再继续进行本章内容。

BTW

关于 Web 数据库处理的讨论的描写已尽可能广泛适用。对下面的步骤进行轻微的调整，如果你有 Apache Web 服务器，你应该能够使用它。只要有可能，我们要选择可用于许多操作系统的产品和技术。

IIS 安装后，它在 C 盘驱动器上创建一个 inetpub 文件夹，路径为 C:\inetpub。inetpub 文件夹内有 wwwroot 文件夹，IIS 在这里存储大多数 Web 服务器使用的基本网页。图 7—10 显示了 IIS 安装后的目录结构，文件窗格中显示 wwwroot 文件夹中的文件。注意，wwwroot 文件夹的安全属性需要正确设置，以允许用户访问该文件夹。如在线附录 I 中详细讨论的那样，我们需要赋予 Windows 用户组对 wwwroot 文件夹的修改和写入权限。

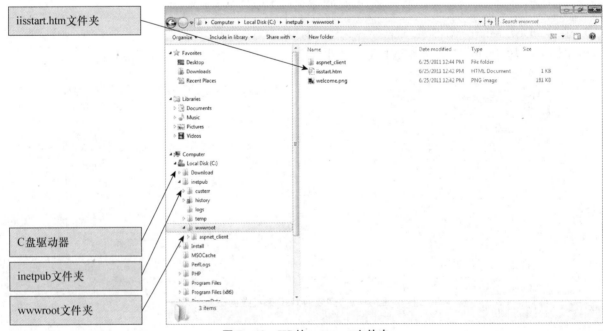

图 7—10　IIS 的 wwwroot 文件夹

在 Windows XP 系统中，IIS 由**网络信息服务**（Internet Information Services）程序进行管理，在 Windows Vista 和 Windows 7 中，**由网络信息服务管理器**（Internet Information Services Manager）来管理。若要打开其中一个程序，打开 "Control Panel"，然后选择 "Administrative Tools"。网络信息服务/网络信息服务管理器的快捷方式图标在 "Administrative Tools" 中。图 7—11 显示了网络信息服务管理器窗口。

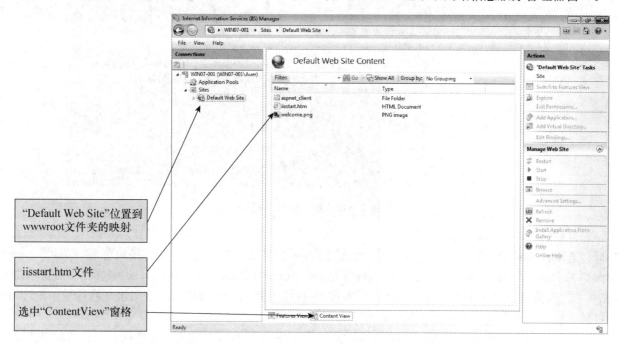

图 7—11 管理 IIS

注意，图 7—11 中**默认网站文件夹**（Default Web Site folder）与图 7—10 中 wwwroot 文件夹中的文件是相同的，它们是 IIS 安装时创建的默认文件。在 Windows XP 中，iisstart.asp 产生的网页可以被 Internet Explorer（或互联网上接触此 Web 服务器的任何其他 Web 浏览器）显示。当你接触来自运行 IIS 的工作站的网页时，iisstart.asp 文件会调用文件 localstart.asp，它为 Web 服务器管理员提供了一个特殊的网页。Windows Vista 和 Windows 7 与此类似，但只使用 iisstart.htm 文件。

要测试 Web 服务器的安装情况，打开你的 Web 浏览器，键入 URL http://localhost，然后按 "Enter" 键。对于 Windows 7，会出现如图 7—12 所示的 Web 页面。如果你的 Web 浏览器没有显示正确的网页，那么你的 Web 服务器没有正确安装。

现在，我们安装一个小网站，可以用于 Web 数据库对 HSD 数据库的处理。首先，我们在 wwwroot 文件夹下创建一个新的文件夹，命名为 DBC（数据库概念）。这个新的文件夹将被用来保存本书所有讨论和练习中开发的网页。其次，我们将创建一个 DBC 的子文件夹，命名为 HSD。此文件夹将保存 HSD 网站。你可以使用 Windows 资源管理器创建这些文件夹，如图 7—10 所示。

从 HTML 网页开始

大部分最基本的网页是使用**超文本标记语言**（hypertext markup language，HTML）创建的。**超文本**（hypertext）一词指的是你可以在网页中链接到其他对象，如网页、地图、图片，甚至音频和视频文件，当你点击链接时，你会立即转到其他对象，它会显示在你的 Web 浏览器中。HTML 本身是一组标准的 HTML **语法规则**（HTML syntax rules）和 HTML **文档标签**（HTML document tags），它们可以通过 Web 浏览器

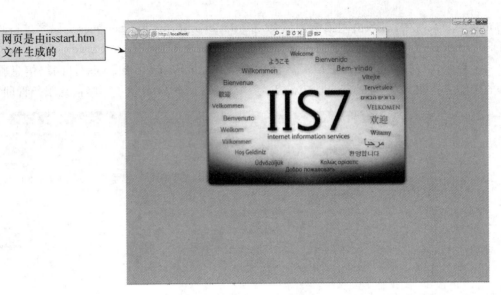

网页是由iisstart.htm
文件生成的

图 7—12　默认的 IIS 网页

的翻译来创建特定的屏幕显示。

标签通常是成对的，有一个特定的开始标签和相匹配的包括斜杠字符（/）的结束标签。因此，一段文字被标记为 <p>{段落文本}</p>，主标题被标记为 <h1>{标题文本}</h1>。一些标签不需要单独的结束标记，因为它们基本上是自包含的。例如，要在 Web 页面上插入一个水平线，就用水平线标签<hr/>。注意，这种单独的、自包含的标签必须包含斜线字符作为标记的一部分。

HTML 的规则是由**万维网联盟**（World Wide Web Consortium，W3C）定义为标准的、现有的和建议标准的细节可以在 www.w3.org 找到（这个网站也有一些优秀的 HTML 教程[1]）。W3C Web 站点有当前 HTML 标准、我们将在后面进行讨论的**可扩展标记语言**（Extensible Markup Language，XML），以及两者的结合 XHTML。对这些标准的全面讨论超出了文书的范围，本章使用当前 HTML 4.01 标准（通常被称为"严格"的形式）。

在本章中，我们将为希瑟·斯威尼设计网站创建一个简单的 HTML 主页，并放置在 HSD 文件夹中。后面，我们将讨论众多可用的网页编辑器中的几种，但你只需要一个简单的文本编辑器就可以创建网页了。对于这第一个网页，我们将使用 Microsoft Notepad ASCII 文本编辑器，它的好处是可以兼容每一个版本的 Windows 操作系统。

■ index.html 网页

我们要创建的文件的名称是 index.html。我们使用这个名称，因为对 Web 服务器而言它是一个特殊的名称。文件名 index.html 是少数几个在进行没有指定文件的 URL 请求时大多数 Web 服务器会自动显示的文件名之一，因此，它会成为我们的 Web 数据库应用程序新的默认显示页面。但是，注意上句话中"大多数 Web 服务器"一词。Apache、IIS 7.0 和 IIS 7.5（如图 7—13 所示）配置为可识别 index.html；然而，IIS 5.1 却不能识别。[2]

---

[1] 要了解更多关于 HTML 的信息，请访问 W3C 网站 www.w3.org。要获得好的 HTML 教程，请参见 David Raggett 的以下教程："Getting Started with HTML"（www.w3.org/MarkUp/Guide），"More Advanced Features"（www.w3.org/MarkUp/Guide/Advanced.html），"Adding a Touch of Style"（www.w3.org/MarkUp/Guide/Style.html）。

[2] 如果你使用的是 Windows XP 和 IIS 5.1，就需要添加 index.html 到确认文件的列表。为此，你需要使用 Internet 信息服务。在 Internet 信息服务窗口中，右键单击"Web Sites"对象，显示快捷菜单，然后单击"Properties"，显示 Web Sites Properties 对话框。然后，可以单击"Documents"选项卡和"Add"按钮，显示"Add Default Document"对话框。然后输入文档名（文件名）index.html，并单击"OK"按钮。最后，我们关闭"Web Sites Properties"对话框。

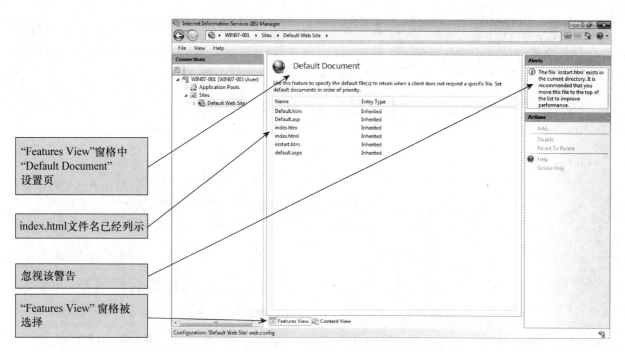

图 7—13　Windows 7 IIS 管理器中的 index. html 文件

创建 index. html 网页

现在我们可以创建 index. html 网页，其中包括基本的 HTML 语句，如图 7—14 所示。图 7—15 显示了记事本中的 HTML 代码。

```
<!DOCTYPE html PUBLIC "-//W3C//DTD HTML 4.01 Strict//EN"
"http://www.w3.org/TR/html4/strict.dtd">
<html>
    <head>
        <meta http-equiv="Content-Type" content="text/html; charset=ISO-8859-1" />
        <title>Heather Sweeney Designs Demonstration Pages Home Page</title>
    </head>
    <body>
        <h1 style="text-align: center; color: blue">
            Database Concepts (6th Edition)
        </h1>
        <p style="text-align: center; font-weight: bold">
            David M. Kroenke
        </p>
        <p style="text-align: center; font-weight: bold">
            David J. Auer
        </p>
        <hr />
        <h2 style="text-align: center; color: blue">
            Welcome to the Heather Sweeney Designs Home Page
        </h2>
        <hr />
        <p>Chapter 7 Demonstration Pages From Figures in the Text:</p>
        <p>Example 1:   
            <a href="ReadSeminar.php">
                Display the SEMINAR Table (No surrogate key)
            </a>
        </p>
        <hr />
    </body>
</html>
```

图 7—14　HSD 文件夹中 index. html 文件的 HTML 代码

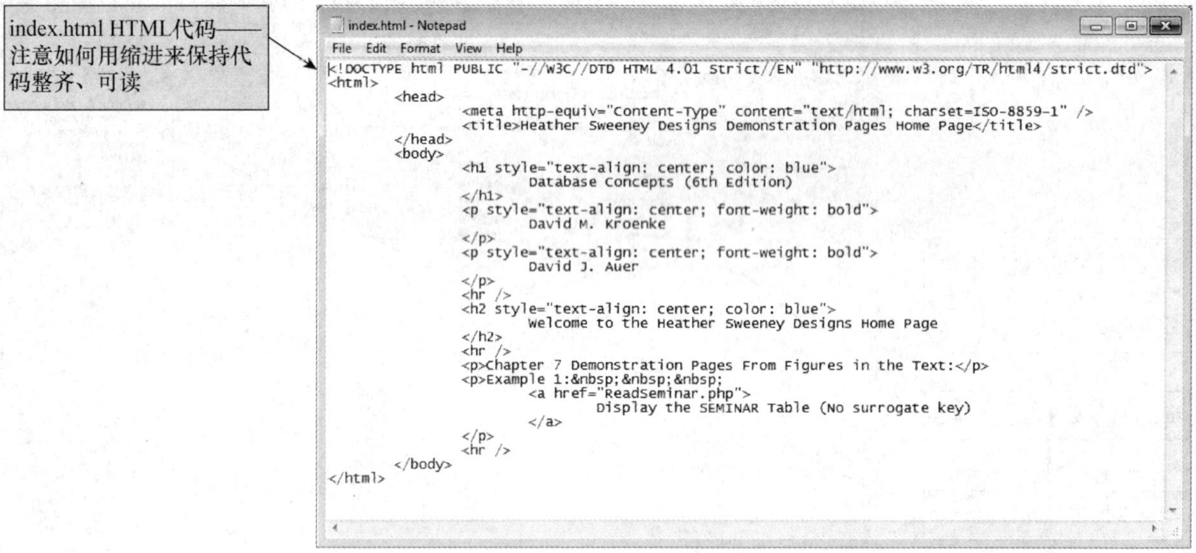

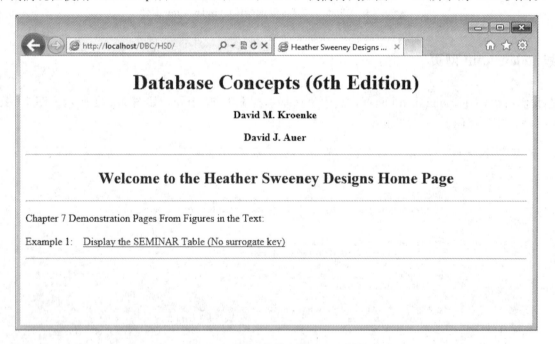

index.html HTML代码——注意如何用缩进来保持代码整齐、可读

图 7—15　记事本中 index. html 文件的 HTML 代码

如果我们现在使用 URL http://localhost/DBC/HSD，我们得到如图 7—16 所示的 Web 页面。

图 7—16　HSD 中的 index. html 网页

BTW

在 index. html 的 HTML 代码中，HTML 代码段：

<! DOCTYPE HTML PUBLIC" - //W3C//DTD HTML 4.01 Strict//EN"

"http://www.w3.org/TR/html4/strict.dtd">

是 HTML/XML **文档类型声明**（document type declaration，DTD），它用来检查和验证你写的代码内容。在本章的后面会讨论 DTD。现在，只是写入时的代码。

使用 PHP 的 Web 数据库处理

现在，我们设立了基本网站，我们将用能够使我们把网页连接到数据库的 Web 开发环境来扩大其功能。几个技术使我们能够做到这一点。使用微软产品的开发者通常用的 . NET 框架，以及使用 ASP. NET 技术工作。使用 Apache Web 服务器的开发者可能更愿意用 JavaScript 脚本语言创建 JSP 文件，或在 Java 企业版（Java EE）环境中使用 Java 编程语言。

PHP 脚本语言

在本章中，我们将使用脚本语言 **PHP**。**PHP** 是**超文本处理器**（hypertext processor）[以前被称为**个人超文本处理器**（personal hypertext processor）] 的缩写，是一种可以嵌入到网页中的脚本语言。PHP 是非常受欢迎的。在 2007 年的夏天，有超过 200 万互联网域拥有运行 PHP 的服务器[①]，2012 年 5 月 TIOBE 编程社区指数把 PHP 列为排名第六的最流行的编程语言（按顺序排在 C，Java，C ++，面向对象的 C 和 C♯ 之后）。[②] 2008 年，PHP 已经排名第四（仍排在 Visual Basic 之后），而在 2010 年 PHP 一度排在第三名。PHP 似乎仍受程序员和网页设计者欢迎。PHP 简单易学，可以用在大多数的 Web 服务器环境中，并可以与大多数数据库一起使用。它也是一个开放源代码的产品，可以从 PHP 网站（www. php. net）免费下载。

Eclipse 集成开发环境（IDE）

虽然对简单的 Web 页面来说，简单的文本编辑器（如记事本）就可以了，但是当开始创建更复杂的页面时，我们将移动到一个**集成开发环境**（Integrated Development Environment，IDE）。IDE 为你提供了最强大的和用户友好的方法来建立和维护你的网页。如果你正在使用微软的产品，你可能会使用 Visual Studio（或可免费下载的 Visual Studio 2010 速成版，地址为 www. microsoft. com/express/）。如果你正在使用 JavaScript 或 Java，你可能需要使用 NetBeans IDE（可从 www. netbeans. org 下载）。

本章中，我们将再次提到开源开发社区，并使用 Eclipse IDE。Eclipse 提供了一个框架，可以为不同用途通过附加模块来修改。对于 PHP，我们可以使用 Eclipse 修改为 Eclipse PDT（PHP Development Tools）项目，该项目专门用于在 Eclipse 中提供 PHP 开发环境（一般信息请参见 http://www. eclipse. org/projects/project. php?id=tools. pdt，下载文件请前往 http://www. eclipse. org/pdt/downloads/——下载当前稳定的针对你的操作系统设立的文件）。[③]

关于安装和使用 PHP 和 Eclipse 的更多信息，请参阅附录Ⅰ "Getting Started with Web Servers，PHP and the Eclipse PDT"。图 7—17 显示了在 Eclipse IDE 中创建的 index. html 文件。将其与图 7—16 中的记事本版本进行比较。

创建 ReadSeminar. php 页面

现在，我们安装了基本的 Web 站点，我们将开始把 PHP 整合到 Web 页面中。首先，我们将创建一个页面从数据库表中读取数据，并把结果显示在网页中。具体来说，我们将在名为 ReadSeminar. php 的 HSD 文件夹中创建 Web 页面来运行 SQL 查询：

```
/ **** SQL-QUERY-CH07-01 **** /
SELECT * FROM SEMINAR;
```

---

① 参见 www. php. net/usage. php。

② 参见 www. tiobe. com/index. php/content/paperinfo/tpci/index. html。

③ 如 PDT 下载页面上指出的那样，你还需要安装 Java 运行环境（本书中为 Oracle 的 JRE 7 Update 4），地址为 http://java. com/en/download/manual. jsp。还要注意的是 Windows 版本的 Eclipse 的安装方式与大部分 Windows 程序不同；你需要在 C 盘的 Program Files 文件夹中创建一个名为 EclipsePDT 的文件夹（完整路径是 C:\ Program Files\EclipsePDT），在该目录中解压 Eclipse PDT 文件，并创建 eclipse. exe 的桌面快捷方式。完整说明请参阅附录Ⅰ。

此页面会在一个 Web 页面中显示查询结果，没有 SeminarID 的表的代理键。图 7—18 显示了 ReadSeminar. php 的 HTML 和 PHP 代码，相同的代码在 Eclipse 中如图 7—19 所示。

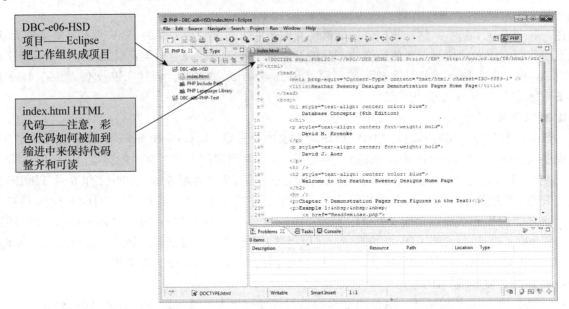

DBC-e06-HSD 项目——Eclipse 把工作组织成项目

index.html HTML 代码——注意，彩色代码如何被加到缩进中来保持代码整齐和可读

图 7—17　Eclipse IDE 中的 index. html 文件的 HTML 代码

```
<!DOCTYPE HTML PUBLIC "-//W3C//DTD HTML 4.01 Frameset//EN">
<html>
    <head>
        <meta http-equiv="Content-Type" content="text/html; charset=UTF-8">
        <title>ReadSeminar PHP Page</title>
        <style type="text/css">
            h1 {text-align: center; color: blue}
            h2 {font-family: Ariel, sans-serif; text-align: left; color: blue}
            p.footer {text-align: center}
            table.output {font-family: Ariel, sans-serif}
        </style>
    </head>
    <body>
    <?php
        // Get connection
        $Conn = odbc_connect('HSD', 'HSD-User','HSD-User+password');

        // Test connection
        if (!Conn)
        {
            exit ("ODBC Connection Failed: " . $Conn);
        }
        // Create SQL statement
        $SQL = "SELECT * FROM SEMINAR";

        // Execute SQL statement
        $RecordSet = odbc_exec($Conn,$SQL);

        // Test existence of recordset
        if (!$RecordSet)
            {
                exit ("SQL Statement Error: " . $SQL);
            }
    ?>

    <!-- Page Headers -->
    <h1>
        The Heather Sweeney Designs SEMINAR Table
    </h1>
    <hr />
    <h2>
```

图 7—18　ReadSeminar. php 的 HTML 和 PHP 代码

```
                SEMINAR
        </h2>
    <?php

        // Table headers
        echo "<table class='output' border='1'>
            <tr>
                <th>SeminarDate</th>
                <th>SeminarTime</th>
                <th>Location</th>
                <th>SeminarTitle</th>
            </tr>";
        // Table data
        while($RecordSetRow = odbc_fetch_array($RecordSet))
            {
            echo "<tr>";
            echo "<td>" . $RecordSetRow['SeminarDate'] . "</td>";
            echo "<td>" . $RecordSetRow['SeminarTime'] . "</td>";
            echo "<td>" . $RecordSetRow['Location'] . "</td>";
            echo "<td>" . $RecordSetRow['SeminarTitle'] . "</td>";
            echo "</tr>";
            }
        echo "</table>";

        // Close connection
        odbc_close($Conn);
    ?>

    <br />
    <hr />
    <p class="footer">
        <a href="../HSD/index.html">
            Return to Heather Sweeney Designs Home Page
        </a>
    </p>
    <hr />
</body>
</html>
```

图 7—18　ReadSeminar. php 的 HTML 和 PHP 代码（续）

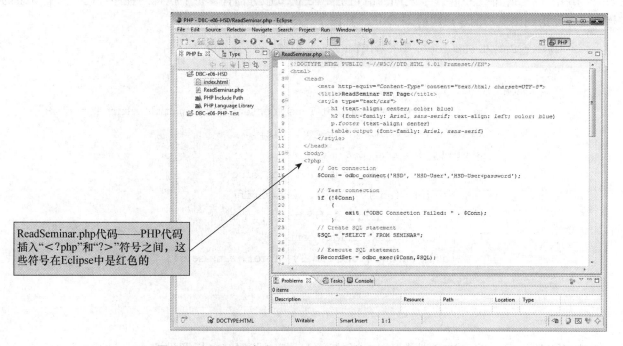

ReadSeminar.php代码——PHP代码插入"<?php"和"?>"符号之间，这些符号在Eclipse中是红色的

图 7—19　Eclipse 中 ReadSeminar. php 的 HTML 和 PHP 代码

341

如果你在 Web 浏览器中使用 URL http://localhost/DBC/HSD，然后单击 Example 1: Display the SEMINAR Table（No surrogate key）链接，显示的网页如图 7—20 所示。

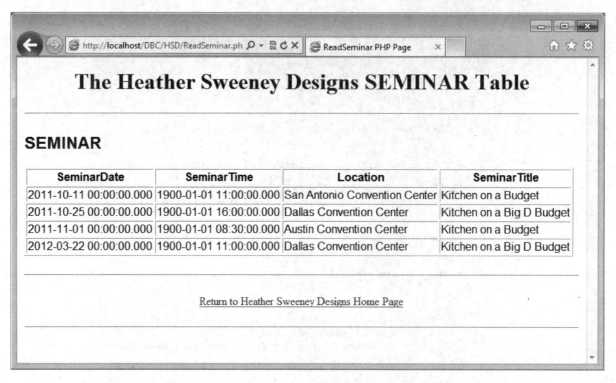

图 7—20　ReadSeminar. php 的结果

ReadSeminar. php 的代码融合 HTML（在用户的工作站上执行）和 PHP 语句（在 Web 服务器上执行）。在图 7—18 中，"<?php" 和 "?>" 之间的语句是要在 Web 服务器计算机上执行的程序代码。所有其余的代码是生成和发送到浏览器的客户端的 HTML。在图 7—18 中，语句：

```
<!DOCTYPE HTML PUBLIC "-//W3C//DTD HTML 4.01 Frameset//EN">
<html>
    <head>
        <meta http-equiv = "Content-Type" content = "text/html; charset = UTF-8">
        <title>ReadSeminar PHP Page</title>
        <style type = "text/css">
            h1 {text-align: center; color: blue}
            h2 {font-family: Ariel, sans-serif;
                text-align: left; color: blue}
            p. footer {text-align: center}
            table. output {font-family: Ariel, sans-serif}
        </style>
    </head>
<body>
```

是正常的 HTML 代码。当发送到浏览器时，语句：（1）把浏览器窗口标题设置为 ReadSeminarPHP Page，

（2）定义标题样式、结果表和页脚，（3）会导致其他的 HTML 相关的一些行为。① 下一组语句包含在 "＜？php" 和 "？＞" 之间，因此这是会在 Web 服务器上执行的 PHP 代码。另外注意，所有的 PHP 语句，如 SQL 语句，必须用分号（；）结束。

创建数据库连接

在图 7—18 所示的 HTML 和 PHP 代码中，下面的 PHP 代码嵌入 HTML 代码中来创建和测试数据库连接：

```
＜?php
        //Get connection
        $ Conn = odbc_connect('HSD', 'HSD-User',
        'HSD-User + password');
        //Test connection
        if (! $ Conn)
        {
                exit ("ODBC Connection Failed: ". $ Conn);
        }
```

运行后，变量 $ Conn 可用于连接到 ODBC 数据源 HSD。注意，所有的 PHP 变量都以美元符号（$）开始。

BTW

请务必使用注释来记录你的网页。以两个斜线（//）开头的 PHP 代码段是注释。这个符号用来定义单行注释。在 PHP 中，注释也可以成段插入在符号 "/*" 和 "*/" 之间，而在 HTML 中注释必须插入到符号 "＜!—" 和 "—＞" 之间。

连接用来打开 HSD ODBC 数据源。这里，我们在第 6 章中创建的用户 ID "HSD-User" 和密码 "HSD-User＋password" 被用来认证数据库管理系统。

连接测试包含在如下代码段中：

```
//Test connection
if (! $ Conn)
{
        exit ("ODBC Connection Failed: ". $ Conn);
}
```

在英语中，这个语句是说，"如果连接 $ Conn 不存在，那么输出错误消息 'ODBC Connection Failed：' 之后是变量 $ Conn 的内容"。注意，代码（! $Conn）表示 NOT $ Conn——PHP 中的感叹号（!）表示 NOT。

此时，已通过 ODBC 数据源建立了到 DBMS 的连接，数据库是开放的。$ Conn 变量可以在任何需要连接到数据库时使用。

创建记录集

已经有了与开放数据库的连接，图 7—18 中的代码段将在变量 $ SQL 中存储一个 SQL 语句，然后使用 PHP odbc _ exec 命令来运行该 SQL 语句以便对数据库检索查询结果并将其存储在变量 $ RecordSet中：

```
//Create SQL statement
```

---

① 样式用来控制网页的视觉效果，在 "＜style＞" 和 "＜/style＞" 标签之间的 HTML 部分中定义。有关样式的更多信息，请参阅 David Raggett 的教程 "Adding a Touch of Style"，地址为 www. w3. org/MarkUp/Guide/Style. html.

```
$ SQL = "SELECT * FROM SEMINAR";
//Execute SQL statement
$ RecordSet = odbc_exec( $ Conn, $ SQL);
//Test existence of recordset
if ( ! $ objRecordSet)
{
        exit ("SQL Statement Error：". $ SQL);
}
? >
```

注意，你需要再次测试结果，以确保 PHP 命令正确执行。

显示结果

现在，记录集已创建和填充，我们可以用下面的代码处理记录集合：

```
<!— Page Headers —>
<h1>
        The Heather Sweeney Designs SEMINAR Table
</h1>
<hr/>
<h2>
        SEMINAR
</h2>
<?php
    //Table headers
    echo "<table class = 'output' border = '1'>
        <tr>
                <th>SeminarDate</th>
                <th>SeminarTime</th>
                <th>Location</th>
                <th>SeminarTitle</th>
        </tr>";
    //Table data
    while( $ RecordSetRow = odbc_fetch_array( $ RecordSet))
        {
        echo "<tr>";
        echo "<td>". $ RecordSetRow['seminarDate']. "</td>";
        echo "<td>". $ RecordSetRow['seminarTime']. "</td>";
        echo "<td>". $ RecordSetRow['Location']. "</td>";
        echo "<td>". $ RecordSetRow['seminarTitle']. "</td>";
        echo "</tr>";
        }
    echo "</table>";
```

HTML 部分定义页头，PHP 部分定义如何在一个表格式中显示 SQL 结果。注意，PHP 命令 echo 的使用使 PHP 可以在 PHP 代码部分用 HTML 语法。还要注意的是，执行一个循环是为了使用 PHP 变量 ＄RecordSetRow 在数据集的行之间迭代。

断开数据库连接

现在，我们已经完成了 SQL 语句的运行及结果显示，我们可以用如下代码从数据库断开连接：

```
//Close connection
odbc_close( ＄Conn );

?>
```

我们在这里创建的基本页面说明了使用 ODBC 和 PHP 连接到数据库以及处理在 Web 数据库处理应用中的数据的基本概念。你可以在此基础上学习 PHP 的命令语法和把额外的 PHP 特性结合到你的网页。关于 PHP 的更多信息，请参见 www. php. net/docs. php 上的 PHP 文档。

用 PHP 更新表

前面的 PHP 网页的例子只可以读取数据。下一个示例显示了如何用 PHP 给表添加行来更新表中的数据。图 7—21 显示了我们需要对 HSD 的 index. html 文件做的修改，以链接到我们要创建的新页面——在创建新的页面之前要修改 index. html 文件。图 7—22 显示了网络浏览器中修改后的 HSD 主页。图 7—23 显示了一个网页数据录入表单，它将会捕获新的研讨会数据，并在 HSD SEMINAR 表中创建一个新的行。这个表有四个数据输入字段：Seminar Date 和 Seminar Time 字段是文本框，用户可以在这里输入新的研讨会的日期和时间，而 Location 和 Seminar Title 字段为下拉列表，控制可能值以确保其拼写正确。图 7—24 显示了表中输入的数据，并演示了如何使用 "Select Seminar Location" 下拉框从列表中选择位置值（本例中为 Houston Convention Center）。

```html
<p>Example 1:   
            <a href="ReadSeminar.php">
                    Display the SEMINAR Table (No surrogate key)
            </a>
</p>
<!-- New Code Added Here -->
<p>Example 2:   
            <a href="NewSeminarForm.html">
                    Add a New Seminar to the SEMINAR Table
            </a>
</p>
<!-- New Code Added to Here -->
<hr />
</body>
</html>
```

图 7—21　修改 HSD 文件夹中的 index. html 文件的 HTML 代码

当用户点击**添加新的研讨会**（"Add New Seminar"）按钮时，新的研讨会被添加到数据库中。如果结果是成功的，则会显示图 7—25 中的网页，这也显示了添加了新行的 SEMINAR 表。我们已经通过增加一个将于 2012 年 6 月 23 日下午两点在休斯敦会议厅举行的希瑟的 Kitchen on a Budget 研讨会对页面进行了测试。

这种处理需要两个 PHP 页面。如图 7—26 所示，第一个是数据输入表单。它还包含表单标签：

<form action = "InsertNewSeminar.php" method = "POST">

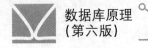

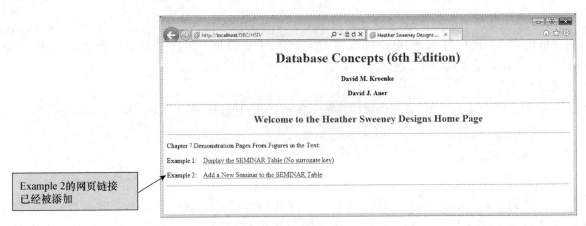

Example 2的网页链接
已经被添加

图 7—22　修改后的 HSD Web 主页

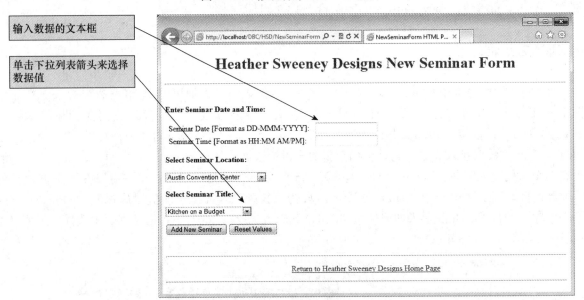

输入数据的文本框

单击下拉列表箭头来选择
数据值

图 7—23　NewSeminarForm 网页

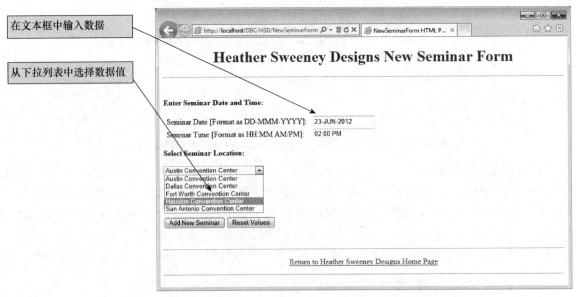

在文本框中输入数据

从下拉列表中选择数据值

图 7—24　在 NewSeminarForm 网页中输入数据值

图 7—25　SEMINAR 表中的新研讨会数据

这个标签定义了一个页面上的表单部分，这一部分被设置为获取数据输入值。这种表单只有一个数据输入值：表名。**POST 方法**（POST method）是指一个过程，它使表中的数据（在这里是 Seminar Date，Seminar Time，Location 和 Seminar Title）传递到 PHP 服务器，因此它可以被用于名为 $ _ POST 的数组变量。需要注意的是 $ _POST 是一个数组，因而可以有多个值。另一种方法是 GET，但是 POST 可以携带更多的数据，而我们现在用不到这个重要的区别。表单标签的第二个参数是 action，它被设置为 InsertNewSeminar. php。此参数告诉 Web 服务器，当它收到来自此表单的响应时，它应该把数据值存储到 $ _ POST 数组中，并传递控制到 InsertNewSeminar. php 页面。

页面的其余部分是标准的 HTML，用另外的<select><option> … </option></select>结构在表单中创建一个下拉列表。注意，第一个选择的名称是 Location，第二个选择的名称是 SeminarTitle。

当用户点击"Add New Seminar"按钮时，这些数据会被 AddNewSeminar 页处理。图 7—27 显示了 AddNewSeminar 页面的代码，当收到来自表单的响应时该页面会被激活。注意，INSERT 语句的变量值来自于 $ _POST[] 数组。首先，我们为 $ _POST 版本的名字创建短的变量名，然后我们使用这些短的变量名创建 SQL INSERT 语句。因此：

```
//Create short variable names
//Create short variable names
$ SeminarDate = $ _POST["SeminarDate"];
$ SeminarTime = $ _POST["SeminarTime"];
$ Location = $ _POST["Location"];
$ SeminarTitle = $ _POST["SeminarTitle"];
//Create SQL statement to INSERT new data
$ SQLINSERT = "INSERT INTO SEMINAR ";
```

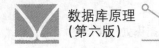

```
$ SQLINSERT. = "VALUES('$ SeminarDate',
    '$ SeminarTime', '$ Location', '$ SeminarTitle')";
```

```
!DOCTYPE html PUBLIC "-//W3C//DTD HTML 4.01 Strict//EN" "http://www.w3.org/TR/html4/strict.dtd">
<html>
    <head>
        <meta http-equiv="Content-Type" content="text/html; charset=UTF-8">
        <title>NewSeminarForm HTML Page</title>
        <style type="text/css">
            h1 {text-align: center; color: blue}
            h2 {font-family: Ariel, sans-serif; text-align: left; color: blue}
            p.footer {text-align: center}
            table.output {font-family: Ariel, sans-serif}
        </style>
    </head>
    <body>
        <form action="InsertNewSeminar.php" method="POST">
        <!--  Page Headers -->
        <h1>
            Heather Sweeney Designs New Seminar Form
        </h1>
        <hr />
        <br />
        <p>
            <b>Enter Seminar Date and Time:</b>
        </p>
        <table>
            <tr>
                <td> Seminar Date [Format as DD-MMM-YYYY]:  </td>
                <td>
                    <input type="text" name="SeminarDate" size="16" />
                </td>
            </tr>
            <tr>
                <td> Seminar Time [Format as HH:MM AM/PM]:  </td>
                <td>
                    <input type="text" name="SeminarTime" size="16" />
                </td>
            </tr>
        </table>
        <p>
            <b>Select Seminar Location:</b>
        </p>
        <select name="Location">
            <option value="Austin Convention Center">Austin Convention Center</option>
            <option value="Dallas Convention Center">Dallas Convention Center</option>
            <option value="Fort Worth Convention Center">Fort Worth Convention Center</option>
            <option value="Houston Convention Center">Houston Convention Center</option>
            <option value="San Antonio Convention Center">San Antonio Convention Center</option>
        </select>
        <br />
        <p>
            <b>Select Seminar Title:</b>
        </p>
        <select name="SeminarTitle">
            <option value="Kitchen on a Budget">Kitchen on a Budget</option>
            <option value="Kitchen on a Big D Budget">Kitchen on a Big D Budget</option>
        </select>
        <br /><p>
            <input type="submit" value="Add New Seminar" />
            <input type="reset" value="Reset Values" />
        </p>
    </form>

        <br />
        <hr />
        <p class="footer">
            <a href="../HSD/index.html">
                Return to Heather Sweeney Designs Home Page
            </a>
        </p>
        <hr />
    </body>
</html>
```

图 7—26　NewSeminarForm. html 的 HTML 代码

```
<!DOCTYPE HTML PUBLIC "-//W3C//DTD HTML 4.01 Frameset//EN">
<html>
    <head>
        <meta http-equiv="Content-Type" content="text/html; charset=UTF-8">
        <title>InsertNewSeminar PHP Page</title>
        <style type="text/css">
            h1 {text-align: center; color: blue}
            h2 {font-family: Ariel, sans-serif; text-align: left; color: blue}
            p.footer {text-align: center}
            table.output {font-family: Ariel, sans-serif}
        </style>
    </head>
    <body>
    <?php
        // Get connection
        $DSN = "HSD";
        $User = "HSD-User";
        $Password = "HSD-User+password";

        $Conn = odbc_connect($DSN, $User, $Password);

        // Test connection
        if (!$Conn)
            {
                exit ("ODBC Connection Failed: " . $Conn);
            }
        // Create short variable names
        $SeminarDate = $_POST["SeminarDate"];
        $SeminarTime = $_POST["SeminarTime"];
        $Location = $_POST["Location"];
        $SeminarTitle = $_POST["SeminarTitle"];

        // Create SQL statement to INSERT new data
        $SQLINSERT = "INSERT INTO SEMINAR ";
        $SQLINSERT .= "VALUES('$SeminarDate', '$SeminarTime', '$Location', '$SeminarTitle')";

        // Execute SQL statement
        $Result = odbc_exec($Conn, $SQLINSERT);

        // Test existence of result
        echo "<h1>
            The Heather Sweeney Designs SEMINAR Table
        </h1>
        <hr />";
        if ($Result){
        echo "<h2>
            New Seminar Added:
        </h2>
        <table>
            <tr>";
            echo "<td>Seminar Date:</td>";
            echo "<td>" . $SeminarDate . "</td>";
            echo "</tr>";
            echo "<tr>";
            echo "<td>Seminar Time:</td>";
            echo "<td>" . $SeminarTime . "</td>";
            echo "</tr>";
            echo "<tr>";
            echo "<td>Location:</td>";
            echo "<td>" . $Location . "</td>";
```

图 7—27　AddNewSeminar. php 文件的 HTML/PHP 代码

349

```
            echo "</tr>";
            echo "<td>Seminar Title:</td>";
            echo "<td>" . $SeminarTitle . "</td>";
            echo "</tr>";
        echo "</table><br /><hr />";
        }
        else {
            exit ("SQL Statement Error: " . $SQL);
        }

    // Create SQL statement to read SEMINAR table data
    $SQL = "SELECT * FROM SEMINAR";

    // Execute SQL statement
    $RecordSet = odbc_exec($Conn,$SQL);

    // Test existence of recordset
    if (!$RecordSet)
        {
            exit ("SQL Statement Error: " . $SQL);
        }
    // Table headers
    echo "<table class='output' border='1'>
        <tr>
            <th>SeminarDate</th>
            <th>SeminarTime</th>
            <th>Location</th>
            <th>SeminarTitle</th>
        </tr>";

    // Table data
    while($RecordSetRow = odbc_fetch_array($RecordSet))
        {
        echo "<tr>";
        echo "<td>" . $RecordSetRow['SeminarDate'] . "</td>";
        echo "<td>" . $RecordSetRow['SeminarTime'] . "</td>";
        echo "<td>" . $RecordSetRow['Location'] . "</td>";
        echo "<td>" . $RecordSetRow['SeminarTitle'] . "</td>";
        echo "</tr>";
        }
    echo "</table>";

    // Close connection
    odbc_close($Conn);
?>
    <br />
    <hr />
    <p class="footer">
        <a href="../HSD/index.html">
            Return to Heather Sweeney Designs Home Page
        </a>
    </p>
    <hr />
</body>
</html>
```

图7—27　AddNewSeminar. php 文件的 HTML/PHP 代码（续）

注意**PHP 连接符**（PHP concatenation operator）（. =）（点加等于号）是用来连接 SQL INSERT 语句的两部分的。举另外一个例子，要用变量 me，meself 和 I 创建名为 $ AllOfUs 的变量，可以用如下语句：

```
$ AllOfUs = "me,";
$ AllOfUs. = "myself, ";
$ AllOfUs. = "and I";
```

350

大部分代码是不言自明的，但要确保你了解它是如何工作的。

Web 数据库处理的挑战

HTTP 的一个重要特征是复杂的 Web 数据库应用程序处理。具体来说，HTTP 是**无状态的**（stateless），它没有提供用于维护请求之间的会话。浏览器端的客户使用 HTTP，对 Web 服务器提出请求。服务器接受客户端请求，将结果发送回浏览器，并不与客户互动。来自同一客户端的第二次请求被视为一个来自一个新的客户端的新的请求。不会保留任何数据来保持会话或与客户端的连接。

这种特性不会给服务内容带来任何问题，无论是静态的网页还是对数据库查询的响应。然而，对于需要在一个原子事务中进行多次数据库操作的应用来说，这是不可接受的。回想一下第 6 章，在某些情况下，需要将一组数据库操作作为一个事务，这些操作需要都提交到数据库或都不提交到数据库。在这种情况下，Web 服务器或其他程序必须增大 HTTP 的基本功能。

例如，IIS 提供了维护多个 HTTP 请求和响应之间的会话数据的特性和功能。利用这些特性和功能，Web 服务器上的应用程序可以保存数据到浏览器及保存来自浏览器的数据。特定的会话会与一组特定的数据集结合。这样，应用程序就可以启动一个事务，与浏览器端的用户进行多次交互，为数据库做中间变换，并在事务结束时提交或回滚所有变化。其他方法用 Apache 提供会话和会话数据。

在某些情况下，应用程序必须创建它们自己的方法来跟踪会话数据。PHP 包括了对会话的支持——请参阅 PHP 文档了解更多信息。

会话管理的细节超出本章的范围。然而，你应该知道，HTTP 是无状态的，不考虑 Web 服务器，额外的代码必须被添加到数据库应用程序来启用事务处理。

SQL 注入攻击

我们的 Web 数据库应用程序的网页是只读的例子。要做一个真正有用的 Web 数据库应用程序，就必须有让我们输入并读取数据的网页。

但是，当我们做这项工作的时候，必须谨慎创建输入网页，否则我们的网页可能有 **SQL 注入攻击**（SQL injection attack）漏洞。SQL 注入攻击类似于我们在第 6 章中讨论的应用程序级安全性的例子，并尝试给 DBMS 发出 SQL 命令。例如，假设一个网页被用来更新用户的电话号码，因此需要用户输入新的电话号码。Web 应用程序之后会使用 PHP 代码来创建和运行一个 SQL 语句，如：

```
// Create SQL statement
$ varSQL = "UPDATE CUSTOMER SET PHONE = '$ NewPhone'";
$ varSQL. = "WHERE CustomerID = '$ CustomerID'";
// Execute SQL statement
    $ RecordSet = odbc_exec( $ Conn, $ varSQL);
```

如果不仔细检查 NewPhone 的输入值，攻击者有可能使用一个输入值，如：

```
678-345-1234; DELETE FROM CUSTOMER;
```

如果这个输入值被接受并执行 SQL 语句，如果 Web 应用程序在 CUSTOMER 表上有 DELETE 权限，我们可能会失去 CUSTOMER 表中的所有数据。因此，必须非常仔细地构建 Web 数据库应用来提供数据检查，并确保只授予必要的数据库权限。

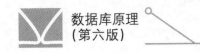

数据库处理和 XML

XML 是一个标准的定义文档的结构和从一台计算机到另一台计算机传输文件的方法。XML 对数据库处理很重要，因为它提供了一种将数据提交到数据库并接收从数据库返回的结果的标准化手段。XML 是一个大型的、复杂的课题，需要好多本书才能充分说明。在这里，我们触及基本面并进一步解释为什么 XML 对数据库的处理是很重要的。

XML 的重要性

数据库处理和文档处理彼此依赖。数据库处理需要文档处理传输数据库视图，文档处理需要数据库处理存储和操纵数据。20 世纪 90 年代早期，Web 开发和数据库社区开始相遇，它们的工作成果成为 XML。

XML 提供了一种标准化但尚未定制的方式来描述文件的内容。因此，它可以被用来形容任何数据库的视图，但只是以标准化的方式。数据库的数据可以自动从 XML 文档中提取。定义文档组件如何映射到数据库架构组件有标准化的方式，反之亦然。今天，XML 被用于多种用途。其中最重要的是作为一个标准化的方法来定义和交流在 Internet 上处理的文档。

XML 作为一种标记语言

XML 是一种标记语言，HTML 在几个方面显著优于 HTML。首先，XML 清楚地区分文档的结构、内容和物化。XML 有处理它们的设施，并且它们不能混为一谈，而在 HTML 中它们可以混用。

其次，XML 是标准化的，但是，正如其名称所暗示的，标准允许开发者扩展。使用 XML，你没有局限于一组固定的用 <h1>…</h1> 和 <p>…</p> 等标签的**元素**集。相反，你可以创建自己的标签。

再次，XML 强制使用一致的标签。HTML 标签可用于不同的目的。例如，考虑下面的 HTML：

<h2>HSD Seminar Data</h2>

虽然<h2>标签结构可用于在网页中结构化地标记二级标题，但它也可以用于其他目的，比如，使 "HSD Seminar Data" 以特定的字体大小、粗细和颜色显示。因为 HTML 标记具有许多潜在用途，你不能依赖于 HTML 标签来描述 HTML 页面的结构。

与此相反，一个 XML 文档的结构被正式定义。标签之间有已经定义的相互关系。如果你看到 XML 标记 <city>…</city>，你就明确知道你有什么数据，该数据属于文件中的什么位置，该标签与其他标签是什么关系。

XML 和数据库处理

XML 要如何进行数据库处理？最初 XML 文件是如何生成的？此外，在一家公司已经收到并验证 XML 文档之后，它如何把该文件中的数据放置到它的数据库中？

答案是使用数据库应用程序。这样的应用程序可以被写入以接受 XML 文档和提取数据并存储到数据库中。一种方式是扩展 SQL 使 SQL 语句的结果以 XML 格式生成。例如，图 7—32 显示了下面的 SQL 语句，它使用了 **SQL FOR XML 子句**（SQL FOR XML clause），在 SQL Server 上运行：

```
/ **** SQL-QUERY-CH07-01 **** /
SELECT *
FROM    SEMINAR
        FOR XML AUTO, ELEMENTS;
```

注意，在图7—28中，消息窗口中的输出（在这种格式下在一个单元格中）是一个超链接。点击超链接产生的XML输出如图7—29所示。

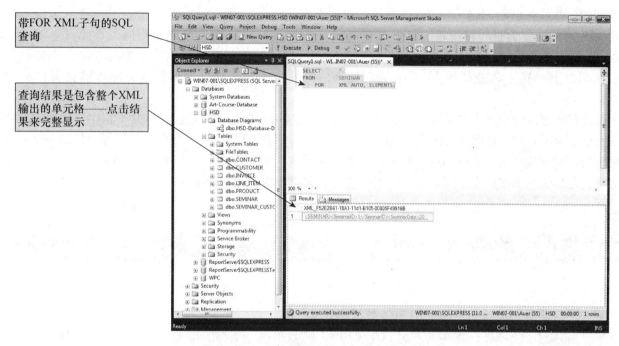

图7—28 一个 FOR XML 的 SQL 查询语句

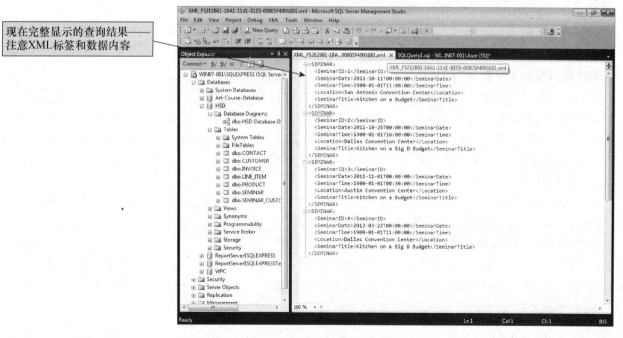

图7—29 FOR XML 的 SQL 查询的结果

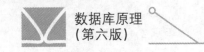
XML Web 服务

用 XML 传送数据库中的数据特别重要，因为一个称为 XML Web 服务的新标准的开发。**XML Web 服务**〔XML Web Services，或简称为 **Web 服务**（Web Services）〕涉及几个标准，其中包括 XML。这使用了 XML 创建数据标签的能力，XML Web 服务是在 Web 上共享程序功能的元素的一种方法。

例如，假设你已经创建了一个转换货币的数据库应用程序。你的程序将接收到用一种货币表示的资金量，并将其转换为另一种货币。你可以把美元转换为墨西哥比索，把欧元转换为日元，等等。使用 XML Web 服务，你可以在网上发布你的数据库应用程序，其他程序也可以使用你的程序，就好像它在自己的机器上一样。对它们来说，好像它们使用的是一个本地程序，即使你的程序可能会在世界的另一边。

也许你听过这样一句话"互联网是电脑"。当通过互联网连接的不同电脑可以共享程序，好像它们都在同一台机器上时，这句话便成为现实。当数据库应用程序被写成 XML Web 服务时，世界上任何一台计算机都可以使用标准接口访问数据库应用程序，好像对使用这些应用程序的机器来说，这些应用程序就是本地的。详情超出了本书的讨论范围，但现在 Web 服务在网络环境中是无处不在的。[①]

Access 工作台

第 7 节 　使用 Microsoft Access 的 Web 数据库处理

现在，我们已经建立了 Wallingford 汽车公司 CRM 数据库，是时候开发一个 Web 应用程序让 Wallingford 汽车公司销售人员在 Web 上访问它了。在本部分，你会：

- 建立一个 Wallingford 汽车公司的 Web 主页。
- 创建 ODBC 数据源访问 WMCRM 数据库。
- 构建一个 Web 页面显示客户接触数据。

创建客户联系人视图

我们希望在网页中显示一个客户接触列表。该列表将包含 CONTACT 和 CUSTOMER 表的数据组合。为了简化这个过程，我们会定义一个名为 viewCustomerContacts 的视图。SQL 视图在附录 E 中讨论，如果你没有学习这个材料，那请你花几分钟来阅读并动手做附录 E 的"Access 工作台"这一节。正如那里讨论的，在 Microsoft Access 中一个视图只是一个简单的被保存的查询。图 AW—7—1 显示了 viewCustomerContacts 查询的详细信息。

这里没有什么新的内容。你知道如何创建 Microsoft Access QBE 查询，所以创建并保存 viewCustomerContacts 查询。当你完成后，关闭 WMCRM 数据库和 Microsoft Access。

Wallingford 汽车公司的 Web 主页

我们创建 Wallingford 汽车公司（WM）网页的步骤和本章中为希瑟·斯威尼设计创建网页的步骤相同。我们将创建一个文件夹来存放网站文件，并在该文件夹中建立一个名为 index. html 的主页。WM index. html

---

　① 关于 XML 的更多信息，请参见：David M. Kroenke and David J. Auer，*Database Processing：Fundamental，Design，and Implementation*，12th Edition (Upper Saddle River，NJ：Prentice Hall，2012)：Chapter 11。

页面的 HTML 代码如图 AW—7—2 所示。①

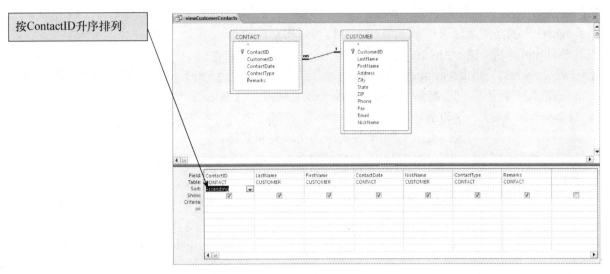

按ContactID升序排列

图 AW—7—1　viewCustomerContacts 查询

```
<!DOCTYPE html PUBLIC "-//W3C//DTD HTML 4.01 Strict//EN"
     "http://www.w3.org/TR/html4/strict.dtd">
<html>
    <head>
        <meta http-equiv="Content-Type" content="text/html; charset=ISO-8859-1">
        <title>Wallingford Motors CRM Demonstration Pages Home Page</title>
    </head>
    <body>
        <h1 style="text-align: center; color: blue">
            Database Concepts (6th Edition)
        </h1>
        <h2 style="font-family: Ariel, sans-serif; text-align: center">
            The Access Workbench
        </h2>
        <hr />
        <h2 style="text-align: center; color: blue">
            Welcome to the Wallingford Motors Home Page
        </h2>
        <hr />
        <p>The Access Workbench Section 7 Web Pages:</p>
        <p>Report 1:   
            <a href="CustomerContacts.php">
                Display the Customer Contacts List (viewCustomerContacts)
            </a>
        </p>
        <hr />
    </body>
</html>
```

图 AW—7—2　WM 文件夹中的 index. html 文件的 HTML 代码

图 AW—7—2 中的代码可以用于任何文本编辑器或网页编辑器，但是对于我们的目的最简单的编辑器是

---

① 如果你使用的是 Windows XP 的 IIS 5.1，没有添加 index. html 到 Web 服务器的默认文档列表，那么现在按照 336 页注释②中的步骤做。

Microsoft Notepad ASCII 文本编辑器。记事本是不花哨，但它能够完成这项工作，产生整齐的 HTML（键入的是什么就是什么），并预装了 Windows。下面的步骤描述了如何使用记事本创建这个文件，但如果你已经学会了本章中所描述的如何使用 Eclipse IDE，你可以用它代替。

创建 Wallingford 汽车公司网站：

1. 选择 "Start" | "All Programs" | "Accessories" | "Windows Explorer" 打开 Windows 资源管理器。在 "My Computer" 中展开 C：驱动器，将显示 wwwroot 文件夹。请参见图 7—10。

2. 打开 wwwroot 文件夹以显示 DBC 文件夹。

3. 点击 DBC 文件夹对象以显示 DBC 文件夹中的文件夹和文件。

4. 在文件面板中右键单击任意位置，显示快捷菜单。单击 "New"，然后单击 "Folder"。

5. 新的文件夹命名为 WM。

6. 在文件树面板（左侧面板）中展开 DBC 文件夹，然后单击新的 WM 文件夹对象显示 WM 文件夹（空的）中的文件夹和文件。

7. 在文件面板（右侧面板）的任意位置单击右键，显示快捷菜单。单击 "New"，然后单击 "Text Document"。

8. 把新的文本文件命名为 index. html。当你完成文件重命名后，"Rename" 对话框就会出现警告，你正在改变文件扩展名。在 "Rename" 对话框中点击 "Yes" 按钮。

9. 右键单击 index. html 文件显示快捷菜单。单击 "Open With"，然后单击 "Notepad"。

10. 在记事本，输入图 AW—7—2 所示的文字到打开的 index. html 文件中。图 AW—7—3 显示了记事本中的 HTML 代码。

图 AW—7—3　记事本中的 index. html 文件

11. 使用记事本 "File" | "Save" 菜单命令来保存 index. html 文件。

12. 关闭记事本。

记事本是一个很好的、基本的文本编辑器，可在每个运行 Windows 操作系统的工作站上获取。然而，专用的网页编辑器使用 HTML 和 PHP 文本做更高级的工作。图 AW—7—4 显示了正在 Eclipse 中编辑的 index. html 文件。

查看 Wallingford 汽车公司网站：

1. 打开 Windows Internet Explorer 或其他浏览器。

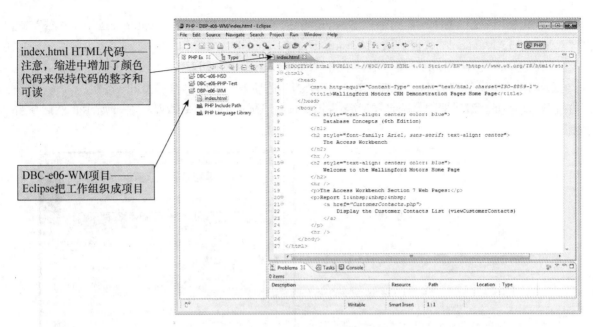

index.html HTML代码——注意，缩进中增加了颜色代码来保持代码的整齐和可读

DBC-e06-WM项目——Eclipse把工作组织成项目

图 AW—7—4　Eclipse 中的 index. html 文件

2. 在地址框中键入 URL http：//localhost/DBC/WM 并按下"Enter"键。WM 主页出现在 Web 浏览器中，如图 AW—7—5 所示。

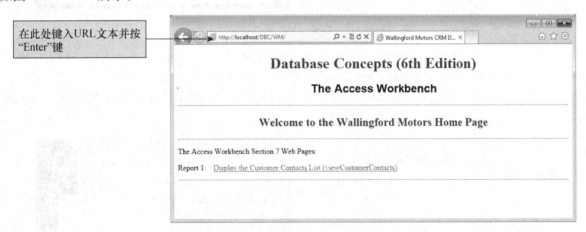

在此处键入URL文本并按"Enter"键

图 AW—7—5　Wallingford 汽车公司主页

3. 关闭 Web 浏览器。

选择数据库文件

你将处理 Wallingford 汽车公司 CRM 数据库，所以把"My Documents"文件夹（已经包含了 viewCustomerContacts 查询）中的 WMCRM. accdb 文件拷贝到 WM 网站文件夹。

创建 ODBC 数据源

我们已经安装了基本的 Wallingford 汽车公司网站。现在，我们需要创建 ODBC 数据源。同样，我们要按照与本章概述类似的步骤进行。

创建的 WM 系统数据源：

1. 点击"Start"按钮，打开 Windows 的"Control Panel"，然后点击"Control Panel"。[如果你像附录 I 中所描述的那样，已经把数据源（ODBC）图标添加到 Windows "Start"菜单，那么单击"Data Sources（ODBC）"图标并直接到第 4 步。]

数据库原理
（第六版）

2. 在"Control Panel"窗口中，单击"System and Security"，以显示"System and Security"窗口，然后单击"Administrative Tools"，以显示"Administrative Tools"窗口。

3. 在"Administrative Tools"窗口中，单击"Data Sources（ODBC）"的快捷方式图标。

4. 在ODBC数据源管理器中，单击"System DSN"选项卡，然后单击"Add"按钮。

5. 在创建新数据源对话框中，选择"Microsoft Access Driver"，如图AW—7—6所示，然后单击"Finish"按钮。

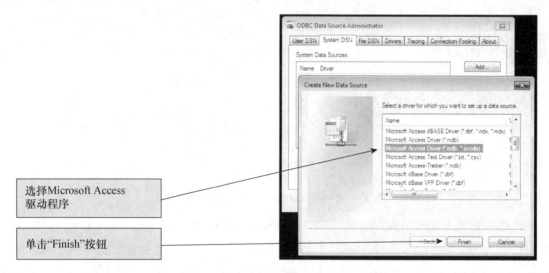

图AW—7—6　选择"Microsoft Access Driver"

6. "ODBC Microsoft Access Setup"对话框出现。在"Data Source Name"文本框中，键入"WM"。在"Description"文本框中，键入"Wallingford Motors CRM on Microsoft Access 2010"。

7. 单击"Database：Select"按钮，然后在"Select Database"对话框中浏览到WMCRM.accdb数据库，如图AW—7—7所示。

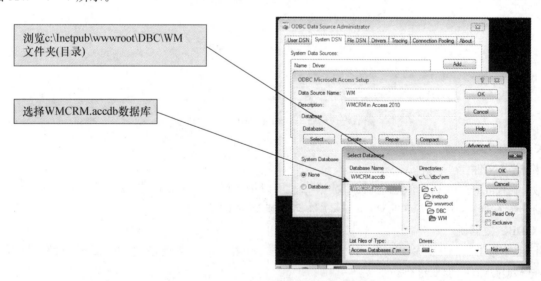

图AW—7—7　选择WMCRM.accdb数据库

8. 点击"OK"按钮关闭"Select Database"对话框。

9. 点击"OK"按钮关闭"ODBC Microsoft Access Setup"对话框。

358

10. 点击"OK"按钮关闭 ODBC 数据源管理。

创建 PHP 页面

现在，我们需要创建一个 PHP，我们将其命名为 CustomerContacts. php，它可以查询数据库并显示返回的数据。图 AW—7—8 显示了 CustomerContacts. php 的代码。

```html
<!DOCTYPE HTML PUBLIC "-//W3C//DTD HTML 4.01 Frameset//EN">
<html>
    <head>
            <meta http-equiv="Content-Type" content="text/html; charset=UTF-8">
            <title>CustomerContacts PHP Page</title>
            <style type="text/css">
                    h1 {text-align: center; color: blue}
                    h2 {font-family: Ariel, sans-serif; text-align: left; color: blue}
                    p.footer {text-align: center}
                    table.output {font-family: Ariel, sans-serif}
            </style>
    </head>
    <body>
    <?php

            // Get connection
            $Conn = odbc_connect('WM', '', '');

            // Test connection
            if (!Conn)
                {
                        exit ("ODBC Connection Failed: " . $Conn);
                }
            // Create SQL statement
            $SQL = "SELECT * FROM viewCustomerContacts";

            // Execute SQL statement
            $RecordSet = odbc_exec($Conn,$SQL);

            // Test existence of recordset
            if (!$RecordSet)
                {
                exit ("SQL Statement Error: " . $SQL);
                }
    ?>
            <!-- Page Headers -->
            <h1>
                    The Wallingford Motors CRM Customer Contacts List
            </h1>
            <hr />
            <h2>
                    viewCustomerContacts
            </h2>
    <?php
            // Table headers
            echo "<table class='output' border='1'>
                    <tr>
                            <th>ContactID</th>
                            <th>LastName</th>
                            <th>FirstName</th>
                            <th>ContactDate</th>
                            <th>NickName</th>
                            <th>Type</th>
                            <th>Remarks</th>
                    </tr>";
```

图 AW—7—8　CustomerContacts. php 的 PHP 代码

```
        // Table data
        while($RecordSetRow = odbc_fetch_array($RecordSet))
            {
            echo "<tr>";
            echo "<td>" . $RecordSetRow['ContactID'] . "</td>";
            echo "<td>" . $RecordSetRow['LastName'] . "</td>";
            echo "<td>" . $RecordSetRow['FirstName'] . "</td>";
            echo "<td>" . $RecordSetRow['ContactDate'] . "</td>";
            echo "<td>" . $RecordSetRow['NickName'] . "</td>";
            echo "<td>" . $RecordSetRow['Type'] . "</td>";
            echo "<td>" . $RecordSetRow['Remarks'] . "</td>";
            echo "</tr>";
            }
    echo "</table>";

        // Close connection
        odbc_close($Conn);
    ?>

        <br />
        <hr />
        <p class="footer">
            <a href="../WM/index.html">Return to Wallingford Motors Home Page</a>
        </p>
        <hr />
    </body>
</html>
```

图 AW—7—8　CustomerContacts. php 的 PHP 代码（续）

我们将在 Eclipse IDE 创建 CustomerContacts. php 文件，你也可以使用 Microsoft Notepad ASCII。我们将文件存储在 WM 文件夹。图 AW—7—9 显示了正在 Eclipse 中编辑的 CustomerContacts. php 文件。

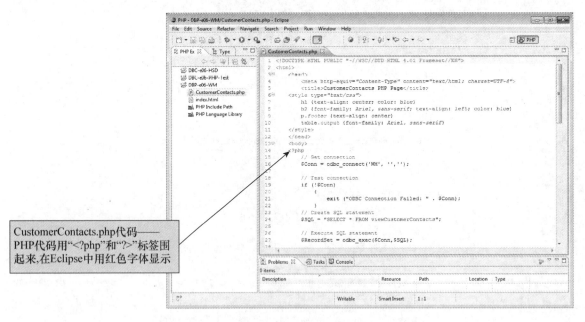

CustomerContacts.php代码——PHP代码用"<?php"和"?>"标签围起来,在Eclipse中用红色字体显示

图 AW—7—9　Eclipse 中的 CustomerContacts. php 文件

运行 PHP 页面

现在，你可以尝试 CustomerContacts. php 文件。

使用 CustomerContacts. php 文件：

1. 打开 Internet Explorer 或其他 Web 浏览器。

2. 在地址文本框中键入 URL http：//localhost/DBC/WM，按"Enter"键。WM 主页显示在 Web 浏览器中。

3. 点击"Display the Customer Contacts List（viewCustomerContacts）"超链接。出现 Web 页，如图 AW—7—10 所示。

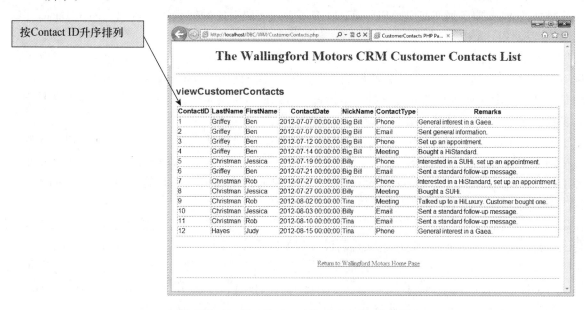

图 AW—7—10　CustomerContacts. php 的结果

4. 关闭 Web 浏览器。

结束语

WMCRM 数据库和 Microsoft Access 2010 都没有打开，所以你不必将它们关闭。现在，你就知道如何从一个 Web 页面连接到 Microsoft Access 数据库了。

小　结

本章介绍了 Web 数据库处理和可扩展标记语言（XML）。

数据库不仅在规模、范围和用户数量上不同，而且处理的方式也不同。一些数据库仅提供查询、表格、报表处理；一些数据库用 ASP 和 JSP 处理，它们使用互联网技术来发布数据库应用；一些数据库由传统的应用程序进行处理；一些数据库用存储过程和触发器处理。其他数据库用所有这些类型的应用处理，有成百上千的并发用户。

Web 数据库处理系统包括使用浏览器通过 HTTP 连接到 Web 服务器处理通信和数据库应用程序的用户。该数据库的应用程序通过 DBMS 处理数据库。在两层系统中，Web 服务器和数据库管理系统驻留在同一台计算机上，但就性能和安全性方面的原因，这不是一个很好的配置。更好的是一个三层系统，Web 服务器和数据库管理系统驻留在不同的计算机上。更高容量的系统使用一个以上的 Web 服务器，并可能使用多个数据库服务器集群。

如果 Web 服务器主机运行 Windows，Web 服务器软件通常是 IIS。IIS 处理 HTTP 和 ASP。ASP 是 HTML 和脚本代码的混合。数据库应用逻辑通常用这些脚本来处理。如果 Web 服务器主机运行 Linux 或 Unix，那么 Web 服务器软件通常是 Apache。

361

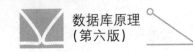

数据库原理
（第六版）

每个 DBMS 都拥有自己的 API。开放式数据库连接（ODBC）标准提供了一个接口，数据库应用程序可以通过这个接口访问和处理独立于 DBMS 方式的关系数据源。ODBC 包括应用程序、DBMS 驱动程序和数据源组件。单级和多线的驱动程序已经定义。这三种类型的数据源名称是文件、系统和用户。建议 Web 服务器使用系统数据源。定义一个系统数据源名称的过程包括指定驱动程序的类型和数据库中待处理的身份。

微软最新的 Web 服务器产品是 ASP.NET。有了它，面向对象的编程语言，如 Visual Basic.NET，C♯和 C++都可以使用。ASP.NET 页面都被编译，但没有被翻译。

HTTP 是无状态的，这个事实使得 Web 数据库处理起来比较复杂。当处理原子事务时，应用程序必须包括逻辑以提供会话状态。通过何种方式做到这一点取决于所使用的 Web 服务器和语言。

PHP（PHP：超文本处理器）是一种脚本语言，可以嵌入到网页中。PHP 非常普遍且简单易学，它可以用在大多数的 Web 服务器环境中并且可以与大多数数据库一起使用。

对于创建复杂的页面，你需要一个集成开发环境（IDE）。IDE 为你提供最强大的和用户友好的方式来创建和维护网页。Microsoft Visual Studio、Java 用户的 NetBeans 以及开放源码的 Eclipse IDE 都是很好的集成开发环境。Microsoft Visual Studio 和 Eclipse 都可以提供通过附加模块修改的框架。对于 PHP，Eclipse 的修改称为 Eclipse PDT 项目，专门用于提供 PHP 开发环境。

使用 XML 正成为定义文件并将它们发送到另一台计算机的标准方式。它逐渐被用于在数据库应用程序之间传送数据。XML 标签是不固定的，文件的设计师可以延长它们。

尽管 XML 可以用来实现 Web 页面，更重要的是它可以用来描述、显示、物化数据库视图。XML 是一种比 HTML 更好的标记语言，主要是由于 XML 提供了明确区分文件结构、内容和物化。此外，XML 标签没有歧义。

SQL Server、Oracle Database 和 MySQL 可以从数据库数据生成 XML 文档。SQL Server 支持一个附加到 SQL SELECT 语句的 FOR XML 表达式。可以将 FOR XML 用于生成 XML 文档，其中的所有数据表示为属性或元素。

XML 是很重要的，因为它有利于组织之间共享 XML 文档（数据库中的数据也一样）。定义 XML 架构后，企业可以确保它们只接收和发送模式有效的文档。此外，XSLT 文件可以被编码来把任何来源的模式有效的 XML 文档变换为其他标准格式。

XML Web 服务包括几个标准，这些标准使程序功能在网络上得以发布或使用。由于 XML Web 服务，计算机程序可以在网上使用数据库应用程序，仿佛该应用程序是在本地机器上。XML Web 服务使互联网成为一个大型计算机。

关键术语

.NET
?>
<?php
活动数据对象（ADO）
Active Server Pages.NET
（ASP.NET）
ADO.NET
AMP
Apache
应用程序接口（API）

http://localhost
超文本标记语言（HTML）
iisstart.asp
index.html
inetpub 文件夹
集成开发环境（IDE）
Internet 信息服务（IIS）
Internet 信息服务管理器
Java 服务器页面（JSP）
LAMP

PHP：超文本处理器
POST 方法
PHP 连接符（.=）
简单对象访问协议
单层驱动程序
SQL FOR XML 子句
SQL 注入攻击
无状态的
存储过程
系统数据源

数据源   localstart. asp   三层架构

数据源名称（DSN）   多层驱动程序   触发器

默认 Web 站点文件夹   ODBC 架构   两层架构

文档类型定义（DTD）   ODBC 数据源管理器   用户数据源

驱动程序   ODBC DBMS 驱动   WAMP

Eclipse IDE   ODBC 驱动程序管理器   Web 服务

Eclipse PDT（PHP 开发工具）项目   OLE DB   万维网集团（W3C）

可扩展标记语言（XML）   开放数据库连接（ODBC）   wwwroot 文件夹

文件数据源   PHP   XHTML

HTML 文档标签   XML 模式   HTML 语法规则

XML Web 服务

复习题

7.1   描述五种不同的处理数据库的方法（使用图 7—2）。

7.2   总结本章中描述的处理表格中的问题。

7.3   用你自己的话描述传统数据库处理应用的性质。

7.4   什么是触发器？如何使用触发器？

7.5   列举三种触发器的名称。

7.6   什么是存储过程？如何使用存储过程？

7.7   说明为什么数据环境是复杂的。

7.8   列举 Web 数据库应用的主要组件。

7.9   如本章所述，Web 服务器的两个主要功能是什么？

7.10   说明两层架构与三层架构的区别。

7.11   什么是 IIS？它有什么功能？

7.12   缩写 ASP 和 JSP 代表什么？

7.13   什么是 ASP. NET？

7.14   什么是 Apache？它有什么功能？

7.15   什么是 AMP，LAMP，WAMP？

7.16   说明 ODBC，OLE DB 和 ADO 之间的关系。

7.17   列举 ODBC 标准的组件。

7.18   驱动管理器有什么作用？

7.19   DBMS 驱动程序服务有什么作用？

7.20   什么是单层驱动程序？

7.21   什么是多层驱动程序？

7.22   说明三种类型的 ODBC 数据源之间的差异。

7.23   建议 Web 服务器使用哪种 ODBC 数据源类型？

7.24   什么是 API？它有什么功能？

7.25   什么是超文本标记语言（HTML）？它有什么功能？

7.26 什么是 HTML 文档的标签，以及如何使用它们？

7.27 万维网联盟（W3C）是什么？

7.28 为什么 index.html 是一个重要的文件名？

7.29 PHP 是什么？它有什么功能？

7.30 如何在 Web 页面中指定 PHP 代码？

7.31 如何在 PHP 代码中指定评论？

7.32 如何在 HTML 代码中指定评论？

7.33 什么是集成开发环境（IDE），如何使用它？

7.34 Eclipse IDE 是什么？

7.35 什么是 Eclipse PDT 项目？

7.36 写一段创建数据库连接的 PHP 代码。解释代码的意义。

7.37 写一段创建记录集的代码。解释代码的意义。

7.38 写一段显示记录集内容的 PHP 代码。解释代码的意义。

7.39 写一段从数据库断开连接的 PHP 代码。解释代码的意义。

7.40 对于 HTTP，无状态是什么意思？

7.41 在什么情况下的无状态会给数据库处理带来问题？

7.42 总体而言，使用 HTTP 时如何使用数据库应用程序管理会话？

7.43 翻译如 <h1>…</h1> 等标签时的问题是什么？

7.44 什么是 XML？

7.45 XML 与 HTML 有什么不同？

7.46 说明为什么 XML 是可扩展的。

7.47 总体而言，说明为什么 XML 对数据库的处理是很重要的。

7.48 在 SQL 语句中的 FOR XML 表达式的目的是什么？

7.49 XML Web 服务的目的是什么？

练 习

7.50 在此练习中，你将在 DBC 文件夹中创建一个 Web 页，并把它链接到 HSD 文件夹中的 HSD 网页。

A. 图 7—30 显示了一个 DBC 文件夹 Web 页面的 HTML 代码。注意，该页面名称是 index.html，与 HSD 文件夹中的网页名称相同。这不是问题，因为这些文件是在不同的文件夹中。在 DBC 文件夹中创建 index.html 网页。

B. 图 7—31 显示了为 HSD 文件夹中 index.html 文件的 HSD 网页的代码添加了一些额外的 HTML。用这些代码更新 HSD index.html 文件。

C. 测试页面。在你的 Web 浏览器中输入 http://localhost/DBC，显示 DBC 主页。从那里，你应该可以通过使用每个页面上的超链接在两个页面之间来回移动。注意，你可能需要在使用 HSD 主页使链接回到 DBC 主页以正常工作时单击 Web 浏览器中的"Refresh"按钮。

7.51 为希瑟·斯威尼设计创建一个 Web 页显示 CUSTOMER 表中的所有数据。添加一个超链接到 HSD 主页访问该页面。

```
<!DOCTYPE html PUBLIC "-//W3C//DTD HTML 4.01 Strict//EN"
"http://www.w3.org/TR/html4/strict.dtd">
<html>
    <head>
        <meta http-equiv="Content-Type" content="text/html; charset=ISO-8859-1" />
        <title>DBC-e05 Home Page</title>
    </head>
    <body>
        <h1 style="text-align: center; color: blue">
            Database Concepts (6th Edition) Home Page
        </h1>
        <hr />
        <h3 style="text-align: center">
            Use this page to access Web-based materials from Chapter 7 of:
        </h3>
        <h2 style="text-align: center; color: blue">
            Database Concepts (6th Edition)
        </h2>
        <p style="text-align: center; font-weight: bold">
            David M. Kroenke
        </p>
        <p style="text-align: center; font-weight: bold">
            David J. Auer
        </p>
        <hr />
        <h3>Chapter 7 Demonstration Pages From Figures in the Text:</h3>
        <p>
            <a href="HSD/index.html">
                Heather Sweeney Designs Demonstration Pages
            </a>
        </p>
        <p>
            <a href="WM/index.html">
                Wallingford Motors CRM Demonstration Pages
            </a>
        </p>
        <hr />
    </body>
</html>
```

图 7—30   DBC 文件夹中的 index.html 文件的 HTML 代码

```
        <p>Chapter 7 Demonstration Pages From Figures in the Text:</p>
        <p>Example 2:   
            <a href="NewSeminarForm.html">
                Add a New Seminar to the SEMINAR Table
            </a>
        </p>
        <hr />
<!-- NEW CODE STARTS HERE -->
        <p style="text-align: center">
            <a href="../index.html">
                Return to the Database Concepts Home Page
            </a>
        </p>
        <hr />
<!-- NEW CODE ENDS HERE -->
    </body>
</html>
```

图 7—31   DBC 文件夹中的 index.html 文件的 HTML 修改

7.52   为希瑟·斯威尼设计创建一个 Web 页来显示 CUSTOMER 表中客户的 EmailAddress，Last-

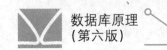

Name，FirstName 和 Phone of customers。添加一个超链接到 HSD 主页访问该页面。

7.53 为希瑟·斯威尼设计创建网页显示 SEMINAR _ CUSTOMER 表中的数据。添加一个超链接到 HSD 主页访问该页面。

7.54 为希瑟·斯威尼设计创建一个 Web 页显示 SEMINAR _ CUSTOMER 表中 SeminarID＝3 的 SEMINAR 的数据。添加一个超链接到 HSD 主页访问该页面。

7.55 为希瑟·斯威尼设计创建一个 Web 页显示 SEMINAR，SEMINAR _ CUSTOMER 和 CUSTOMER 表中的数据，列出参加了 SeminarID＝3 的 SEMINAR 的任何 CUSTOMER 的 SEMINAR 数据以及 EmailAddress，LastName，FirstName 和 Phone。添加一个超链接到 HSD 主页访问该页面。

7.56 编写两个 HTML/PHP 页面，把一个新的 CUSTOMER 添加到 HSD 数据库中。创建两个新客户的数据并把它们添加到数据库中，以验证你的页面可以工作。

Access 工作台练习

AW.7.1 如果你还没有完成练习 7.50，现在就做。

AW.7.2 把 WM 网页链接到 DBC 网页。

AW.7.3 利用 WMCRM 数据库，编写一个 PHP 网页显示 SALESPERSON 中的数据。在 WM 网页上添加超链接访问该页面。利用你的数据库，验证你的页面可以工作。

AW.7.4 利用 WMCRM 数据库，编写一个 PHP 网页显示 VEHICLE 中的数据。在 WM 网页中添加超链接访问该页面。使用你的数据库，验证你的页面可以工作。

AW.7.5 利用 WMCRM 数据库，创建名为 viewSalespersonVehicle 的视图，使它包括 SALESPERSON 和 VEHICLE 表中的所有列。编写一个 PHP 网页，显示 viewSalespersonVehicle。在 WM 网页上添加超链接访问该页面。利用你的数据库，验证你的页面可以工作。

AW.7.6 利用 WMCRM 数据库，编写两个 HTML/PHP 页面，添加新客户到 WMCRM 数据库。创建两个新客户的数据，并把它们添加到数据库中，以验证你的页面可以工作。

玛西娅干洗店案例问题

玛西娅·威尔逊女士拥有并经营玛西娅干洗店，这是一个在富裕的郊区附近的高档干洗店。玛西娅通过提供卓越的客户服务使得她的企业在竞争中脱颖而出。她希望记录每一个客户和他们的订单。最终，她要通过电子邮件通知他们衣服已经洗好了。

假设玛西娅已经聘请你作为数据库顾问来开发一个名为 MDC 的操作数据库，包含以下四个表：

CUSTOMER (CustomerID1, FirstName, LastName, Phone, Email)
INVOICE (InvoiceNumber, *CustomerID*, DateIn, DateOut, Subtotal, Tax, TotalAmount)
INVOICE _ ITEM (*InvoiceNumber*, ItemNumber, *ServiceID*, Quantity, UnitPrice, ExtendedPrice)
SERVICE (ServiceID, ServiceDescription, UnitPrice)

Microsoft Access 2010 版本的 MDC 数据库和 SQL 脚本可以被 Microsoft SQL Server 2012、Oracle 数

据库 11g 第 2 版和 MySQL 5.5 用来创建和填充 MDC 数据库在 www. pearsonhighered. com/kroenke 上的概念网站。CUSTOMER 表的样例数据如图 7—32 所示，SERVICE 表的样例数据如图7—33所示，IN-VOICE 表的样例数据如图 7—34 所示，图 7—35 所示的为 INVOICE _ ITEM 表的样例数据。

CustomerID	FirstName	LastName	Phone	Email
100	Nikki	Kaccaton	723-543-1233	Nikki. Kaccaton@somewhere. com
105	Brenda	Catnazaro	723-543-2344	Brenda. Catnazaro@somewhere. com
110	Bruce	LeCat	723-543-3455	Bruce. LeCat@somewhere. com
115	Betsy	Miller	723-654-3211	Betsy. Miller@somewhere. com
120	George	Miller	723-654-4322	George. Miller@somewhere. com
125	Kathy	Miller	723-514-9877	Kathy. Miller@somewhere. com
130	Betsy	Miller	723-514-8766	Betsy. Miller@elsewhere. com

图 7—32 CUSTOMER 表的样例数据

ServiceID	ServiceDescription	UnitPrice
10	Men's Shirt	$ 1. 50
11	Dress Shirt	$ 2. 50
15	Women's Shirt	$ 1. 50
17	Blouse	$ 3. 50
20	Slacks—Men's	$ 5. 00
25	Slacks—Women's	$ 6. 00
30	Skirt	$ 5. 00
31	Dress Skirt	$ 6. 00
40	Suit—Men's	$ 9. 00
45	Suit—Women's	$ 8. 50
50	Tuxedo	$ 10. 00
60	Formal Gown	$ 10. 00

图 7—33 SERVICE 表的样例数据

InvoiceNumber	CustomerID	DateIn	DateOut	SubTotal	Tax	TotalAmount
2012001	100	04-Oct-12	06-Oct-12	$ 158. 50	$ 12. 52	$ 171. 02
2012002	105	04-Oct-12	06-Oct-12	$ 25. 00	$ 1. 98	$ 26. 98
2012003	100	06-Oct-12	08-Oct-12	$ 55. 00	$ 3. 87	$ 58. 87
2012004	115	06-Oct-12	08-Oct-12	$ 17. 50	$ 1. 38	$ 18. 88
2012005	125	07-Oct-12	11-Oct-12	$ 12. 00	$ 0. 95	$ 12. 95
2012006	110	11-Oct-12	13-Oct-12	$ 152. 50	$ 12. 05	$ 164. 55
2012007	110	11-Oct-12	13-Oct-12	$ 7. 00	$ 0. 55	$ 7. 55
2012008	130	12-Oct-12	14-Oct-12	$ 140. 50	$ 11. 10	$ 151. 60
2012009	120	12-Oct-12	14-Oct-12	$ 27. 00	$ 2. 13	$ 29. 13

图 7—34 INVOICE 表的样例数据

InvoiceNumber	ItemNumber	ServiceID	Quantity	UnitPrice	ExtendedPrice
2012001	1	16	2	$ 3.50	$ 7.00
2012001	2	11	5	$ 2.50	$ 12.50
2012001	3	50	2	$ 10.00	$ 20.00
2012001	4	20	10	$ 5.00	$ 50.00
2012001	5	25	10	$ 6.00	$ 60.00
2012001	6	40	1	$ 9.00	$ 9.00
2012002	1	11	10	$ 2.50	$ 25.00
2012003	1	20	5	$ 5.00	$ 25.00
2012003	2	25	4	$ 6.00	$ 24.00
2012004	1	11	7	$ 2.50	$ 17.50
2012005	1	16	2	$ 3.50	$ 7.00
2012005	2	11	2	$ 2.50	$ 5.00
2012006	1	16	5	$ 3.50	$ 17.50
2012006	2	11	10	$ 2.50	$ 25.00
2012006	3	20	10	$ 5.00	$ 50.00
2012006	4	25	10	$ 6.00	$ 60.00
2012007	1	16	2	$ 3.50	$ 7.00
2012008	1	16	.3	$ 3.50	$ 10.50
2012008	2	11	12	$ 2.50	$ 30.00
2012008	3	20	8	$ 5.00	$ 40.00
2012008	4	25	10	$ 6.00	$ 60.00
2012009	1	40	3	$ 9.00	$ 27.00

图 7—35 INVOICE_ITEM 表的样例数据

A. 在你的 DBMS 中创建一个名为 MDC 的数据库，并使用你的 DBMS 的 MDC SQL 脚本来创建和填充数据库表。创建一个用户，名为 MDC-User 的用户，密码为 MDC-User＋password。该用户分配到数据库角色，使用用户可以读取、插入、删除和修改数据。

B. 如果你还没有完成练习 7.50，现在就做。

C. 添加新的名为 MDC 的文件夹到 DBC 网站。在这个文件夹中为玛西娅干洗店创建一个 Web 页面，使用文件名 index.html。链接此页面。

D. 为你的数据库创建相应的 ODBC 数据源。

E. 为 INVOICE 添加一个新列 Status。假设 Status 的值可以是 ['Waiting', 'In-process', 'Finished', 'Pending']。

F. 创建一个名为 CustomerInvoiceView 的视图，包含列 LastName，FirstName，Phone，InvoiceNumber，DateIn，DateOut，Total 和 Status。

G. 编写一个 PHP 页面显示 CustomerInvoiceView。利用你的样例数据库，验证你的页面可以工作。

H. 编写两个 HTML/PHP 页面来接收数据值 AsOfDate，显示 CustomerInvoiceView 中 DateIn 大于或等于 AsOfDate 的行。利用你的样例数据库来验证你的网页可以工作。

I. 编写两个 HTML/PHP 页面接收客户 Phone，LastName，和 FirstName，并显示与其匹配的客户的行。利用你的样例数据库来验证你的网页可以工作。

丽园项目问题

如果你还没有在 DBMS 产品中实施第 3 章中的丽园数据库，现在在你所选择的 DBMS 中（或由你的导师分配）创建和填充丽园数据库。

A. 创建一个用户名为 GG-User 的用户，密码为 GG-User＋password。为该用户分配数据库角色，使用户可以读取、插入、删除和修改数据。

B. 如果你还没有完成练习 7.50，现在就做。

C. 给 DBC 网站添加名为 GG 的新文件夹。在这个文件夹中为丽园创建一个 Web 页面——使用文件名 index.html。链接此页到 DBC 网页。

D. 为你的数据库创建相应的 ODBC 数据源。

E. 利用 PHP 编写一个 Web 页面来显示 PROPERTY 中的数据。在 GG 网页上添加超链接来访问该页面。使用你的数据库，验证你的页面可以工作。

F. 利用 PHP 编写一个 Web 页面显示 SERVICE 中的数据。在 GG 网页上添加超链接来访问该页面。使用你的数据库，验证你的页面可以工作。

G. 创建一个名为 Property_Service_View 的视图，显示 PROPERTY.PropertyID、PropertyName，SERVICE.EmployeeID、ServiceDate 和 HoursWorked。使用 PHP 编写一个 Web 页面显示 Property_Service_View 中的数据。在 GG 网页添加超链接访问该页面。利用你的数据库，验证你的页面可以工作。

H. 编写两个 HTML/PHP 页面，添加一个新客户到 GG 数据库。创建两个新客户的数据并把它们添加到数据库中以验证你的页面可以工作。

詹姆斯河珠宝项目问题

詹姆斯河珠宝项目问题见在线附录 D，它可以直接从教材的网站上下载：www.pearsonhighered.com/kroenke。

安妮女王古玩店项目问题

如果你尚未在 DBMS 产品中实现第 3 章中安妮女王古玩店数据库，现在在你所选择（或由你的导师分配）的 DBMS 中创建和填充 QACS 数据库。

A. 创建一个用户名为 QACS-User 的用户，密码为 QACS-User＋password。为该用户分配数据库角色，使用户可以读取、插入、删除和修改数据。

B. 如果你还没有完成练习 7.50，现在就做。

C. 给 DBC 网站添加新的名为 QACS 的文件夹。在这个文件夹中为安妮女王古玩店创建一个 Web 页面——使用文件名 index.html。链接此页到 DBC 网页。

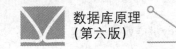
D. 为你的数据库创建相应的 ODBC 数据源。

E. 利用 PHP 编写一个 Web 页面显示 SALE 中的数据。在 QACS 网页上添加超链接来访问该页面。使用你的数据库，验证你的页面可以工作。

F. 利用 PHP 编写一个 Web 页面显示 ITEM 的数据。在 QACS 网页上添加超链接来访问该页面。使用你的数据库，验证你的页面可以工作。

G. 创建一个名为 Sale_Item_Item_View 的视图，显示 SALE. SaleID、SALE_ITEM、SaleItemID，SALE. SaleDate，ITEM. ItemDescription 和 SALE_ITEM. ItemPrice。使用 PHP 编写一个 Web 页面显示 Sale_Item_Item_View 中的数据。在 QACS 网页添加一个超链接来访问该页面。使用你的数据库，验证你的页面可以工作。

H. 编写两个 HTML/PHP 页面，添加一个新的 CUSTOMER 到 QACS 数据库。创建两个新的 CUSTOMER 的数据并把它们添加到数据库中以验证你的页面可以工作。

第8章
大数据、数据仓库及商务智能系统

本章目标

- 了解大数据、结构化存储、MapReduce 过程的基本概念
- 了解数据仓库和数据集市的基本概念
- 了解多维数据库的基本概念
- 了解商务智能（BI）系统的基本概念
- 了解联机分析处理（OLAP）的基本概念

本章介绍的主题建立在你在本书前七章学习的内容的基础上。现在，我们已经设计和建立了一个数据库，准备把它投入工作。在第 7 章中，我们构建了一个 Web 数据库应用程序。本章关注伴随迅速扩大的被存储和应用于企业信息系统以及一些用来解决这些问题的技术的数据量而出现的问题。这些问题一般包含在处理**大数据**（big data）的需要中，这是现在网站应用——如搜索工具（例如，谷歌和 Bing）与 Web 2.0 社交网络（例如，Facebook，LinkedIn 和 Twitter）产生的巨大数据集的术语。虽然这些新的和非常明显的 Web 应用程序正在突出处理大型数据集的问题，但这些问题已经存在于其他领域，如作为科研和商业运作的领域。[①]

大数据究竟有多大？图 8—1 定义了一些数据存储容量的常用术语。需要注意的是计算机存储是基于二进制数（基数为 2）计算的，而不是我们平常用的更熟悉的十进制数（基数为 10）。因此，千字节为 1 024 字节而不是通常认为的 1 000 字节。

名称	符号	近似值	实际值
Byte			8 字节［存储一个字符］
Kilobyte	KB	约 10^3	$2^{10}=1\,024$ 字节
Megabyte	MB	约 10^6	$2^{20}=1\,024$ KB
Gigabyte	GB	约 10^9	$2^{30}=1\,024$ MB
Terabyte	TB	约 10^{12}	$2^{40}=1\,024$ GB
Petabyte	PB	约 10^{15}	$2^{50}=1\,024$ TB
Exabyte	EB	约 10^{18}	$2^{60}=1\,024$ PB
Zettabyte	ZB	约 10^{21}	$2^{70}=1\,024$ EB
Yottabyte	YB	约 10^{24}	$2^{80}=1\,024$ ZB

图 8—1　存储容量术语

---

① 如需更多信息，请参阅维基百科关于大数据的文章，http://en.wikipedia.org/wiki/Big_data。

371

如果我们考虑本书编写时人们通常用的台式机和笔记本电脑（2012 年早期），快速网上查询显示正在出售的笔记本的容量高达 750 MB，而一些台式机可达到 2 TB。

这仅仅是针对一台电脑。据报道 Facebook 在其数据库中可处理超过 400 亿张照片。[①] 如果一个典型的数码照片大约是 2 MB，这就需要约 9.3 PB 的存储空间！

作为大数据的另一个度量，亚马逊报道，2010 年 11 月 29 日产生了 1 370 万件产品的订单。这就是说平均每秒 158 个产品订单。[②] Amazon.com 还报道了在 2010 年的假日旺季销售巅峰的一天，其全球网络出货量超过 900 万件，运送到 178 个国家。如此大额度的主要业务交易（产品销售）和支持事务（运费、跟踪和金融交易）确实需要 Amazon.com 处理大数据。

随着时间的推移，处理越来越大的数据集的需要不断增长。我们将着眼于这一增长的一些组件。我们将以业务分析师使用商务智能（BI）分析大数据集和简要了解 BI 系统开始，特别是在线分析处理（OLAP），以及为它们的使用而设计的数据仓库结构。然后，我们将了解一下分布式数据库、集群服务器，最后是不断变化的 NoSQL 系统。

在本章中，我们将继续使用希瑟·斯威尼设计（HSD）数据库，我们已经在第 4 章建立，在第 5 章设计，在第 6 章创建，并在第 7 章为它构建了一个 Web 数据库应用程序。该数据库的名称是 HSD，图 8—2 所示为 HSD 数据库的 Microsoft SQL Server 2012 的数据库图解。

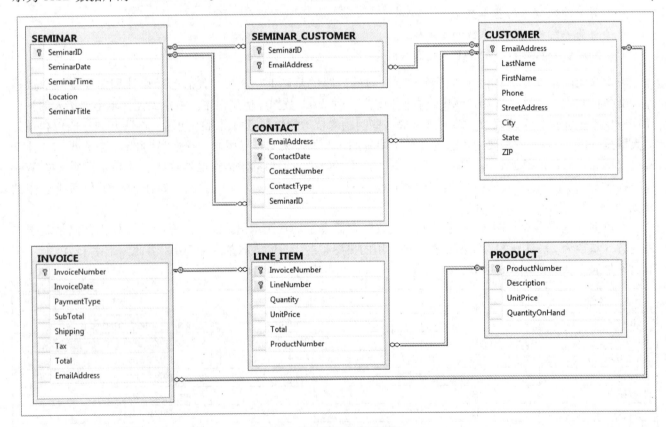

图 8—2 HSD 数据库图解

① 维基百科关于大数据的文章可见 http://en.wikipedia.org/wiki/Big_data（2012 年 1 月访问）。
② Amazon.com, "Third-Generation Kindle Now the Bestselling Product of All Time on Amazon Worldwide", News release, December 27, 2010. 见 http://phx.corporate-ir.net/phoenix.zhtml? c = 176060&p = irol-newsArticle&ID = 1510745&highlight=（2012 年 1 月访问）。

商务智能系统

商务智能 (BI) 系统 [business intelligence (BI) systems] 是能够协助管理人员和其他专业人士分析当前和过去的活动以及对未来的事件进行预测的信息系统。与事务处理系统不同的是，它们不支持业务活动，如记录和订单处理。相反，BI 系统是用来支持管理评估、分析、规划、控制和最终决策的。

业务系统和 BI 系统的联系

图 8—3 总结了业务和商务智能系统之间的关系。**业务系统**（operational systems），如销售、采购和库存控制系统，支持主要业务活动。它们使用一个 DBMS 既能从运营数据库读取数据，又能把数据存储到业务数据库中。它们也被称为**交易系统**（transactional systems）或**联机事务处理 (OLTP) 系统** [online transaction processing (OLTP) systems]，因为它们记录持续不断的商业交易流。

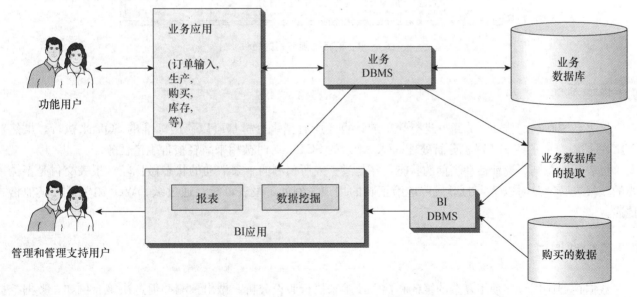

图 8—3　业务应用和 BI 应用之间的联系

除了支持主要业务活动，BI 系统还支持管理分析和决策活动 BI 系统从三种可能来源获取数据。首先，它们读取并处理业务数据库中存在的数据，它们使用业务数据库管理系统（DBMS）来获得这样的数据，但它们不插入、修改、删除业务数据。其次，BI 系统处理从业务数据库中提取的数据。在这种情况下，它们使用 BI DBMS 管理抽取数据库，这可能和业务 DBMS 有异同。最后，BI 系统读取从数据供应商购买的数据。

我们在在线附录 J 中将着眼于 BI 系统的更多细节，但现在我们将总结 BI 系统的基本要素。

报表系统和数据挖掘应用

BI 系统分为两大类：报表系统和数据挖掘应用。**报表系统**（reporting systems）排序、筛选、分组和对业务数据做基础运算。相比之下，**数据挖掘应用**（data mining applications）执行复杂的数据分析，这些分析通常涉及复杂的统计和数学处理。图 8—4 总结了 BI 应用的特性。

- 报表系统
  - 筛选、排序、分组和进行基础运算
  - 总结当前状态
  - 对比当前状态与过去或预测状态
  - 对实体分类（客户，产品，雇员，等等）
  - 报表交付至关重要
- 数据挖掘应用
  - 经常使用复杂的统计和数学技术
  - 用于：
    - what-if 分析
    - 预测
    - 决策
  - 结果经常成为其他报告或系统的一部分

图 8—4　商务智能应用的特性

报表系统

报表系统筛选、排序、分组并进行简单的计算。所有报表分析都可以使用标准的 SQL 来执行，虽然对 SQL 的扩展，如那些用于**联机分析处理**（OLAP）的 SQL，有时被用来减轻报告生产任务。

报表系统总结了商业活动当前的状态，并与过去或所预测的未来活动的状态做比较。报表交付是至关重要的。报表必须及时以适当的形式传送给正确的用户。例如，报表可能会通过纸、Web 浏览器或其他格式传递。

数据挖掘应用

数据挖掘应用程序使用复杂的统计和数学技术来执行假设分析，做出预测并促进决策。例如，数据挖掘技术可以分析过去的手机使用情况，并预测哪些客户可能切换到竞争对手的电话公司。或者，数据挖掘可用于分析过去的贷款行为，以确定哪些客户最可能（或至少）拖欠贷款。

报表交付对数据挖掘系统没有对报表系统那么重要。首先，大多数数据挖掘应用都只有很少的用户，并且这些用户有熟练的计算机技能。其次，数据挖掘分析的结果通常被并入其他一些报告、分析或信息系统。在使用手机的情况下，面临切换到另一家公司的危险的客户特征可能使销售部门采取行动。或者，一个用于确定拖欠贷款可能性的方程参数可能被引入贷款批准应用中。

数据仓库和数据集市

如图 8—3 所示，一些 BI 应用程序直接从业务数据库中读取和处理业务数据。虽然这对于简单报表系统和小型数据库来说是可能的，这些业务数据的直接读取对更加复杂的应用程序或更大的数据库是不可行的。业务数据很难使用，有以下几个原因：

- BI 应用程序的查询数据会对 DBMS 造成一个很大的负担，并会减慢业务应用的性能，这让人不能接受。
- BI 系统的建立和维护需要应用程序、设施和专业知识，这些通常都无法从经营中正式获得。
- 业务数据有一些限制其使用 BI 应用程序的问题。

因此，更大的组织通常处理一个单独的数据库，这个数据库是通过提取业务数据库构建的。

数据仓库组件

数据仓库（data warehouse）是一个数据库系统，有数据、程序和专门为 BI 处理准备数据的人员。图 8—5 显示了基本的数据仓库架构组件。数据通过**提取、转换和加载（ETL）系统**［extract, transform, and load（ETL）system］从业务数据库中读出，然后 ETL 系统为 BI 处理清理和准备数据。这是一个复杂的过程。

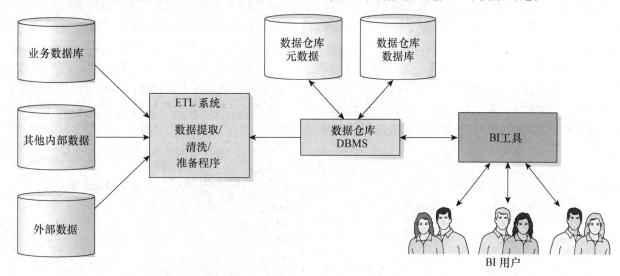

图 8—5　数据仓库的组件

首先，业务数据往往不能直接加载到 BI 应用。一些使用业务数据进行 BI 处理的问题包括：

- "脏数据"（例如，有问题的数据，比如客户的性别为 "G"，客户年龄为 "213"，美国的电话号码为 "999-999-9999"，或一个颜色为 "gren"）；
- 遗漏值；
- 不一致的数据（例如，已更改的数据，如客户的电话号码或地址）；
- 非集成的数据（例如，来自于两个或多个源的需要为 BI 使用进行结合的数据）；
- 不正确的格式（例如，所收集的数据要么太多数字，要么没有足够的数字，如当 BI 需要使用分钟衡量时以秒或小时衡量时间）；
- 太多的数据（例如，过量的列［属性］、行［记录］或两者都有）。

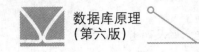

其次，数据在数据仓库中使用时可能需要被改变或变换。例如，业务系统可以使用标准的两个字母的国家代码存储数据，如 US（美国）和 CA（加拿大）。然而，利用数据仓库的应用程序可能需要使用国家的全名。因此，在数据装入数据仓库之前需要进行数据变换 $\{CountryCode \rightarrow CountryName\}$。

当数据准备使用时，ETL 系统将数据加载到数据仓库数据库。所提取的数据被存储在数据仓库数据库中，使用数据仓库 DBMS，这可能与组织的业务数据库来自不同的供应商。例如，一个组织可能会使用 Oracle 进行业务处理，但对于数据仓库则使用 SQL Server。

元数据关于数据的来源、格式、假设和约束条件以及其他元数据事实保存在**数据仓库元数据数据库**（data warehouse metadata database）。数据仓库 DBMS 向 BI 工具提供其数据的提取，如数据挖掘项目。

BTW

> 在 ETL 系统中被清除的有问题的业务数据也可用于更新业务系统以解决原始数据问题。

◻ 数据仓库 vs. 数据集市

你可以考虑一下在供应链中作为分销商的一个数据仓库。数据仓库从数据制造商（业务系统和购买的数据）获取数据，清理并处理它们，并且在数据仓库货架上定位数据。数据仓库中的工作人员是数据管理、数据清理、数据变换等方面的专家。然而，它们通常不是一个给定的业务功能的专家。

数据集市（data mart）是一个数据集合，比数据仓库中的数据集合小，解决一个特定的组件或功能区域的业务。数据集市像供应链中的一个零售商店。数据集市的用户从涉及一个特定的业务功能的数据仓库获取数据。这样的用户没有数据仓库的员工所拥有的数据管理专业知识，但他们能很好地分析给定的业务功能。

图 8—6 说明了这些关系。数据仓库从数据生产者获取数据并把数据分配到三个数据集市。一个数据集市为设计 Web 页面分析**点击流**（click-stream）数据。第二个数据集市为了培训销售人员分析店铺销售数据并确定哪些产品往往一起购买。第三个数据集市分析客户订单数据来减少在仓库挑选物品的劳动力（如 Amazon.com 等公司竭尽全力去组织它们的仓库以降低挑选费用）。

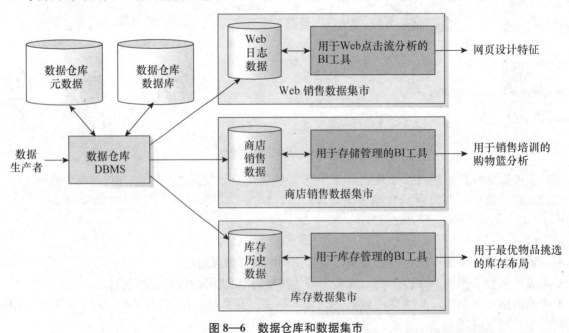

图 8—6　数据仓库和数据集市

当如图 8—6 所示的数据集市结构与数据仓库体系结构结合时，该系统称为**企业数据仓库（EDW）架构**〔enterprise data warehouse（EDW）architecture〕。在此格局中，数据仓库维护所有企业 BI 数据并作为提供给数据集市的数据提取的权威来源。数据集市所有的数据从数据仓库中接收，它们不添加或保持任何额外的数据。

当然，创建、任职和经营数据仓库和数据集市是十分昂贵的，只有财力雄厚的大型组织才能够负担得起运营如 EDW 一样的系统。规模较小的组织运作这些系统的子集。例如，它们可能只有一个单一的营销分析和推广数据的数据集市。

多维数据库

数据仓库或数据集市中的数据库建立是为了不同类型的数据库设计而不是用于业务系统的规范化的关系数据库。数据仓库数据库被设计为**多维数据库**（dimensional database），它是为高效的数据查询和分析而设计的。多维数据库用于存储历史数据而不仅仅是当前存储于业务数据库中的数据。图 8—7 比较了业务数据库和多维数据库。

业务数据库	多维数据库
用于结构交易数据处理	用于非结构分析性数据处理
利用当前数据	利用当前和历史数据
用户插入、更新和删除数据	系统地下载和更新数据，不是由用户执行

图 8—7　业务数据库和多维数据库的特征

由于多维数据库用于分析历史数据，因此它们必须设计为处理随时间改变而改变的数据。例如，客户可能已从一个住处搬到同一个城市的另一个住处，或可能已搬到另一个完全不同的城市和国家。这种类型的数据的安排被称为**渐变维度**（slowly changing dimension），为了跟踪这种变化，一个多维数据库必须有一个**日期维度**（data dimension）或**时间维度**（time dimension）。

星型模式

多维数据库使用星型模式而不是使用运营数据库使用的规范化数据库设计。星形模式，之所以这样命名是因为如图 8—8 所示，它看起来就像一个星星，星星的中间是一个**事实表**（fact table），**维度表**（dimension table）从中心辐射出去。事实表总是完全规范化的，但维度表可能是非规范化的。

图 8—8　星型模式

BTW

星型模式有一个更复杂的版本称为**雪花模式**（snowflake schema）。在雪花模式中，每个维度表都是规范化的，这可能会创建维度表额外的附表。

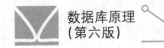

数据库原理
(第六版)

希瑟·斯威尼设计用作商务智能的名为 HSD-DW 的多维数据库的星形模式如图 8—9 所示。在 HSD-DW 数据库中创建表所需的 SQL 语句如图 8—10 所示,在 HSD-DW 数据库中的数据如图 8—11 所示。将此模型与图 8—2 所示的 HSD 数据库图表进行比较,并注意 HSD-DW 数据库中的数据如何在 HSD-DW 模式中使用。

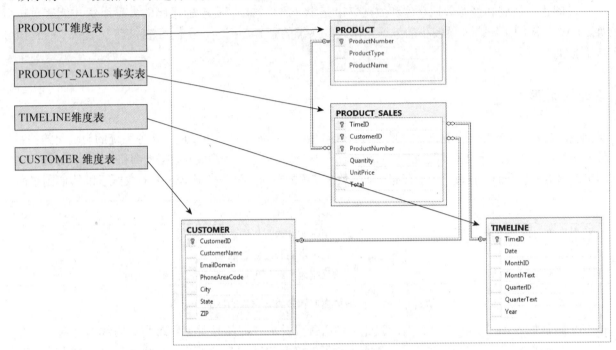

图 8—9　HSD-DW 星型模式

```
CREATE TABLE TIMELINE(
    TimeID          Int              NOT NULL,
    [Date]          DateTime         NOT NULL,
    MonthID         Int              NOT NULL,
    MonthText       Char(15)         NOT NULL,
    QuarterID       Int              NOT NULL,
    QuarterText     Char(10)         NOT NULL,
    [Year]          Char(10)         NOT NULL,
    CONSTRAINT      TIMELINE_PK      PRIMARY KEY(TimeID)
    );

CREATE TABLE CUSTOMER(
    CustomerID      Int              NOT NULL,
    CustomerName    Char(75)         NOT NULL,
    EmailDomain     VarChar(100)     NOT NULL,
    PhoneAreaCode   Char(6)          NOT NULL,
    City            Char(35)         NULL,
    [State]         Char(2)          NULL,
    ZIP             Char(10)         NULL,
    CONSTRAINT      CUSTOMER_PK      PRIMARY KEY(CustomerID)
    );

CREATE TABLE PRODUCT(
    ProductNumber   Char(35)         NOT NULL,
    ProductType     Char(25)         NOT NULL,
    ProductName     VarChar(75)      NOT NULL,
    CONSTRAINT      PRODUCT_PK       PRIMARY KEY(ProductNumber)
    );
```

图 8—10　HSD-DW SQL 语句

378

```
CREATE TABLE PRODUCT_SALES(
    TimeID              Int             NOT NULL,
    CustomerID          Int             NOT NULL,
    ProductNumber       Char(35)        NOT NULL,
    Quantity            Int             NOT NULL,
    UnitPrice           Numeric(9,2)    NOT NULL,
    Total               Numeric(9,2)    NULL,
    CONSTRAINT          PRODUCT_SALES_PK
                        PRIMARY KEY (TimeID,CustomerID,ProductNumber),
    CONSTRAINT          PS_TIMELINE_FK FOREIGN KEY(TimeID)
                        REFERENCES TIMELINE(TimeID)
                            ON UPDATE NO ACTION
                            ON DELETE NO ACTION,
    CONSTRAINT          PS_CUSTOMER_FK FOREIGN KEY(CustomerID)
                        REFERENCES CUSTOMER(CustomerID)
                            ON UPDATE NO ACTION
                            ON DELETE NO ACTION,
    CONSTRAINT          PS_PRODUCT_FK FOREIGN KEY(ProductNumber)
                        REFERENCES PRODUCT(ProductNumber)
                            ON UPDATE NO ACTION
                            ON DELETE NO ACTION,
);
```

图 8—10   HSD-DW SQL 语句（续）

	TimeID	Date	MonthID	Month Text	QuarterID	QuarterText	Year
1	40831	2011-10-15	10	October	3	Qtr3	2011
2	40841	2011-10-25	10	October	3	Qtr3	2011
3	40887	2011-12-20	12	December	3	Qtr3	2011
4	40993	2012-03-25	3	March	1	Qtr1	2012
5	40995	2012-03-27	3	March	1	Qtr1	2012
6	40999	2012-03-31	3	March	1	Qtr1	2012
7	41002	2012-04-03	4	April	2	Qtr2	2012
8	41007	2012-04-08	4	April	2	Qtr2	2012
9	41022	2012-04-23	4	April	2	Qtr2	2012
10	41036	2012-05-07	5	May	2	Qtr2	2012
11	41050	2012-05-21	5	May	2	Qtr2	2012
12	41065	2012-06-05	6	June	2	Qtr2	2012

(a) TIMELINE维度表

	CustomerID	CustomerName	EmailDomain	PhoneAreaCode	City	State	ZIP
1	1	Jacobs, Nancy	somewhere.com	817	Fort Worth	TX	76110
2	2	Jacobs, Chantel	somewhere.com	817	Fort Worth	TX	76112
3	3	Able, Ralph	somewhere.com	210	San Antonio	TX	78214
4	4	Baker, Susan	elsewhere.com	210	San Antonio	TX	78216
5	5	Eagleton, Sam	elsewhere.com	210	San Antonio	TX	78218
6	6	Foxtrot, Kathy	somewhere.com	972	Dallas	TX	75220
7	7	George, Sally	somewhere.com	972	Dallas	TX	75223
8	8	Hullett, Shawn	somewhere.com	972	Dallas	TX	75224
9	9	Pearson, Bobbi	elsewhere.com	512	Austin	TX	78710
10	10	Ranger, Terry	somewhere.com	512	Austin	TX	78712
11	11	Tyler, Jenny	somewhere.com	972	Dallas	TX	75225
12	12	Wayne, Joan	elsewhere.com	817	Fort Worth	TX	76115

(b) CUSTOMER维度表

	ProductNumber	ProductType	ProductName
1	BK001	Book	Kitchen Remodeling Basics For Everyone
2	BK002	Book	Advanced Kitchen Remodeling For Everyone
3	VB001	Video Companion	Kitchen Remodeling Basics Video Companion
4	VB002	Video Companion	Advanced Kitchen Remodeling Video Companion
5	VB003	Video Companion	Kitchen Remodeling Dallas Style Video Companion
6	VK001	DVD Video	Kitchen Remodeling Basics
7	VK002	DVD Video	Advanced Kitchen Remodeling
8	VK003	DVD Video	Kitchen Remodeling Dallas Style
9	VK004	DVD Video	Heather Sweeney Seminar Live in Dallas on 25-OCT-09

(c) PRODUCT维度表

	TimeID	CustomerID	ProductNumber	Quantity	UnitPrice	Total
1	40831	3	VB001	1	7.99	7.99
2	40831	3	VK001	1	14.95	14.95
3	40841	4	BK001	1	24.95	24.95
4	40841	4	VB001	1	7.99	7.99
5	40841	4	VK001	1	14.95	14.95
6	40887	7	VK004	1	24.95	24.95
7	40993	4	BK002	1	24.95	24.95
8	40993	4	VK002	1	14.95	14.95
9	40993	4	VK004	1	24.95	24.95
10	40995	6	BK002	1	24.95	24.95
11	40995	6	VB003	1	9.99	9.99
12	40995	6	VK002	1	14.95	14.95
13	40995	6	VK003	1	19.95	19.95
14	40995	6	VK004	1	24.95	24.95
15	40995	7	BK001	1	24.95	24.95
16	40995	7	BK002	1	24.95	24.95
17	40995	7	VK003	1	19.95	19.95
18	40995	7	VK004	1	24.95	24.95
19	40999	9	BK001	1	24.95	24.95
20	40999	9	VB001	1	7.99	7.99
21	40999	9	VK001	1	14.95	14.95
22	41002	11	VB003	2	9.99	19.98
23	41002	11	VK003	2	19.95	39.90
24	41002	11	VK004	2	24.95	49.90
25	41007	1	BK001	1	24.95	24.95
26	41007	1	VB001	1	7.99	7.99
27	41007	1	VK001	1	14.95	14.95
28	41007	5	BK001	1	24.95	24.95
29	41007	5	VB001	1	7.99	7.99
30	41007	5	VK001	1	14.95	14.95
31	41022	9	BK001	1	24.95	24.95
32	41036	9	VB002	1	7.99	7.99
33	41036	9	VK002	1	14.95	14.95
34	41050	8	VB003	1	9.99	9.99
35	41050	8	VK003	1	19.95	19.95
36	41050	8	VK004	1	24.95	24.95
37	41065	3	BK002	1	24.95	24.95
38	41065	3	VB001	1	7.99	7.99
39	41065	3	VB002	2	7.99	15.98
40	41065	3	VK001	1	14.95	14.95
41	41065	3	VK002	2	14.95	29.90
42	41065	11	VB002	2	7.99	15.98
43	41065	11	VK002	2	14.95	29.90
44	41065	12	BK002	1	24.95	24.95
45	41065	12	VB003	1	9.99	9.99
46	41065	12	VK002	1	14.95	14.95
47	41065	12	VK003	1	19.95	19.95
48	41065	12	VK004	1	24.95	24.95

(d) PRODUCT_SALES事实表

图 8—11   HSD-DW 表数据

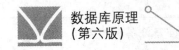

BTW

　　注意，在 HSD-DW 数据库中，CUSTOMER 表现在有一个名为 CustomerID 的代理主键，它有一个整型值。这有两个原因。首先，HSD 数据库中的主键 EmailAddress 对于数据仓库来说太烦琐，所以我们切换为更好的小的数字代理键。第二，在 HSD-DW 数据库中我们不使用个人 EmailAddress 值，只使用 EmailDomain 值，这不是唯一的，不能被用作主键。

　　事实表用于存储业务活动的**措施**（measures），这是事实表代表的实体的定量或真实的数据。例如，在 HSD-DW 数据库中，事实表是 PRODUCT _ SALES：

　　　　PRODUCT _ SALES（TimeID，CustomerID，ProductNumber，Quantity，UnitPrice，Total）

在 PRODUCT _ SALES 表中：
- Quantity 是量化的数据，记录有多少项目在卖。
- UnitPrice 是量化的数据，记录每个商品的美元价格。
- Total（= Quantity * UnitPrice）是量化的数据，记录这个商品的总销售美元值。

　　因为 PRODUCT _ SALES 是数据仓库中的事实表，而不是业务数据库中的数据库表，表中的度量是单位产品每天的值。我们不使用单独的销售数据（将基于 InvoiceNumber），而用每个客户每天数据的总和。例如，如果你比较图 3—27 中 2012 年 6 月 5 日 Ralph Able 的 HSD 数据库 INVOICE 数据，你会发现 Ralph 当天购买了两次（InvoiceNumber 35013 和 InvoiceNumber 35016）。然而，在 HSD-DW 数据库中，这两个采购归纳为 2012 年 6 月 5 日（TimeID＝41065）Ralph（CustomerID = 3）的 PRODUCT _ SALES 数据。

BTW

　　Time ID 值是在 Microsoft Excel 中使用的代表日期的顺序的序列值。01-JAN-1900 的日期值为 1，日期值从它开始，每天日期值增加 1。因此，2012 年 6 月 5 日为 41065。要获得更多信息，请在 Microsoft Excel 帮助系统中搜索 "Data formats"（日期格式）。

　　维度表是用来记录事实表中描述的实际度量的属性值，而且这些属性在查询中使用以选择和分组在事实表中的度量。因此，CUSTOMER 记录关于 CustomerID 在 SALES 表中提到的用户数据，TIMELINE 可以提供用来及时解释 SALES 活动的数据（哪个月？哪个季度？），等等。一个用 Customer（CustomerName）和 Product（ProductName）来概括卖出的产品单位的查询是：

```
/ **** SQL-QUERY-CH08-01 **** /
SELECT      C.CustomerID, C.CustomerName,
            P.ProductNumber, P.ProductName,
            SUM(PS.Quantity) AS TotalQuantity
FROM        CUSTOMER C, PRODUCT_SALES  PS, PRODUCT  P
WHERE       C.CustomerID = PS.CustomerID
    AND     P.ProductNumber = PS.ProductNumber
GROUP BY    C.CustomerID, C.CustomerName,
            P.ProductNumber, P.ProductName
ORDER BY    C.CustomerID, P.ProductNumber;
```

这个查询的结果如图 8—12 所示。

	CustomerID	CustomerName	ProductNumber	ProductName	TotalQuantity
1	1	Jacobs, Nancy	BK001	Kitchen Remodeling Basics For Everyone	1
2	1	Jacobs, Nancy	VB001	Kitchen Remodeling Basics Video Companion	1
3	1	Jacobs, Nancy	VK001	Kitchen Remodeling Basics	1
4	3	Able, Ralph	BK001	Kitchen Remodeling Basics For Everyone	1
5	3	Able, Ralph	BK002	Advanced Kitchen Remodeling For Everyone	1
6	3	Able, Ralph	VB001	Kitchen Remodeling Basics Video Companion	2
7	3	Able, Ralph	VB002	Advanced Kitchen Remodeling Video Companion	2
8	3	Able, Ralph	VK001	Kitchen Remodeling Basics	2
9	3	Able, Ralph	VK002	Advanced Kitchen Remodeling	2
10	4	Baker, Susan	BK001	Kitchen Remodeling Basics For Everyone	1
11	4	Baker, Susan	BK002	Advanced Kitchen Remodeling For Everyone	1
12	4	Baker, Susan	VB001	Kitchen Remodeling Basics Video Companion	1
13	4	Baker, Susan	VK001	Kitchen Remodeling Basics	1
14	4	Baker, Susan	VK002	Advanced Kitchen Remodeling	1
15	4	Baker, Susan	VK004	Heather Sweeney Seminar Live in Dallas on 25-OCT-09	1
16	5	Eagleton, Sam	BK001	Kitchen Remodeling Basics For Everyone	1
17	5	Eagleton, Sam	VB001	Kitchen Remodeling Basics Video Companion	1
18	5	Eagleton, Sam	VK001	Kitchen Remodeling Basics	1
19	6	Foxtrot, Kathy	BK002	Advanced Kitchen Remodeling For Everyone	1
20	6	Foxtrot, Kathy	VB003	Kitchen Remodeling Dallas Style Video Companion	1
21	6	Foxtrot, Kathy	VK002	Advanced Kitchen Remodeling	1
22	6	Foxtrot, Kathy	VK003	Kitchen Remodeling Dallas Style	1
23	6	Foxtrot, Kathy	VK004	Heather Sweeney Seminar Live in Dallas on 25-OCT-09	1
24	7	George, Sally	BK001	Kitchen Remodeling Basics For Everyone	1
25	7	George, Sally	BK002	Advanced Kitchen Remodeling For Everyone	1
26	7	George, Sally	VK003	Kitchen Remodeling Dallas Style	1
27	7	George, Sally	VK004	Heather Sweeney Seminar Live in Dallas on 25-OCT-09	2
28	8	Hullett, Shawn	VB003	Kitchen Remodeling Dallas Style Video Companion	1
29	8	Hullett, Shawn	VK003	Kitchen Remodeling Dallas Style	1
30	8	Hullett, Shawn	VK004	Heather Sweeney Seminar Live in Dallas on 25-OCT-09	1
31	9	Pearson, Bobbi	BK001	Kitchen Remodeling Basics For Everyone	1
32	9	Pearson, Bobbi	VB001	Kitchen Remodeling Basics Video Companion	1
33	9	Pearson, Bobbi	VB002	Advanced Kitchen Remodeling Video Companion	1
34	9	Pearson, Bobbi	VK001	Kitchen Remodeling Basics	1
35	9	Pearson, Bobbi	VK002	Advanced Kitchen Remodeling	1
36	11	Tyler, Jenny	VB002	Advanced Kitchen Remodeling Video Companion	2
37	11	Tyler, Jenny	VB003	Kitchen Remodeling Dallas Style Video Companion	2
38	11	Tyler, Jenny	VK002	Advanced Kitchen Remodeling	2
39	11	Tyler, Jenny	VK003	Kitchen Remodeling Dallas Style	2
40	11	Tyler, Jenny	VK004	Heather Sweeney Seminar Live in Dallas on 25-OCT-09	2
41	12	Wayne, Joan	BK002	Advanced Kitchen Remodeling For Everyone	1
42	12	Wayne, Joan	VB003	Kitchen Remodeling Dallas Style Video Companion	1
43	12	Wayne, Joan	VK002	Advanced Kitchen Remodeling	1
44	12	Wayne, Joan	VK003	Kitchen Remodeling Dallas Style	1
45	12	Wayne, Joan	VK004	Heather Sweeney Seminar Live in Dallas on 25-OCT-09	1

图 8—12　HSD-DW 查询 SQL-Query-CH08-01 结果

在第 5 章中，我们讨论了两个 1：N 关系和交集表如何在数据库设计中用于实现 N：M 的关系。我们还讨论了其他的属性如何被添加到关联关系的交集表中。同样地，事实表对于存储了附加度量的维度表之间的关系是一个交集表。而且，与所有其他交集表一样，事实表的键是一个由维度表所有外键组成的组合键。

多维模型的说明

当你想到 dimension 这个词的时候，你可能想到"二维"或"三维"。多维模型可以通过使用二维矩阵和三维立方体来说明。图 8—13 所示的是图 8—12 中的 SQL 查询结果显示为一个 Product（使用 ProductNumber）和 Customer（使用 CustomerID）的二维矩阵，每个单元格显示了每个客户所购买的每个产品的单位数。注意，ProductNumber 和 CustomerID 是如何定义矩阵的两个维度的。CustomerID 标记了什么是图表的 x 轴，ProductNumber 标签了什么是图表的 y 轴。

每个单元格显示了每个客户所购买的每种产品的数量

ProductNumber	1	2	3	4	5	6	7	8	9	10	11	12
									CustomerID			
BK001	1		1	1								
BK002			1			1	1					1
VB001	1		2	1					1			
VB002			2						1		2	
VB003							1	1			2	1
VK001	1		2	1	1				1			
VK002			2				1		1		2	1
VK003							1	1			2	1
VK004				1			1	2	1		2	1

图 8—13　二维 ProductNumber-CustomerID 矩阵

图 8—14 显示出了具有相同的 ProductNumber 和 CustomerID 的三维立方体，但现在加入 z 轴上的时间维度。现在，每个顾客每天所购买的产品的总量占一个小的三维立方体，而不是占据一个二维框，所有这些小立方体相结合，形成一个大的立方体。

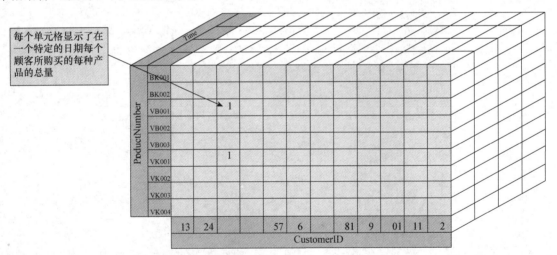

图 8—14　三维 Time-ProductNumber-CustomerID 立方体

作为人类，我们可以设想二维矩阵和三维立方体。虽然我们不能想象四维、五维和更多维度，但 BI 系统和三维数据库可以处理这样的模型。

多个事实表和一致性维度

数据仓库系统构建三维模型，根据需要来分析 BI 的问题，并且图 8—9 中的 HSD-DW 星型模式将只是一组模型中的一个。图 8—15 显示了一个扩展的 HSD-DW 架构。

在图 8—14 中，第二个名为 SALES_FOR_RFM 的事实表已被添加：

SALES_FOR_RFM（TimeID，CustomerID，InvoiceNumber，PreTaxTotalSale）

SALES_FOR_RFM 表显示该事实表主键不需要纯粹由链接到维度表的外键组成。在 SALES_FOR_RFM 中，主键包括 InvoiceNumber 属性。此属性是必要的，因为组合键（TimeID，CustomerID）不会是唯

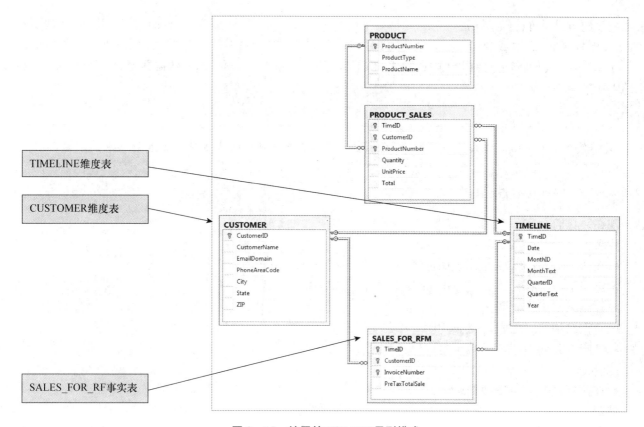

图 8—15 扩展的 HSD-DW 星型模式

一的，不能作为主键。需要注意的是 SALES _ FOR _ RFM 与 PRODUCT _ SALES 链接到相同的 CUS-TOMER 和 TIMELINE 维度表。这样做是为了保持数据仓库内部的一致性。当一个维度表链接到两个或两个以上的事实表时，它被称为**一致维度**（conformed dimension）。

我们为什么要加入一个名为 SALES _ FOR _ RFM 的事实表呢？此表将用于收集和处理 **RFM 分析**（RFM analysis）的数据，它根据客户的采购模式对客户进行分析和排名。它是一个简单的客户分类技术，考虑最近多久客户下了订单（R）、客户订单的频率（F）、客户每个订单花费多少钱（M）。RFM 分析是一种常用的 BI 报告，在在线附录 J 中会详细讨论。

联机分析处理 （OLAP）

举一个 BI 报告的例子，我们将着眼于联机分析处理（OLAP），它提供对数据组求和、计数、平均值并执行其他简单的算术运算的能力。OLAP 系统生成 **OLAP 报表**（OLAP reports）。OLAP 报表也被称为 **OLAP 立方体**（OLAP cube）。这是一个三维数据模型的参考，一些 OLAP 产品显示使用三个轴，像几何立方体。OLAP 报表的显著特点是，它是动态的：OLAP 报表的格式可以被观众改变，因此联机分析处理这个名字中有术语 online。

OLAP 使用本章前面讨论过的多维数据库模型，所以 OLAP 有度量和维度，这并不奇怪。度量是一种三维模型 fact 中 OLAP 报表要进行求和或平均或以其他方式处理的感兴趣的数据项。例如，销售数据可以求和来产生销售总额或求平均来产生平均销售额。使用术语**度量**（measure），因为你正在处理已经或能够进行测

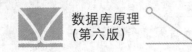

量和记录的数量。你已经了解到一个维度是衡量度量的一个属性或特征。购买日期（TimeID）、客户所在地（City）、销售区域（ZIP 或 State）都是维度的例子，而在 HSD-DW 数据库中，你看到了时间维度有多么重要。

在本节中，我们将通过使用 SQL 查询从 HSD-DW 数据库和 Microsoft Excel **数据透视表**（PivotTable）生成 OLAP 报表。

BTW

我们使用 Microsoft SQL Server 和 Microsoft Excel 来说明对 OLAP 报表和数据透视表的讨论。对于其他 DBMS 产品，如 MySQL，你可以使用 OpenOffice. org 产品套件（见 www. openoffice. org）的 Calc 电子表格应用程序的数据透视（DataPilot）功能。

现在，我们：
或者：
- 在 Microsoft Excel 工作表中创建一个 Microsoft Excel 格式的表格：
➢ 把 SQL 查询结果复制到 Microsoft Excel 工作表中。
➢ 在结果中添加列名。
➢ 查询结果格式化为 Microsoft Excel 表（可选）。
➢ 选择 Microsoft Excel 范围包含列名的结果。
或者：
- 连接到一个 DBMS 数据源。
然后：
- 在 "Insert" 区的 "Tables" 组中单击 "PivotTable" 按钮。
- 指定数据透视表在一个新的工作表中。
- 选择列变量（列标签）、行变量（行标签）和要显示的度量（值）。

如果我们将数据复制到一个 Microsoft Excel 工作表中，就可以使用一个 SQL 查询。在 SQL Server 中，该 SQL 查询是：

```
/ **** SQL - QUERY - CH08 - 02 **** /
SELECT        C. CustomerID, CustomerName, C. City,
              P. ProductNumber, P. ProductName,
              T. [Year], T. QuarterText,
              SUM(PS. Quantity) AS TotalQuantity
FROM          CUSTOMER C, PRODUCT_SALES PS, PRODUCT P,
              TIMELINE T
WHERE         C. CustomerID = PS. CustomerID
AND           P. ProductNumber = PS. ProductNumber
AND           T. TimeID = PS. TimeID
GROUP BY      C. CustomerID, C. CustomerName, C. City,
              P. ProductNumber, P. ProductName,
              T. QuarterText, T. [Year]
ORDER BY      C. CustomerName, T. [Year], T. QuarterText;
```

然而，因为 SQL Server（和其他基于 SQL 的 DBMS 产品，如 Oracle Database 和 MySQL）可以存储 SQL 视图，但不能存储查询，如果我们要使用 Microsoft Excel 数据连接，就需要创建和使用 SQL 视图。创建 HSDDWProductSalesView 的 SQL 查询，在 SQL Server 中使用的是：

```
/ **** SQL-CREATE-VIEW-CH08-01 **** /
CREATE VIEW HSDDWProductSalesView AS
    SELECT        C.CustomerID, C.CustomerName, C.City,
                  P.ProductNumber, P.ProductName,
                  T.[Year], T.QuarterText,
                  SUM(PS.Quantity) AS TotalQuantity
    FROM          CUSTOMER C, PRODUCT_SALES PS, PRODUCT P,
                  TIMELINE T
    WHERE         C.CustomerID = PS.CustomerID
        AND       P.ProductNumber = PS.ProductNumber
        AND       T.TimeID = PS.TimeID
    GROUP BY      C.CustomerID, C.CustomerName, C.City,
                  P.ProductNumber, P.ProductName,
                  T.QuarterText, T.[Year];
```

图 8—16 显示了一个作为 Microsoft Excel 数据透视表的 OLAP 报表。在这里，度量为销售数量，维度是 ProductNumber 和 City。此报表显示了产品和城市的数量如何变化。例如，四份 VB003（厨房改造达拉斯（Dallas）风格的视频）在达拉斯售出，但没有在奥斯汀（Austin）售出。

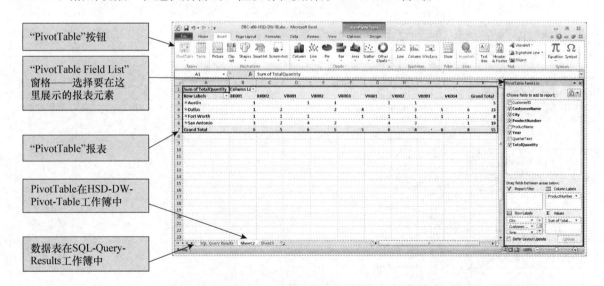

"PivotTable"按钮

"PivotTable Field List"窗格——选择要在这里展示的报表元素

"PivotTable"报表

PivotTable在HSD-DW-Pivot-Table工作簿中

数据表在SQL-Query-Results工作簿中

图 8—16　基于 ProductNumber 和 City 的 OLAP 报表

我们已经使用简单的 SQL 查询和 Microsoft Excel 生成了图 8—16 中的 OLAP 报表，但许多数据库管理系统和 BI 产品包括更加强大和复杂的工具。例如，SQL Server 包括 SQL Server 分析服务。①

除了 Microsoft Excel 还有很多方式可以显示 OLAP 多维数据集。某些第三方供应商提供更先进的图形

---

① 到这里为止，我们一直在使用 SQL Server 2012 速成版，我们已经在这一版本的 SQL Server 上完成了所有讨论过的任务。不过，SQL Server 2012 速成版不包括 SQL Server 分析服务，所以如果你要使用 SQL Server 分析服务，就需要使用 SQL Server 标准版或更高版本。虽然没有 SQL Server 分析服务也可以完成 OLAP 报表，但分析服务增加了不少功能，并且 Microsoft Office 2010（本书中使用的）的 Microsoft SQL Server 2012 数据挖掘外接程序没有它将无法正常工作。搜索 Microsoft 网站（www.microsoft.com）了解更多信息。

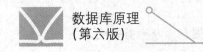

显示，并且 OLAP 报表可以像任何其他为报表管理系统描述的报表一样被交付。

OLAP 报表的显著特征是，用户可以改变报表格式。图 8—17 做了一下改变，显示了一个用户在横向显示中添加两个额外的维度——客户和年份。销售数量现在由客户打破，并且在一种情况下，通过年份打破。用 OLAP 报表可以向下钻取到数据，也就是说，进一步划分为更详细的数据。例如，在图 8—17 中，用户已向下钻取到 San Antonio 的数据来显示该城市的所有客户数据以及显示 Ralph Able 的年销售数据。

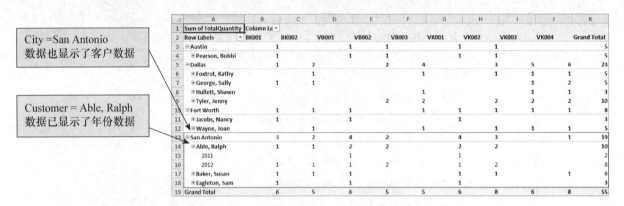

图 8—17　基于 ProductNumber 和 City，Customer，Year 的 OLAP 报表

在 OLAP 报表中，也可以改变维度的顺序。图 8—18 显示了垂直的城市数量数据和水平的 ProductID 数量数据。该 OLAP 报表按城市、产品、客户和年份显示销售数量。

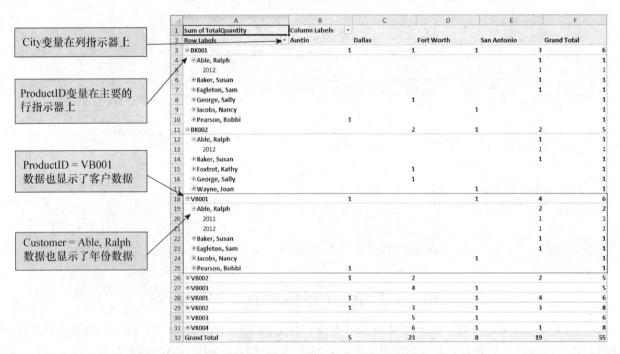

图 8—18　基于 City 和 ProductNumber，Customer，Year 的 OLAP 报表

两个图都是有效且有用的，这取决于用户的角度。A 产品经理可能会喜欢先看产品系列（ProductID），然后查看位置数据（城市）。一名销售经理可能希望首先看到位置数据，然后再看产品数据。OLAP 报表提供这两种视角，在查看报表时用户可以在它们之间切换。

分布式数据库处理

增加可以由 DBMS 系统存储的数据量的首要的解决方案之一是在多个数据库服务器之间传播数据,而不只是传播给一个数据库服务器。一组相关服务器被称为**服务器群集**(server cluster)[①],它们之间共享的数据库被称为分布式数据库。**分布式数据库**(distributed database)是在多台计算机上存储和处理的数据库。根据不同的数据库类型和能够进行的处理,分布式数据库可以呈现显著的问题。我们来研究分布式数据库的类型。

分布式数据库的类型

数据库可以通过**分区**(partitioning)来分布,这意味着把数据库分成小块并在多台计算机上存储;通过**复制**(replication),这意味着在多台计算机上存储数据库的副本;或通过复制和分区的结合。图 8—19 显示了这些选择。

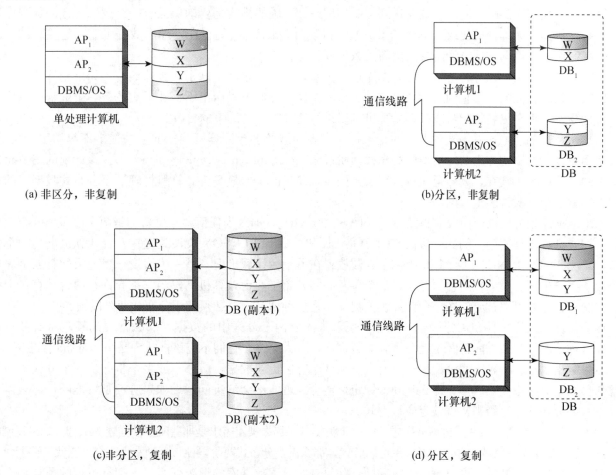

图 8—19　分布式数据库的类型

---

①　更多关于计算机集群的信息参见维基百科文章,http://en.wikipedia.org/wiki/Server_cluster。

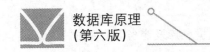
图 8—19（a）显示出有四个标记为 W、X、Y 和 Z 的非分布式数据库。在图 8—19（b）中，该数据库已经分区，但没有复制。W 和 X 部分在计算机 1 上存储和处理，Y 和 Z 部分在计算机 2 上存储和处理。图 8—19（c）所示的数据库已被复制，但没有分区。整个数据库在计算机 1 和计算机 2 上存储和处理。最后，图 8—19（d）显示了一个已经分区和复制的数据库。数据库的 Y 部分在计算机 1 和计算机 2 上存储和处理。

要分区或复制的部分可以用许多不同的方式定义。有五个表的数据库（例如，CUSTOMER, SALES-PERSON, INVOICE, LINE _ ITEM 和 PART）可以通过把 CUSTOMER 分配给 W 部分、把 SALESPER-SON 分配给 X 部分、把 INVOICE 和 LINE _ ITEM 分配给 Y 部分、把 PART 分配给 Z 部分来分区。或者，这五个表中不同的行可能被分配给不同的计算机，或者这些表的不同列可分配给不同计算机。

数据库分布主要有两个原因：性能和控制。在多台计算机上的数据库可以提高吞吐量，或者因为多个计算机共用工作负荷，或者因为可通过把计算机放在用户身边减少通信延迟。分布式数据库可通过把数据库的不同部分隔离到不同的计算机上来改善控制，其中每个部分可以有它自己的一套授权的用户和权限。

分布式数据库的挑战

分布式数据库必须克服重大挑战，这些挑战依赖于分布式数据库的种类和允许的活动。在完全复制的数据库的情况下，如果只有一台计算机允许对一份副本进行更新，那么挑战并不太大。所有的更新活动发生在该计算机，该数据库的副本周期性地发送到复制的网站。面临的挑战是要确保只有一个逻辑一致的数据库副本被分布（例如，无部分提交或未提交的事务），并确保网站了解它们正在处理的数据可能不是最新的，因为可能在制作了本地副本后已经改变了更新的数据库。

如果多台计算机可以对一个复制的数据库进行更新，那么困难就出现了。具体而言，如果允许两个计算机可以同时处理相同的行，它们可以导致三种类型的错误：它们可以做出不一致的更改，一个电脑可以删除另一台计算机上正在更新的行，或两台计算机可以进行违反唯一性约束的更改。

为了避免这些问题，需要某种类型的记录锁定。因为涉及多台计算机，标准记录锁定不起作用。相反，必须使用更复杂的锁定方案，即所谓的**分布式两阶段锁**（distributed two-phase locking）。该计划的细节超出了本书的讨论范围，现在，只知道执行本算法是困难且昂贵的。如果多台计算机处理一个分布式数据库的多个副本，就必须解决许多重大问题。

如果数据库是分区的，但没有被复制［见图 8—19（b）］，那么当任何事务更新跨越两个或多个分布式分区的数据时就会出现问题。例如，假设 CUSTOMER 和 SALESPERSON 表被放置在一台计算机上的一个分区上，INVOICE，LINE _ ITEM 和 PART 表被放置在另一台计算机上。进一步假设，当记录所有五个表在一个原子事务中更新时。在这种情况下，一个事务必须开始于两台计算机，仅当它被允许在两台计算机上都可以提交时，它才可以被允许在一台计算机上提交。在这种情况下，必须使用分布式两阶段锁。

如果数据以这样一种方式分区——没有一个事务需要两个分区中的数据，那么常规的锁定将有效。然而，在这种情况下，数据库实际上是两个独立数据库，有人会说，它们不应该被认为是一个分布式数据库。

如果数据以这样一种方式分配——没有事务从两个分区更新数据，但一个或多个事务从一个分区更新数据并从另一个分区中读出数据，那么常规的锁定可能会或可能不会解决问题。如果脏读是可能的，那么需要某种形式的分布式锁，否则常规锁定应该有效。

如果数据库被分区了，并且这些分区中至少一个被复制，那么锁定需求是那些刚刚被描述的组合。如果复制的部分被更新，如果交易跨越分区，或者如果可以脏读，那么需要分布式两阶段锁，否则常规锁定可能就足够了。

分布式处理是复杂的，可以制造大量问题。除复制、只读数据库的情况外，只有拥有可观的预算和充足的时间做投资的有经验的团队才应该尝试分布式数据库。这样的数据库也需要数据通信的专业知识。分布式数据库不适合脆弱的心脏。

对象—关系数据库

面向对象编程（object-oriented programming，OOP）是一种用于设计和编写计算机程序的技术。如今，大多数新的程序开发是采用面向对象编程的技术来完成的。Java、C++、C♯和 Visual Basic. NET 都是面向对象的编程语言。

对象（objects）是既有**方法**（method）又有**属性**（properties）的数据结构，方法是执行一些任务的计算机程序，属性是一个对象特有的数据项。一个给定的类的所有对象有相同的方法，但每个都有自己的数据项集合。当使用 OOP 时，对象的属性创建并存储在主存中。存储一个对象的属性值被称为**对象持久化**（object persistence）。许多不同的技术已被用于对象持久化。其中之一是使用数据库中的一些变化技术。

尽管关系型数据库可以用于对象持久化，使用这种方法需要程序员的大量工作。问题是，在一般情况下，对象的数据结构比表中的行更复杂。通常情况下，存储对象数据需要多个甚至很多不同的表。这意味着 OOP 程序员必须设计一个小型数据库来存储对象。通常情况下，许多对象都包含在一个信息系统中，所以需要设计和加工许多不同的小型数据库。这种方法是不可取的，因此它很少使用。

20 世纪 90 年代初，一些厂商开发了专用的 DBMS 产品用于存储对象数据。这些产品被称为**面向对象的数据库管理系统**（object-oriented DBMS，OODBMS），从来没有取得商业上的成功。问题是，在它们被引进的时候，数十亿字节的数据已经被存储在关系数据库管理系统的格式中，并没有组织希望把它们的数据转换成能够使用 OODBMS 的 OODBMS 格式。因此，这样的产品在市场上失败了。

不过，对对象的持久化的需求并没有消失。有些厂商，尤其是甲骨文，在它们的关系数据库的 DBMS 产品中添加了特色和功能来创建**对象—关系数据库**（object-relational databases）。这些特性和功能是关系数据库管理系统的附加组件，方便对象持久化。有了这些功能，对象数据可以比一个纯粹的关系数据库更容易存储。然而，同时，一个对象—关系数据库仍然可以处理关系数据。[1]

虽然 OODBMS 没有取得商业上的成功，但 OOP 不会止步于此，现代编程语言是基于对象的。这是很重要的，因为这些是用来创建处理大数据的最新的技术。

大数据和 NoSQL 运动

在本书中，我们使用了关系数据库模型和 SQL。然而，还有另外一个流派产生了最初被称为 NoSQL 的运动，但现在通常被称为 Not only SQL 运动。[2] 人们已经注意到，大多数但不是所有的与 NoSQL 运动相关的 DBMS 是非关系数据库管理系统，并且通常被称为**结构化存储**（structured storage）。[3]

如本章前面所述，NoSQL 的数据库管理系统通常是一个分布式复制的数据库，并被用于需要使用这种类型的 DBMS 支持大型数据集的地方。例如，Facebook 和 Twitter 都使用了 Apache 软件基金会的 Cassan-

---

[1] 要了解更多关于对象—关系数据库的内容，请参阅维基百科的文章，http://en. wikipedia. org/wiki/Object-oriented_database。
[2] 要看一个很好的概述，请参阅维基百科关于 NoSQL 的文章，http://en. wikipedia. org/wiki/NoSQL。
[3] 维基百科关于结构化存储的文章见 http://en. wikipedia. org/wiki/Structured_storage。

dra 数据库（可见 http://cassandra.apache.org）。

另一种 NoSQL 数据库的实现类型是基于用于数据存储的 XML 文档结构的使用。一个例子是开源 dbXML（可见 www.dbxml.com）。XML 数据库通常支持 W3C 的 XQuery（www.w3.org/TR/xquery/）和 XPath（www.w3.org/TR/xpath/）标准。

结构化存储

许多这方面发展的基础是由亚马逊（Dynamo）和谷歌（Bigtable）开发的两个结构化存储机制。Facebook 做了 Cassandra 的原开发工作，然后在 2008 年把它交给了开源开发社区。正如前面提到的，现在 Cassandra 是一个 Apache 软件基金会项目。

广义的结构化存储系统如图 8—20 所示。结构化存储相当于一个关系数据库管理系统（RDBMS）表，有一个非常不同的构造。虽然使用了类似的术语，但它们与关系数据库管理系统（DBMS）中的意思不尽相同。

Name: LastName
Value: Able
Timestamp: 40324081235

(a) 一个列

Super Column Name:	CustomerName	
Super Column Values:	Name: FirstName	Name: LastName
	Value: Ralph	Value: Able
	Timestamp: 40324081235	Timestamp: 40324081235

(b) 一个超级列

Column Family Name:	Customer			
RowKey001	Name: FirstName	Name: LastName		
	Value: Ralph	Value: Able		
	Timestamp: 40324081235	Timestamp: 40324081235		
RowKey002	Name: FirstName	Name: LastName	Name: Phone	Name: City
	Value: Nancy	Value: Jacobs	Value: 817-871-8123	Value:Fort Worth
	Timestamp: 40335091055	Timestamp: 40335091055	Timestamp: 40335091055	Timestamp: 40335091055
RowKey003	Name: LastName	Name: EmailAddress		
	Value: Baker	Value: Susan.Baker@elswhere.com		
	Timestamp: 40340103518	Timestamp: 40340103518		

(c)一个列族

图 8—20 一个广义的结构化存储系统

最小的存储单元称为**列**（column），但实际上却是相当于一个 RDBMS 表格单元（RDBMS 中行和列的交叉点）。A 列由三个要素组成：**列名**（column name），**列值**（column value）或数据，以及**时间戳**（timestamp）来记录值何时被存储在列中。这以 LastName 列显示在图 8—20（a）中，其中存储了姓氏的值 Able。

列可以被分组成集，这被称为**超级列**（super column）。图 8—20（b）显示了 CustomerName 的超级列，其中包括一个 FirstName 列和一个 LastName 列，其中存储了 CustomerName 的值 Ralph Able。

列和超级列被分组以创建**列族**（column families），这是相当于 RDBMS 表的结构化存储。在列族中，我们有多行分组的列，每行有**行键**（RowKey），这类似于 RDBMS 表所用的主键。然而，与 RDBMS 表不同，列族中的行不必与本列族中的其他行有相同数量的列。图 8—20（c）通过 Customer 列族说明了这一点，其中包括对客户的三行数据。

图 8—20（c）清楚地说明了结构化存储列族和 RDBMS 表之间的差异——列族可以有可变的列且每行中数据存储的方式是不可能在 RDBMS 表中实现的。此存储列结构绝对不是第 2 章中定义的 1NF，更不是 BCNF！例如，注意第 1 行有 Phone 或 City 列，而第 3 行不但有 FirstName，Phone 或 City 列，还包含一个 EmailAddress 列，这一列是其他行中不存在的。

最后，所有的列族都包含在一个**键值空间**（keyspace）中，它提供了一组 RowKey 值，可用于数据存储正在使用的来自键值空间的 RowKey 值，如图 8—20（c）所示，被用来标识列族中的每一行。虽然最初该结构可能看上去很奇怪，实际上，它允许极大的灵活性，因为包含新的数据的列可能会随时被引入，而无需修改现有的表的结构。当然，除了这里讨论的还有更多的结构化存储，但现在你应该了解结构化存储的基本原理。

MapReduce 处理

虽然结构化存储提供了将数据存储在大数据系统中的方法，但数据本身使用 MapReduce 处理进行分析。因为大数据涉及非常大的数据集，一台计算机很难单独处理数据，因此，要使用一组使用分布式处理系统的集群计算机，分布式处理系统类似于本章前面讨论的分布式数据库系统。

MapReduce 处理用于把一个大的分析任务分成较小的任务，把每个小任务分配到集群中的一个单独的计算机，收集每个任务的结果并将它们组合在原始任务的最终产品中。术语 Map 指的是在每个单独的计算机上完成的工作，术语 Reduces 是指合并单个结果为最终结果。

MapReduce 处理一个常用的例子是对一个文档中每个词使用了多少次计数。如图 8—21 所示，在这里我们可以看到原来的文件如何被分为不同的小节，然后每个部分如何被传递给集群中一个单独的计算机来通过 Map 过程处理。然后每个 Map 处理的输出被传递给一台计算机，它使用 Reduce 处理把每个 Map 处理的结果结合到最后的输出结果中，这是文档中单词的列表以及每个单词在文档中出现多少次。

Hadoop

另一个正在成为基础大数据开发平台的 Apache 软件基金会的项目是 **Hadoop 分布式文件系统**（Hadoop Distributed File System，HDFS），它为集群服务器提供了标准服务，以便其文件系统可以作为一个分布式文件系统运作（见 http://hadoop.apache.org）。Hadoop 源于 Cassandra 的组成部分，但 Hadoop 项目已经将其拆分为称为 HBase 的非关系型数据存储（见 http://hbase.apache.org）和名为 Pig 的查询语言（见 http://pig.apache.org）。

此外，所有主要的 DBMS 用户都支持 Hadoop。微软正在计划微软的 Hadoop 分布（见 http://social.technet.microsoft.com/wiki/contents/articles/microsoft-hadoop-distribution-documentation-plan.aspx）并且与惠普和戴尔合作提供 **SQL Server 并行数据仓库**（SQL Server Parallel Data Warehouse，见 http://www.microsoft.com/sqlserver/en/us/solutions-technologies/data-warehousing/pdw.aspx）。甲骨文已经开发了使用 Hadoop 的 **Oracle 大数据应用**（Oracle Big Data Appliance，见 www.oracle.com/us/corporate/press/512001）。在网站上搜索"MySQL

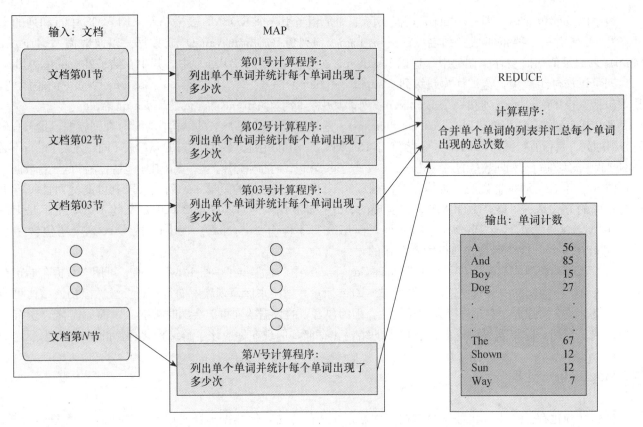

图 8—21　MapReduce

Hadoop" 会很快发现，很多程序正在由 MySQL 团队开发。

这些大数据产品对 Facebook 等组织的实用性和重要性说明我们不仅可以期待关系 DBMS 的改进，而且还可以期待一个数据存储和信息处理的非常不同的方法。大数据和大数据相关的产品正在迅速变化和发展，你应该想到在不久的将来这方面会有很多发展。

BTW

Not only SQL 的世界是令人兴奋的，但你应该知道如果你想参加，就需要提高你的 OOP 编程技巧。虽然我们可以使用非常用户友好的应用开发工具（Microsoft Access 本身，Microsoft SQL Server Management Studio，Oracle SQL Developer 和 MySQL Workbench）在 Microsoft Access、Microsoft SQL Server、Oracle Database 和 Oracle MySQL 中开发数据库，在 NoSQL 的世界中正在用编程语言进行应用开发。

当然，这可能会改变，我们期待看到 Not only SQL 王国的未来发展。现在，你需要在编程课上签到！

Access 工作台

第 8 节　使用 Microsoft Access 的商务智能系统

在第 7 章的 "Access 工作台" 一节我们为 Wallingford 汽车公司 CRM 建立了一个网站和一个 Web 数据库应用程序。这个网站是 Wallingford 汽车公司一个报表系统的一部分，直接通过基于 Web 的数据库查询来更新网页是传递此类报表的一种方式。

在本节中，我们将探讨如何通过使用 Microsoft Excel 2010 的数据透视表功能来产生 OLAP 报表。我们将基于 Microsoft Access 2010 数据库中的数据在 Microsoft Excel 2010 中建立一个 OLAP 报表。我们将从为 WMCRM 数据库创建一个 OLAP 报表开始。我们将继续使用 WMCRM. accdb 数据库的副本文件，在第 7 章的 "Access 工作台" 一节我们把它放在 C:\Inetpub\wwwroot\DBC\WM 文件夹中。这将使得我们加到数据库中的任何内容在 Wallingford 汽车公司网站上都容易使用。

为 OLAP 报表创建视图查询

为了创建 OLAP 报表，我们需要创建一个新的视图，这与我们在第 7 章的 "Access 工作台" 一节中创建的名为 viewCustomerContacts 的视图有些许不同。在新的视图中，我们需要连接客户的名和姓组成一个单独的客户名，我们需要加入定量的度量，这样我们就可以很容易地分析由 Wallingford 汽车公司销售人员制作的联系人数量。我们可以将新视图称为 viewCustomerContactsCount。

创建 viewCustomerContactsCount 查询：

1. 启动 Microsoft Access 2010，打开 C:\Inetpub\wwwroot\DBC\WM 文件夹中的 WMCRM. accdb 数据库文件的副本。

2. 打开 viewCustomerContacts 查询。显示查询。

3. 单击 "File" 命令选项卡，单击 "Save As" 按钮，然后单击 "Save Object As" 按钮，"Save As" 对话框出现。

4. 如图 AW—8—1 所示，在 "Save As" 对话框中更改新对象名称为 viewCustomerContactsCount。

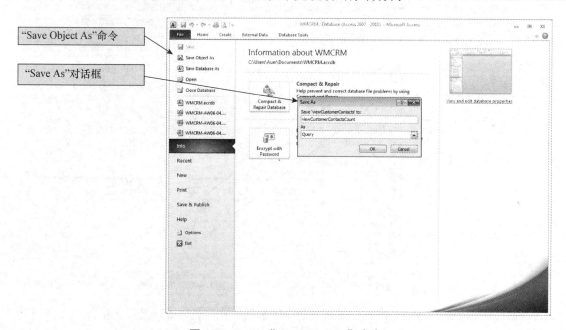

图 AW—8—1　"Save Object As" 命令

5. 在 "Save As" 对话框中点击 "OK" 按钮。如图 AW—8—2 所示，新的对象在 "Datasheet" 视图中被创建并显示。

6. 在主页区的 "Views" 组中单击 "Design View" 按钮切换查询到 "Design" 视图。

7. 点击 "Query Tools Design" 区的 "Show/Hide" 组中的 "Totals" 按钮显示字段窗格中的总计行。

8. 右键单击 LastName 列的 LastName 字段名显示快捷方式菜单，如图 AW—8—3 所示。

9. 在快捷菜单中点击 "Build" 按钮，以显示 "Expression Builder"。

10. 创建一个把 LastName 和 FirstName 连接成一个名为 CustomerName 的复合属性，如：

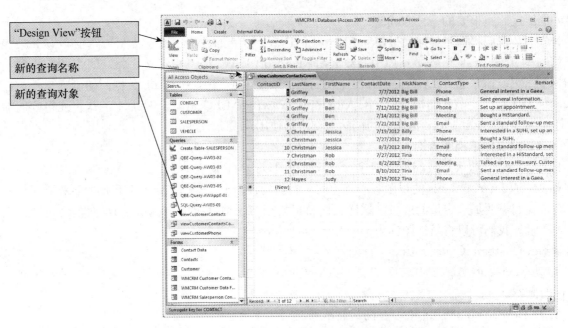

图 AW—8—2　未修改的 viewCustomerContactCount 查询

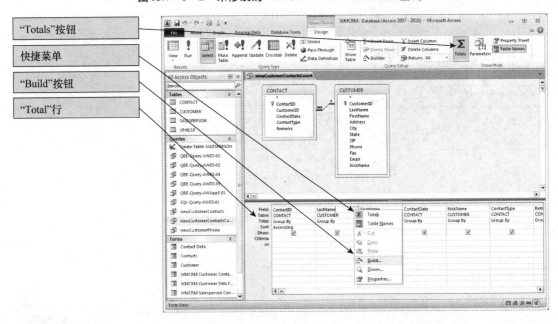

图 AW—8—3　快捷菜单

CustomerName：［CUSTOMER］!［LastName］&","&［CUSTOMER］!［FirstName］

图 AW—8—4 显示了完整的表达式。

11. 在"Expression Builder"中创建表达式，如图 AW—8—4 所示，然后单击"Expression Builder"中的"OK"按钮。

12. 从查询设计中删除 FirstName 列。

13. 从查询设计中删除 Remarks 列。

14. 使用表达式 ContactCount：［CONTACT］!［ContactType］并用总的计数设置为查询添加一名为 ContactCount 的列，如图 AW—8—5 所示。

"Expression Builder"

已完成的表达式来构造 CustomerName

从该窗格选择表

从该窗格选择列名

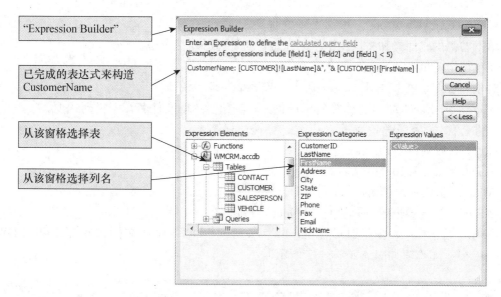

图 AW—8—4　表达式生成器中已完成的表达式

ContactCount表达式

设置"Total"为"Count"

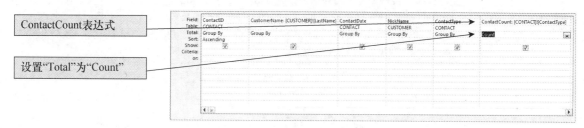

图 AW—8—5　ContactCount 列

15. 保存查询的更改，然后运行它。查询结果如图 AW—8—6 所示。

CustomerName数据

ContactCount数据

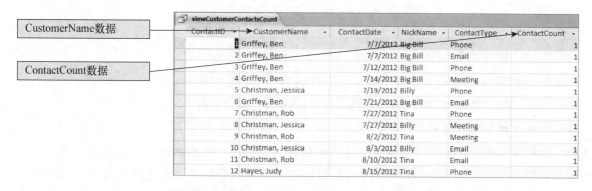

图 AW—8—6　viewCustomerContactsCount 查询结果

16. 关闭 viewCustomerContactsCount 查询。

17. 关闭 WMCRM 数据库和 Microsoft Access。

为 OLAP 报表创建一个 Microsoft Excel 工作表

因为 OLAP 报表将在 Microsoft Excel 2010 工作簿中，所以我们需要创建一个新的工作簿来持有 OLAP 报表。我们将继续使用 Wallingford 汽车公司的 C:\ Inetpub\wwwroot\ DBC\WM 网站文件夹作为存储的位置，现在我们需要在该文件夹中创建一个名为 WM-DW-BI. xlsx 的 Microsoft Excel 2010 工作簿。

创建 Microsoft Excel 2010 的 WM-DW-BI. xlsx 工作簿：

1. 启动 Windows 资源管理器。

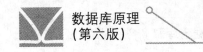
2. 浏览 C:\Inetpub\wwwroot\ DBC\WM 文件夹。

3. 右键单击右侧的文件夹和文件窗格中的任意位置，打开快捷菜单。

4. 在快捷菜单中，单击"New"命令。

5. 在新对象列表中，单击"Microsoft Excel Worksheet"命令。

6. 新的 Microsoft Excel 2010 工作簿对象被创建，突出显示的文件名在编辑模式下。

7. 编辑文件名称，改为 WM-DW-BI. xlsx，然后按回车键。

现在你可以打开 WM-DW-BI. xlsx 工作簿。

打开 Microsoft Excel 2010 的 WM-DW-BI. xlsx 工作簿：

1. 启动 Microsoft Excel 2010。

2. 单击"File"命令选项卡，然后单击"Open"按钮。

3. 在"Open"对话框中，浏览到 C:\inetpub\wwwroot\DBC\WM 文件夹并打开 WM-DW-BI. xlsx 文件。WM-DW-BI. xlsx 工作簿如图 AW—8—7 所示。

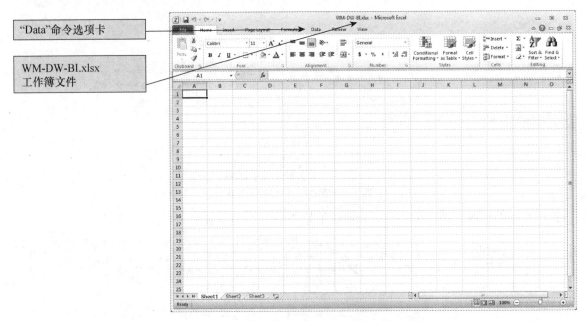

图 AW—8—7　WM-DW-BI. xlsx 工作簿

创建一个基本的 OLAP 报表

现在，我们可以在 Microsoft Excel 2010 的 WM-DW-BI. xlsx 工作簿创建 OLAP 报表。幸运的是，微软已经可以直接链接到 Microsoft Access 2010 以取得报表所需的数据。我们将连接 Microsoft Excel 工作簿到 Microsoft Access 数据库并创建基础的、空白的 OLAP 报表数据透视表。

BTW

Microsoft Excel 2010 使用与你学习使用 Microsoft Access 2010 时相同的 Microsoft Office 流畅的用户接口。因为你应该已经熟悉 Microsoft Office 流畅的用户接口，我们不讨论 Microsoft Excel 的这个接口的变种。

创建基本的 OLAP 报表数据透视表：

1. 在 WM-DW-BI. xlsx 工作簿中，请单击"Data"命令选项卡显示"Data"命令组，如图 AW—8—8 所示。

2. 从"Data"区的"Get External Data"组中点击"From Access"按钮。"Select Data Source"对话框出现。

396

"From Access"按钮

图 AW—8—8　Excel 的 "Data" 命令选项卡

3. 在 "Select Data Source" 对话框中，它的功能就像一个 "Open" 对话框，浏览 C：\inetpub\wwwroot\DBC\WM 文件夹。选择 Microsoft Access 的 WMCRM. accdb 数据库文件，然后单击 "Open" 按钮。

4. 此时，"Data Link Properties" 对话框可能会出现。如果是这样，你不需要在对话框中改变任何东西，只需要按一下 "OK" 按钮。

5. 此时，"Please Enter Microsoft Access Database Engine OLE DB Initialization Information" 对话框可能会出现。如果是这样，你不需要改变对话框中的东西，只需要按一下 "OK" 按钮。

6. 如图 AW—8—9 所示，"Select Table" 对话框出现。

选择对象viewCustomerContactsCount

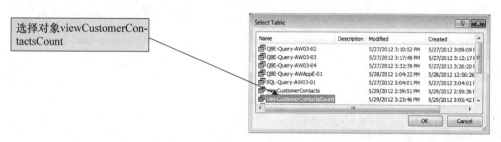

图 AW—8—9　"Select Table" 对话框

7. 在 "Select Table" 对话框中，选择新的 viewCustomerContactsCount 查询然后单击 "OK" 按钮。

8. 如图 AW—8—10 所示，"Import Data" 对话框出现。

选择PivotTable Report

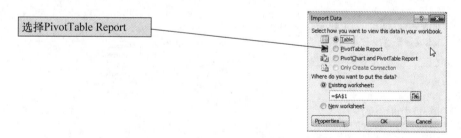

图 AW—8—10　"Import Data" 对话框

9. 在 "Import Data" 对话框中，选择 "PivotTable Report"，然后单击 "OK" 按钮。

10. 如图 AW—8—11 所示，基本数据透视表结构显示在 Microsoft Excel 工作表中。

11. 在 Microsoft Excel 快速访问工具栏中点击 "Save" 按钮保存你此刻的工作。

■ 注：从现在起，当你打开 WM-DW-BI. xlsx 工作簿栏时会出现安全警告，警告说，数据连接已禁用。这是类似于你已经学会使用的 Microsoft Access 2010 的安全警告栏，本质上需要相同的行动：点击 "Enable Options" 按钮。

构建 OLAP 报表

现在我们可以创建 OLAP 报表的结构。为此，我们使用 Microsoft Excel 数据透视表字段列表窗格，如图 AW—8—11 和图 AW—8—12 所示。为建立数据透视表的结构，我们从字段对象列表拖放字段对象。我们拖动要显示在"Values"框中的度量。我们拖动要作为列结构的维度属性到"Column Labels"框中，拖动作为行结构的维度属性到"Row Labels"框中。

对于 Wallingford 汽车公司客户联络数据透视表，我们将使用 ContactCount 作为度量，所以它需要在"Values"框中进行。列结构将包含顾客的属性，在这种情况下，只有 CustomerName。最后，该行结构将包含联系人属性——首先是 NickName（SalesPerson），其次是 ContactType，然后是 ContactDate。

创建 OLAP 报表的数据透视表结构：

1. 点击并按住 CustomerName 字段对象，将其拖动到"Column Labels"框中，并把它放在那里。如图 AW—8—13 所示，CustomerName 标签和一个 GrandTotal 标签被添加到工作表列，字段对象列表中的 Cus-

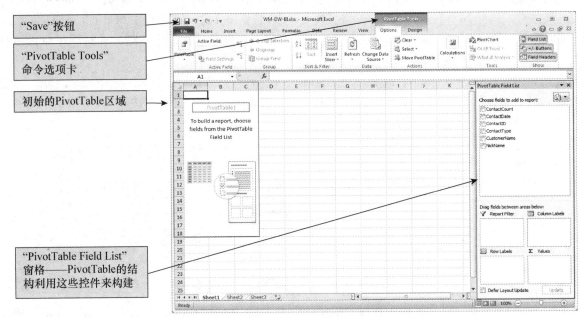

图 AW—8—11　基本数据透视表报表结构

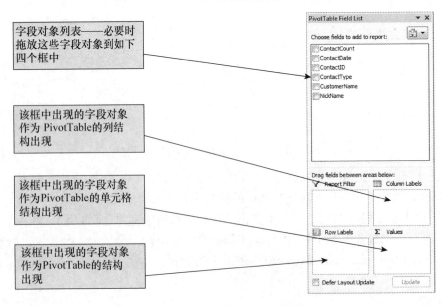

图 AW—8—12　数据透视表字段列表窗格

tomerName 字段对象被检查并以粗体显示，字段对象 CustomerName 被列示在"Column Labels"框中。

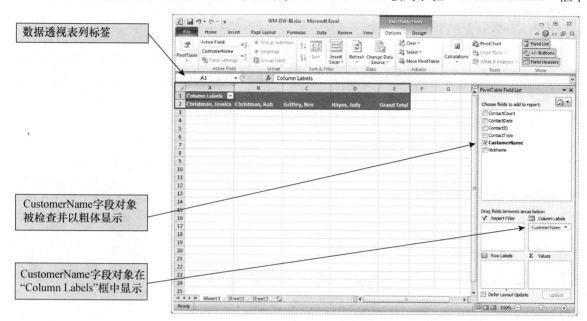

图 AW—8—13　CustomerName 列标签

2. 点击并按住字段对象 ContactCount，将它拖到"Values"框中并把它放在那里。如图 AW—8—14 所示，CustomerCount 值的总和被添加到工作表，字段对象列表中的 CustomerCount 字段对象被检查并以粗体显示，字段对象 CustomerCount 的总和被列示在"Column Labels"框中。

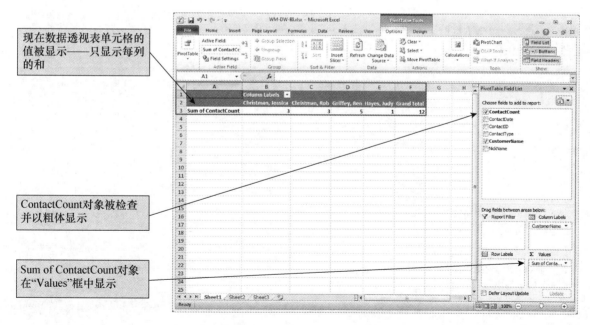

图 AW—8—14　CustomerCount 值

3. 点击并按住 NickName 字段对象，拖动它到"Row Labels"框中，并把它放在那里。如图 AW—8—15 所示，NickName 行标签的总和被添加到工作表中，字段对象列表中的 NickName 字段对象被选中并以粗体显示，字段对象 NickName 被列在"Row Labels"框中。此外，报表中的值开始出现。

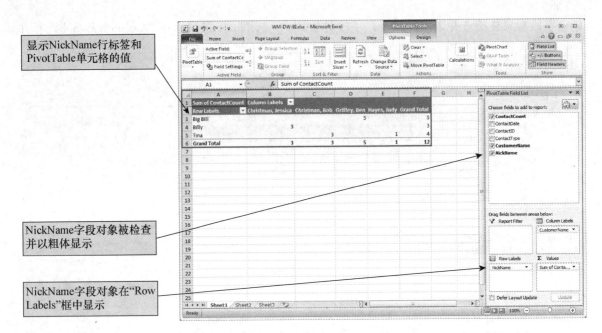

显示NickName行标签和PivotTable单元格的值

NickName字段对象被检查并以粗体显示

NickName字段对象在"Row Labels"框中显示

图 AW—8—15　NickName 行标签

4. 点击并按住 ContactType 字段对象，拖动它到"Row Labels"框中，并把它放在那里，在 NickName 的下面。如图 AW—8—16 所示，NickName 行标签的总和被分为接触类型，字段对象列表中的 ContactType 字段对象被检查并以粗体显示，ContactType 字段对象被"Row Labels"标签框中。此外，报表中的值现在根据"NickName"和"ContactType"分布。

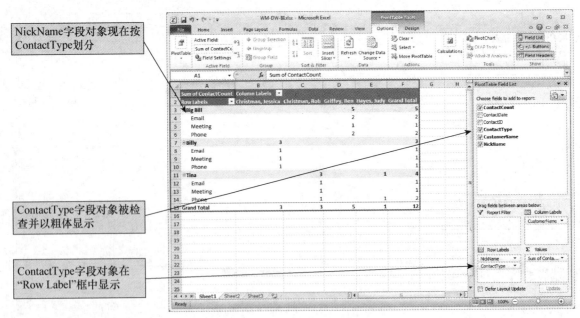

NickName字段对象现在按ContactType划分

ContactType字段对象被检查并以粗体显示

ContactType字段对象在"Row Label"框中显示

图 AW—8—16　ContactType 行标签

5. 点击并按住字段对象 ContactDate，拖动它到"Row Labels"框中，并把它放在那里，在 Contact-Type 的下面。如图 AW—8—17 所示，NickName 行标签的总和分为接触类型和日期，在字段对象列表中的 ContactDate 字段对象被检查并以粗体显示，字段对象 ContactDate 被列在"Row Labels"框中。此外，报表中的值现在分别根据"NickName"、"ContactType"和"ContactDate"分布。

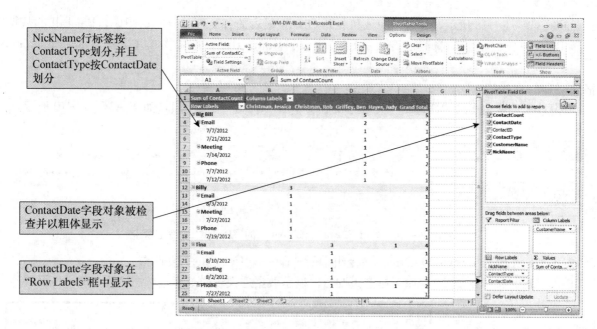

NickName行标签按ContactType划分,并且ContactType按ContactDate划分

ContactDate字段对象被检查并以粗体显示

ContactDate字段对象在"Row Labels"框中显示

图 AW—8—17　ContactDate 行标签

6. 在 Microsoft Excel 快速访问工具栏上单击"Save"按钮,保存你此刻的工作。

修改 OLAP 报表

我们已完成 OLAP 报表的建立。我们可以根据需要通过移动数据透视表字段列表窗格中的字段对象进行修改。我们也可以格式化 OLAP 报表使它看起来是我们想要的样子。

修改 OLAP 报表数据透视表结构:

1. 点击并按住行标签框中的 ContactDate 字段对象,将其拖到 NickName 和 ContactType 字段对象的列标签框之间的框中并把它放在那里。如图 AW—8—18 所示,OLAP 报表中行标签的顺序发生了变化,数据也移动了。

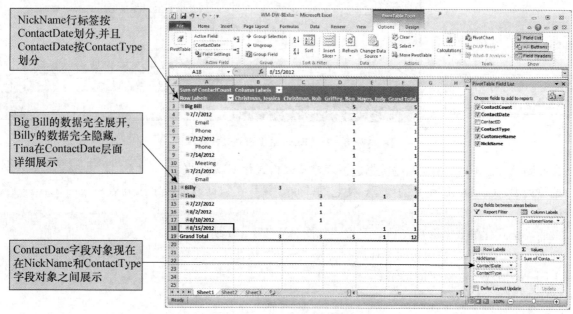

NickName行标签按ContactDate划分,并且ContactDate按ContactType划分

Big Bill的数据完全展开,Billy的数据完全隐藏,Tina在ContactDate层面详细展示

ContactDate字段对象现在在NickName和ContactType字段对象之间展示

图 AW—8—18　调整后的行标签

401

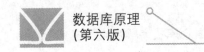

2．如图 AW—8—18 所示，你可以隐藏和展开 OLAP 报表的各个部分。在该图中，Big Bill 的数据完全展开，而 Billy 的数据是完全隐藏。Tina 的数据显示了 ContactDate 的细节，但没有显示 ContactType 的细节。

格式化 OLAP 报表：

1．单击数据透视表工具"Design"命令选项卡以显示"Design"命令组，如图 AW—8—19 所示。

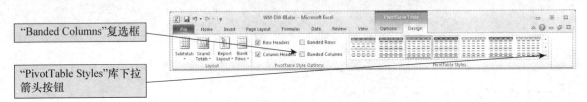

图 AW—8—19　Excel "PivotTable Tools" 的 "Design" 命令选项卡

2．点击"PivotTable Style Options"命令组中的"Banded Columns"复选框。

3．单击"PivotTable Styles"库下拉箭头按钮，显示数据透视表样式库，如图 AW—8—20 所示。

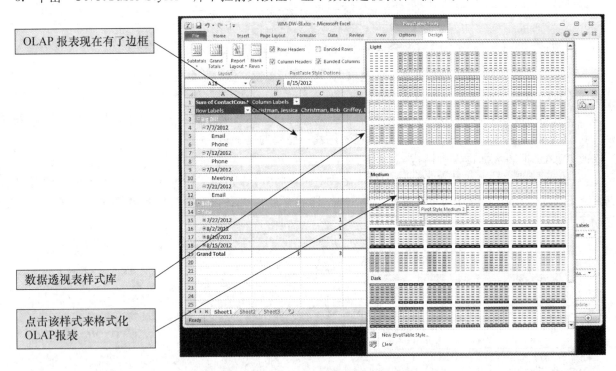

图 AW—8—20　Excel 数据透视表样式库

4．选择图 AW—8—20 中所示的数据透视表样式来格式化 OLAP 报表。

5．调整列 B，C，D，E 和 F 的列宽，使它们一致，并且在数据透视表字段列表可见时工作簿上的整个表都可见。

6．最后，格式化的数据透视表 OLAP 报表如图 AW—8—21 所示。

7．在 Microsoft Excel 快速访问工具栏中点击"Save"按钮。

8．关闭 WM-DW-BI.xlsx 的工作簿。

9．关闭 Microsoft Excel。

结束语

我们的工作已经完成。在"Access 工作台"你已经学到用 Microsoft Access 工作的要领（有一点关于

Sum of ContactCount	Column Labels				
Row Labels	Christman, Jessica	Christman, Rob	Griffey, Ben	Hayes, Judy	Grand Total
⊟ Big Bill			5		5
⊟ 7/7/2012			2		2
Email			1		1
Phone			1		1
⊟ 7/12/2012			1		1
Phone			1		1
⊟ 7/14/2012			1		1
Meeting			1		1
⊟ 7/21/2012			1		1
Email			1		1
⊞ Billy	3				3
⊟ Tina		3		1	4
⊞ 7/27/2012		1			1
⊞ 8/2/2012		1			1
⊞ 8/10/2012		1			1
⊞ 8/15/2012				1	1
Grand Total	3	3	5	1	12

图 AW—8—21　最终的数据透视表 OLAP 报表

Microsoft Excel 的要领）。你还没有了解到可以知道的一切，但是你现在知道了如何创建和填充 Microsoft Access 数据库；建立和使用 Microsoft Access 查询（包括相当于视图的查询）、表单、报表；保护 Microsoft Access 数据库；从网页连接到 Microsoft Access 数据库和创建数据透视表 OLAP 报表。你现在已经建立了坚实的基础，毕竟这是"Access 工作台"的总体目标。

小　结

大数据的名字是考虑到当前情况下公司正在收集极大量的数据并需要一些方法来处理它。本章所涵盖的主题调查了工具的开发，以处理不断增加的数据量。

商务智能（BI）系统协助管理人员和其他专业人士分析当前和过去的活动以及对未来事件的预测。BI 应用程序主要有两大类：报表应用程序和数据挖掘应用程序。报表应用程序对数据进行基础的计算，数据挖掘应用程序使用复杂的数学和统计技术。

BI 应用程序中获取的数据有三个来源：业务数据库、业务数据库的提取物和购买数据。BI 系统有时也有其自己的数据库管理系统，这可能是或可能不是业务 DBMS。图 8—4 列出了报表应用程序和数据挖掘应用程序的特征。

除了最小和最简单的 BI 应用程序和数据库，直接读操作数据库是不可行的，这有几个原因。查询业务数据会减慢业务系统的性能，这让人不能接受；业务数据限制 BI 应用程序的使用问题；BI 系统的建立和维护需要程序、设施和专业知识，这些通常是不适用于业务数据库的。

业务数据可能有问题。由于业务数据的问题，许多组织已经选择创建数据仓库和数据集市，并为它们配备工作人员。提取、转换和加载（ETL）系统用来从业务系统提取数据；转换数据，并将它们加载到数据仓库；维护描述有关数据的来源、格式、假设和约束的元数据。数据集市是一个数据集，它比数据仓库持有的数据集小，并且解决了业务的特定组件或功能的业务领域。在图 8—6 中，企业数据仓库把数据分配到三个较小的数据集市，每个数据集市处理业务的一个不同方面。

业务数据库和多维数据库有不同的特点，如图 8—7 所示。多维数据库使用星型模式和一个完全规范化的连接到可以是不规范化的维度表的事实表。多维数据库必须处理缓慢变化的维度，因此在一个多维数据库中时间维度是很重要的。事实表中持有权益的度量，维度表中有在查询中使用的属性值。星型模式可以用额外的事实表、维度表和一致的维度扩展。

报表系统的目的是从不同的数据源创造有意义的信息并及时向适当的用户提供该信息。报表通过对数据

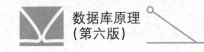

的排序、过滤、分组及简单的计算来生成。RFM 分析是一个典型的报表应用程序。客户被分组和分类，根据最近多久他们下了订单（R）、下订单的频繁程度（F）和他们在订单中花多少钱（M），RFM 报表可以使用 SQL 语句生成。

联机分析处理（OLAP）报表应用程序使用户能够动态重组报告。度量值是一个感兴趣的数据项。维度是度量的一个特征。OLAP 报表或 OLAP 多维数据集是一种度量和维度的排列。利用 OLAP，用户可以向下钻取和交换维度的顺序。

分布式数据库是在一个以上的计算机存储和处理的数据库。在复制数据库中，部分或全部的数据库的多个副本存储在不同的计算机上。在分区数据库中，数据库的不同部分存储在不同的计算机上。分布式数据库可以被复制和分发。

分布式数据库构成处理的挑战。如果数据库在一个电脑上更新，则该挑战只是确保数据库的副本在分布时在逻辑上一致。然而，如果在超过上一台电脑上更新，便是很大的挑战。如果数据库被分区但没有被复制，如果发生事务把数据分布在多台计算机上，那么挑战就出现了。如果数据库被复制而且更新发生在复制的部分，就需要一个特殊的锁定算法称为分布式两阶段锁定。实现这个算法是困难和昂贵的。

对象包括方法和属性或数据值。一个给定的类的所有对象具有相同的方法，但它们有不同的属性值。对象持久化是存储对象的属性值的过程。关系型数据库难以用于数据的持久化。一些专门的产品称为面向对象的数据库管理系统，在 20 世纪 90 年代被开发，但从来没有得到商业认可。甲骨文等公司已经扩展了它们的关系型数据库管理系统产品的能力来为对象持久化提供支持。这些数据库被称为对象—关系数据库。

NoSQL 运动（现在经常叫做"Not only SQL"）是建立在满足公司（如亚马逊、谷歌、Facebook）的大数据存储需求的基础上。做到这一点的工具是被称为结构化存储的非关系型数据库管理系统。早期的例子是 Dynamo 和 Bigtable，最近流行的例子是 Cassandra。这些产品使用非规范化的表结构，建立在列、超列、列族通过 RowKey 值从键值空间联系在一起的基础上。发现于大数据的大型数据集的数据处理是通过 MapReduce 过程完成的，它把数据处理任务分成许多并行任务，由集群中的多台计算机完成，然后结合这些结果来产生最终结果。微软和甲骨文公司所支持的一种新兴产物是 Hadoop 分布式文件系统（HDFS）（其副产品为一个非关系型存储组件 HBase）和查询语言 Pig。

关键术语

大数据	数据仓库元数据数据库	企业级数据仓库（EDW）架构
Bigtable	数据维度	提取、转换和加载（ETL）系统
商务智能（BI）系统	维度表	事实表
Cassandra	维度数据库	Hadoop 分布式文件系统（HDFS）
点击流数据	分布式数据库	一致性维度
分布式两段锁	HBase	数据集市
MapReduce	数据挖掘应用	向下钻取
报表系统	数据仓库	Dynamo
RFM 分析	度量	联机分析处理（OLAP）
RowKey	方法	联机事务处理（OLTP）系统
服务器集群	NoSQL	业务系统
缓慢更改维度	Not only SQL	Oracle 大数据应用

SQL Server 并行数据仓库	对象	分区
星型模式	面向对象 DBMS（OODBMS）	Pig
结构化存储	面向对象编程（OOP）	数据透视表
时间维度	对象持久化	属性
事务系统	对象—关系数据库	复制
OLAP 立方体	OLAP 报表	

复习题

8.1　什么是 BI 系统？

8.2　BI 系统与事务处理系统有什么不同？

8.3　命名和描述 BI 系统的两大类别。

8.4　什么是 BI 系统的三个数据来源？

8.5　总结限制业务数据库对 BI 应用的有效性的问题。

8.6　什么是 ETL 系统？它执行什么功能？

8.7　业务数据的什么问题需要在加载数据到数据仓库之前清理数据？

8.8　变换数据是什么意思？举一个本书以外的例子。

8.9　数据仓库为什么是必要的？

8.10　给出数据仓库元数据的例子。

8.11　说明数据仓库和数据集市之间的差异。举一个本书以外的例子。

8.12　什么是企业级数据仓库（EDW）架构？

8.13　描述业务数据库和多维数据库之间的差异。

8.14　什么是星型模式？

8.15　什么是事实表？什么类型的数据存储在事实表中？

8.16　什么是度量？

8.17　什么是维度表？什么类型的数据存储在维度表中？

8.18　什么是缓慢变化维度？

8.19　为什么在一个多维模型中时间维度很重要？

8.20　什么是一致性维度？

8.21　OLAP 代表什么？

8.22　OLAP 报表的显著特征是什么？

8.23　定义度量、维度和立方体。

8.24　给一个本书之外的度量和维度的例子，两个维度要与你的度量有关。

8.25　什么是向下钻取？

8.26　说明图 8—18 和图 8—17 中两种 OLAP 报表方法的区别。

8.27　定义分布式数据库。

8.28　说明一种为有三个表——T1、T2 和 T3 的数据库分区的方式。

8.29　说明一种复制有三个表——T1、T2 和 T3 的数据库的方式。

8.30　说明当完全复制一个数据库但只允许一个计算机处理更新时必须做什么。

8.31 如果多台计算机可以更新复制的数据库，哪三个问题可以发生？

8.32 什么解决方案是用来防止习题 8.31 的问题的？

8.33 说明在一个被分区但没有被复制的分布式数据库中会出现什么问题。

8.34 什么组织应考虑采用分布式数据库？

8.35 说明对象持久化的含义。

8.36 总体而言，解释为什么关系数据库很难用于对象持久化。

8.37 OODBMS 代表什么？其目的是什么？

8.38 根据这一章，为什么 OODBMS 没有成功？

8.39 什么是对象—关系型数据库？

8.40 什么是大数据？

8.41 1 MB 的存储空间和 1EB 的存储空间之间的关系是什么？

8.42 什么是 NoSQL 运动？

8.43 最早开发的两个非关系数据存储是什么？谁开发了它们？

8.44 什么是 Cassandra，从它的开发到它目前的状态的历史是怎样的？

8.45 如图 8—20 所示，什么是结构化存储，以及结构化存储系统是如何组织的？怎么比较结构化存储系统和 RDBMS 系统？

8.46 解释 MapReduce 处理。

8.47 什么是 Hadoop？从它的开发到它目前的状态的历史是怎样的？什么是 HBase 和 Pig？

练 习

8.48 根据书中对希瑟·斯威尼设计业务数据库（HSD）和维度数据库（HSD-DW）的讨论，回答下面的问题。

A. 使用图 8—10 中的 SQL 语句，在 DBMS 中创建 HSD-DW 数据库。

B. 在 HSD-DW 加载数据之前，数据做了什么转换？列出所有的转换，展示原始格式的 HSD 数据，以及它们在 HSD-DW 数据库中是怎样的。

C. 写出把转换的数据加载到 HSD-DW 数据库的完整的 SQL 语句集合。

D. 填充 HSD-DW 数据库，利用你回答 C 部分时所用的 SQL 语句。

E. 图 8—22 显示了创建图 8—15 中的 SALES_FOR_RFM 事实表的 SQL 代码。使用这些语句，在你的 HSD-DW 数据库中添加 SALES_FOR_RFM 表。

F. 为了加载 SALES_FOR_RFM 表，什么数据变换是必要的？列出任何必要的转换，展示 HSD 数据的原始格式，以及它们在 HSD-DW 数据库中的样子。

G. 加载 SALES_FOR_RFM 事实表要用到什么数据？写出加载数据必要的完整的 SQL 语句集。

H. 填充 SALES_FOR_RFM 事实表，利用你回答 G 部分时所用的 SQL 语句。

I. 写一个与第 380 页所示的相似的 SQL 查询，利用每天产品销售的美元的总量作为度量（而不是每天销售的产品数）。

J. 写出与你回答 I 部分时相同的 SQL 视图。

K. 在你的 HSD-DW 数据库中创建你回答 J 部分时的 SQL 视图。

L. 创建一个名为 HSD-DW-BI-Exercises.xlsx 的 Microsoft Excel 2010 工作簿。

```
CREATE TABLE SALES_FOR_RFM(
    TimeID            Int                NOT NULL,
    CustomerID        Int                NOT NULL,
    InvoiceNumber     Int                NOT NULL,
    PreTaxTotalSale   Numeric(9,2)       NOT NULL,
    CONSTRAINT        SALES_FOR_RFM_PK
                      PRIMARY KEY (TimeID, CustomerID, InvoiceNumber),
    CONSTRAINT        SRFM_TIMELINE_FK FOREIGN KEY(TimeID)
                          REFERENCES TIMELINE(TimeID)
                              ON UPDATE NO ACTION
                              ON DELETE NO ACTION,
    CONSTRAINT        SRFM_CUSTOMER_FK FOREIGN KEY(CustomerID)
                          REFERENCES CUSTOMER(CustomerID)
                              ON UPDATE NO ACTION
                              ON DELETE NO ACTION,
);
```

图 8—22　HSD-DW SALES _ FOR _ RFM SQL 语句

M. 使用你在 K 部分中的 SQL 查询结果（把查询结果复制到 HSD-DW-BI. xlsx 工作簿的工作表中，然后格式化这个范围为工作表的表）或 L 部分中的 SQL 视图（创建一个到该视图的 Microsoft Excel 数据连接），创建一个与图 8—16 类似的 OLAP 报表。（提示：如果你需要关于 Microsoft Excel 操作的帮助，在 Microsoft Excel 帮助系统搜索更多信息。）

N. 希瑟·斯威尼对销售以美元支付类型的影响感兴趣。

1. 修改 HSD-DW 多维数据库的设计，使它包括一个 PAYMENT _ TYPE 维度表。

2. 修改 HSD-DW 数据库，使它包括 PAYMENT _ TYPE 维度表。

3. 加载 PAYMENT _ TYPE 维度表需要使用哪些数据？加载外键数据到 PRODUCT _ SALES 事实表需要使用哪些数据？写出加载这些数据的完整 SQL 语句集。

4. 填充 PAYMENT _ TYPE 和 PRODUCT _ SALES 表，利用回答问题 3 时你写的 SQL 语句。

5. 创建包含 PaymentType 属性所需的 SQL 查询或 SQL 视图。

6. 创建一个 Microsoft Excel 2010 OLAP 报表来显示产品销售中以美元为支付类型的影响。

Access 工作台练习

AW. 8.1　利用本书讨论的多维模型和 OLAP 报表，以本章的"Access 工作台"一节基于 Microsoft Access 2010 数据库对 OLAP 报表的特定讨论为参考，完成问题 8.48（N 部分除外）的希瑟·斯威尼设计。在 Microsoft Access 2010 中创建你的 HSD-DW 数据库，并在 Microsoft Excel 2010 中创建你的 OLAP 报表。

玛西娅干洗店案例问题

玛西娅·威尔逊女士拥有并经营玛西娅干洗店，这是在一个富裕的郊区附近的高档干洗店。玛西娅通过提供卓越的客户服务使得她的企业在竞争中脱颖而出。她想追踪她的每个客户和订单。最终，她要通过

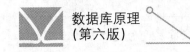

e-mail通知客户衣服洗好了。假设玛西娅已经聘请你作为数据库顾问来开发一个名为MDC的业务数据库，它有以下四个表：

CUSTOMER (*CustomerID*, FirstName, LastName, Phone, Email)

INVOICE (*InvoiceNumber*, *CustomerID*, DateIn, DateOut, Subtotal, Tax, TotalAmount)

INVOICE_ITEM (*InvoiceNumber*, *ItemNumber*, *ServiceID*, Quantity, UnitPrice, ExtendedPrice)

SERVICE (*ServiceID*, ServiceDescription, UnitPrice)

创建和填充 MDC 数据库的 Microsoft Access 2010 版本的 MDC 数据库和 SQL 脚本可用于 Microsoft SQL Server 2012、Oracle 数据库11g 第2版和MySQL 5.5，见数据库概念网站 www.pearsonhighered.com/kroenke。图 7—32 显示了 CUSTOMER 表的样本数据，图 7—33 显示了 SERVICE 表的样本数据，图 7—34 显示了 INVOICE 表的样本数据，图 7—35 显示了 INVOICE_ITEM 表的样本数据。

A. 在你的 DBMS 中创建一个名为 MDC 的数据库，并对你的 DBMS 使用 MDC SQL 脚本来创建和填充数据库表。创建一个用户，名为 MDC-User，密码为 MDC-User＋password。为该用户分配数据库角色，使该用户可以读取、插入、删除和修改数据。

B. 为你的数据库创建相应的 ODBC 数据源。

C. 在数据库中你需要大约 20 个 INVOICE 事务以及配套的 INVOICE_ITEM。对于任何额外需要的 INVOICE 事务写下所需的 SQL 语句，并在你的数据库中插入数据。

D. 为一个多维数据库设计一个名为 MDC-DW 的数据仓库星型模式。事实表度量将是 ExtendedPrice。

E. 在你的 DBMS 产品中创建 MDC-DW 数据库。

F. 在 MDC-DW 数据库加载数据之前需要进行什么数据转换？列出所有变换，展示 MDC 数据的原始格式以及它在 MDC-DW 数据库中的样子。

G. 写出把转换后的数据加载到 MDC-DW 数据库的完整的 SQL 语句集。

H. 填充 MDC-DW 数据库，使用你回答 G 部分时所写的 SQL 语句。

I. 写出一个与第 380 页上显示的使用 ExtendedPrice 作为度量的相似的 SQL 查询。

J. 写出一个与你在 I 部分中所写的相同的 SQL 视图。

K. 在你的 MDC-DW 数据库中创建你回答 J 部分时所写的 SQL 视图。

L. 创建名为 MDC-DW-BI-Exercises.xlsx 的 Microsoft Excel 2010 工作簿。

M. 使用你在 I 部分中的 SQL 查询结果（把查询结果复制到 MDC-DW-BI.xlsx 工作簿的工作表中，然后格式化这个范围为一个工作表的表）或 I 部分中的 SQL 视图（创建一个到该视图的 Microsoft Excel 数据连接），创建一个与图 8—16 类似的 OLAP 报表。（提示：如果你需要关于 Microsoft Excel 操作的帮助，在 Microsoft Excel 帮助系统搜索更多信息。）

丽园项目问题

如果你还没有在 DBMS 产品中实现第 3 章中所示的丽园数据库，现在就在你选择的（或由你的导师指定的）DBMS 中创建和填充丽园数据库。

A. 在数据库中你需要约 20 个 SERVICE 事务。为任何需要的附加 SERVICE 事务编写 SQL 语句，并把数据插入到你的数据库中。

  B. 为一个多维数据库设计一个名为 GG-DW 的数据仓库的星型模式。事实表的度量为 HoursWorked。

  C. 在 DBMS 产品中创建 GG-DW 数据库。

  D. 在 GG-DW 数据库加载数据之前需要进行什么数据转换？列出所有的转换，展示原始格式的 GAR-DEN_GLORY 数据以及它在 GG-DW 数据库中的样子。

  E. 写出把转换后的数据加载到 GG-DW 数据库的完整的 SQL 语句集。

  F. 填充 GG-DW 数据库，利用你回答 A 部分时写出的 SQL 语句。

  G. 写出一个与第 380 页显示的使用每天工作的小时数作为度量的相似的 SQL 查询。

  H. 写出一个与你在 G 部分中所写的相同的 SQL 视图。

  I. 在你的 GG-DW 数据库中创建你回答 H 部分时所写的 SQL 视图。

  J. 创建命名为 GG-DW-BI-Exercises. xlsx 的 Microsoft Excel 2010 工作簿。

  K. 使用你在 G 部分的 SQL 查询的结果（把查询结果复制到 GG-DW-BI. xlsx 工作簿的工作表中，然后格式化这个范围为一个工作表的表）或 I 部分中的 SQL 视图（创建一个到该视图的 Microsoft Excel 数据连接），创建一个与图 8—16 类似的 OLAP 报表。（提示：如果你需要关于 Microsoft Excel 操作的帮助，在 Microsoft Excel 帮助系统搜索更多信息。）

詹姆斯河珠宝项目问题

  詹姆斯河珠宝项目问题可在在线附录 D 获得，它可以从教材的网站下载：www. pearsonhighered. com/kroenke。

安妮女王古玩店项目问题

  如果你还没有在 DBMS 产品中实现第 3 章中所示的安妮女王古玩店数据库，现在就在你选择的（或由你的导师指定的）DBMS 中创建和填充 QACS 数据库。

  A. 在数据库中你需要约 30 个 PURCHASE 事务。为任何需要的附加 SERVICE 事务编写 SQL 语句，并把数据插入到你的数据库中。

  B. 为一个多维数据库设计一个名为 QACS-DW 的数据仓库星型模式。事实表的维度将是 ItemPrice。

  C. 在 DBMS 产品中创建 QACS-DW 数据库。

  D. 在 QACS-DW 数据库加载数据之前需要进行什么数据转换？列出所有变换，展示原始格式的 QACS 以及它在 QACS-DW 数据库中的样子。

  E. 写出把转换后的数据加载到 QACS-DW 数据库的完整的 SQL 语句集。

  F. 填充 QACS-DW 数据库，利用你回答 A 部分时写的 SQL 语句。

  G. 写出一个与第 380 页上使用零售价格作为度量的相似的 SQL 查询。

  H. 写出一个与你在 G 部分中所写的相同的 SQL 视图。

  I. 在你的 QACS-DW 数据库中创建你回答 H 部分时所写的 SQL 视图。

  J. 创建名为 QACS-DW-BI-Exercises. xlsx 的 Microsoft Excel 2010 工作簿。

K. 使用你在 G 部分中的 SQL 查询的结果（把查询结果复制到 QACS-DW-BI. xlsx 工作簿的工作表中，然后格式化这个范围为一个工作表的表）或 I 部分中的 SQL 视图（创建一个到该视图的 Microsoft Excel 数据连接），创建一个与图 8—16 类似的 OLAP 报表。（提示：如果你需要关于 Microsoft Excel 操作的帮助，在 Microsoft Excel 帮助系统搜索更多信息。）

这些附录的完整版可以从本教材的如下网站上获得：
www. pearsonhighered. com/kroenke

附录 A

Getting Started with Microsoft Server 2012 Express Edition

（Microsoft SQL Server 2012 速成版入门）

附录 B

Getting Started with Oracle Database 11g Release 2 Express Edition

（Oracle 数据库 11g 第 2 版速成版入门）

附录 C

Getting Started with MySQL 5.5 Community Server Edition

（MySQL 5.5 社区服务器版入门）

附录 D

James River Jewelry Project Questions

（詹姆斯河珠宝项目问题）

附录 E

SQL Views

（SQL 视图）

附录 F

Getting Started in Systems Analysis and Design

（系统分析与设计入门）

附录 G

Getting Started with Microsoft Visio 2010

（Microsoft Visio 2010 入门）

附录 H

The Access Workbench—Section H—Microsoft Access 2010 Switchboards

［Access 工作台（H 节）—Microsoft Access 2010 切换面板］

附录 I

Getting Started with Web Servers，PHP，and the Eclipse PDT

（Web 服务器、PHP 和 Eclipse PDT 入门）

附录 J

Business Intelligence Systems

（商务智能系统）

词汇表

虽然词汇表定义了许多本书的主要术语，但不意味着它是巨细无遗的。例如，与某个特定的 DBMS 产品相关的术语，应只在针对该产品的章节或附录中引用。同样，虽然包括了 SQL 概念，但 SQL 命令和语法的细节则应该在讨论它们的那些章节中引用，包括 Microsoft Access 2010 的术语应该在 "Access 工作台" 一节中引用。

.NET 框架（.NET）：微软的全面应用开发平台，包括 ADO.NET 和 ASP.NET 等组件。

<?php and?>：用来指示 Web 页面中 PHP 代码块的符号。

ACID 事务：原子的、一致的、隔离的和持久化的事务。原子的事务是指事务中对数据库的更改集合作为一个单元来提交：要么所有的更改都完成，要么不做任何更改。一致的事务是指事务中所有操作都在相同逻辑状态的行上执行。隔离的事务是指事务受到保护以免受其他用户所做更改的影响。持久化的事务是指事务一旦被提交到数据库后，无论后来是否发生失败，它都是永久存在的。存在不同的一致性级别和隔离级别。另见**事务级一致性**、**语句级一致性**和**事务隔离级别**。

动态服务器页面（ASP）：它是 HTML 和脚本语言语句的结合。任何包含在＜% … %＞中的语句都在服务器上进行处理。与 Internet 信息服务器（IIS）一起使用。

活动数据对象（ADO）：OLE DB 的一种实现，它可以通过面向对象和非面向对象的语言来访问。它主要用来作为访问 OLE DB 的一种脚本语言（JScript，VBScript）接口。

ADO.NET：一种数据访问技术，是微软.NET 提案的一部分。ADO.NET 提供 ADO 的能力，但有一个不同的对象结构。ADO.NET 还包括新的数据集处理能力。

后像：数据库实体（通常是行或页）改变后的记录。在恢复过程中用于执行前滚。

美国国家标准协会（ANSI）：美国标准组织，负责创建和发布了 SQL 的标准。

AMP：Apache，MySQL 和 PHP/Pearl/Python 的缩写。另见 **Apache** 和 **PHP**。

异常：在规范化过程中，数据修改的不良后果。在插入异常中，关系的单独一行中必然添加了关于两个或更多个不同主题的事实。在删除异常中，当单独一行被删除后，关于两个或两个以上主题的事实都将丢失。

Apache：一种流行的 Web 服务器，可以在大多数操作系统上运行，特别是在 Windows 和 Linux 上。

应用程序接口（API）：可用来访问一个程序（如 DBMS）的功能的对象、方法和属性的集合。

关联实体：一个代表至少其他两个对象的组合的实体，同时包含该组合的数据。关联实体经常用于合同和分配应用中。

关联联系：数据库设计中的一种表模式，其交集表中包含构成复合主键的属性之外的属性。

星号（*）：在 Microsoft Access 查询中使用的通配符，代表一个或多个未指定的字符。另见 **SQL 百分号（%）通配符**。

原子事务：作为一个工作单元来进行的一组逻辑相关的数据库操作。所有的操作要么都做，要么都不做。

属性（Attribute）：（1）代表了一个实体的特征的值。（2）一个关系的一列。

前像：数据库实体（通常是行或页）改变之前的记录。在恢复过程中用于执行回滚。

大数据：表示庞大 Web 数据集的流行术语。这些数据集可以是 Web 应用程序［如搜索工具（例如，Google 和 Bing)〕和 Web 2.0 社交网络（如 Facebook、LinkedIn 和 Twitter）等创建。

BigTable：由 Google 开发的非关系型的非结构化数据存储。

二元联系：恰好两个实体或表之间的关系。

Boyce－Codd（BCNF）：一个三范式关系，其中每一个决定因素都是一个候选键。

商务智能（BI）系统：协助管理人员及其他专业人士分析当前和过去的活动并预测未来事件的信息系统。BI 系统两大主要分类为报表系统和数据挖掘系统。

业务规则：一个商业政策声明，用以限制对数据库中的数据进行插入、更新以及删除的方式。

候选键：标识关系中的唯一行的一个属性或一组属性。可以选择候选键中的某一个为主键。

基数（或势)：在一个二元联系中，关系的每侧所允许的最大或最小的元素数目。最大基数可为 1：1、1：N、N：1 或 N：M。最小基数可以是可选/可选、可选/强制、强制/可选或强制/强制。

级联删除：联系的一个属性。表示当一行被删除时，相关行也应删除。

级联更新：一个参照完整性动作。表示当父行的键更新时，也应更新相应的子行的外键。

Cassandra：Apache 软件基金会发布的非关系型的非结构化数据存储。

检查点：数据库和事务日志之间的同步点。在检查点中所有的缓冲区都写入外部存储。（这是检查点的标准定义，但 DBMS 厂商有时也以其他方式使用这个词。）

子：一对多联系中在多方的一个行、记录或节点。另见**父**。

点击流数据：关于客户在 Web 页面上的点击行为的数据，这些数据往往由电子商务公司进行分析。

列：一个关系或表的一行中的一个逻辑字节组。关系中每一行各列的含义都是相同的。

提交：发送给 DBMS 以使数据库修改永久化的命令。命令被处理后，所作修改被写入到数据库和日志中，这样就使得即使发生系统崩溃和其他故障，修改仍然保留下来。提交通常用在一个原子事务结束时。与**回滚**对比。

复合标识符：由两个或两个以上的属性组成的实体标识符。

组合键：由关系的两个或多个列所组成的键。

计算值：表中从其他列值计算得到的列。

并发事务：在数据库上同时处理两个或两个以上事务的情况。在单 CPU 系统中，改变是交错的；而在多 CPU 系统中，事务可以同时处理，在数据库服务器上的改变是交错的。

并发更新问题：一个用户所改变的数据被其他用户的数据改变所覆盖的错误情况。也被称为丢失更新问题。

置信度：在市场购物篮分析中，假设客户已经购买了其他某一产品，则其购买某一产品的概率。

整合的维度：在多维数据库设计中，与两个或两个以上的事实表有联系的维度表。

一致性：如果两个或多个并发事务被处理的结果和按照某个顺序处理的结果是一样的，则它们是一致的。

一致：在一个 ACID 事务中，要么是语句级一致性，要么是事务级一致性。另见 **ACID 事务、一致性、语句级一致性**和**事务级一致性**。

COUNT：在 SQL 中，计算查询结果中的行数的函数。另见 **SQL 内置函数**。

立方体：另见 **OLAP 立方体**。

数据管理：一个涉及企业的数据资产的有效利用和控制的企业级功能。数据管理可以由一个人完成，但

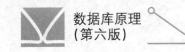

更多的时候是由一个小组来完成。具体功能包括设定数据标准和策略，以及提供一个冲突消解的论坛。另见**数据库管理**。

数据定义语言（DDL）：用来描述数据库结构的一种语言。

数据操纵语言（DML）：用来描述数据库处理的一种语言。

数据集市：类似数据仓库的工具，但有限制领域。通常情况下，数据被限制到特定类型、业务功能或业务单位。

数据挖掘应用：在数据库数据中发现模式的统计学和数学技术的运用。

数据模型：（1）用户数据需求的模型，通常用实体—联系模型表示。有时它也被称为一个用户数据模型。（2）用于描述数据库的结构和处理的语言。

数据子语言：用于嵌入到用其他语言——在大多数情况下，是 COBOL、C♯或 Visual Basic 等过程性语言——所编写的程序来定义和处理数据库的语言。数据子语言是一个不完备的编程语言，因为它仅包含数据定义和处理的控制结构。

数据仓库：旨在促进管理决策的企业数据存储。数据仓库不仅包括数据，还包括元数据、工具、过程、培训、人事信息，以及其他资源，使决策者更容易获得相关数据。

数据仓库元数据数据库：用于存储数据仓库元数据的数据库。

数据库：一个自描述的相关记录集合，或者就关系数据库来说，是自描述的相关表集合。

数据库管理（DBA）：涉及对一个特定的数据库及其相关应用程序的有效使用和控制的功能。

数据库管理员（DBA）：负责制定控制和保护数据库的策略和过程的人或团体。他们在为数据管理所设置的原则内工作以控制数据库结构、管理数据的改变并维护 DBMS 程序。

数据库备份：数据库文件的副本，可以用来将数据库恢复到以前的、一致的某些状态。

数据库设计：表（文件）和它们之间的联系的图形化显示。其中表显示为矩形并用线来表示关系。一个多关系用线末端的鱼尾纹来表示，一个可选联系由椭圆形表示，而强制联系则用♯来表示。

数据库管理系统（DBMS）：用于定义、管理和处理数据库及其应用的一组程序。

数据库模式：一个数据库的完整的逻辑视图。

死锁：在并发处理期间可能出现的一种情况，即两个（或更多）事务中的每一个都正在等待以访问其他事务已锁定的数据。它也被称为致命的拥抱。

致命的拥抱：另见**死锁**。

决策支持系统（DSS）：旨在帮助管理者作出决策的一个或多个应用程序。

度：在实体—联系模型中，联系中参与的实体个数。

删除异常：在一个关系中所出现的删除表的一行却删除了涉及两个或两个以上主题的事实的情况。

非规范化：有意地设计一个没有进行过规范化的关系的过程。非规范化是为了提高性能或安全性。

决定因素：能够函数地确定其他属性的一个或多个属性。在函数依赖（A，B）→D，C 中，属性（A，B）为决定因素。

维度表：在星型模式的多维数据库中连接到中央事实表的表。维度表包含在 OLAP 立方体等分析中组织查询所使用的属性。

多维数据库：用于数据仓库并为高效的查询和分析而设计的数据库设计。它包含一个连接到一个或多个维度表的中央事实表。

脏读：读已更改但尚未提交到数据库中的数据。这样的变更以后可能会被回滚并从数据库中删除。

鉴别器：在实体—联系模型中，超类实体确定哪个子类从属于超类的属性。

分布式数据库：在两台或多台计算机上存储和处理的数据库。

分布式两阶段锁：当数据库事务在两台或多台机器上处理时必须使用的一种复杂形式的记录封锁。

文档类型声明（DTD）：定义 XML 文档结构的标记元素集合。

域：（1）属性可以有的所有可能的值的集合。（2）属性的格式（数据类型、长度）和语义（意义）的描述。

域/键范式（DK/NF）：一个所有约束都是域和键的逻辑结果的关系。在本书中，这个定义已经被简化为所有函数依赖的决定因素是候选键的关系。

向下钻取：用户定向的一种数据分解，用来把高层的汇总分解成部分。

持久的：在一个 ACID 事务中，数据库的改变是永久性的。另见 **ACID** 事务。

动态游标：一个全功能游标。所有插入、更新、删除和行序改变对动态游标都是可见的。

Dynamo：Amazon.com 开发的非关系型的非结构化数据存储。

Eclipse IDE：一个流行的开放源码的集成开发环境。

Eclipse PDT（PHP 开发工具）项目：为与 PHP 一起使用而定制的 Eclipse IDE 的一个版本。另见 **Eclipse IDE** 和 **PHP**。

企业级数据库系统：能够支持大型组织的运作需求的 DBMS 产品。

企业数据仓库（EDW）架构：一种数据仓库架构，其中特定的数据集市要链接到中央数据仓库以保证数据的一致性和高效工作。

实体：需要在数据库中表示的对用户很重要的东西。在实体—联系模型中，实体被限制为可以用一个单表来表示的事物。另见**强实体**和**弱实体**。

实体类：同类型的实体集，例如，几个 EMPLOYEE 实体实例组成一个 EMPLOYEE 类。

实体实例：一个实体的特定出现，例如，员工 100（一个 EMPLOYEE）及会计部（一个 DEPART-MENT）。

实体—联系图（E—R 图）：用于表示实体和它们之间联系的图。实体通常用正方形或长方形表示，联系通常用菱形表示。联系的基数在菱形内表示。

实体—联系模型（E—R 模型）：用于创建一个用户数据模型的结构和约定。用户世界里的事物表示为实体，这些事物之间的关联用联系表示。结果通常保存在一个实体—联系图中。另见**数据模型**。

独占锁：一个数据源上的锁，能够使得其他事务不能读取或更新数据源。

显式锁：应用程序的命令所申请的锁。

导出：一个 DBMS 以批量方式写一个数据文件的功能。该文件将要被另一个 DBMS 或程序读取。

扩展的实体—联系（E—R）模型：用于创建数据模型的结构和约定的集合。用户世界里的事物表示为实体，这些事物之间的关联用联系表示。结果通常保存在一个实体—联系（E—R）图中。

扩展标记语言（XML）：标签可由文档设计者扩展的一种标记语言。

提取、转换和加载（ETL）系统：数据仓库的一部分，能够把操作数据转换为数据仓库数据。

事实表：多维数据库的中心表。其属性称为度量。另见**度量**。

字段：（1）记录中的字节的逻辑组，和文件处理一起使用。（2）在关系模型中是属性的同义词。

第五范式（5NF）：为消除表拆分后不能正确地重新连接在一起的异常所必需的一个范式。也称为投影—连接范式（PJ/NF）。

文件数据源：存储在一个文件中的 ODBC 数据源，可以在用户之间通过电子邮件发送或其他方式来分布。

第一范式（1NF）：任何符合关系定义的表。

外键：一个属性，该属性是除它所在的关系以外的一个或多个关系的键。

表单：从数据库中所选择的数据在屏幕上的一个结构化显示。表单可用于数据输入和数据读取。表单是数据库应用程序的一部分。将其与**报表**进行比较。

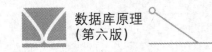

第四范式（4NF）：一个 BCNF 关系，其中每个多值依赖是一种函数依赖。

函数依赖：属性之间的一种联系，其中一个属性或属性组决定其他属性的值。表达式 X→Y、"X 决定 Y"以及"Y 函数依赖于 X"的意思是：给定一个 X 值，我们可以确定 Y 的值.

HAS-A 联系：两个不同的逻辑类型的实体或对象之间的联系。例如，EMPLOYEE HAS-A(n) AUTO。将其与 IS-A 关系进行比较。

Hadoop：另见 **Hadoop 分布式文件系统（HDFS）**。

Hadoop 分布式文件系统（HDFS）：一个开放源码的文件分布系统，可为服务器集群提供标准的文件服务以便使集群的文件系统可以作为一个分布式文件系统来工作。

HBase：作为 Apache 软件基金会 Hadoop 项目的一部分所开发的非关系型的非结构化数据存储。另见 **Hadoop 分布式文件系统（HDFS）**。

HTML 文档标签：在 HTML 文件中指示文档结构的标签。

HTML 语法规则：用于创建 HTML 文档的标准。

HTTP：//localhost：对于一个 Web 服务器而言，是对用户计算机的引用。

超文本标记语言（HTML）：一个标准化的文本标签集合，用来格式化文本、定位图像和其他非文本文件，以及放置到其他文档的链接或引用。

超文本传输协议（HTTP）：利用 TCP/IP 通过 Internet 进行通信的标准化手段。

ID 依赖的实体：另一个实体不存在时逻辑上便不能存在的一个实体。例如，CLIENT 不存在时 APPOINTMENT 就不能存在以作出委派。要成为一个 ID 依赖的实体，该实体的标识符必须包含它所依赖的实体的标识符。这些实体是弱实体的一个子集。另见**强实体**和**弱实体**。

标识符：在一个实体中能够确定实体实例的一组属性（一个或多个）。另见**非唯一标识符**和**唯一标识符**。

标识联系：子实体 ID 依赖于父实体时所使用的联系。

IE 鱼尾纹模型：正式名称为信息工程（IE）鱼尾纹模型，它是一个符号系统，用于在数据建模和数据库设计中构建 E—R 图。

隐式锁：由 DBMS 自动放置的锁。

不一致的备份：包含未提交更改的备份文件。

不一致的读取问题：在并发处理中发生的读取异常，其中某些事务执行了一系列与另外某个事务不一致的读取。这个问题可以通过使用两阶段锁和其他策略来防止。

index.html：大多数 Web 服务器提供的一个默认的 Web 页名称。

Inetpub 文件夹：在 Windows 操作系统中，IIS Web 服务器的根文件夹。

信息：（1）源于数据的知识，（2）在一个有意义的上下文中所表示的数据，（3）通过求和、排序、平均、分组、比较或其他类似的操作所得到的数据。

信息工程（IE）模型：James Martin 开发的 E—R 模型。

内部连接：另见连接操作。

插入异常：在一个关系中所存在的一种情况，即向一个表中添加一个完整的行时必须添加关于两个或多个逻辑上不同的主题的事实。

集成的定义 1——扩展的（IDEF1X）：实体—联系模型的一个版本，已经被采用为国家标准，但难以理解和使用。大多数组织使用像鱼尾纹模型那样的一个更简单的 E—R 版本。

集成开发环境（IDE）：在一个包中就能为程序员或应用程序开发者提供一整套开发工具的应用程序。

Internet 信息服务器（IIS）：一个能够处理动态服务器页面（ASP）的 Windows Web 服务器产品。

交集表：用来表示一个多对多联系的表（也称为关系）。它包含联系中各关系的键。如果它也包含了非键列，则称为关联表。另见**关联实体**。

IS-A 联系：超类和子类之间的一种联系。例如，EMPLOYEE 和 ENGINEER 有一个 IS-A 联系。与 **HAS-A 联系**进行比较。

隔离级别：另见**事务隔离级别**。

Java 数据库互连（JDBC）：从 Java 访问 DBMS 产品的标准方式。利用 JDBC，DBMS 所独有的 API 被隐藏起来，并且程序员访问标准的 JDBC 接口。

Java 服务器页面（JSP）：HTML 和 Java 的组合，被编译成一个小服务程序。

连接操作：A 和 B 两个关系上的关系代数运算，产生第三个关系 C。如果 A 和 B 中的行的值符合有关的约束，A 的一行与 B 的一行连接在一起，形成 C 中一个新的行。例如，A1 是 A 中的一个属性，B1 是 B 中的一个属性。A 和 B 的连接（A1 = B1）将产生一个关系 C，它是 A 和 B 中行的串接，其中 A1 的值等于 B1 的值。在理论上，允许等式以外的约束——允许一个条件为 A1 < B1 的连接。然而，这样的非等值连接在实践中没有被使用。连接也被称为内部连接。另见**自然连接**，可以比较**外部连接**。

键：(1) 标识关系中唯一一行的（一个或多个）属性组。因为关系不能有重复的行，每一个关系必定至少有一个键是关系中所有属性的结合。键有时被称为逻辑键。(2) 在一些关系型 DBMS 产品中，它是指列上的索引，用以提高访问和排序的速度。这有时也被称为物理键。另见**非唯一键**、**唯一键**和**物理键**。

LAMP：在 Linux 上运行的 AMP 版本。见 **AMP**。

锁：在并发处理系统中把数据库资源分配给一个特定的事务。资源可以锁定的尺寸称为锁的粒度。另见**独占锁**和**共享锁**。

锁的粒度：锁的可能的细节。

日志：包含数据库更改记录的文件。日志包含前像和后像。

逻辑工作单元（LUW）：相当于事务。另见**事务**。

逻辑回归：有监督的数据挖掘的一种形式，它估计方程的参数来计算一个给定事件发生的几率。

丢失更新问题：同"并发更新问题"。

MapReduce：一种大数据处理技术。它把数据分析分解成许多并行过程（Map 函数），然后把这些过程的结果结合成一个最终的结果（Reduce 函数）。

MAX：在 SQL 中，确定一组数字中的最大值的函数。另见 **SQL 内置**函数。

最大基数：(1) 一个属性在一个语义对象中可以有的不同值的最大数量。(2) 在表间的联系中，一个表中的一行可以与另一个表关联的最大行数。

度量：在 OLAP 中，可以被求和、均值或一些简单的算术方式处理的数据值。

元数据：存储在数据字典中并与数据库中数据的结构有关的数据。元数据用来描述表、列、约束、索引等。

MIN：在 SQL 中，确定一组数字中的最小值的函数。另见 **SQL 内置**函数。

最小基数：在表间的联系中，一个表中的一行可以与另一个表关联的最小行数。

修改异常：当表中一行的存储会记录关于两个主题的事实或某一行的删除移除了关于两个主题的事实时所存在的情况，或者为保证一致性必须要在多行进行数据更改时存在的情况。

多层驱动程序：在 ODBC 中，一个由两部分组成的驱动程序，通常用于客户机—服务器数据库系统。驱动程序的一部分驻留在客户端，与应用程序交互，另一部分驻留在服务器并和 DBMS 交互。

多值依赖：在有三个或更多属性的关系中，独立属性间看起来有联系但其实没联系的一种状况。形式化来看，在一个关系 R(A, B, C) 中，具有键 (A, B, C)，其中 A 与 B（或 C 或两者）的多个值匹配，B 不决定 C，C 也不决定 B。一个例子是在关系 EMPLOYEE（EmpNumber, EmpSkill, DependentName）中，雇员的 EmpSkill 和 DependentName 可以有多个值。EmpSkill 和 DependentName 不具有任何联系，但在关系中它们看起来有联系。

N：M：两表的行之间多对多联系的缩写。

自然连接：具有属性 A1 的关系 A 与具有属性 B1 的关系 B 在 A1 = B1 条件下的连接。连接生成的关系 C 包含列 A1 或 B1，但不能同时包含二者。

非标识联系：在数据建模中，两个实体之间建立的一个实体不 ID 依赖于另一个实体的联系。另见**标识联系**。

不可重复读：一个事务读取先前已读取过的数据以及发现数据被已提交的事务修改或删除时发生的情况。

非唯一标识符：确定了一组实体实例的标识符。另见**唯一标识符**。

非唯一键：可能标识多于一行的键。

范式：规范允许的关系结构的一个规则或规则集。规则适用于属性、函数依赖、多值依赖、域和约束。最重要的范式为 1NF、2NF、3NF、BCNF、4NF、5NF 和 DK/NF。

规范化处理：一个评价关系的过程，它确定关系是否为一个指定的范式，并且在必要时将其转换为符合指定范式的关系。

空值：从未提供的属性值。这样的值是不明确的，可以表示值是未知的、该值是不恰当的，或已知值为空白。

对象持久化：对象方法、数据值和联系的存储。

面向对象的数据库管理系统（OODBMS）：一种提供对象持久化的 DBMS。OODBMS 没有被商业接受。

面向对象的编程（OOP）：一种编程方法学，它通过定义对象和对象之间的相互作用来创建应用程序。

对象—关系数据库：由 DBMS 创建的能够提供关系模型接口及对象持久化结构的数据库。Oracle 数据库是领先的对象—关系 DBMS。

ODBC 符合性级别：在 ODBC 中，通过驱动程序的应用程序接口（API）可以获得的特性和功能的定义。驱动程序 API 是一个函数集，应用程序可以调用它们来接受服务。有三种符合性级别：核心 API、1 级 API 和 2 级 API。

ODBC 数据源：在 ODBC 标准中指数据库及其关联的数据库管理系统、操作系统和网络平台。

ODBC 数据源管理器：用来创建 ODBC 数据源的应用程序。

ODBC 驱动程序：在 ODBC 中，ODBC 驱动程序管理器和一个特定的 DBMS 产品之间的一个接口程序。在客户端—服务器架构的客户端机器上运行。

ODBC 驱动程序管理器：在 ODBC 中，应用程序和 ODBC 驱动程序之间的一个接口程序。它决定所需的驱动程序、加载驱动程序到内存并协调应用程序和驱动程序之间的活动。在 Windows 系统中，它由微软提供。

OLAP 立方体：在 OLAP 中，通常情况下，以表的格式来安排的度量和维度的集合。

OLAP 报表：表格形式的 OLAP 分析输出。例如，它可以是一个 Microsoft Excel 数据透视表。另见 **OLAP 立方体**。

OLE DB：微软的基于 COM 的数据访问基础。OLE DB 对象支持 OLE 对象标准。ADO 是基于 OLE DB 的。

1：1：两个表中行之间的一对一联系的缩写。

1：N：两个表中行之间的一对多联系的缩写。

联机分析处理（OLAP）：基于数据值所关联的特征（称为维度）来分析数据值（称为度量）的技术。

联机事务处理（OLTP）系统：可用于并专用于事务处理的操作型数据库系统。

开放数据库互联（ODBC）：用于访问 DBMS 产品的标准手段。利用 ODBC，DBMS 所独有的 API 被隐藏起来，并且程序员访问标准的 ODBC 接口。

操作型系统：用于企业经营的数据库系统，通常是 OLTP 系统。另见**联机事务处理（OLTP）系统**。

乐观锁：一种封锁策略，它假定没有冲突会发生，处理事务，然后进行检查以确定是否发生了冲突。如果发生冲突，事务被中止。另见**死锁**和**悲观锁**。

外部连接：一个表中的所有行出现在结果关系中的连接，不管它们是否都匹配了连接条件。在左外连接中，左边关系中的所有行会出现；在右外连接中，右边关系的所有行会出现。

父：在一个一对多联系中“一”那一端的行、记录或节点。另见**子**。

父强制和子强制（M—M）：一种联系，其中父的最小基数是 1，子的最小基数为 1。

父强制和子可选（M—O）：一种联系，其中父的最小基数是 1，子的最小基数为 0。

父可选和子强制（O—M）：一种联系，其中父的最小基数为 0，子的最小基数为 1。

父可选和子可选（O—O）：一种联系，其中父的最小基数为 0，子的最小基数为 0。

分区数据库：数据库的各部分被分配到两台或多台计算机上的数据库。

个人数据库系统：特别供个人或小型工作组使用的 DBMS 产品。除了 DBMS 之外，这类产品通常还包括表单和报表生成器等应用程序开发工具。例如，Microsoft Access 2010 是一个个人数据库系统。

悲观锁：一种封锁策略，它通过在处理数据库读取和写入请求之前设置锁来避免冲突。另见**死锁**和**乐观锁**。

幻读：当一个事务读取它以前读取过的数据和发现已提交事务所插入的新行时所发生的情况。

PHP：另见 **PHP：超文本处理器**。

PHP：超文本处理器：用于创建动态 Web 页面的网页脚本语言。它现在包含了一个面向对象的编程组件和 PHP 数据对象（PDO）。

Pig：用于 Apache 软件基金会 Hadoop 项目的一部分开发的非关系型的非结构化数据存储的查询语言。另见 **Hadoop 分布式文件系统（HDFS）**。

主键：被选作一个关系的键的候选键。它唯一标识表（关系）中的记录（行）。

处理权和责任：是关于哪些组可以对指定的数据项目或其他的数据集采取哪些行动的一些组织政策。

属性（property）：与**属性（attribute）**相同。另见**属性（attribute）**。

示例查询（QBE）：查询接口的一种，让用户通过提供他们所要寻求的结果的例子来表达查询。QBE 首先由 IBM 开发出来，但现在主要为其他厂商所使用。

问号（?）通配符：用于 Access 2010 查询中来代表单个未指定字符的一个字符。另见 **SQL 下划线（_）通配符**。

读已提交隔离：事务隔离的一个级别，能够禁止脏读，但允许不可重复读和幻读。

读未提交隔离：事务隔离的一个级别，它允许脏读、不可重复读和幻读。

记录：(1) 属于同一实体的一个字段组，用于文件处理系统中。(2) 在关系模型中，是行和元组的同义词。另见**行**。

通过重新处理恢复：通过恢复上一个完全备份然后重新创建备份后的每个事务的方式来恢复数据库。

通过回滚/前滚恢复：通过恢复上一个完全备份然后使用存储在事务日志中的数据修改数据库的方式来恢复数据库。对数据库的修改包括添加事务（前滚）或删除错误事务（回滚）。

递归联系：实体、对象或同一类型的行之间的联系。例如，如果某些 CUSTOMER 参照其他 CUSTOMER，那么这个联系是递归的。

参照完整性约束：外键值上的联系约束。参照完整性约束是指外键的值必须是它所指的主键的值的一个适当的子集。

关系：一个包含单值的条目并且没有重复行的二维数组。在每一行中各列的含义是相同的。行和列的顺序并不重要。

关系数据库：一个由关系组成的数据库。在实践中，关系数据库包含重复行的关系。大多数 DBMS 产品

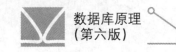

包括了必要和适当的删除重复行的功能。因为这些删除是费时和昂贵的，所以不会理所当然地做这样的处理。

关系模型：一个数据存储在关系中而行间的联系用数据值表示的数据模型。

关系模式：带有参照完整性约束的关系集合。

联系：两个实体、对象或关系的行之间的关联。

联系基数约束：对联系中参与的行的数量的约束。最小基数约束确定必须参与的行数；最大基数约束指定可以参与的最多行数。

联系类：实体类之间的关联。

联系实例：（1）实体实例之间的关联，（2）数据库中两个表之间的特定联系。

可重复读隔离：一个事务隔离级别，它不允许脏读和不可重复读。幻读可以发生。

复制的数据库：数据库中的各部分被复制到两个或两个以上计算机上的数据库。

报表：格式化的信息集，创建以满足用户的需要。

报表系统：通过筛选、排序和简单计算来处理数据的商务智能（BI）系统。OLAP 是报表系统的一种类型。

资源封锁：另见**封锁**。

RFM 分析：报表系统的一种，它根据最近（R）、频率（F）、在订单中花多少钱（M）来对客户加以分类。

回滚：对数据库应用前像使其恢复到较早的检查点或其他的数据库逻辑上一致的点来恢复数据库的过程。

前滚：对已保存的数据库副本应用后像使其恢复到某个检查点或其他的数据库逻辑上一致的点来恢复数据库的过程。

行：表中的一组列。一行的所有列属于同一实体。也被称为元组或记录。

模式有效的文档：符合 XML 模式的 XML 文档。

可滚动游标：允许通过记录集向前和向后移动的游标。在本书中讨论三种可滚动的游标类型：快照、键集和动态游标。

第二范式（2NF）：第一范式的关系，同时其中所有非键属性都依赖于所有的键。

串行化隔离级别：一种事务隔离级别，它不允许脏读、不可重复读和幻读。

共享锁：数据源上的一种锁，这时只有一个事务可以更新数据，但多个事务可以同时读取这些数据。

SQL：另见**结构化查询语言**。

SQL AND 运算符：用来结合 SQL WHERE 子句中条件的 SQL 运算符。

SQL 内置函数：在 SQL 中，COUNT、SUM、AVG、MAX 或 MIN 中的任何一个函数。

SQL CREATE TABLE 语句：用于创建数据库表的 SQL 命令。

SQL CREATE VIEW 语句：用于创建数据库视图的 SQL 命令。

SQL FROM 子句：SQL SELECT 语句的一部分，指定用于确定查询中使用哪些表的条件。

SQL GROUP BY 子句：SQL SELECT 语句的一部分，确定查询结果时指定行分组的条件。

SQL HAVING 子句：SQL SELECT 语句的一部分，在 GROUP BY 子句中指定用来确定哪些行会在分组中的条件。

SQL OR 运算符：用于 SQL WHERE 子句中指定候选条件的 SQL 运算符。

SQL ORDER BY 子句：SQL SELECT 语句的一部分，指定显示查询结果时如何对结果进行排序。

SQL 百分号（%）通配符：用来指定多个字符的标准 SQL 通配符。Microsoft Access 中使用星号（＊）字符代替百分号（%）字符。

SQL SELECT 子句：SQL SELECT 语句的一部分，指定查询结果中有哪些列。

SQL SELECT/FROM/WHERE 框架：一个 SQL 查询的基本结构。另见 **SQL SELECT 子句**、**SQL FROM 子句**、**SQL WHERE 子句**、**SQL ORDER BY 子句**、**SQL GROUP BY 子句**、**SQL HAVING 子句**、**SQL AND 运算符**和 **SQL OR 运算符**。

SQL SELECT * 语句：SQL SELECT 查询的一个变体，它返回查询中所有表的所有列。

SQL SELECT … FOR XML 语句：SQL SELECT 查询的一个变体，它以 XML 格式返回查询结果。

SQL 下划线（_）通配符：标准 SQL 通配符，用于指定单个字符。Microsoft Access 中使用问号（?）字符，而不是下划线字符。

SQL 视图：从单一的 SQL SELECT 语句所构造的关系。SQL 视图最多有一个多值路径。在包括 Microsoft Access、SQL Server、Oracle Database 和 MySQL 在内的大多数 DBMS 产品中，视图这个术语意味着 SQL 视图。

SQL WHERE 子句：SQL SELECT 语句的一部分，指定用来确定查询结果中有哪些行的条件。

星型模式：在多维数据库以及如 OLAP 数据库中所使用的那样，连接到维度表的一个中心事实表的结构。

语句级一致性：单个 SQL 语句所影响的所有行在语句执行过程中受到保护而不受其他用户所作改变的影响的一种情况。另见**事务级一致性**。

静态游标：获取关系的快照并处理该快照的游标。

存储过程：存储为一个文件并可以通过单一命令调用的 SQL 语句集合。通常情况下，DBMS 产品都提供了创建存储过程的一种语言，用编程语言结构来扩展 SQL。为此，Oracle 提供 PL/SQL，SQL Server 提供 Transact-SQL（T-SQL）。在某些产品中，存储过程还可以用 Java 这样的标准语言编写。存储过程通常储存在数据库中。

强实体：在实体—联系模型中，其存在不依赖于任何其他实体的存在的任何数据库实体。另见 **ID 依赖的实体**和**弱实体**。

结构化查询语言（SQL）：定义关系型数据库的结构和处理的一种语言。它可以作为一个独立的查询语言，或者可以被嵌入应用程序中。SQL 是由 IBM 开发的，并被美国国家标准学会作为国家标准。

子查询：出现在 SQL 语句的 WHERE 子句中的 SELECT 语句。子查询可以相互嵌套。

子类实体：在泛化层次结构中，一个更高级别的超类的亚种或子类的实体或对象。例如，ENGINEER 是 EMPLOYEE 的子类。

代理键：一个作为关系的主键的唯一的、系统提供的标识符。代理键的值对用户没有任何意义而且在表单和报表中通常是隐藏的。

SUM：在 SQL 中，对数字集求和的函数。另见 **SQL 内置函数**。

超类实体：在泛化层次结构中，逻辑上包含子类的实体或对象。例如，EMPLOYEE 是 ENGINEER、ACCOUNTANT 和 MANAGER 的超类。

表：一个行和列形式的数据库结构，用来创建保存数据值的单元。在关系数据库中也被称为关系，虽然严格来说只有符合特定条件的表才可以称为关系。另见**关系**。

三元联系：三个实体之间的联系。

第三范式（3NF）：没有传递依赖的第二范式。

三层架构：一种 Web 数据库处理架构，其中 DBMS 和 Web 服务器驻留在不同的计算机上。

时间维度：多维数据库中一个必需的维度表。时间维允许对数据根据时间的推移进行分析。

事务：（1）在数据库上原子地执行的一组操作；或者所有操作都提交到数据库，或者所有操作都不提交。（2）在商业领域中，一个事件的记录。另见 **ACID 事务**和**原子事务**。

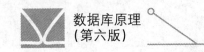

事务隔离级别：一个数据库事务相对于其他事务的操作受保护的程度。1992 年的 SQL 标准指定了四个隔离级别：读未提交、读已提交、可重复读和串行化。

事务级一致性：事务中任何 SQL 语句所影响的行在整个事务执行过程中都不受所发生的改变的影响。这种级别的一致性执行起来很昂贵并可能降低了吞吐量。它也可能使事务看不到自己的变化。另见**语句级一致性**。

交易系统：专用于处理产品销售和订单等事务的数据库。它被设计为确保在数据库中只记录完整的事务。

传递依赖：在一个至少有三个属性的关系中，如 R（A，B，C），其中存在 A 决定 B、B 决定 C 从而 A 决定 C 的情况。

触发器：在指定的条件发生时，由 DBMS 激活的一种特殊类型的存储过程。BEFORE 触发器在指定的数据库操作之前执行，AFTER 触发器在指定的数据库操作之后执行，INSTEAD OF 触发器在指定的数据库操作时替代其执行。INSTEAD OF 触发器通常用于更新 SQL 视图中的数据。

元组：另见**行**。

两阶段锁：锁在两个阶段获得和释放的过程。在成长阶段，获得锁；在收缩阶段，锁被释放。一旦某个锁被释放，将不再有其他的锁被授予该事务。在并行处理环境中，这样的过程可以确保在数据库中更新的一致性。

两层架构：一种 Web 数据库处理架构，其中 DBMS 和 Web 服务器驻留在同一台计算机上。

UML：另见**统一建模语言**。

统一建模语言（UML）：一组用于建模和设计面向对象的程序和应用的结构和技术。UML 是用于这种开发的一个方法论和工具集。UML 包含数据建模的实体—联系模型。

唯一标识符：精确确定一个实体实例的标识符。另见**非唯一标识符**。

唯一键：标识唯一一行的键。

用户：使用应用程序的人。

用户数据源：仅对创建它的用户可用的 ODBC 数据源。

用户组：一组用户。另见**用户**。

WAMP：在 Windows 操作系统上运行的 AMP。另见 **AMP**。

弱实体：实体—联系模型中的实体，其在数据库中的逻辑存在依赖于另一个实体的存在。另见 **ID 依赖的实体和强实体**。

Web 服务：使得应用程序能够借助互联网技术使用彼此的服务的一套 XML 标准。

万维网联盟（W3C）：为万维网创建、维护、修改、出版包括 HTML、XML 和 XHMTL 等在内的标准的组织。

wwwroot 文件夹：微软的 IIS Web 服务器上的 Web 站点的根文件夹或目录。

XHTML：可扩展超文本标记语言。将 HTML 重新组织为良构文档的 XML 标准。

XML 模式：一个 XML 文档，它通过定义标签以及这些标签间的有效联系来描述一类 XML 文档的结构。

图书在版编目（CIP）数据

数据库原理：第六版/戴维·M.克伦克，戴维·J.奥尔著；张孝译. —北京：中国人民大学出版社，2017.1
信息管理与信息系统引进版教材系列
ISBN 978-7-300-23685-8

Ⅰ.①数… Ⅱ.①戴… ②戴… ③张… Ⅲ.①数据库系统-高等学校-教材 Ⅳ.①TP311.13

中国版本图书馆 CIP 数据核字（2016）第 282723 号

信息管理与信息系统引进版教材系列
数据库原理（第六版）
戴维·M.克伦克
戴维·J.奥尔　著
张孝　译
Shujuku Yuanli

出版发行	中国人民大学出版社		
社　址	北京中关村大街 31 号	**邮政编码**	100080
电　话	010 - 62511242（总编室）		010 - 62511770（质管部）
	010 - 82501766（邮购部）		010 - 62514148（门市部）
	010 - 62515195（发行公司）		010 - 62515275（盗版举报）
网　址	http://www.crup.com.cn		
	http://www.ttrnet.com（人大教研网）		
经　销	新华书店		
印　刷	涿州市星河印刷有限公司		
规　格	215 mm×275 mm　16 开本	**版　次**	2017 年 1 月第 1 版
印　张	27.25 插页 1	**印　次**	2017 年 1 月第 1 次印刷
字　数	822 000	**定　价**	65.00 元

尊敬的老师：

您好！

为了确保您及时有效地申请培生整体教学资源，请您务必完整填写如下表格，加盖学院的公章后传真给我们，我们将会在 2～3 个工作日内为您处理。

请填写所需教辅的开课信息：

采用教材			□中文版　□英文版　□双语版
作　者		出版社	
版　次		ISBN	
课程时间	始于　　年　月　日	学生人数	
	止于　　年　月　日	学生年级	□专　科　□本科 1/2 年级 □研究生　□本科 3/4 年级

请填写您的个人信息：

学　校			
院系/专业			
姓　名		职　称	□助教　□讲师　□副教授　□教授
通信地址/邮编			
手　机		电　话	
传　真			
official email（必填） （eg：xxx@ruc.edu.cn）		email （eg：xxx@163.com）	
是否愿意接受我们定期的新书讯息通知：		□是　　□否	

系/院主任：_____（签字）

（系/院办公室章）

_____年_____月_____日

资源介绍：

——教材、常规教辅（PPT、教师手册、题库等）资源：请访问 www.pearsonhighered.com/educator；　（免费）

——MyLabs/Mastering 系列在线平台：适合老师和学生共同使用；访问需要 Access Code；　（付费）

100013 北京市东城区北三环东路 36 号环球贸易中心 D 座 1208 室

电话：(8610) 57355003　　传真：(8610) 58257961

Please send this form to：